◇应用型人才培养"十三五"规划教材

工程造价

◉ 戴晓燕 主编 ◉ 贺瑶瑶 副主编

化学工业出版社
·北京·

本书为应用型人才培养“十三五”规划教材，根据工程造价管理岗位能力的要求，依据国家颁发的2013年最新计价与计量规范、建筑安装工程费用项目组成文件及我国当前的新技术、新标准、新规范，结合编者在实际工作和教学实践中的体会与经验编写而成，反映我国建设工程造价领域的最新动态，具有很强的针对性和实践性。

本书以培养实用为主、技能为本的应用型人才为出发点，详细地讲述了工程造价的构成、建设工程计价依据、工程量清单及计价的编制、建筑面积计算、建筑与装饰工程定额计价工程量、建筑与装饰工程量清单计价、工程价款结算与竣工决算等内容，充分体现计价的阶段性和动态性。

“工程造价”是一门实践性很强的课程，为此在编写过程中坚持理论与实际结合、注重实际操作的原则。在阐述基本概念和基本原理时，以应用为重点，深入浅出，结合插图，联系实例，内容通俗易懂。

本书可作为高等院校工程管理、工程造价、土木工程等相关专业的教学用书，也可作为建筑工程执业资格考试和岗位培训教材，供各类工程技术人员及工程造价从业人员学习参考使用。

图书在版编目（CIP）数据

工程造价/戴晓燕主编．—北京：化学工业出版社，2015.7（2017.5重印）

应用型人才培养“十三五”规划教材

ISBN 978-7-122-24060-6

Ⅰ.①工…　Ⅱ.①戴…　Ⅲ.①工程造价-高等学校-教材　Ⅳ.①TU723.3

中国版本图书馆CIP数据核字（2015）第106587号

责任编辑：李仙华　　装帧设计：韩　飞

责任校对：吴　静

出版发行：化学工业出版社（北京市东城区青年湖南街13号　邮政编码100011）

印　　装：三河市延风印装有限公司

787mm×1092mm　1/16　印张20　字数500千字　2017年5月北京第1版第2次印刷

购书咨询：010-64518888（传真：010-64519686）　售后服务：010-64518899

网　　址：http://www.cip.com.cn

凡购买本书，如有缺损质量问题，本社销售中心负责调换。

定　　价：42.00元

前言

随着我国高等教育大众化的推进，培养出适应社会需要、合格的应用型人才是应用型本科院校面临的首要任务。同时，我国建筑行业迅速发展，市场计价行为与秩序不断规范与完善，社会对于工程造价从业人员的要求也越来越高。

因此，土建类专业人才培养必须深化改革，依托行业，以能力培养为主线，在理论知识够用的前提下，着重讲解应用型人才培养所需的技能，突出实用性和可操作性。

本书有如下主要特色。

（1）本书具有实用性的特点，本着应用型人才培养应突出能力本位的思想，坚持专业知识“必需、够用”的原则，注重实践教学训练，引入通俗易懂的案例教学，每章后面附有习题及历年执业资格考试真题，有较强的针对性和可操作性，并且本书附录一套施工图纸，从而强化学生的工程计量与计价的动手能力，培养学生的职业技能。

（2）本书具有适用性的特点，在教学中引入最新的《建设工程工程量清单计价规范》（GB 50500—2013）、《房屋建筑与装饰工程工程量计算规范》（GB 50854—2013）及地方最新的预算定额、费用定额，使学生在了解定额计价模式的基础上掌握清单计价模式，从而使学生能轻松地实现学校学习与社会工作的衔接。

（3）本书具有前瞻性的特点，本书将会分期制作电子教案，以提高教师在教学环节中的工作效率。

本书由戴晓燕任主编，贺瑶瑶任副主编。具体分工如下：第一章由湖北第二师范学院万力编写，第二～四章、第八章由湖北第二师范学院戴晓燕编写，第五～七章由华中科技大学武昌分校贺瑶瑶编写。本书最终由戴晓燕统稿。

本书在编写过程中，参阅和引用了很多专家、学者论著中的有关资料，得到了化学工业出版社的大力支持，在此一并表示衷心的感谢！

由于编写时间紧迫，编者水平有限，书中难免会存在不当之处，恳请广大读者批评指正，我们将不断改进。

本书提供配套电子课件，可登录 www.cipedu.com.cn 免费获取。

编者

CONTENTS
工程造价

目录

第七章　建筑与装饰工程量清单计价　179

第一章 概论

知识目标

- 了解工程造价专业人员管理制度
- 理解工程项目建设程序
- 掌握工程项目的组成

能力目标

- 能够对工程项目进行分解与组合

第一节 工程项目相关知识

工程项目是以工程建设为载体、以建筑物或构筑物为目标产出物的项目，它需要投入一定的费用，按照相应的程序、在规定的时间内完成，且应符合质量要求，是作为被管理对象的一次性工程建设任务。

一、工程项目组成

一个工程项目是由许多部分组成的综合体，为了便于确定工程造价，需要进行科学统一的划分，按照范围从大到小，可分为单项工程、单位（子单位）工程、分部（子分部）工程和分项工程。

1. 单项工程

单项工程是工程项目的组成部分。它是指具有独立的设计文件，建成后独立发挥生产能力或使用效益的项目。例如：一所学校中的教学楼、图书馆、食堂；一个工厂中的生产车间、办公楼、宿舍楼；医院中的门诊大楼、住院楼等。

2. 单位（子单位）工程

单位工程是指具备独立施工条件并能形成独立使用功能的建筑物或构筑物。对于建筑规模较大的单位工程，可将其能形成独立使用功能的部分作为一个子单位工程。

单位工程是单项工程的组成部分，也可能是整个工程项目的组成部分。按照单项工程的构成，又可将其分解为建筑工程和设备安装工程。

例如：工业厂房工程中的土建工程、设备安装工程、工业管道工程等分别是单项工程中所包含的不同性质的单位工程。

3. 分部（子分部）工程

分部工程是单位工程的组成部分，是按结构部位、路段长度及施工特点或施工任务划分的工程。

根据《建筑工程施工质量验收统一标准》（GB 50300—2013），建筑工程包括地基与基础、主体结构、装饰装修、屋面工程、给排水及采暖、电气、智能建筑、通风与空调、电梯等分部工程。

当分部工程较大或较复杂时，可按材料种类、施工特点、施工程序、专业系统及类别将其划分为若干子分部工程。

例如：主体结构分部工程又分为混凝土结构、砌体结构、钢结构、钢管混凝土结构、型钢混凝土结构、铝合金结构、木结构子分部工程。

4. 分项工程

分项工程是分部工程的组成部分，指在分部工程中，按照不同的施工方法、材料、工序及路段长度等进一步划分的工程。例如：土方开挖、土方回填、场地平整、模板、钢筋、混凝土、砖砌体、木门窗制作与安装、玻璃幕墙等。

分项工程是工程项目施工生产活动的基础，也是计量工程用工用料和机械消耗的基本单元；同时，又是工程质量形成的直接过程。

二、工程项目建设程序

工程项目建设程序是指工程项目从最初策划到投入生产或交付使用的整个建设过程中，各项工作必须遵循的先后工作次序。

1. 项目建议书阶段

项目建议书是项目投资方向其主管部门申报的书面申请文件，它要从宏观上论述项目设立的必要性、建设条件的可行性和获利的可能性，是投资决策前对拟建项目提出的框架性的总体设想，供决策者选择、决策，同时也是项目批复后编制项目可行性研究报告的依据。

2. 可行性研究阶段

可行性研究报告是项目建议书获得批准之后的后续文件，一般来说，可行性研究报告是以市场需求为立足点，通过对拟建项目有关技术和经济方面等方面是否可行和合理进行科学分析论证，并经过对多个方案进行比较，选择最佳方案。获得批准之后的可行性研究报告，将为下一步工程设计提供重要依据。

3. 工程设计阶段

设计文件是安排工程项目和组织施工的主要依据。工程项目的设计工作一般分两个阶段，即初步设计和施工图设计，重大项目和技术复杂项目，可根据需要增加技术设计阶段。

（1）初步设计

初步设计是根据批准的可行性研究报告和必要的设计基础资料，进一步确定拟建项目在技术上的可行性和经济上的合理性，并规定主要技术方案，编制设计概算。

如果初步设计提出的总概算超过可行性研究报告总投资的10%以上或其他主要指标需要变更时，应说明原因和计算依据，并重新向原审批单位报批可行性研究报告。

（2）技术设计

技术设计应在初步设计的基础上，进一步解决初步设计中的重大技术问题，如工艺流程、建筑结构、设备选型及数量确定等，同时对初步设计进行补充和修正、编制修正总概算，使工程项目的设计更具体、更完善。

（3）施工图设计

施工图设计是设计工作和施工工作的桥梁，该阶段将通过图纸，将设计者的意图表达出来，作为工人施工的依据。施工图设计的深度应能满足设备材料的选择与确定、施工图预算的编制、建设项目施工和安装等的要求。

4. 建设准备阶段

建设准备阶段的工作内容很多，包括组织筹建机构、征地、拆迁、地质勘察、主要材料及设备的订货，施工场地的“三通一平”，组织施工招标投标、办理工程质量监督和施工许可手续等。

5. 施工安装阶段

工程项目经批准新开工建设，即进入了施工安装阶段，一般包括土建、装饰工程、水电安装、采暖通风等工作。

项目新开工时间，是指工程项目设计文件中规定的任何一项永久性工程第一次正式破土开槽开始施工的日期，不需开槽的工程，正式开始打桩的日期就是开工日期。需要进行大量土方工程的，以开始进行土方、石方工程的日期作为正式开始日期。工程地质勘察、平整场地、旧建筑物的拆除、临时建筑、施工用临时道路和水、电等工程开始施工的日期不能作为正式开工日期。

施工安装活动应按设计要求、合同条款、施工组织设计、施工验收规范进行，确保工程质量，达到竣工验收标准后，由施工单位移交给建设单位。

6. 生产准备阶段

对于生产性项目而言，建设单位还要为生产环节做准备，包括招收和培训生产人员，组织生产人员参加设备安装、调试和工程验收，签订原材料、燃料、水、电等供应运输协议，组织工具、器具的制造或订货等，确保项目建成后能及时投产。

7. 竣工验收阶段

当工程项目按设计文件的内容全部完成施工后，达到竣工验收标准，便可组织验收，验收合格后便可移交给建设单位。

竣工验收是考核建设成果、检验设计和施工质量的关键环节，是投资成果转入生产或使用的标志。竣工验收合格后，建设项目才能交付使用。

第二节　工程造价专业人员管理制度

为保证建筑市场的良好秩序，我国工程造价行业实行从业人员执业资格制度，造价员和注册造价工程师需要取得相应的资格证书方能从事工程造价业务。

一、造价员

为加强对建设工程造价员的管理，规范建设工程造价员的从业行为和提高其业务水平，维护社会公共利益，中国建设工程造价管理协会（简称“中价协”）2011年修订的《全国建设工程造价员管理办法》指出，造价员是指通过造价员资格考试，取得“建设工程造价员资格证书”，并经登记注册取得从业印章，从事工程造价业务的人员。

资格证书和从业印章是造价员从事工程造价活动的资格证明和工作经历证明，资格证书在全国有效。

1. 造价员资格考试

造价员资格考试原则上每年一次，实行全国统一考试大纲，统一通用专业和考试科目。各地区的统一通用专业一般分为建筑工程、安装工程、市政工程三个专业。其他专业由各管理机构根据本地区、本部门的需要设置，并报中价协备案。

（1）报考条件

凡符合下列条件之一者均可报名：

① 普通高等学校工程造价专业、工程或工程经济类专业在校生；

② 工程造价专业、工程或工程经济类专业中专及以上学历；

③ 其他专业，中专及以上学历，从事工程造价活动满1年。

（2）考试科目

造价员资格考试科目分为《建设工程造价管理基础知识》和《专业工程计量与计价》两个科目。中价协负责编写统一通用专业《建设工程造价员资格考试大纲》和《建设工程造价管理基础知识》培训教材。

各管理机构负责编写本地区、本部门设置的其他专业考试大纲和各专业工程计量与计价的培训教材；负责组织命题、考试、阅卷、确定合格标准、颁发资格证书等工作。

两个科目需在一次考试期间全部通过，考试合格者方能取得由管理机构颁发的造价员资格证书。

符合下列条件之一者，可向管理机构申请免试《建设工程造价管理基础知识》：

① 普通高等学校工程造价专业的应届毕业生；

② 工程造价专业大专及其以上学历的考生，自毕业之日起两年内；

③ 已取得资格证书，申请其他专业考试（即增项专业）的考生。

2. 造价员登记、从业及资格管理

（1）登记条件

1）取得资格证书；

2）受聘于一个建设、设计、施工、工程造价咨询、招标代理、工程监理、工程咨询或工程造价管理等单位；

3）无以下不予登记的情形：

① 不具有完全民事行为能力；

② 申请在两个或两个以上单位从业的；

③ 逾期登记且未达到继续教育要求的；

④ 已取得注册造价工程师证书，且在有效期内的；

⑤ 受刑事处罚未执行完毕的；

⑥ 在工程造价从业活动中，受行政处罚，且行政处罚决定之日至申请登记之日不满两年的；

⑦ 以欺骗、贿赂等不正当手段获准登记被注销的，自被注销登记之日起至申请登记之

日不满两年的；

⑧ 法律、法规规定不予登记的其他情形。

（2）从业

造价员应从事与本人取得的资格证书专业相符合的工程造价活动。造价员应在本人完成的工程造价成果文件上签字、加盖从业印章，并承担相应的责任。

1）造价员享有的权利。

① 依法从事工程造价活动；

② 使用造价员名称；

③ 接受继续教育，提高从业水平；

④ 保管、使用本人的资格证书和从业印章。

2）造价员应当履行的义务。

① 遵守法律、法规和有关管理规定；

② 执行工程造价计价标准和计价方法，保证从业活动成果质量；

③ 与当事人有利益关系的，应当主动回避；

④ 保守从业中知悉的国家秘密和他人的商业、技术秘密。

（3）资格管理

中价协统一印制资格证书，统一规定资格证书编号规则和从业印章样式。资格证书和从业印章应由本人保管、使用。资格证书原则上每四年验证一次，验证结论分为合格、不合格和注销三种。合格者由管理机构记录在资格证书“验证记录栏”内，并加盖管理机构公章。

造价员应接受继续教育，每两年参加继续教育的时间累计不得少于 20 学时。继续教育由各管理机构组织实施，应因地制宜，结合实际，采用网络教学和集中面授等多种形式，其内容要与时俱进，理论联系实际。

二、注册造价工程师

1. 注册造价工程师的素质要求和职业道德

（1）注册造价工程师的素质要求

注册造价工程师是指取得造价工程师注册证书，在一个单位注册、从事建设工程造价活动的专业人员。注册造价工程师应是具备工程、经济和管理知识与实践经验的高素质复合型专业人才，应具备技术技能、人文技能和观念技能，同时应有健康的体魄以适应紧张、繁忙的工作。

（2）注册造价工程师的职业道德

为了规范造价工程师的职业道德行为，提高行业声誉，中国建设工程造价管理协会制定和颁布了《造价工程师职业道德行为准则》，其具体要求如下。

① 遵守国家法律、法规和政策，执行行业自律性规定，珍惜职业声誉，自觉维护国家和社会公共利益。

② 遵守“诚信、公正、精业、进取”的原则，以高质量的服务和优秀的业绩，赢得社会和客户对造价工程师职业的尊重。

③ 勤奋工作，独立、客观、公正、正确地出具工程造价成果文件，使客户满意。

④ 诚实守信，尽职尽责，不得有欺诈、伪造、作假等行为。

⑤ 尊重同行，公平竞争，搞好同行之间的关系，不得采取不正当的手段损害、侵犯同行的权益。

⑥ 廉洁自律，不得索取、收受委托合同约定以外的礼金和其他财物，不得利用职务之便谋取其他不正当的利益。

⑦ 造价工程师与委托方有利害关系的应当回避，委托方有权要求其回避。

⑧ 知悉客户的技术和商务秘密，负有保密义务。

⑨ 接受国家和行业自律性组织对其职业道德行为的监督检查。

2. 注册造价工程师执业资格考试

（1）报考条件

凡中华人民共和国公民，遵纪守法并具备以下条件之一者，均可申请参加造价工程师执业资格考试。

① 工程造价专业大专毕业，从事工程造价业务工作满 5 年；工程或工程经济类大专毕业，从事工程造价业务工作满 6 年。

② 工程造价专业本科毕业，从事工程造价业务工作满 4 年；工程或工程经济类本科毕业，从事工程造价业务工作满 5 年。

③ 获上述专业第二学士学位或研究生班毕业和获硕士学位，从事工程造价业务工作满 3 年。

④ 获上述专业博士学位，从事工程造价业务工作满 2 年。

（2）考试科目

造价工程师执业资格考试分四个科目："建设工程造价管理"、"建设工程计价"、"建设工程技术与计量"、"工程造价案例分析"。其中"建设工程技术与计量"分为"土建"与"安装"两个子专业，报考人员可根据工作实际选报其一。造价工程师执业资格考试成绩实行滚动管理。参加四个科目考试的人员须在连续两个考试年度内通过全部科目。

（3）证书取得

造价工程师执业资格考试合格者，由省、自治区、直辖市人事（职改）部门颁发统一印制、由国家人力资源主管部门和住房城乡建设主管部门统一用印的造价工程师执业资格证书，该证书全国范围内有效，并作为造价工程师注册的凭证。

3. 注册

（1）注册条件

① 取得执业资格；

② 受聘于一个工程造价咨询企业或者工程建设领域的建设、勘察设计、施工、招标代理、工程监理、工程造价管理等单位；

③ 无规定中不予注册的情形。

（2）注册程序

取得执业资格的人员申请注册的，应当向聘用单位工商注册所在地的省级注册初审机关或者部门注册初审机关提出注册申请。

取得资格证书的人员，可自资格证书签发之日起 1 年内申请初始注册。逾期未申请者，须符合继续教育的要求后方可申请初始注册。初始注册的有效期为 4 年。

（3）延续注册与变更注册

注册造价工程师注册有效期满需继续执业的，应当在注册有效期满 30 日之前，按照规定的程序申请延续注册。延续注册的有效期为 4 年。

在注册有效期内，注册造价工程师变更执业单位的，应当与原聘用单位解除劳动合同，

并按照规定的程序办理变更注册手续。变更注册后延续原注册有效期。

4. 执业

（1）注册造价师的执业范围

① 建设项目投资估算的编制、审核，项目经济评价，工程概算、预算、结（决）算编制与审核；

② 工程量清单、标底价（或者控制价）、投标报价的编制与审核，工程合同价款的签订、变更、调整，工程款支付与工程索赔费用的计算；

③ 建设项目管理过程中设计方案的优化、限额设计等工程造价分析与控制，工程保险理赔的核查；

④ 工程经济纠纷的鉴定。

（2）注册造价师的权利

① 使用注册造价工程师名称；

② 依法独立执行工程造价业务；

③ 在本人执业活动中形成的工程造价成果文件上签字并加盖执业印章；

④ 发起设立工程造价咨询企业；

⑤ 保管和使用本人的注册证书和执业印章；

⑥ 参加继续教育。

（3）注册造价师的义务

① 遵守法律、法规和有关管理规定，恪守职业道德；

② 保证执业活动成果的质量；

③ 接受继续教育，提高执业水平；

④ 执行工程造价计价标准和计价办法；

⑤ 与当事人有利害关系的，应当主动回避；

⑥ 保守在执业中知悉的国家秘密和他人的商业、技术秘密。

5. 继续教育

注册造价工程师有义务接受并按要求完成继续教育。注册造价工程师在每一注册有效期内应接受必修课和选修课各为 60 学时的继续教育，继续教育达到合格标准的，颁发继续教育合格证明。注册造价工程师继续教育由中国工程造价管理协会负责组织、管理、监督和检查。

6. 法律责任

（1）对擅自从事工程造价业务的处罚

违反本办法规定，未经注册而以注册造价工程师的名义从事工程造价活动的，所签署的工程造价成果文件无效，由县级以上地方人民政府建设主管部门或者其他有关部门给予警告，责令停止违法活动，并可处以 1 万元以上 3 万元以下的罚款。

（2）对注册违规的处罚

① 隐瞒有关情况或者提供虚假材料申请造价工程师注册的，不予受理或者不予注册，并给予警告，申请人在 1 年内不得再次申请造价工程师注册。

② 聘用单位为申请人提供虚假注册材料的，由县级以上地方人民政府建设主管部门或者其他有关部门给予警告，并可处以 1 万元以上 3 万元以下的罚款。

③ 以欺骗、贿赂等不正当手段取得造价工程师注册的，由注册机关撤销其注册，3 年

内不得再次申请注册，并由县级以上地方人民政府建设主管部门处以罚款。其中，没有违法所得的，处以1万元以下罚款；有违法所得的，处以违法所得3倍以下且不超过3万元的罚款。

④ 违反本办法规定，未办理变更注册而继续执业的，由县级以上人民政府建设主管部门或者其他有关部门责令限期改正；逾期不改的，可处以5000元以下的罚款。

(3) 对执业活动违规的处罚

注册造价工程师下列行为之一的，由县级以上地方人民政府建设主管部门或者其他有关部门给予警告，责令改正，没有违法所得的，处以1万元以下罚款，有违法所得的，处以违法所得3倍以下且不超过3万元的罚款。

① 不履行注册造价工程师义务；

② 在执业过程中索贿、受贿或者谋取合同约定费用外的其他利益；

③ 在执业中实施商业贿赂；

④ 签署有虚假记载、误导性陈述的工程造价成果文件；

⑤ 以个人名义承接工程造价业务；

⑥ 允许他人以自己名义从事工程造价业务；

⑦ 同时在两个或者两个以上单位执业；

⑧ 涂改、倒卖、出租、出借或以其他形式非法转让注册证书或执业印章；

⑨ 法律、法规、规章禁止的其他行为。

(4) 对未提供信用档案信息的处罚

注册造价工程师或者其聘用单位未按照要求提供造价工程师信用档案信息的，由县级以上地方人民政府建设主管部门或者其他有关部门责令限期改正；逾期未改正的，可处以1000元以上1万元以下的罚款。

工程项目按范围由大到小可分为单项工程、单位（子单位）工程、分部（子分部）工程和分项工程。

工程项目建设程序是指工程项目从最初策划到投入生产或交付使用的整个建设过程中，各项工作必须遵循的先后工作次序。主要阶段：项目建议书、可行性研究、工程设计、建设准备、施工安装、生产准备、竣工验收阶段等。

目前，我国工程造价行业实行从业人员执业资格制度，造价员和注册造价工程师需要取得相应的资格证书方能从事工程造价业务。

能力训练题

一、单项选择题

1.（2010年注册造价工程师考试真题） 下列关于工程设计阶段划分的说法中，错误的是（　）。

A. 工业项目的两阶段设计是指初步设计、施工图设计

B. 民用建筑工程一般可分为总平面设计、方案设计、施工图设计三个阶段

C. 技术简单的小型工业项目，经项目相关管理部门同意后，可简化为一阶段设计

D. 大型联合企业的工程，还应经历总体规划设计阶段或总体设计阶段

2. (2012年注册造价工程师考试真题) 对于一般工业与民用建筑工程而言，下列工程中，属于分部工程的是（　　）。

A. 通风与空调工程　　B. 砖砌体工程

C. 玻璃幕墙工程　　D. 裱糊与软包工程

3. (2012年注册造价工程师考试真题) 建设工程项目投资决策完成后，有效控制工程造价的关键在于（　　）。

A. 审核施工图预算　　**B.** 进行设计多方案比选

C. 编制工程量清单　　**D.** 选择施工方案

4. (2013年注册造价工程师考试真题) 根据《建筑工程施工质量验收统一标准》，下列工程中，属于分项工程的是（　　）。

A. 电气工程　　B. 钢筋工程

C. 屋面工程　　D. 桩基工程

5. (2013年注册造价工程师考试真题) 根据《注册造价工程师管理办法》，注册造价工程师在每一注册有效期内应接受必修课（　　）学时的继续教育。

A. 48　　B. 60

C. 96　　D. 120

6. （　　）是项目建设书和可行性研究报告的重要组成部分。

A. 施工预算　　B. 施工图预算

C. 设计概算　　D. 投资估算

二、简答题

1. 工程项目按照范围由大到小如何划分？

2. 工程项目的建设程序包括哪些阶段？

3. 我国对工程造价专业执业资格有何要求？

第二章　工程造价的构成

知识目标

- 了解工程造价的含义及工程计价特征
- 理解建筑安装工程费用及工程建设其他费用的组成内容
- 掌握设备购置费的预备费及建设期利息的计算方法
- 掌握工程量清单计价及定额计价两种模式下建筑安装工程费用的计算程序

能力目标

- 能够熟练地运用定额及清单规范计算两种计价模式下的建筑安装工程费用
- 能够熟练计算进口设备购置费、预备费及建设期利息

第一节　工程造价概述

一、工程造价的含义

工程造价的第一种含义是从投资者（业主）的角度分析，指工程项目全部建设所预计开支或实际支出的建设费用，是工程项目按规定的要求全部建成并验收合格交付使用所需的全部固定资产投资费用。

工程造价的主要构成部分是建设投资，建设投资是指完成工程项建设，在建设期内投入且形成现金流出的全部费用。根据国家发改委和原建设部发布的《建设项目经济评价方法与参数》（第三版）发改投资［2006］1325 号的规定，建设投资由工程费用、工程建设其他费用和预备费三部分组成。工程费用是指建设期内直接用于工程建造、设备购置及其安装的建设投资，包括建筑安装工程费、设备及工器具购置费；工程建设其他费用是指建设期发生的与土地使用权取得、整个工程项目建设以及未来生产经营有关的构成建设投资，但不包括在工程费用中的费用；预备费是在建设期内为各种不可预见因素的变化而预留的可能增加的费用，包括基本预备费和价差预备费。建设项目总投资的具体构成如图 2-1 所示。

工程造价的第二种含义是从市场交易角度分析，指为建成一项工程，预计或实际在土地市场、设备市场、技术劳务市场，以及承包市场等交易活动中所形成的建筑安装工程价格和建设工程总价格。

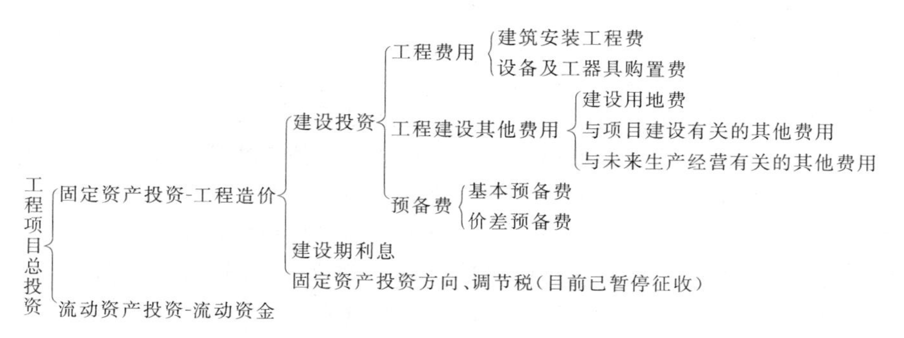

图 2-1 我国工程项目总投资的构成

显然，工程造价的第二种含义是以社会主义商品经济和市场经济为前提。它以建设工程这种特定的商品形成作为交易对象，通过招投标、承发包或其他交易形成，在进行多次性预估的基础上，最终由市场形成的价格。通常是把工程造价的第二种含义认定为工程承发包价格。承发包价格是工程造价中一种重要的，也是最典型的价格形式，它是建筑市场通过招投标，由需求主体（投资者）和供给主体（承包商）共同认可的价格。

二、 工程计价特征

1. 计价的单件性

任何一个工程项目都有自己特定的用途、功能、规模和所处的气候状况、地理位置，所以每一个工程项目的结构、造型、设备配置、内外装饰等都会有不同的要求。建筑产品的差异性决定了每项工程都必须单独计算造价。

2. 计价的多次性

建设工程生产周期长、规模大、造价高，而且需要分阶段进行、逐步深化，因此，工程计价也需要在不同阶段多次进行，以保证工程造价计算的准确性和控制的有效性，多次计价是一个由粗到细、由浅到深，最后逐步接近实际造价的过程，其过程如图 2-2 所示。

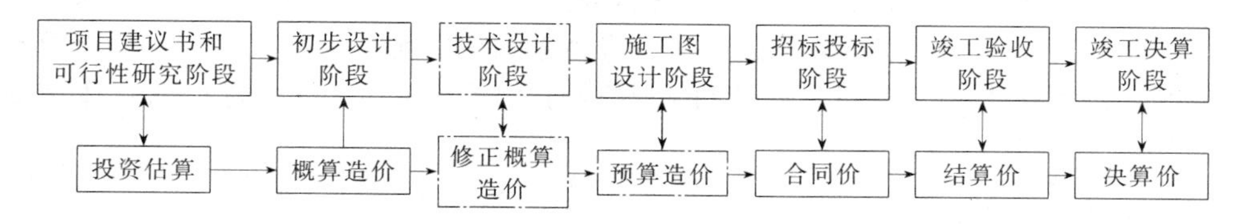

图 2-2 工程多次计价示意图

注：竖立箭头表示对应关系，横向箭头表示多次计价流程及逐步深化过程

（1）投资估算　投资估算指在项目建议书和可行性研究阶段，依据一定的数据资料和特定的方法，对建设项目投资数额进行估计的工程造价。投资估算是从投资者的角度出发，反映项目全部费用的估算金额，一般较为粗略，是建设项目进行决策、筹集资金和合理控制造价的主要依据。

（2）概算造价　概算造价是指是在工程初步设计，由设计单位根据初步设计或扩大初步设计图纸、概算定额及相关取费标准而编制的工程造价。

与投资估算相比，概算造价的准确性有所提高，但受估算造价的控制。一般又可分为：建设项目概算总造价、各个单项工程概算综合造价、各个单位工程概算造价。

（3）修正概算造价　修正概算造价是指在技术设计阶段，根据技术设计的要求，通过编制修正概算文件预先测算和确定的工程造价。它是对初步设计阶段的概算造价的修正和调整，比概算造价准确，但受概算造价控制。

（4）预算造价　预算造价是指在施工图设计完成之后，由施工单位根据施工图纸、施工组织设计、预算定额和有关取费标准而确定的工程造价。预算造价比概算造价或修正概算造价更为详尽和准确，但同样受前一阶段工程造价的控制。并非每一个工程项目都要确定预算造价。目前，有些工程项目需要确定招标控制价以限制最高投标报价。

（5）合同价　合同价指工程招投标阶段通过签订总承包合同、建筑安装工程承包合同、设备材料采购合同，以及技术和咨询服务合同确定的价格。

合同价属于市场价格，它是发承包双方根据市场行情共同议定和认可的成交价格，它并不等于实际最终结算的工程造价。

（6）结算价　结算价指在工程竣工验收阶段，承包单位按合同调价范围和调价方法，对实际发生的工程量增减、设备和材料价差等进行调整后计算和确定的价格，反映的是工程项目实际造价。结算价由发包单位审查，也可以委托具有相应资质的工程造价咨询机构进行审查。

（7）决算价　决算价指在竣工验收阶段，在建设项目竣工验收合格之后，由建设单位或受委托方编制的从项目筹建到竣工验收、交付使用全过程中实际支出费用的经济文件。

竣工决算书是以实物数量和货币指标为计量单位，综合反映了竣工项目从筹建开始到项目竣工交付使用为止的全部建设费用、建设成果和财务情况，是建设项目竣工验收报告的重要组成部分，也是考核分析投资效果的重要依据。

3. 计价的组合性

一个工程项目是一个工程综合体，可以按单项工程、单位工程、分部工程、分项工程等不同层次分解为许多有内在联系的工程。工程项目的组合性决定了工程造价的计算是分步组合而成的，其组合过程为：分部分项工程造价→单位工程造价→单项工程造价→工程项目总造价。

4. 计价方法的多样性

工程项目多次计价有各不相同的计价依据，对造价的精确要求也不同，这就决定了计价方法的多样性。例如：计算投资估算的方法有设备系数法、生产能力指数法等；计算概预算造价有单价法和实物法等。不同工程项目有不同的适用条件，计价时应根据具体情况加以选择。

5. 计价依据的复杂性

由于影响工程造价的因素较多，使得工程计价依据复杂、种类繁多。主要可以分为以下7类。

① 计算设备和工程量的依据。包括项目建议书、可行性研究报告、设计文件等。

② 计算人工、材料、机械等实物消耗量的依据。包括投资估算指标、概算定额、预算定额等。

③ 计算工程单价的依据。包括人工单价、材料价格、材料运杂费、机械台班费等。

④ 计算设备单价的依据。包括设备原价、设备运杂费、进口设备关税等。

⑤ 计算措施项目费、企业管理费、工程建设其他费用的依据。主要是相关的费用定额和指标。

⑥ 政府规定的税费。

⑦ 物价指数和工程造价指数。

第二节 设备、工器具购置费

设备及工器具购置费用是由设备购置费和工具、器具及生产家具购置费组成，在生产性工程建设中，设备及工器具购置费用占工程造价比重的增大，反映出生产技术的进步和资本有机构成的提高。

一、设备购置费用的组成与计算

设备购置费是工程项目购置或自制的达到固定资产标准的设备、工具、器具的费用。它由设备原价和设备运杂费构成。

设备购置费＝设备原价＋设备运杂费　　(2-1)

式(2-1) 中，设备原价指国产设备或进口设备的原价；设备运杂费指原价中包括的关于设备采购、运输、途中包装及仓库保管等方面支出费用的总和。

(一) 国产设备原价的构成及计算

国产设备原价分为国产标准设备原价和国产非标准设备原价。

1. 国产标准设备原价

国产标准设备是指按照主管部门颁布的标准图纸和技术要求，由我国设备生产厂批量生产的，符合国家质量检测标准的设备。国产标准设备原价一般是指设备制造厂的交货价，或订货合同价。国产标准设备原价有两种，即带有备件的原价和不带有备件的原价。在计算时，一般按带有备件的原价计算。

2. 国产非标准设备原价

国产非标准设备是指国家尚无定型标准，各设备生产厂不可能在工艺过程中进行批量生产，而只能按订货要求并根据具体的设计图纸制造的设备。非标准设备原价有多种不同的计算方法，如成本计算估价法、系列设备插入估价法、分部组合估价法、定额估价法等。但无论采用哪种方法都应该使非标准设备计价的准确度接近实际出厂价，并且计算方法要力求简便。

成本计算估价法是一种比较常用的估算非标准设备原价的方法。按成本计算估价法，非标准设备的原价由以下费用组成：

① 材料费。包括材料净重费和材料损耗费。

材料费＝材料净重×(1＋加工损耗系数)×每吨材料综合价　　(2-2)

② 加工费。包括生产工人工资和工资附加费、燃料动力费、设备折旧费、车间经费等。其计算公式为：

加工费＝设备总重量(吨)×设备每吨加工费　　(2-3)

③ 辅助材料费（简称辅材费）。包括焊条、焊丝、氮气、氩气、油漆、电石等费用，按设备单位重量的辅材费指标计算，其计算公式为：

辅助材料费＝设备总重量×辅助材料指标　　(2-4)

④ 专用工具费。按①～③项之和乘以一定百分比计算，其计算公式为：

专用工具费＝(材料费＋加工费＋辅助材料费)×专用工具费费率　　(2-5)

⑤ 废品损失费。按①～④项之和乘以一定百分比计算，其计算公式为：

废品损失费=(材料费+加工费+辅助材料费+专用工具费)×废品损失费率　(2-6)

⑥ 外购配套件费。按设备设计图纸所列的外购配套件的名称、型号、规格、数量、重量，根据相应的价格加运杂费计算，其计算公式为：

外购配套件费=外购配套件价格+运杂费　(2-7)

⑦ 包装费。按①～⑥项之和乘以一定百分比计算，其计算公式为：

包装费=[①+②+③+④+⑤+⑥]×包装费率　(2-8)

⑧ 利润，指设备制造商制造设备应获得的利润，按①～⑤项加上第⑦项之和乘以一定的利润率计算，计算公式如下：

利润=[①+②+③+④+⑤+⑦]×利润率　(2-9)

⑨ 税金，主要指增值税，计算公式如下：

增值税=当期销项税额－进项税额　(2-10)

当期销项税额=销售额×适用增值税税率　(2-11)

⑩ 非标准设备设计费，按国家规定的设计费收费标准计算。

综上所述，单台非标准设备原价可用下面的公式表示：

单台非标准设备原价={[(材料费+加工费+辅助材料费)×(1+专用工具费费率)×(1+废品损失费率)+外购配套件费]×(1+包装费率)－外购配套件费}×(1+利润率)+增值税+非标准设备设计费+外购配套件费　(2-12)

(二) 进口设备原价的构成及计算

进口设备原价指进口设备的抵岸价，即设备抵达买方边境、港口或车站，且交完各种手续费、税费后形成的价格，计算公式如下：

抵岸价=进口设备到岸价(CIF)+进口从属费用　(2-13)

进口从属费用=银行财务费+外贸手续费+进口关税+消费税+进口环节增值税　(2-14)

1. 进口设备的交易价格

在国际贸易中，较为广泛使用的交易价格术语有装运港船上交货价（FOB)、运费在内价（CFR）和运费、保险费在内价（CIF)。

(1) FOB (free on board)，也称为离岸价，按离岸价进行的交易指当货物在合同约定的装运港越过船舷，卖方即完成交货义务，风险即由卖方转移至买方。

在FOB条件下，卖方的责任是：负责办理出口手续；领取出口许可证及其他官方文件；负责在合同约定的装运港口和规定的期限内，将货物装上买方指定的船只，并及时通知买方；负责向买方提供有关装运单据；承担货物在装运港越过船舷之前的一切费用和风险。

买方的责任是：负责租船订舱，按时派船到合同约定的装运港接运货物，支付运费，并将船期、船名及装船地点及时通知卖方；承担货物在装运港越过船舷后的各种费用以及货物灭失或损坏的一切风险；负责取得进口许可证或其他官方文件，以及办理货物入境手续；接受卖方提供的有关单据，受领货物，并按合同规定支付货款。

(2) CFR (cost and freight)，即成本加运费，也称运费在内价。CFR指卖方须负担货物至指定目的港为止所需的费用及运费，但货物灭失或毁损的风险及货物在船上交付后由于事故而产生的任何额外费用，则自货物在装船港越过船舷时起，由卖方移转予买方负担。

运费在内价=离岸价格(FOB)+国际运费　(2-15)

（3）CIF（cost insurance and freight），即成本加保险费、运费，也称到岸价格。卖方除负有与CFR相同的义务外，还应办理货物在运输途中最低险别的海运保险，并应支付保险费。如买方需要更高的保险险别，则需要与卖方明确地达成协议，或者自行做出额外的保险安排。

2. 进口设备到岸价的构成及计算

$$\begin{aligned}\text{进口设备到岸价(CIF)}&=\text{离岸价格(FOB)}+\text{国际运费}+\text{运输保险费}\\&=\text{运费在内价(CFR)}+\text{运输保险费}\end{aligned} \tag{2-16}$$

（1）货价　一般采用装运港船上交货价（FOB）。设备货价分为原币货价和人民币货价，原币货价一律折算成美元表示；当采用人民币货价时，可采用下列公式计算：

$$\text{货价}=\text{原币货价(FOB)}\times\text{人民币外汇汇率} \tag{2-17}$$

（2）国际运费　即从设备出口国装运港到达我国目的港的费用。我国进口设备大部分采用海洋运输，小部分采用铁路运输，个别采用航空运输。进口设备国际运费计算公式如下：

$$\text{国际运费}=\text{原币货价(FOB)}\times\text{运费率} \tag{2-18}$$

或

$$\text{国际运费}=\text{单位运价}\times\text{运量} \tag{2-19}$$

式中，运费率或单位运价参照有关部门或进出口公司的规定执行。

（3）运输保险费　对外贸易货物运输保险是由保险人（保险公司）与被保险人（出口人或进口人）订立保险契约，在被保险人交付议定的保险费后，保险人根据保险契约的规定对货物在运输过程中发生的承保责任范围内的损失给予经济上的补偿，可采用下列公式计算：

$$\text{运输保险费}=\frac{\text{原币货价(FOB)}+\text{国外运费}}{1-\text{保险费率}}\times\text{保险费率} \tag{2-20}$$

式中，保险费率按保险公司规定的进口货物保险费率计算。

3. 进口从属费用的构成及计算

进口设备从属费用可采用下列公式计算：

$$\begin{aligned}\text{进口设备从属费用}=&\text{银行财务费}+\text{外贸手续费}+\text{进口关税}+\text{消费税}\\&+\text{进口环节增值税}+\text{车辆购置税}\end{aligned} \tag{2-21}$$

（1）银行财务费　一般指中国银行在国际贸易结算中，为进出口商提供金融结算服务所收取的手续费，可采用下列公式计算：

$$\text{银行财务费}=\text{离岸价格(FOB)}\times\text{人民币外汇汇率}\times\text{银行财务费率} \tag{2-22}$$

（2）外贸手续费　一般指按商务部门规定的外贸手续费率计取的费用，外贸手续费率一般取1.5%，计算公式如下：

$$\text{外贸手续费}=\text{到岸价格(CIF)}\times\text{人民币外汇汇率}\times\text{外贸手续费率} \tag{2-23}$$

（3）进口关税　一般指海关对进入国境的货物和物品征收的一种税，计算公式如下：

$$\text{进口关税}=\text{到岸价格(CIF)}\times\text{人民币外汇汇率}\times\text{进口关税税率} \tag{2-24}$$

（4）消费税　仅对部分进口设备（轿车、摩托车等）征收的一种税，计算公式如下：

$$\text{应纳消费税税额}=\frac{\text{到岸价格(CIF)}\times\text{人民币外汇汇率}+\text{关税}}{1-\text{消费税税率}}\times\text{消费税税率} \tag{2-25}$$

（5）进口环节增值税　一般指我国政府对从事进口贸易的单位和个人，在进口商品报关进口后征收的税种。我国增值税条例规定，进口应税产品均按组成计税价格和增值税税率计算应纳税额，计算公式如下：

$$\text{进口环节增值税额}=\text{组成计税价格}\times\text{增值税税率} \tag{2-26}$$

$$\text{组成计税价格}=\text{关税完税价格}+\text{关税}+\text{消费税} \tag{2-27}$$

增值税税率根据规定的税率计算。

(6) 车辆购置税　进口车辆需缴进口车辆购置税，计算公式如下：

进口车辆购置税=(关税完税价格+关税+消费税)×车辆购置税率　(2-28)

【例 2-1】 某进口设备通过海洋运输，重量1500吨，装运港船上交货价为600万美元，美元与人民币汇率为1∶6.3。国际运费标准为320美元/吨，海上运输保险费率为3‰，银行财务费率为5‰，外贸手续费率为1.5%，关税税率为22%，增值税税率为17%，消费税税率为10%，试计算该进口设备原价。

解　进口设备FOB=600×6.3=3780(万元)

国际运费=1500×320×6.3=302.40(万元)

$$海洋保险费=\frac{3780+302.4}{1-0.3\%}\times 0.3\%=12.28(万元)$$

到岸价(CIF)=3780+302.4+12.28=4094.68(万元)

银行财务费用=3780×5‰=18.90(万元)

外贸手续费=4094.68×1.5%=61.42(万元)

关税=4094.68×22%=900.83(万元)

$$消费税=\frac{4094.68+900.83}{1-10\%}\times 10\%=555.06(万元)$$

增值税=(4094.68+900.83+555.06)×17%=943.60(万元)

进口设备从属费用=18.90+61.42+900.83+555.06+943.60=2479.81(万元)

进口设备原价=4094.68+2479.81=6574.49(万元)

(三) 设备运杂费的计算

设备运杂费是指国内采购设备自来源地、进口设备自到岸港口运到工地堆放地点发生的采购、运输、运输保险、保管、装卸等费用，计算公式如下：

设备运杂费=设备原价×设备运杂费率　(2-29)

式中，设备运杂费率按各部门及省、市有关规定计取。

二、工具、器具及生产家具购置费用的组成与计算

工具、器具及生产家具购置费用是指新建项目或扩建项目初步设计规定的，保证初期正常必须购置的不够固定资产标准的设备、仪器、工卡模具、器具、生产家具和备品备件的费用。一般以设备购置费的一定比例计算，计算公式如下：

工具、器具及生产家具购置费用=设备购置费×定额费率　(2-30)

第三节　建筑安装工程费用

为适应深化工程计价改革的需要，住房和城乡建设部根据国家有关法律、法规及相关政策，印发了《建筑安装工程费用项目组成》(建标［2013］44号)，规定建筑安装工程费用项目的组成。

一、建筑安装工程费用组成

(一) 按费用构成要素划分

建筑安装工程费按照费用构成要素划分：由人工费、材料(包含工程设备，下同)费、

施工机具使用费、企业管理费、利润、规费和税金组成。其中人工费、材料费、施工机具使用费、企业管理费和利润包含在分部分项工程费、措施项目费、其他项目费中，如图 2-3 所示。

图 2-3　建筑安装工程费用项目组成（按费用构成要素划分）

1. 人工费

人工费是指按工资总额构成规定，支付给从事建筑安装工程施工的生产工人和附属生产单位工人的各项费用。内容包括以下几点。

(1) 计时工资或计件工资　是指按计时工资标准和工作时间或对已做工作按计件单价支付给个人的劳动报酬。

(2) 奖金　是指对超额劳动和增收节支支付给个人的劳动报酬。如节约奖、劳动竞赛奖等。

(3) 津贴补贴　是指为了补偿职工特殊或额外的劳动消耗和因其他特殊原因支付给个人的津贴，以及为了保证职工工资水平不受物价影响支付给个人的物价补贴。如流动施工津贴、特殊地区施工津贴、高温（寒）作业临时津贴、高空津贴等。

(4) 加班加点工资　是指按规定支付的在法定节假日工作的加班工资和在法定日工作时间外延时工作的加点工资。

(5) 特殊情况下支付的工资　是指根据国家法律、法规和政策规定，因病、工伤、产假计划生育假、事假、探亲假、定期休假、停工学习、执行国家或社会义务等原因按计时工资标准或计时工资标准的一定比例支付的工资。

2. 材料费

材料费是指施工过程中耗费的原材料、辅助材料、构配件、零件、半成品或成品、工程设备费用。内容包括以下几点。

(1) 材料原价　是指材料、工程设备的出厂价格或商家供应价格。

(2) 运杂费　是指材料、工程设备自来源地运至工地仓库或指定堆放地点所发生的各项费用。

(3) 运输损耗费　是指材料在运输装卸过程中不可避免的损耗。

(4) 采购及保管费　是指为组织采购、供应和保管材料、工程设备的过程中所需要的各项费用。包括采购费、仓储费、工地保管费、仓储损耗。

工程设备是指构成或计划构成永久工程一部分的机电设备、金属结构设备、仪器装置及其他类似的设备和装置。

3. 施工机具使用费

施工机具使用费是指施工作业所发生的施工机械、仪器仪表使用费或其租赁费。

(1) 施工机械使用费　以施工机械台班耗用量乘以施工机械台班单价表示，施工机械台班单价应由下列七项费用组成。

① 折旧费：指施工机械在规定的使用年限内，陆续收回其原值及购置资金的时间价值。

② 大修理费：指施工机械按规定的大修理间隔台班进行必要的大修理，以恢复其正常功能所需的费用。

③ 经常修理费：指施工机械除大修理以外的各级保养和临时故障排除所需的费用。包括为保障机械正常运转所需替换设备与随机配备工具附具的摊销和维护费用，机械运转中日常保养所需润滑与擦拭的材料费用及机械停滞期间的维护和保养费用等。

④ 安拆费及场外运费：安拆费指施工机械（大型机械除外）在现场进行安装与拆卸所需的人工、材料、机械和试运转费用以及机械辅助设施的折旧、搭设、拆除等费用；场外运费指施工机械整体或分体自停放地点运至施工现场或由一施工地点运至另一施工地点的运输、装卸、辅助材料及架线等费用。

⑤ 人工费：指机上司机（司炉）和其他操作人员的人工费。

⑥ 燃料动力费：指施工机械在运转作业中所消耗的各种燃料及水、电等费用。

⑦ 税费：指施工机械按照国家和有关部门的规定应缴纳的车船使用税、保险费及年检费等。

（2）仪器仪表使用费 是指工程施工所需使用的仪器仪表的摊销及维修费用。

4. 企业管理费

企业管理费是指建筑安装企业组织施工生产和经营管理所需的费用。内容包括以下几点。

（1）管理人员工资 是指按规定支付给管理人员的计时工资、奖金、津贴补贴、加班加点工资及特殊情况下支付的工资等。

（2）办公费 是指企业管理办公用的文具、纸张、印刷、邮电、书报、办公软件、现场监控、会议、水电、烧水和集体取暖降温（包括现场临时宿舍取暖降温）等费用。

（3）差旅交通费 是指职工因公出差、调动工作的差旅费、住勤补助费，市内交通费和误餐补助费，职工探亲路费，劳动力招募费，职工退休、退职一次性路费，工伤人员就医路费，工地转移费以及管理部门使用的交通工具的油料、燃料等费用。

（4）固定资产使用费 是指管理和试验部门及附属生产单位使用的属于固定资产的房屋、设备、仪器等的折旧、大修、维修或租赁费。

（5）工具用具使用费 是指企业施工生产和管理使用的不属于固定资产的工具、器具、家具、交通工具和检验、试验、测绘、消防用具等的购置、维修和摊销费。

（6）劳动保险和职工福利费 是指由企业支付的职工退职金、按规定支付给离休干部的经费，集体福利费、夏季防暑降温费、冬季取暖补贴、上下班交通补贴等。

（7）劳动保护费 是企业按规定发放的劳动保护用品的支出。如工作服、手套、防暑降温饮料以及在有碍身体健康的环境中施工的保健费用等。

（8）检验试验费 是指施工企业按照有关标准规定，对建筑以及材料、构件和建筑安装物进行一般鉴定、检查所发生的费用，包括自设试验室进行试验所耗用的材料等费用。不包括新结构、新材料的试验费，对构件做破坏性试验及其他特殊要求检验试验的费用和建设单位委托检测机构进行检测的费用，对此类检测发生的费用，由建设单位在工程建设其他费用中列支。但对施工企业提供的具有合格证的材料进行检测不合格的，该检测费用由施工企业支付。

（9）工会经费 是指企业按《工会法》规定的全部职工工资总额比例计提的工会经费。

（10）职工教育经费 是指按照职工工资总额的规定比例计提，企业为职工进行专业技术和职业技能培训，专业技术人员继续教育、职工职业技能鉴定、职业资格认定以及根据需要对职工进行各类文化教育所发生的费用。

（11）财产保险费 是指施工管理用财产、车辆等的保险费用。

（12）财务费 是指企业为施工生产筹集资金或提供预付款担保、履约担保、职工工资支付担保等所发生的各种费用。

（13）税金 是指企业按规定缴纳的房产税、车船使用税、土地使用税、印花税等。

（14）其他 包括技术转让费、技术开发费、投标费、业务招待费、绿化费、广告费、公证费、法律顾问费、审计费、咨询费、保险费等。

5. 利润

利润是指施工企业完成所承包工程获得的盈利。

6. 规费

规费是指按国家法律、法规规定，由省级政府和省级有关权力部门规定施工企业必须缴纳的，应计入建筑安装工程造价的费用。包括以下几点。

（1）社会保险费

① 养老保险费：是指企业按规定标准为职工缴纳的基本养老保险费。

② 失业保险费：是指企业按照国家规定标准为职工缴纳的失业保险费。

③ 医疗保险费：是指企业按照规定标准为职工缴纳的基本医疗保险费。

④ 生育保险费：是指企业按照规定标准为职工缴纳的生育保险费。

⑤ 工伤保险费：是指企业按照规定标准为职工缴纳的工伤保险费。

（2）住房公积金　是指企业按规定标准为职工缴纳的住房公积金。

（3）工程排污费　是指按规定缴纳的施工现场工程排污费。

其他应列而未列入的规费，按实际发生计取。

7. 税金

税金是指国家税法规定的应计入建筑安装工程造价内的营业税、城市维护建设税、教育费附加及地方教育附加。

若实行营业税改增值税时，按纳税地点调整的税率另行计算。

（二）按工程造价形成划分

建筑安装工程费用按照工程造价形成划分，由分部分项工程费、措施项目费、其他项目费、规费、税金组成，分部分项工程费、措施项目费、其他项目费包含人工费、材料费、施工机具使用费、企业管理费和利润，如图 2-4 所示。

1. 分部分项工程费

分部分项工程费是指各专业工程的分部分项工程应予列支的各项费用。

$$分部分项工程费=\sum（分部分项工程量\times相应分部分项综合单价）\tag{2-31}$$

（1）专业工程　是指按现行国家计量规范划分的房屋建筑与装饰工程、仿古建筑工程、通用安装工程、市政工程、园林绿化工程、矿山工程、构筑物工程、城市轨道交通工程、爆破工程等各类工程。

（2）分部分项工程　指按现行国家计量规范对各专业划分的项目。如房屋建筑与装饰工程的土石方工程、地基处理与桩基工程、砌筑工程、钢筋及钢筋混凝土工程等。

2. 措施项目费

措施项目费指为完成建设工程施工，发生于该工程施工前和施工过程中的技术、生活、安全、环境保护等方面的费用。

$$措施项目费=\sum(各措施项目费)\tag{2-32}$$

措施项目费内容包括以下几点。

（1）安全文明施工费　是指在合同履行过程中，承包人按照国家法律、法规、标准等规定，为保证安全施工、文明施工，保护现场内外环境和搭拆临时设施等所采用的措施而发生的费用，具体内容如下。

① 环境保护费：指施工现场为达到环保部门要求所需要的各项费用。

② 文明施工费：指施工现场文明施工所需要的各项费用。

③ 安全施工费：指施工现场安全施工所需要的各项费用。

④ 临时设施费：指施工企业为进行建设工程施工所必须搭设的生活和生产用的临时建筑物、构筑物和其他临时设施费用。包括临时设施的搭设、维修、拆除、清理费或摊销费等。

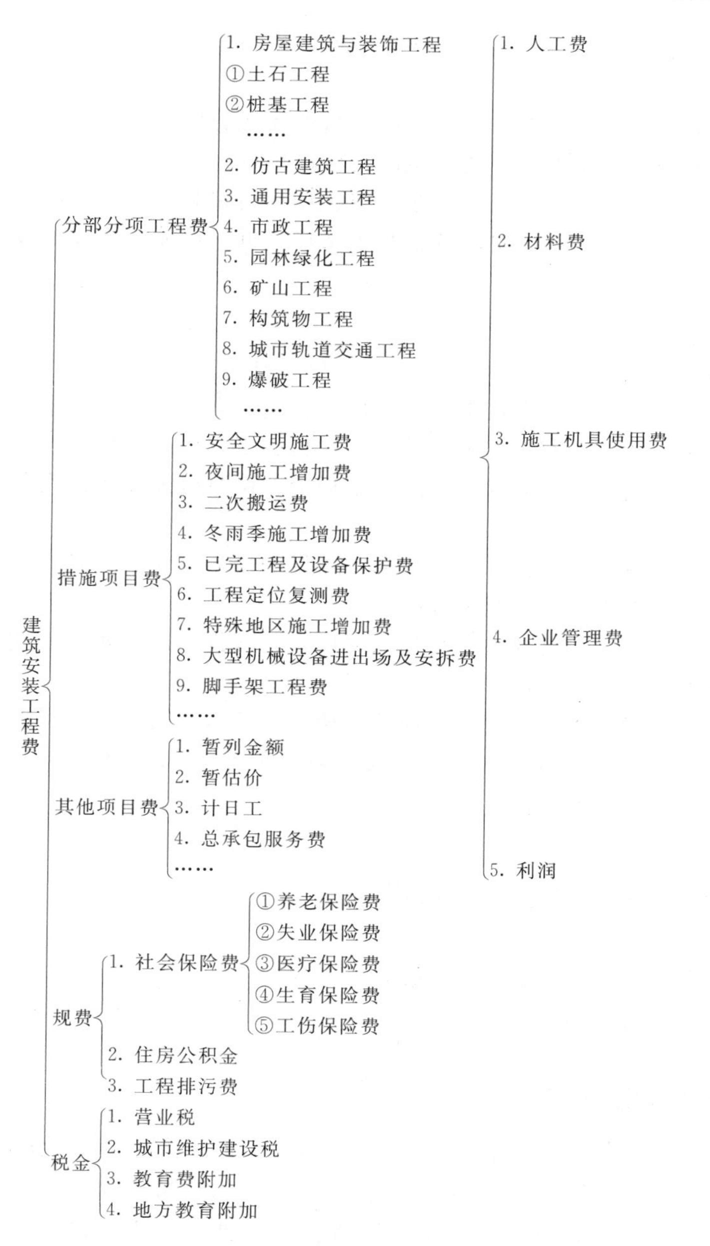

图 2-4 建筑安装工程费用项目组成（按工程造价形成划分）

（2）夜间施工增加费 是指因夜间施工所发生的夜班补助费、夜间施工降效、夜间施工照明设备摊销及照明用电等费用。

（3）二次搬运费 指因施工场地条件限制而发生的材料、构配件、半成品等一次运输不能达到堆放地点，必须进行二次或多次搬运所发生的费用。

（4）冬雨季施工增加费 指在冬季或雨季施工需增加的临时设施、防滑、排除雨雪，人工及施工机械效率降低等费用。

（5）已完工程及设备保护费 指竣工验收前，对已完工程及设备采取的必要保护措施所发生的费用。

（6）工程定位复测费 指工程施工过程中进行全部施工测量放线和复测工作的费用。

（7）特殊地区施工增加费　指工程在沙漠或其边缘地区、高海拔、高寒、原始森林等特殊地区施工增加的费用。

（8）大型机械设备进出场及安拆费　指机械整体或分体自停放场地运至施工现场或由一个施工地点运至另一个施工地点，所发生的机械进出场运输及转移费用及机械在施工现场进行安装、拆卸所需的人工费、材料费、机械费、试运转费和安装所需的辅助设施的费用。

（9）脚手架工程费　施工需要的各种脚手架搭、拆、运输费用以及脚手架购置费的摊销（或租赁）费用。

3. 其他项目费

其他项目费＝暂列金额＋暂估价＋计日工＋总承包服务费　（2-33）

（1）暂列金额　是指招标人在工程量清单中暂定并包括在工程合同价款中的一笔款项。用于合同签订时尚未确定或者不可预见的所需材料、工程设备、服务的采购，施工中可能发生的工程变更、合同约定调整因素出现时的工程价款调整以及发生的索赔、现场签证确认等的费用。

（2）暂估价　是指招标人在工程量清单中提供的用于支付必然发生但暂时不能确定价格的材料、工程设备的单价以及专业工程的金额。

（3）计日工　指在施工过程中，承包人完成发包人提出的工程合同范围以外的零星项目或工作，按合同中约定的单价计价的一种方式。

（4）总承包服务费　指总承包人为配合、协调发包人进行的专业工程发包，对发包人自行采购的材料、工程设备等进行保管以及施工现场管理、竣工资料汇总整理等服务所需的费用。

4. 规费

与按费用构成要素划分的规费定义相同。

5. 税金

与按费用构成要素划分的税金定义相同。

建筑安装工程报价＝分部分项工程费＋措施项目费＋其他项目费＋规费＋税金　（2-34）

二、一般性规定及说明

（1）《湖北省建筑安装工程费用定额》（2013 版）（以下简称本定额），是根据国家标准《建设工程工程量清单计价规范》（GB 50500—2013）、《房屋建筑与装饰工程工程量计算规范》（GB 50854—2013）等专业工程量计算规范、《建筑安装工程费用项目组成》（建标［2013］44 号）、《建筑工程安全防护、文明施工措施费用及使用管理规定》（建办［2005］89 号）、《湖北省建设工程造价管理办法》（湖北省人民政府令第 311 号）等文件规定，结合湖北省实际情况编制的。

（2）本定额适用于湖北省境内房屋建筑工程、装饰工程、通用安装工程、市政工程、园林绿化工程、土石方工程施工发承包及实施阶段的计价活动，本定额适用于工程量清单计价和定额计价。

1）各专业工程的适用范围如下。

① 房屋建筑工程：适用于工业与民用临时和永久性的建筑物（含构筑物）。包括各种房屋、设备基础、钢筋混凝土、砖石砌筑、木结构、钢结构及零星金属构件、烟囱、水塔、水池、围墙、挡土墙、化粪池、窨井、室内外管道沟砌筑等。

② 装饰工程：适用于新建、扩建和改建工程的建筑装饰装修。包括楼地面工程、墙柱面工程、天棚装饰工程、门窗和幕墙工程及油漆、涂料、裱糊工程等。

③ 通用安装工程：适用于机械设备安装工程、热力设备安装工程、静置设备与工艺金属结构制作安装工程、电气设备安装工程、建筑智能化工程、自动化控制仪表安装工程、通风空调工程、工业管道工程、消防工程、给排水、采暖、燃气工程、通信设备及线路工程、刷油、防腐蚀、绝热工程等。

④ 市政工程：适用于城镇管辖范围内的道路工程、桥涵工程、隧道工程、管网工程、水处理工程、生活垃圾处理工程、钢筋工程、拆除工程。

⑤ 园林绿化工程：适用于新建、扩建的园林建筑与绿化工程。内容包括：绿化工程、园路、园桥工程、园林景观工程。

⑥ 土石方工程：适用于各专业工程的土石方工程。

2）各专业的计费基础：以人工费与施工机具使用费之和为计费基数。

（3）本定额是编制投资估算、设计概算的基础，是编制招标控制价、施工图预算的依据。供投标报价、工程结算时参考。

（4）总价措施项目费中的安全文明施工费、规费和税金是不可竞争性费用，应按规定计取。

（5）工程排污费是指承包人按环境保护部门的规定，对施工现场超标准排放的噪声污染缴纳的费用，应按实际缴纳金额计取。

（6）下列情势下，承包人可调整施工措施项目费。

1）工程变更引起施工方案改变并使措施项目发生变化时。

2）合同履行期间，由于招标工程量清单缺项，新增分部分项工程清单项目的。

3）合同履行期间，当应予计算的实际工程量与招标工程量清单出现增减超过15%时。

第1）、2）种情势下，由承包人提出调整措施项目费，并提交发包人确认。措施项目费按照下列规定调整。

① 安全文明施工费，应按照实际发生变化的措施项目依据现行规定计算。

② 单价措施项目费，应按照实际发生变化的措施项目，依据现行规定确定单价。

③ 总价措施项目费，按照实际发生变化的措施项目调整，但应考虑承包人报价浮动因素，即实际调整金额乘以现行规范规定的承包人报价浮动率。

如果承包人未事先将拟实施的方案提交给发包人确认，则应视为工程变更不引起措施项目费的调整或承包人放弃调整措施项目费的权利。

第3）种情势下，引起相关措施项目费发生变化时，按系数或单一总价方式计算的，工程量增加的措施项目费调增，工程量减少的措施项目费调减。

（7）总承包服务费 应依据招标人在招标文件中列出的分包专业工程内容和供应材料、设备情况，按照招标人提出协调配合和服务要求及施工现场管理需要自主确定，也可参照下列标准计算。

① 招标人仅要求对分包的专业工程进行总承包管理和协调时，按分包的专业工程造价的1.5%计算。

② 招标人要求对分包的专业工程进行总承包管理和协调，并同时要求提供配合服务时，根据招标文件中列出的配合服务内容和提出的要求，按分包的专业工程造价的3%～5%计算。配合服务的内容包括：对分包单位的管理、协调和施工配合等费用；施工现场水电设施、管线敷设的摊销费用；共用脚手架搭拆的摊销费用；共用垂直运输设备，加压设备的使

用、折旧、维修费用等。

③ 招标人自行供应材料、工程设备的，按招标人供应材料、工程设备价值的1%计算。

(8) 税金采用综合税率。

(9) 人工单价。见表2-1。

表2-1 人工工日单价表 单位：元/工日

人工级别	普工	技工	高级技工
工日单价	60	92	138

注：1. 此价格为2013版定额编制期的人工发布价。

2. 普工为技术等级1～3级的工人，技工为技术等级4～7级的工人，高级技工为技术等级7级以上的工人。

三、费率标准

依据《湖北省建设工程计价管理办法》的有关规定，表2-2～表2-7为建筑安装工程计价的费率。

(一) 总价措施项目费

1. 安全文明施工费

表2-2 安全文明施工费费率表 单位：%

<table>
<tr><td colspan="2">专业</td><td colspan="3">房屋建筑工程</td><td rowspan="2">装饰工程</td><td rowspan="2">通用安装工程</td><td rowspan="2">土石方工程</td></tr>
<tr><td colspan="2">建筑划分</td><td>12层以下（或檐高≤40m）</td><td>12层以下（或檐高>40m）</td><td>工业厂房</td></tr>
<tr><td colspan="2">计费基数</td><td colspan="6">人工费+施工机具使用费</td></tr>
<tr><td colspan="2">费率</td><td>13.28</td><td>12.51</td><td>10.68</td><td>5.81</td><td>9.05</td><td>3.46</td></tr>
<tr><td rowspan="4">其中</td><td>安全施工费</td><td>7.20</td><td>7.41</td><td>4.94</td><td>3.29</td><td>3.57</td><td>1.06</td></tr>
<tr><td>文明施工费</td><td rowspan="2">3.68</td><td rowspan="2">2.47</td><td rowspan="2">3.19</td><td rowspan="2">1.29</td><td rowspan="2">1.97</td><td rowspan="2">1.44</td></tr>
<tr><td>环境保护费</td></tr>
<tr><td>临时设施费</td><td>2.40</td><td>2.63</td><td>2.55</td><td>1.23</td><td>3.51</td><td>0.96</td></tr>
</table>

2. 其他总价措施项目费

表2-3 其他总价措施项目费费率表 单位：%

计费基数		人工费+施工机具使用费
费率		0.65
其中	夜间施工增加费	0.15
	二次搬运费	按施工组织设计
	冬雨季施工增加费	0.37
	工程定位复测费	0.13

(二) 企业管理费

表2-4 企业管理费费率表 单位：%

专业	房屋建筑工程	装饰工程	通用安装工程	土石方工程
计费基数	人工费+施工机具使用费			
费率	23.84	13.47	17.50	7.60

（三）利润

表 2-5 利润率表

单位：%

专业	房屋建筑工程	装饰工程	通用安装工程	土石方工程
计费基数	人工费＋施工机具使用费			
费率	18.17	15.80	14.91	4.96

（四）规费

表 2-6 规费费率表

单位：%

专 业		房屋建筑工程	装饰工程	通用安装工程	土石方工程
计费基数		人工费＋施工机具使用费			
费率		24.72	10.95	11.66	6.11
社会保险费		18.49	8.18	8.71	4.57
其中	养老保险费	11.68	5.26	5.60	2.89
	失业保险费	1.17	0.52	0.56	0.29
	医疗保险费	3.70	1.54	1.64	0.91
	工伤保险费	1.36	0.61	0.65	0.34
	生育保险费	0.58	0.25	0.26	0.14
住房公积金		4.87	2.06	2.20	1.20
工程排污费		1.36	0.71	0.75	0.34

（五）税金

表 2-7 税率表

单位：%

纳税人地区	纳税人所在地在市区	纳税人所在地在县城、镇	纳税人所在地不在市区、县城或镇
计税基数	不含税工程造价		
综合税率	3.48	3.41	3.28

注：1. 不分国营或集体企业，均以工程所在地税率计取。

2. 企事业单位所属的建筑修缮单位，承包本单位建筑、安装和修缮业务不计取税金（本单位的范围只限于从事建筑和修缮业务的企业单位本身，不能扩大到本部门各个企业之间或总分支机构之间）。

3. 建筑安装企业承包工程实行分包形式的，税金由总承包单位统一缴纳。

四、工程量清单计价

（一）说明

① 工程量清单指载明建设工程分部分项工程项目、措施项目、其他项目的名称和相应数量以及规费、税金项目等内容的明细清单。

② 工程量清单计价指投标人完成招标人提供的工程量清单所需的全部费用，包括分部分项工程费、措施项目费、其他项目费和规费、税金。

③ 综合单价是指完成一个规定清单项目所需的人工费、材料和工程设备费、施工机具使用费和企业管理费、利润以及一定范围内的风险费用。

④ 措施项目清单包括总价措施项目清单和单价措施项目清单。单价措施项目清单计价的综合单价，按消耗量定额，结合工程的施工组织设计或施工方案计算。总价措施项目清单计价按本定额中规定的费率和计算方法计算。

⑤ 发包人提供的材料和工程设备（简称甲供材）应计入相应项目的综合单价中，支付工程价款时，发包人应按合同的约定扣除甲供材料款，不予付款。

⑥ 采用工程量清单计价招投标的工程，在编制招标控制价时，应按本定额规定的费率计算各项费用。

（二）计算程序

1. 分部分项工程及单价措施项目综合单价计算程序（表 2-8）

表 2-8　综合单价计算程序表

单位：元

序号	费用项目	计算方法
1	人工费	Σ(人工费)
2	材料费	Σ(材料费)
3	施工机具使用费	Σ(施工机具使用费)
4	企业管理费	(1＋3)×费率
5	利润	(1＋3)×费率
6	风险因素	按招标文件或约定
7	综合单价	1＋2＋3＋4＋5＋6

2. 总价措施项目费计算程序（表 2-9）

表 2-9　总价措施项目费计算程序

单位：元

序号	费用项目		计算方法
1	分部分项工程费		Σ(分部分项工程费)
1.1	其中	人工费	Σ(人工费)
1.2		施工机具使用费	Σ(施工机具使用费)
2	单价措施项目费		Σ(单价措施项目费)
2.1	其中	人工费	Σ(人工费)
2.2		施工机具使用费	Σ(施工机具使用费)
3	总价措施项目费		3.1＋3.2
3.1	安全文明施工费		(1.1＋1.2＋2.1＋2.2)×费率
3.2	其他总价措施项目费		(1.1＋1.2＋2.1＋2.2)×费率

3. 其他项目费计算程序（表 2-10）

表 2-10　其他项目费计算程序表

单位：元

序号	费用项目		计算方法
1	暂列金额		按招标文件
2	暂估价		2.1＋2.2
2.1	其中	材料暂估价/结算价	Σ(材料暂估价×暂估数量)/Σ(材料结算价×结算数量)
2.2		专业工程暂估价/结算价	按招标文件/结算价
3	计日工		3.1＋3.2＋3.3＋3.4＋3.5
3.1	其中	人工费	Σ(人工价格×暂定数量)
3.2		材料费	Σ(材料价格×暂定数量)
3.3		施工机具使用费	Σ(机械台班价格×暂定数量)
3.4		企业管理费	(3.1＋3.3)×费率
3.5		利润	(3.1＋3.3)×费率
4	总承包服务费		4.1＋4.2
4.1	其中	发包人发包专业工程	Σ(项目价值×费率)
4.2		发包人提供材料	Σ(项目价值×费率)
5	索赔与现场签证		Σ(价格×数量)/Σ费用
6	其他项目费		1＋2＋3＋4＋5

4. 单位工程造价计算程序（表 2-11）

表 2-11 单位工程造价计算程序表

单位：元

序号	费用项目		计算方法
1	分部分项工程费		Σ(分部分项工程费)
1.1	其中	人工费	Σ(人工费)
1.2		施工机具使用费	Σ(施工机具使用费)
2	单价措施项目费		Σ(单价措施项目费)
2.1	其中	人工费	Σ(人工费)
2.2		施工机具使用费	Σ(施工机具使用费)
3	总价措施项目费		Σ(总价措施项目费)
4	其他项目费		Σ(其他项目费)
4.1	其中	人工费	Σ(人工费)
4.2		施工机具使用费	Σ(施工机具使用费)
5	规费		(1.1+1.2+2.1+2.2+4.1+4.2)×费率
6	税金		(1+2+3+4+5)×费率
7	含税工程造价		1+2+3+4+5+6

【例 2-2】 某县城内七层房屋建筑工程分部分项工程费为 623500 元，其中人工费与施工机具使用费之和为 180000 元；单价措施项目费为 260000 元，其中人工费与施工机具使用费之和为 72000 元，无二次搬运费，其他项目费为 90000 元，其中人工费与施工机具使用费之和为 8500 元，试计算清单计价模式下含税工程造价。

解 查《湖北省建筑安装工程费用定额》（2013 版）可知，安全文明施工费率为 13.28%，其他总价措施项目费率为 0.65%，规费费率为 24.72%，税率为 3.41%，则清单计价模式下含税工程造价计算程序如表 2-12 所示。

表 2-12 清单计价模式下含税工程造价计算程序表

单位：元

序号	费用项目		计算方法	计算结果/元
1	分部分项工程费		Σ(分部分项工程费)	623500
1.1	其中:人工费与施工机具使用费之和			180000
2	措施项目费		2.1+2.2	295104
2.1	单价措施项目费			260000
2.1.1	其中:人工费与施工机具使用费之和			72000
2.2	总价措施项目费		2.2.1+2.2.2	35104
2.2.1	其中	安全文明施工费	(1.1+2.1.1)×13.28%	33466
2.2.2		其他总价措施项目费	(1.1+2.1.1)×0.65%	1638
3	其他项目费			90000
3.1	其中人工费与施工机具使用费之和			8500
4	规费		(1.1+2.1.1+3.1)×24.72%	64396
5	不含税工程造价		1+2+3+4	1073000
6	税金		5×3.41%	36589
7	含税工程造价		5+6	1109589

五、定额计价

（一）说明

① 定额计价是以湖北省基价表中的人工费、材料费（含未计价材，下同）、施工机具使用费为基数，依据本定额计算工程所需的全部费用，包括人工费、材料费、施工机具使用费、企业管理费、利润和税金。

② 材料市场价格是指发、承包人双方认定的价格，也可以是当地建设工程造价管理机构发布的市场信息价格。双方应在相关文件上约定。

③ 人工发布价、材料市场价格、机械台班价格进入定额基价。

④ 包工不包料工程、计时工按定额计算出的人工费的25%计取综合费用。费用包括总价措施、管理费、利润和规费。施工用的特殊工具，如手推车等，由发包人解决。综合费用中不包括税金，由总包单位统一支付。

⑤ 施工过程中发生的索赔与现场签证费用，发承包双方办理竣工结算时，以实物量形式表示的索赔与现场签证，按基价表（或单位估价表）金额，计算总价措施项目费、企业管理费、利润、规费和税金。以费用形式表示的索赔与现场签证，列入不含税工程造价，另有说明的除外。

⑥ 由发包人供应的材料，按当期信息价进入定额基价，按计价程序计取各项费用及税金。支付工程价款时扣除下列费用：

$$费用=\sum(当期信息价\times发包人提供的材料数量) \tag{2-35}$$

⑦ 二次搬运费按施工组织设计计取，计入总价措施项目费。

（二）计算程序

表2-13为定额计价程序表。

表2-13 定额计价程序表 单位：元

序号	费用项目		计算方法
1	分部分项工程费		1.1+1.2+1.3
1.1	其中	人工费	Σ(人工费)
1.2		材料费	Σ(材料费)
1.3		施工机具使用费	Σ(施工机具使用费)
2	措施项目费		2.1+2.2
2.1	单价措施项目费		2.1.1+2.1.2+2.1.3
2.1.1	其中	人工费	Σ(人工费)
2.1.2		材料费	Σ(材料费)
2.1.3		施工机具使用费	Σ(施工机具使用费)
2.2	总价措施项目费		2.2.1+2.2.2
2.2.1	其中	安全文明施工费	(1.1+1.3+2.1.1+2.1.3)×费率
2.2.2		其他总价措施项目费	(1.1+1.3+2.1.1+2.1.3)×费率
3	总承包服务费		项目价值×费率
4	企业管理费		(1.1+1.3+2.1.1+2.1.3)×费率
5	利润		(1.1+1.3+2.1.1+2.1.3)×费率
6	规费		(1.1+1.3+2.1.1+2.1.3)×费率
7	索赔与现场签证		索赔与现场签证费用
8	不含税工程造价		1+2+3+4+5+6+7
9	税金		8×费率
10	含税工程造价		8+9

注：表中“索赔与现场签证”是指以费用形式表示的不含税费用。

【例2-3】 某市区内五层房屋建筑工程分部分项工程费为950000元，其中人工费与施工机具使用费之和为320000元；单价措施项目费为350000元，其中人工费与施工机具使用费之和为100000元，无二次搬运费，不计总承包服务费，试计算定额计价模式下含税工程造价。

解 查《湖北省建筑安装工程费用定额》（2013版）可知，安全文明施工费率为

13.28%，其他总价措施项目费率为0.65%，企业管理费费率为23.84%，利润率为18.17%，规费费率为24.72%，税率为3.48%，则定额计价模式下含税工程造价计算程序如表2-14所示。

表 2-14 定额计价模式下含税工程造价计算程序表

序号	费用项目		计算方法	计算结果/元
1	分部分项工程费		∑(分部分项工程费)	950000
1.1	其中人工费与施工机具使用费之和			320000
2	措施项目费		2.1+2.2	408506
2.1	单价措施项目费			350000
2.1.1	其中人工费与施工机具使用费之和			100000
2.2	总价措施项目费		2.2.1+2.2.2	58506
2.2.1	其中	安全文明施工费	(1.1+2.1.1)×13.28%	55776
2.2.2		其他总价措施项目费	(1.1+2.1.1)×0.65%	2730
3	企业管理费		(1.1+2.1.1)×23.84%	100128
4	利润		(1.1+2.1.1)×18.17%	76314
5	规费		(1.1+2.1.1)×24.72%	103824
6	不含税工程造价		1+2+3+4+5	1638772
7	税金		6×3.48%	57029
8	含税工程造价		6+7	1695801

第四节 工程建设其他费用

工程建设其他费用，是指从工程筹建起到工程竣工验收交付使用止的整个建设期间，除建筑安装工程费用和设备及工、器具购置费用以外的，为保证工程建设顺利完成和交付使用后能够正常发挥效用而发生的各项费用。大体可分为三类。第一类指建设用地费；第二类指与项目建设有关的其他费用；第三类指与未来企业生产经营有关的其他费用。

一、建设用地费

建设用地费是指为获得工程项目建设土地的使用权而在建设期内发生的各项费用。

（一）征地补偿费用

1. 土地补偿费

土地补偿费是建设用地单位为取得土地使用权，应向农村集体经济组织支付有关开发、投入的补偿。土地补偿费标准同土地质量及年产值有关，根据规定，征收耕地的土地补偿费，为该耕地被征收前三年平均产值的6～10倍。征收其他土地的土地补偿费，由省、自治区、直辖市参照征收耕地的土地补偿费的标准规定。

2. 青苗补偿费和地上附着物补偿费

青苗补偿费是对被征用的土地上的农作物受到损害而做出的一种赔偿。在农村实行承包责任制后，农民自行承包土地的青苗补偿费应付给本人，属于集体种植的青苗补偿费可归集体所有。凡在协商征地方案后抢种的农作物、树木等，一律不予补偿。

地上附着物是指房屋、水井、树木、涵洞、桥梁、公路、水利设施、林木等地面建筑物、构筑物、附着物等。地上附着物和青苗的补偿标准，由省、自治区、直辖市规定。

征收城市郊区的菜地时，还应按照有关规定向国家缴纳新菜地开发建设基金。

3. 安置补助费

安置补助费应支付给被征地单位和安置劳动力的单位，作为劳动力安置与培训的支出，以及作为不能就业人员的生活补助。

① 征用耕地的安置补助费。征用耕地的安置补助费标准按照需要安置的农业人口计算。需要安置的农业人口数，按照被征用的耕地数量除以征地前被征用单位平均每人占有耕地的数量计算。

每一个需要安置的农业人口的安置补助费标准，为该耕地被征用前三年平均年产值的4～6倍。但是，每公顷被征用耕地的安置补助费，最高不得超过被征用前三年平均年产值的15倍。

② 征用其他土地的安置补助费。征用其他土地的安置补助费标准，由省、自治区、直辖市参照征用耕地的安置补助费标准规定。

③ 按照以上规定计算支付的安置补助费，尚不能使需要安置的农民保持原有生活水平的，经省、自治区、直辖市人民政府批准，可以增加安置补助费，但是土地补偿费和安置补助费的总和不得超过土地被征用前三年平均年产值的30倍。

国务院根据社会、经济发展水平，在特殊情况下，可以提高征收耕地的土地补偿费和安置补助费的标准。

4. 耕地占用税

根据《中华人民共和国耕地占用税暂行条例》规定，占用耕地建房或者从事非农业建设的单位或者个人，为耕地占用税的纳税人。耕地占用税征收范围，不仅包括占用耕地，还包括占用鱼塘、园地、菜地及其农业用地建房或者从事其他非农业建设，均按实际占用的面积和规定的税额一次性征收。其中，耕地是指用于种植农作物的土地。占用前三年曾用于种植农作物的土地也视为耕地。

5. 土地管理费

我国土地管理部门从征地费中提取的用于征地事务性工作的专项费用。该项费用专款专用，主要用于：征地、拆迁、安置工作的办公、会议费；招聘人员的工资、差旅、福利费；培训、宣传、经验交流和其他必要的费用。

收费标准一般是在土地补偿费、青苗费、地面附着物补偿费、安置补助费四项费用之和的基础上提取2%～4%；如果是征地包干，还应在四项费用之和再加上粮食价差、副食补贴、不可预见费等费用，在此基础上提取2%～4%作为土地管理费。

（二）拆迁补偿费用

拆迁补偿费用，是指拆迁人遵循等价原则，对被拆除房屋及其附属物的所有人因拆迁所受的损失给予合理弥补。拆除违章建筑和超过批准期限的临时建筑，不予补偿；拆除未超过批准期限的临时建筑，应当给予适当补偿。

1. 拆迁补偿

拆迁补偿的方式可以实行货币补偿，也可以实行房屋产权调换。

（1）货币补偿的金额，根据被拆迁房屋的区位、用途、建筑面积等因素，以房地产市场评估价格确定。具体办法由省、自治区、直辖市人民政府制定。

（2）实行房屋产权调换的，拆迁人与被拆迁人应按计算被拆迁房屋的补偿金额和所调换房屋的价格，结清产权调换的差价。

2. 搬迁、安置补助费

拆迁人应当对被拆迁人或者房屋承租人支付搬迁补助费。

① 在过渡期限内，被拆迁人或者房屋承租人自行安排住处的，拆迁人应当支付临时安置补助费；被拆迁人或者房屋承租人使用拆迁人提供的周转房的，拆迁人不支付临时安置补助费。搬迁补助费和临时安置补助费的标准，由省、自治区、直辖市人民政府规定。

② 拆迁人不得擅自延长过渡期限，周转房的使用人应当按时腾退周转房。因拆迁人的责任延长过渡期限的，对自行安排住处的被拆迁人或者房屋承租人，应当自逾期之月起增加临时安置补助费；对周转房的使用人，应当自逾期之月起付给临时安置补助费。

（三）土地出让金

土地出让金是国家以土地所有者的身份，将土地使用权在一定年限内让与土地使用者，按照相关标准所收取的费用。土地出让金标准一般参考城市基准地价并结合其他因素制定。

（1）土地使用权出让可以采取协议、招标和拍卖的方式，具体程序和步骤，由省、自治区、直辖市人民政府规定。

（2）土地使用权出让最高年限按下列用途确定。

① 居民用地 70 年；

② 工业用地 50 年；

③ 教育、科技、文化、卫生、体育用地 50 年；

④ 商业、旅游、娱乐用地 40 年；

⑤ 综合或者其他用地 50 年。

二、与项目建设相关的其他费用

（一）建设管理费

建设管理费是指建设单位为组织完成工程项目建设，从项目筹建开始到工程竣工验收合格或交付使用为止发生的各类管理性费用。

1. 建设单位管理费

建设单位管理费指建设单位发生的管理性质的开支。包括：工作人员工资、工资性补贴、施工现场津贴、职工福利费、住房基金、基本养老保险费、基本医疗保险费、失业保险费、工伤保险费、办公费、差旅交通包干费、劳动保护费、工具用具使用费、固定资产使用费、必要的办公及生活用品购置费、必要的通信设备及交通工具购置费、零星固定资产购置费、招募生产工人费、技术图书资料费、业务招待费、设计审查费、工程招标费、合同契约公证费、法律顾问费、咨询费、完工清理费、竣工验收费、印花税和其他管理性开支。

$$\text{建设单位管理费}=\text{工程费用}\times\text{建设单位管理费费率} \tag{2-36}$$

式中，工程费用包括设备工器具购置费和建筑安装工程费用。

2. 工程监理费

工程监理费指建设单位委托工程监理单位实施工程监理的费用，应按国家发改委与建设部联合发布的《建设工程监理与相关服务收费管理规定》（发改价格［2007］670 号）计算。

建设工程监理与相关服务收费根据建设项目性质不同情况，分别实行政府指导价或市场调节价。依法必须实行监理的建设工程施工阶段的监理收费实行政府指导价；其他建设工程施工阶段的监理收费和其他阶段的监理与相关服务收费实行市场调节价。

(二)可行性研究费用

可行性研究费用是指在工程项目投资决策阶段，因进行可行性研究工作而发生的费用。此项费用根据前期研究委托合同计列，或参照《国家计委关于印发〈建设项目前期工作咨询收费暂行规定〉的通知》(计价格［1999］1283号)规定计算。

(三)研究试验费

研究试验费是指为建设项目提供或验证设计数据、资料等进行必要的研究试验及按照相关规定在建设过程中必须进行试验、验证所需的费用。包括自行或委托其他部门研究试验所需人工费、材料费、试验设备及仪器使用费等。该项费用按照研究试验内容和要求计算。

研究试验费不包括以下内容。

① 应由科技三项费用(即新产品试制费、中间试验费和重要科学研究补助)开支的项目。

② 应在建筑安装费用中列支的施工企业对建筑材料、构件和建筑物进行一般鉴定、检查所发生的费用及技术革新的研究试验费。

③ 应由勘察设计费或工程费用中开支的项目。

(四)勘察设计费

勘察设计费是指委托勘察设计单位对工程项目进行工程水文地质勘察、工程设计所发生的各项费用。包括：工程勘察费、初步设计费(基础设计费)、施工图设计费(详细设计费)、设计模型制作费。

勘察设计费依据勘察设计委托合同计列，或参照《国家计委、建设部关于发布〈工程勘察设计收费管理规定〉的通知》(计价格［2002］10号)规定计算。

(五)环境影响评价费

环境影响评价费是指按照《中华人民共和国环境保护法》、《中华人民共和国环境影响评价法》等规定，为全面、详细评价本建设项目对环境可能产生的污染或造成的重大影响所需要的费用。包括编制环境影响报告书(含大纲)、环境影响报告表和评估环境影响报告书(含大纲)、评估环境影响报告表等所需的费用。

环境影响评价费根据环境影响评价委托合同计列，或参照国家计委、国家环境保护总局《关于规范环境影响咨询收费有关问题的通知》(计价格［2002］125号)的规定计算。

(六)劳动安全卫生评价费

劳动安全卫生评价费是按照原劳动部《建设项目(工程)劳动安全卫生监察规定》和《建设项目(工程)劳动安全卫生预评价管理办法》等规定，对建设项目存在的职业危险、危害因素的种类和危险危害程度进行预评价，提出明确的防范措施所需的费用，包括编制建设项目劳动安全卫生预评价大纲和劳动安全卫生预评价报告书，以及为编制上述文件所进行的工程分析和环境现状调查等所需费用。

劳动安全卫生评价费根据劳动安全卫生预评价委托合同计列，或按照建设项目所在省(市、自治区)劳动行政部门规定计算。

(七)场地准备及临时设施费

1. 场地准备及临时设施费的内容

① 场地准备费是指为达到工程开工条件，由建设单位组织进行的场地平整等准备工作

而发生的费用。

② 建设单位临时设施费是指建设单位为满足工程项目建设、生活、办公的需要，用于临时设施建设、维修、租赁、使用所发生或摊销的费用。此项费用不包括已列入建筑安装工程费用中的施工单位临时设施费用。

2. 场地准备及临时设施费的计算

① 场地准备及临时设施应尽量与永久性工程统一考虑。建设场地的大型土石方工程应进入工程费用中的总图运输费用中。

② 新建项目的场地准备和临时设施费应根据实际工程量估算，或按工程费用的比例计算。改扩建项目一般只计拆除清理费。

$$场地准备和临时设施费=工程费用\times费率+拆除清理费 \tag{2-37}$$

③ 发生拆除清理费时可按新建同类工程造价或主材费、设备费的比例计算。凡可回收材料的拆除工程采用以料抵工方式冲抵拆除清理费。

（八）引进技术和进口设备其他费

引进技术和进口设备其他费是指引进技术和设备发生的但未计入设备购置费的费用，内容包括以下几点。

1. 引进项目图纸资料翻译复制费、备品备件测绘费

可根据引进项目的具体情况计列或按引进货价（FOB）的比例估列；引进项目发生备品备件测绘费时按具体情况估列。

2. 出国人员费用

包括买方人员出国进行设计、联络、出国考察、联合设计、监造、培训等发生的差旅费、生活费等，依据合同或协议规定的出国人次、期限以及相应的费用标准计算。生活费按照财政部、外交部规定的现行标准计算，差旅费按中国民航公布的票价计算。

3. 来华人员费用

包括卖方来华工程技术人员的现场办公费用、往返现场交通费用、接待费用等，依据引进合同或协议有关条款及来华技术人员派遣计划进行计算。来华人员接待费用可按每人次费用指标计算。引进合同价款中已包括的费用内容不得重复计算。

4. 银行担保费及承诺费

指引进项目由国内外金融机构出面承担风险和责任担保所发生的费用，以及支付给货款机构的承诺费用。应按担保或承诺协议计取，投资估算和概算编制时可担保金额或承诺金额为基数乘以费率计算。

（九）工程保险费

工程保险费是指建设项目在建设期间内，根据国家规定，对建筑工程、安装工程、机械设备和人身安全进行投保而缴纳的费用。包括建筑安装工程一切险、引进设备财产险和人身意外伤害险等。

工程保险费根据不同的工程类别，分别以建筑、安装工程费乘以建筑、安装工程保险费率计算。民用建筑（住宅楼、综合性大楼、商场、旅馆、医院、学校）占建筑工程费的2‰～4‰；其他建筑（工业厂房、仓库、道路、码头、水坝、隧道、桥梁、管道等）占建筑工程费的3‰～6‰，安装工程（农业、工业、机械、电子、电器、纺织、矿山、石油、化学及钢铁工业、钢结构桥梁）占建筑工程费的3‰～6‰。

（十）特殊设备安全监督检验费

特殊设备安全监督检验费指在施工现场组装的锅炉及压力容器、压力管道、消防设备、燃气设备、电梯等特殊设备和设施，由安全监察部门进行安全检验而收取的费用。

该项费用按照建设工程项目所在省（市、自治区）安全监察部门的规定标准计算。无具体规定的，在编制投资估算和概算时可按受检设备现场安装费的比例估算。

（十一）市政公用设施费

市政公用设施费是指我国政府为加快城市基础设施建设，加强对综合开发建设的管理，规定使用市政公用设施的建设工程项目，按照所在地省级人民政府规定缴纳的市政公用设施建设配套费用，以及绿化工程补偿费用。

该项费用按工程所在地人民政府规定标准计列；未发生或按规定免征的项目则不计取。

三、与未来企业生产经营有关的其他费用

（一）联合试运转费

联合试运转费是指新建或新增生产能力的工程项目，在交付生产前，按照设计规定的工程质量标准和技术要求，进行整个生产线或装置的有负荷联合试运转发生的费用支出大于试运转收入的亏损部分。

费用支出包括试运转所需要的原材料、燃料及动力消耗、低值易耗品、其他物料消耗、工具用具使用费、机械使用费、保险金、施工单位参加试运转人员工资以及专家指导费等；试运转收入包括试运转产品销售和其他收入。

联合试运转费不包括应由设备安装工程费用开支的调试费及试车费用，以及在试运转中暴露出来的因施工原因或设备缺陷等发生的处理费用。

（二）专利及专有技术使用费

专利及专有技术使用费包括国外设计及技术资料费、引进有效专利、专有技术使用费和技术保密费，国内有效专利、专有技术使用费，商标权、商誉和特许经营权费等。

该项费用按专利使用许可协议和专有技术使用合同的规定计列；专有技术的界定应以省、部级鉴定批准为依据；项目投资只计算需在建设期支付的专利及专有技术使用费。协议或合同规定在生产期支付的使用费应在生产成本中核算。

（三）生产准备及开办费

生产准备及开办费是指新建企业或新增生产能力的企业，为保证建设项目竣工交付后的正常使用而发生的费用。具体包括以下内容。

① 生产人员培训费及提前进厂费。包括自行组织培训或委托其他单位培训的人员工资、工资性补贴、职工福利费、差旅交通费、劳动保护费、学习资料费等。

② 为保证初期正常生产（或营业、使用）所必需而购置的办公和生活家具的费用。

③ 为保证初期正常生产（或营业、使用）必需购置的第一套不够固定资产标准的生产工具、器具、用具的费用。不包括备品备件费。

生产准备及开办费可采用综合的生产准备费指标进行计算，也可以按费用内容的分类指标计算。

第五节 预备费及建设期利息

一、预备费

预备费包括基本预备费和价差预备费。

（一）基本预备费

基本预备费是指项目实施过程中可能发生难以预料的支出，需要事先预留的费用，又称工程建设不可预见费，主要指设计变更及施工过程中可能增加工程量的费用，计算公式如下：

基本预备费=(设备及工器具购置费+建筑安装工程费+工程建设其他费用)×基本预备费费率 (2-38)

基本预备费费率的取值应执行国家及部门的有关规定。

（二）价差预备费

价差预备费是指工程项目在建设期内由于利率、汇率或价格等因素变化而需要事先预留的可能增加的费用，也称为价格变动不可预见费。价差预备费的内容包括：人工、设备、材料、施工机械的价差费，建筑安装工程费及工程建设其他费用调整，利率、汇率调整等增加的费用，价差预备费一般根据国家规定的投资综合价格指数，按估算年份价格水平的投资额为基数，采用复利方法计算，计算公式如下：

$$PF=\sum_{t=1}^{n} I_t[(1+f)^m(1+f)^{0.5}(1+f)^{t-1}-1] \tag{2-39}$$

式中 PF——价差预备费；

n——建设期年份数；

I_t——建设期中第 t 年的投资计划额，包括设备及工器具购置费、建筑安装工程费、工程建设其他费用及基本预备费，即第 t 年的静态投资计划额；

f——年涨价率；

m——建设前期年限（从编制估算到开工建设），年。

【例 2-4】 某工程项目建安工程费 4600 万元，设备购置费 2800 万元，工程建设其他费用 2000 万元，已知基本预备费率 5%，项目建设前期年限为 1 年，建设期为 3 年，各年投资计划额为：第一年完成投资 20%，第二年 60%，第三年 20%。年均投资价格上涨率为 6%，试计算该工程项目建设期间价差预备费。

解 基本预备费=(4600+2800+2000)×5%=470(万元)

静态投资=4600+2800+2000+470=9870(万元)

建设期第一年完成投资=9870×20%=1974(万元)

第一年价差预备费为：$PF_1=I_1[(1+f)\times(1+f)^{0.5}-1]$

$=1974\times[(1+6\%)\times(1+6\%)^{0.5}-1]$

$=180.30$(万元)

第二年完成投资=9870×60%=5922(万元)

第二年价差预备费为：$PF_2=I_2[(1+f)(1+f)^{0.5}(1+f)-1]$

$=5922\times[(1+6\%)\times(1+6\%)^{0.5}\times(1+6\%)-1]$

$=928.67$(万元)

第三年完成投资＝9870×20％＝1974(万元)

第三年价差预备费为：$PF_3=I_3[(1+f)(1+f)^{0.5}(1+f)^2-1]$

$$=1974\times[(1+6\%)\times(1+6\%)^{0.5}\times(1+6\%)^2-1]$$

$$=446.57(万元)$$

则建设期价差预备费为：

$$PF=180.31+928.67+446.57=1555.54(万元)$$

二、建设期利息

建设期利息是指工程项目在建设期间内发生并计入固定资产的利息，主要是建设期发生的支付银行贷款、出口信贷、债券等的债务资金利息和融资费用。建设期利息实行复利计算。

当贷款是分年均衡发放时，建设期利息的计算可按当年借款在年中支用考虑，即当年贷款按半年计息，上年贷款按全年计息，计算公式如下：

$$q_j=\left(P_{j-1}+\frac{1}{2}A_j\right)i \tag{2-40}$$

式中 q_j——建设期第 j 年应计利息；

P_{j-1}——建设期第（$j-1$）年末累计贷款本金与利息之和；

A_j——建设期第 j 年贷款金额；

i——年利率。

国外贷款利息的计算中，还应包括国外贷款银行根据贷款协议向贷款方以年利率的方式收到的手续费、管理费、承诺费，以及国内代理机构经国家主管部门批准的以年利率的方式向贷款单位收取的转贷费、担保费、管理费等。

【例 2-5】 (2010 年注册造价工程师考试真题改编) 某建设项目建设期为三年，各年分别获得贷款 2000 万元、4000 万元和 2000 万元，贷款分年度均衡发放，年利率为 6％，建设期利息只计息不支付，试计算建设期利息。

解 在建设期内，各年应计利息如下：

$$q_1=\frac{1}{2}A_1i=\frac{1}{2}\times2000\times6\%=60(万元)$$

$$q_2=\left(P_1+\frac{1}{2}A_2\right)i=\left(2000+60+\frac{1}{2}\times4000\right)\times6\%=243.6(万元)$$

$$q_3=\left(P_2+\frac{1}{2}A_3\right)i=\left(2060+243.6+\frac{1}{2}\times2000\right)\times6\%=198.22(万元)$$

所以，建设期利息＝$q_1+q_2+q_3$＝60＋243.6＋198.22＝501.82(万元)

工程造价的第一种含义是从投资者（业主）的角度分析，指工程项目全部建设所预计开支或实际支出的建设费用，是工程项目按规定的要求全部建成并验收合格交付使用所需的全部固定资产投资费用。主要构成部分是建设投资，建设投资由工程费用、工程建设其他费用和预备费三部分组成。工程造价的第二种含义是从市场交易角度分析，指为建成一项工程，

预计或实际在土地市场、设备市场、技术劳务市场，以及承包市场等交易活动中所形成的建筑安装工程价格和建设工程总价格。

工程计价具有单件性、多次性、组合性、多样性及复杂性的特征。

设备购置费＝设备原价＋设备运杂费，其中进口设备购置费的计算是重点。

建筑安装工程费用按照费用构成要素划分：由人工费、材料（包含工程设备、下同）费、施工机具使用费、企业管理费、利润、规费和税金组成。建筑安装工程费用按照工程造价形成划分，由分部分项工程费、措施项目费、其他项目费、规费、税金组成。

工程量清单指载明建设工程分部分项工程项目、措施项目、其他项目的名称和相应数量以及规费、税金项目等内容的明细清单；工程量清单计价指投标人完成招标人提供的工程量清单所需的全部费用，包括分部分项工程费、措施项目费、其他项目费和规费、税金。

工程建设其他费用大体可分为三类。第一类指建设用地费；第二类指与项目建设有关的其他费用；第三类指与未来企业生产经营有关的其他费用。

预备费包括基本预备费和价差预备费，基本预备费主要指设计变更及施工过程中可能增加工程量的费用，价差预备费是指工程项目在建设期内由于利率、汇率或价格等因素变化而需要事先预留的可能增加的费用。

建设期利息是指工程项目在建设期间内发生并计入固定资产的利息，主要是建设期发生的支付银行贷款、出口信贷、债券等的债务资金利息和融资费用。建设期利息实行复利计算。

能力训练题

一、单项选择题

1.（2007年注册造价工程师考试真题） 某建设项目建筑工程费2000万元，安装工程费700万元，设备及工器具购置费1100万元，工程建设其他费450万元，预备费180万元，建设期贷款利息120万元，流动资金500万元，则该项目的工程造价为（　　）万元。

A. 4250　　B. 4430　　C. 4550　　D. 5050

2.（2009年注册造价工程师考试真题） 根据我国现行工程造价构成，属于固定资产投资中积极部分的是（　　）。

A. 建筑安装工程费　　B. 设备及工器具购置费

C. 建设用地费　　D. 可行性研究费

3.（2011年注册造价工程师考试真题） 某进口设备通过海洋运输，到岸价为972万元，国际运费88万元，海上运输保险费率为3‰，则离岸价为（　　）万元。

A. 881.08　　B. 883.74

C. 1063.18　　D. 1091.90

4.（2012年注册造价工程师考试真题） 下列费用中属于生产准备费的是（　　）。

A. 人员培训费　　B. 竣工验收费

C. 联合试运转费　　D. 完工清理费

5.（2012年注册造价工程师考试真题） 关于工程建设其他费用中场地准备及临时设施费的内容，下列说法中正确的是（　　）。

A. 场地准备费是指建设项目为达到开工条件进行的场地平整和土方开挖费用

B. 建设单位临时建设费用包括了施工期间专用公路的养护、维护等费用

C. 新建和改扩建项目的场地准备和临时设施费可按工程费用的比例计算

D. 建设场地的大型土石方工程计入场地准备费

6.（2013年注册造价工程师考试真题） 下列费用项目中，属于工器具及生产家具购置费计算内容的是（　　）。

A. 未达到固定资产标准的设备购置费　　B. 达到固定资产标准的设备购置费

C. 引进设备时备品备件的测绘费　　D. 引进设备的专利使用费

7.（2013年注册造价工程师考试真题） 关于规费的计算，下列说法正确的是（　　）。

A. 规费虽具有强制性，但根据其组成又可以细分为可竞争性的费用和不可竞争性的费用

B. 规费由社会保险费和工程排污费组成

C. 社会保险费由养老保险费、失业保险费、医疗保险费、生育保险费、工伤保险费组成

D. 规费由意外伤害保险费、住房公积金、工程排污费组成

8. 根据《建筑安装工程费用项目组成》（建标［2013］44号文），施工企业按照有关标准规定，对建筑以及材料、构件和建筑安装物进行一般鉴定、检查所发生的检验试验费属于（　　）。

A. 人工费　　B. 材料费

C. 施工机具使用费　　D. 企业管理费

二、简答题

1. 工程造价的两种含义有何区别？

2. 工程计价的特征主要表现在哪些方面？

3. 工程项目在各阶段有哪些经济文件？

4. 如何计算进口设备购置费？

5. 建筑安装工程费用按照构成要素划分由哪些内容组成？按造价形成划分由哪些内容组成？

6. 如何计算工程量清单计价模式下的单位工程含税工程造价？

7. 如何计算定额计价模式下的单位工程含税工程造价？

8. 工程建设其他费用包括哪些内容？

9. 如何计算预备费和建设期利息？

三、计算题

1. 已知某市房屋建筑工程项目，分部分项工程费1250万元，其中人工费与施工机具使用费之和195元，措施项目费680万元，其中人工费与施工机具使用费之和为238万元，其他项目费350万元，其中人工费与施工机具使用费之和为25万元，规费按人工费与施工机具使用费之和为基数计算，规费费率为24.72%，税金为3.48%，试计算该房屋建筑工程项目含税工程造价。

2.（2012年注册造价工程师考试真题改编） 某建设项目建安工程费1500万元，设备购置费400万元，工程建设其他费用300万元。已知基本预备费费率5%，项目建设前期年限是0.5年。建设期为2年，每年完成投资的50%，年均投资价格上涨率为7%，试计算该项目的预备费。

第三章　建设工程计价依据

知识目标

- 了解工程定额的分类及作用，《建设工程工程量清单计价规范》（GB 50500—2013）及《房屋建筑与装饰工程工程量计算规范》（GB 50584—2013）的组成
- 理解施工定额、预算定额、概算定额、概算指标及投资估算指标的区别
- 掌握预算定额及工程造价信息的应用

能力目标

- 能够解释预算定额中基价的组成，《建设工程工程量清单计价规范》（GB 50500—2013）与《房屋建筑与装饰工程工程量计算规范》（GB 50584—2013）的作用
- 能够熟练地进行预算定额的套用及换算

工程计价依据是计算和确定各个阶段工程造价的各类基础资料的总称，主要包括工程定额、计量规范与计价规范、工程设计文件、标准图集、施工方案、国家发布的工程量计算规则、工程造价指数、地区关于工程造价的文件、市场价格等，从目前我国现状来看，影响最大、使用频率最多、最具有权威性的是工程定额、计量规范与计价规范。

第一节　工 程 定 额

工程定额指在正常的生产条件下，生产一定计量单位的质量合格的建筑安装产品所消耗资源的数量标准及费用额度。

一、工程定额的分类

工程定额是一个综合概念，是建设工程造价和管理中各类定额的总称，可以按照不同的原则和方法进行分类。

（一）按反映的生产要素分类

1. 劳动消耗定额

劳动消耗定额也称人工定额，是指在正常的施工技术和组织条件下，生产单位合格产品所消耗的人工工日的数量标准。

劳动消耗定额是表示建筑工人劳动生产率的指标，反映建筑安装企业的社会平均先进水平。

劳动消耗定额根据其表现形式可分为时间定额和产量定额。

（1）时间定额　是指某种专业、某种技术等级工人班组或个人，在合理的劳动组织与合理使用材料的条件下，完成单位合格产品必须消耗的工作时间。时间定额的单位是以完成单位产品的工日数表示，如工日/m^3、工日/m^2、工日/m、工日/t 等，每一工日按 8 小时计算。

（2）产量定额　是指在合理的劳动组织与合理使用材料的条件下，规定某工种、某技术等级的工人在单位时间内所完成的合格产品的数量。产量定额的单位是以一个工日完成的合格产品的数量表示，如 m^3/工日、m^2/工日、m/工日、t/工日等。

从上可知，时间定额与产量定额在数值上互为倒数，即：

$$时间定额=\frac{1}{产量定额} \tag{3-1}$$

$$产量定额=\frac{1}{时间定额} \tag{3-2}$$

$$时间定额\times产量定额=1 \tag{3-3}$$

2. 材料消耗定额

材料消耗定额简称材料定额。它是指在合理使用和节约材料的条件下，生产质量合格的单位产品所需消耗的材料、半成品、构件、配件与燃料等的数量标准。

建筑材料是建筑安装企业在生产过程中的劳动对象，在建筑工程成本中，材料消耗占较大比例，材料消耗量的多少、消耗是否合理，关系到资源的有效利用，对于建设工程造价确定和成本控制有着决定性的影响。

$$材料消耗量=材料净用量+材料损耗量 \tag{3-4}$$

或

$$材料消耗量=材料净用量\times(1+材料损耗率) \tag{3-5}$$

3. 机械消耗定额

机械消耗定额是指某种机械在合理的劳动组织、合理的施工条件和合理使用机械的条件下，完成质量合格的单位产品所必须消耗的一定规格的施工机械的台班数量标准。反映了机械在单位时间内的生产率。

机械定额按表现形式分为机械时间定额和机械产量定额两种形式。

（1）机械时间定额　是指在合理组织施工和合理使用机械的条件下，某种机械完成质量合格的产品所必须消耗的工作时间。其计量单位以完成单位产品所需的台班数或工日数来表示，如台班（或工日）/m^3（或 m^2、m、t），每一台班指施工机械工作时间 8 小时。

（2）机械台班产量定额　是某种机械在合理的劳动组织、合理的施工组织和正常使用机械的条件下，某种机械在单位机械时间内完成质量合格的产品数量。计量单位为 m^3（或 m^2、m、t）/台班（或工日）

从上可知，机械时间定额与机械班产量定额在数值上互为倒数，即：

$$机械时间定额=\frac{1}{机械产量定额} \tag{3-6}$$

$$机械产量定额=\frac{1}{机械时间定额} \tag{3-7}$$

$$机械时间定额\times机械产量定额=1 \tag{3-8}$$

（二）按主编单位和执行范围分类

1. 全国统一定额

全国统一定额是由国家建设行政主管部门综合全国工程建设中技术和施工组织管理的情况编制，并在全国范围内适用的定额。

2. 行业统一定额

行业统一定额是考虑到各行业部门专业工程技术特点，以及施工生产和管理水平编制的。一般只在本行业和相同专业性的范围内使用。

3. 地区统一定额

地区统一定额是由地区建设行政主管部门考虑到地区性特点和和全国统一定额水平做适当调整和补充而编制的，仅在本地区范围内使用。

4. 企业定额

企业定额是施工企业根据本企业的施工技术、机械装备和管理水平编制的定额，供本企业内部管理使用和企业投标报价使用。

企业定额水平一般应高于国家现行定额，才能满足生产技术发展、企业管理和市场竞争的需要。对于施工企业而言，企业定额在工程量清单计价方式下将会发挥越来越重要的作用。

5. 补充定额

随着设计和施工技术的发展，有些定额不能满足现实需求，所以需要补充定额进而补充原有定额的缺陷。补充定额只能在指定的范围内使用，可以作为以后修订定额的基础。

（三）按编制程序和用途分类

1. 施工定额

施工定额是具有合理资源配置的专业生产班组在正常施工条件下，完成一定计量单位的某一施工过程或基本工序所需要消耗的人工、材料和机械台班的数量标准。

施工定额属于企业定额性质，是以某一施工过程或基本工序作为研究对象，表示生产产品数量与生产要素消耗综合关系编制的定额，是施工企业进行生产管理的基础，也是工程定额体系中最基础性的定额。

2. 预算定额

预算定额是指合理的施工条件下，为完成一定计量单位的合格建筑产品、所必需的人工、材料和施工机械台班消耗的数量标准及其费用标准。即预算定额不仅可以表现为计“量”的定额，还可以表现为计“价”的定额，即在包括人工、材料、机械台班消耗量的同时，还包括人工、材料和施工台班费用基价。

预算定额是一种计价性定额，从编制程序上看，预算定额是以施工定额为基础扩大编制的，同时，它也是编制概算定额的基础。

3. 概算定额

概算定额是指完成单位合格产品（扩大的工程结构构件或分部分项工程）所消耗的人工、材料和机械台班的数量标准及其费用标准，是在预算定额基础上，根据有代表性的工程通用图和标准图等资料进行综合扩大而成的一种计价性定额。

概算定额的项目划分很粗，每一综合分项概算定额都包括了数项预算定额。概算定额是编制扩大初步设计概算、确定建设项目投资额的依据。

4. 概算指标

概算指标是以单位工程为对象，反映完成一个规定计量单位建筑产品的经济消耗指标。概算指标是概算定额的扩大与合并，以更为扩大的计量单位来编写的。包括人工、机械台班、材料定额三个基本部分，同时还列出了各结构分部的工程量及单位建筑工程的造价，是一种计价定额。

概算指标是编制项目投资估算的依据，建设单位编制固定资产投资计划及申请投资拨款和主要材料计划的依据，也是设计单位进行方案比较的依据。

5. 投资估算指标

投资估算指标是以工程项目、单项工程、单位工程为对象，反映建设总投资及其各项费用构成的经济指标。它是在项目建设书、可行性研究和编制设计任务书阶段编制投资估算、计算投资需要量时使用的一种计价定额。

投资估算指标为完成项目建设的投资估算提供依据和手段，它在固定资产的形成过程中起着投资预测、投资控制、投资效益分析的作用，是合理确定项目投资的基础。

定额分类表见表 3-1。

表 3-1　定额分类表

定额 指标	施工定额	预算定额	概算定额	概算指标	投资估算指标
编制对象	施工过程或基本工序	分项工程或结构构件	扩大的分项工程或扩大的结构构件	单位工程	工程项目、单项工程、单位工程
定额用途	编制施工预算	编制招标控制价、投标报价	编制扩大初步设计概算	编制初步设计概算	编制投资估算
项目划分	最细	细	较粗	粗	很粗
定额水平	平均先进	平均			
定额性质	生产性	计价性			

(四) 按专业划分

1. 建筑工程定额

建筑工程定额按专业对象分为建筑及装饰工程定额、房屋修缮工程定额、市政工程定额、铁路工程定额、公路工程定额、矿山井巷工程定额等。

2. 安装工程定额

安装工程定额按专业对象分为电气设备安装工程定额、机械设备安装工程定额、热力设备安装工程定额、通信设备安装工程定额、化学工业设备安装工程定额、工业管道安装工程定额、工艺金属结构安装工程定额等。

二、预算定额

(一) 预算定额概念及作用

1. 预算定额的概念

预算定额是在合理的施工组织和正常的施工条件下，消耗在质量合格的分项工程或结构

构件上的人工、材料和施工机械的数量标准及相应的费用额度。

预算定额是在劳动定额、材料消耗定额和机械台班定额基础上编制的，是一种计价性质的定额。

预算定额是工程建设中的一项重要的技术经济文件，它的各项指标反映了在完成规定计量单位符合设计标准和施工质量验收规范的分项工程消耗的劳动和物化劳动的限度，这种限度最终决定着单项工程和单位工程的成本和造价。

2. 预算定额的作用

（1）预算定额是编制施工图预算的依据　施工图设计一经确定，需要进行计算工程量并且套用预算定额的基价或参考预算定额中生产要素的消耗量编制施工图预算，确定工程造价。

（2）预算定额是编制施工组织设计的依据　施工企业在施工中需要编制施工组织设计，需要确定施工中所需人力、材料与施工机械的消耗量，并做出最佳安排。目前，施工企业缺乏本企业的施工定额，因此，预算定额便为施工企业做出最佳计划安排提供主要计算依据。

（3）预算定额是工程结算的依据　工程结算是指施工企业按照合同的规定，向建设单位申请支付已完工程款清算的一项工作。单位工程验收后中，再按竣工工程量、预算定额和施工合同规定进行结算，以保证建设单位建设资金的合理使用和施工单位的经济收入。

（4）预算定额是施工单位进行经济活动分析的依据　预算定额规定的物化劳动和劳动消耗指标，是施工单位在生产经营中允许消耗的最高标准。施工单位必须以预算定额作为评价企业工作的重要标准，作为努力实现的目标。

施工单位可根据预算定额对施工中的劳动、材料、机械的消耗情况进行具体分析，以便找出并克服低功效、高消耗的薄弱环节，以提高企业竞争能力。

（5）预算定额是编制概算定额的基础　概算定额是在预算定额的基础上，根据有代表性的工程通用图和标准图等，进行综合、扩大和合并而成的。利用预算定额作为编制概算定额的基础，不仅可以节约时间、人力、物力，还可以在定额的制定水平上保持一致。

（6）预算定额是编制招标控制价、投标报价的基础　目前，预算定额的指导性作用依然存在，预算定额是业主编制招标控制价的主要依据，也是施工方进行投标报价的参考定额。

（二）预算定额中人工、材料、机械消耗量的确定

1. 人工消耗量指标的确定

预算定额中人工工日消耗量是指在正常施工条件下，生产质量合格的分项工程所必需的人工工日数量，包括基本用工、其他用工两部分。

（1）基本用工　基本用工量是指完成一个定额单位的分项工程或结构构件所必需的主要用工量，如完成墙体砌筑工程中所需要的砌砖、调运砂浆、铺砂浆、运砖的工日数量。

计算公式如下：

$$\text{基本用工量}=\sum(\text{综合取定的工程量}\times\text{劳动定额}) \tag{3-9}$$

（2）其他用工　其他用工量是指辅助基本用工所消耗的工日，其内容包括辅助用工、超运距用工和人工幅度差用工。

1）辅助用工是指劳动定额内不包括而在预算定额内又必须考虑的用工量。如机械土方工程配合用工、材料加工（筛砂、洗石、淋化石膏），电焊点火用工等。

计算公式如下：

$$\text{辅助用工量}=\sum(\text{材料加工数量}\times\text{相应的加工劳动定额}) \tag{3-10}$$

2）超运距用工是指超过劳动定额中已包括的材料、半成品场内水平搬运距离与预算定额所考虑的现场材料、半成品堆放地点到操作地点的水平运输距离之差，计算公式如下：

$$超运距用工量=\sum(超运距材料数量\times时间定额) \tag{3-11}$$

$$超运距=预算定额取定距-劳动定额已包括的运距 \tag{3-12}$$

需要指出的是当实际工程现场运距超过预算定额取定的运距时，可另行计算现场二次搬运费。

3）人工幅度差用工，即预算定额与劳动定额的差额，是指劳动定额中未包括的，而在一般正常施工情况下又不可避免的一些零星用工，其内容包括如下。

① 各工种间的工序搭接及交叉作业互相配合中不可避免所引起的停工。

② 施工机械在单位工程之间转移及临时水电线路移动所引起的停工。

③ 质量检查和隐蔽工程验收工作的影响。

④ 班组操作地点转移用工。

⑤ 工序交接时对前一工序不可避免的修整用工。

⑥ 施工过程中不可避免的其他零星用工。

人工幅度差计算公式如下：

$$人工幅度差=(基本用工+超运距用工+辅助用工)\times人工幅度差系数 \tag{3-13}$$

人工幅度差系数一般取值为10%～15%。

综上所述，预算定额中的人工消耗量指标，可按如下公式计算：

$$\begin{aligned}定额人工消耗量=&(基本用工+超运距用工+辅助用工)\times\\&(1+人工幅度差系数)\end{aligned} \tag{3-14}$$

2. 材料消耗量指标的确定

预算定额中材料消耗量是指在节约和合理使用材料的条件下，生产质量合格的分项工程所必需的材料消耗数量。如：预算定额中规定浇捣10m^3 C20商品混凝土独立基础，需要10.15m^3商品混凝土C20（碎石20mm），2.8m^3水，3.09度电，2.15m^2草袋。

（1）预算定额消耗材料的分类　工程中所消耗的材料，根据施工生产消耗工艺要求，可分为非周转性材料和周转性材料。

非周转性材料即实体性材料，是在施工中一次性消耗并直接构成工程实体的材料，如水泥、砂、地面砖等。

周转性材料是指在施工中可多次周转使用并不构成工程实体的材料，如脚手架、各种模板等。

（2）预算定额材料消耗量计算公式　材料消耗量是由材料净用量和材料损耗量组成，计算公式如下：

$$\begin{aligned}材料消耗量&=材料净用量+材料损耗量\\&=材料净用量\times[1+材料损耗率(\%)]\end{aligned} \tag{3-15}$$

材料净用量是指在合理用料的条件下，直接用于建筑和安装工程的材料。

材料损耗量是指在正常条件下，不可避免的施工废料和施工损耗，如施工现场内材料运输损耗及施工操作过程中的损耗。

【例3-1】 假设砂浆损耗率为1%，计算1m^3标准砖一砖外墙砌体砖数和砂浆的净用量。

解 根据以下公式计算砌体砖数和砂浆的总损耗量

用砖数：

$$A=\frac{1}{墙厚\times(砖长+灰缝)\times(砖厚+灰缝)}\times k \tag{3-16}$$

式中　k——墙厚的砖数×2。

砂浆用量：

$$B=1-砖数\times砖块体积 \tag{3-17}$$

则 $1m^3$ 标准砖一砖外墙砌体砖用量 $=\dfrac{1}{0.24\times(0.24+0.01)\times(0.053+0.01)}\times1\times2$

$=529$（块）

$1m^3$ 标准砖一砖外墙砌体砂浆的净用量 $=1-529\times(0.24\times0.115\times0.053)$

$=0.226(m^3)$

$1m^3$ 标准砖一砖外墙砌体砂浆的总消耗量 $=0.226\times(1+1\%)$

$=0.228(m^3)$

【例 3-2】 水泥砂浆 1∶1 粘贴 300mm×300mm×5mm 全瓷墙面砖，灰缝 2mm，结合层厚度为 10mm，面砖损耗率为 1.5%，砂浆损耗率为 1%，试计算每 $100m^2$ 面砖消耗量和砂浆消耗量。

解　根据以下公式计算面砖数量和砂浆的总损耗量

$$100m^2块料净用量=\frac{100}{(块料长+灰缝宽)\times(块料宽+灰缝宽)} \tag{3-18}$$

$$100m^2灰缝材料净用量=[100-(块料长\times块料宽\times100m^2块料用量)]\times灰缝深 \tag{3-19}$$

$$结合层材料用量=100m^2\times结合层厚度 \tag{3-20}$$

则：

每 $100m^2$ 瓷墙面中面砖消耗量 $=\dfrac{100}{(0.3+0.002)\times(0.3+0.002)}=1096.44$（块）

每 $100m^2$ 瓷墙面中面砖总消耗量 $=1096.44\times(1+1.5\%)=1112.89$（块）

每 $100m^2$ 瓷墙面中结合层砂浆净用量 $=100\times0.01=1(m^3)$

每 $100m^2$ 瓷墙面中灰缝砂浆净用量 $=(100-1096.44\times0.3\times0.3)\times0.005$

$=0.007(m^3)$

每 $100m^2$ 瓷墙面中水泥砂浆总消耗量 $=(1+0.007)\times(1+1\%)=1.02(m^3)$

3. 机械消耗量指标的确定

机械台班消耗量是指在正常施工条件下，完成一定计量单位的合格产品所必需消耗的各种机械用量。

预算定额机械台班消耗量＝施工定额机械耗用台班＋机械幅度差

＝施工定额机械耗用台班×（1＋机械幅度差系数）　　(3-21)

施工定额机械耗用台班是统一劳动定额中各种机械施工项目所规定的台班产量，即完成一定计量单位的建筑安装产品所需的台班数量。

(1) 机械幅度差是指劳动定额中没有包括，而在实际施工中又不可避免发生的影响机械或使机械停歇的时间，具体包括以下内容。

① 施工机械转移工作面及配套机械相互影响损失的时间；

② 检查工程质量影响机械操作的时间；

③ 临时停水、停电所发生的影响机械操作的时间；

④ 开工或结尾时，因工作量不饱满损失的时间；

⑤ 在正常的施工情况下，机械施工中不可避免的工序间歇；

⑥ 机械维修引起的停歇时间。

大型机械幅度差系数为：土方机械 25%，打桩机械 33%，吊装机械 30%。砂浆、混凝土搅拌机由于按小组配用，以小组产量计算机械台班产量，不另增加机械幅度差，其他分部工程如钢筋加工、木材、水磨石等各项专用机械的幅度差为 10%。

(2) 计算施工定额机械耗用台班。

1) 确定机械 1h 纯工作正常生产率。

机械纯工作时间，是指机械的必需消耗时间。机械 1h 纯工作正常生产率，是在正常施工组织条件下，具有必需的知识和技能的技术工人操纵机械 1h 的生产率。

根据机械工作特点不同，机械 1h 纯工作正常生产率的确定方法也有所不同。

① 对于循环动作机械，确定 1h 纯工作正常生产率的计算公式如下。

机械一次循环的正常延续时间＝∑(循环各组成部分正常延续时间)－交叠时间

$$\text{机械纯工作 1h 循环次数}=\frac{60\times60(\text{s})}{\text{一次循环的正常延续时间}} \tag{3-22}$$

$$\text{机械纯工作 1h 正常生产率}=\text{机械纯工作 1h 正常循环次数}\times\text{一次循环生产的产品数量} \tag{3-23}$$

② 对于连续动作机械，确定 1h 纯工作正常生产率要根据机械的类型和结构特征，以及工程过程的特点来进行，计算公式如下。

$$\text{连续动作机械 1h 纯工作正常生产率}=\frac{\text{工作时间内生产的产品数量}}{\text{工作时间(h)}} \tag{3-24}$$

2) 确定施工机械的正常利用系数。

确定施工机械的正常利用系数，是指机械在工作班内对工作时间的利用率。机械的利用系数和机械在工作班内的工作状况有着密切的关系。所以，要确定机械的正常利用系数。首先要拟定机械工作班的正常工作状况，保证合理利用工时。机械正常利用系数的计算公式如下。

$$\text{机械正常利用系数}=\frac{\text{机械在一个工作班内纯工作时间}}{\text{一个工作班延续时间(8h)}} \tag{3-25}$$

3) 计算施工机械台班定额。

计算施工机械台班定额是编制机械定额工作的最后一步。在确定了机械工作正常条件、机械 1h 纯工作正常生产率和机械利用系数之后，采用下列公式计算施工机械的产量定额。

$$\text{施工机械台班产量定额}=\text{机械 1h 纯工作正常生产率}\times\text{工作班纯工作时间} \tag{3-26}$$

或

$$\text{施工机械台班产量定额}=\text{机械 1h 纯工作正常生产率}\times\text{工作班延续时间}\times\text{机械正常利用系数} \tag{3-27}$$

$$\text{施工机械时间定额}=\frac{1}{\text{机械台班产量定额指标}} \tag{3-28}$$

【例 3-3】 已知某挖土机挖土，一次正常循环工作时间是 40s，每次循环平均挖土量为 0.3m^3，机械正常利用系数为 0.8，机械幅度差为 25%，求该机械挖土方 1000m^3 的预算定额机械耗用台班量。

解 机械纯工作 1h 循环次数＝3600/40＝90(次/台时)

机械纯工作 1h 正常生产率＝90×0.3＝27(m^3/台班)

施工机械台班产量定额＝27×8×0.8＝172.8(m^3/台班)

施工机械台班时间定额＝1/172.8＝0.00579(台班/m^3)

预算定额机械耗用台班＝0.00579×(1＋25%)＝0.00723(台班/m^3)

挖土方 1000 m^3 预算定额机械耗用台班量＝1000×0.00723＝7.23（台班）

（三）预算定额中基价的计算

预算定额包括了在合格的施工条件下，完成一定计量单位的质量合格的分部分项工程所需人工、材料和机械台班消耗量及相应的货币表现形式，即人工费、材料费和机械费，三者之和为定额基价。计算公式如下。

$$定额基价=人工费+材料费+机械费 \tag{3-29}$$

1. 定额基价中人工费的确定

公式 1：

$$人工费=\sum(工日消耗量\times日工资单价) \tag{3-30}$$

日工资单价是指施工企业平均技术熟练程度的生产工人在每工作日（国家法定工作时间内）按照规定从事施工作业应得的日工资总额。

$$日工资单价=\frac{生产工人平均月工资(计时、计件)+平均月(奖金+津贴+特殊情况下支付的工资)}{年平均每月法定工作日} \tag{3-31}$$

注：公式 1 主要适用于施工企业投标报价时自主确定人工费，也是工程造价管理机构编制计价定额确定定额人工单价或发布人工成本信息的参考依据。

公式 2：

$$人工费=\sum(工程工日消耗量\times日工资单价) \tag{3-32}$$

工程造价管理机构确定日工资单价应通过市场调查、根据工程项目的技术要求，参考实物工程量人工单价综合分析确定，最低日工资单价不得低于工程所在地人力资源和社会保障部门所发布的最低工资标准：普工 1.3 倍、一般技术 2 倍、高级技工 3 倍。

注：公式 2 适用于工程造价管理机构编制计价定额时确定定额人工费，是施工企业投标报价的参考依据。

2. 定额基价中材料费的确定

$$材料费=\sum(材料消耗量\times材料单价)+工程设备费 \tag{3-33}$$

材料单价，是指材料（包括构件、成品及半成品等）由其来源地运到工地仓库（施工现场）后出库的平均价格。

材料单价是由材料原价、运杂费、运输损耗费、采购及保管费等组成，计算公式如下：

$$材料单价=[(材料原价+运杂费)(1+运输损耗率)]\times(1+采购保管费率) \tag{3-34}$$

① 材料原价。材料原价即材料出厂价、进口材料的抵岸价或销售部门的批发价。当同一种材料因材料来源地、供应渠道不同而有几种原价时，应根据不同来源地的供应数量及不同的单价计算出加权平均原价。

$$加权平均原价=\frac{K_1C_1+K_2C_2+\cdots+K_nC_n}{K_1+K_2+\cdots+K_n} \tag{3-35}$$

式中 K_1，K_2，…，K_n——各不同地点的供应量或各不同使用地点的需要量；

C_1，C_2，…，C_n——各不同地点的原价。

② 材料运杂费。

材料运杂费是指材料由来源地运至工地仓库或施工现场堆放地点全部过程中所支付的一切费用，包括运输费、装卸费、调车或驳船费、附加工作费等。

若同一品种的材料有若干个来源地，材料运杂费应根据运输里程、运输方式、运输条件供应量的比例加权平均的方法。计算公式如下。

$$加权平均运杂费=\frac{K_1T_1+K_2T_2+\cdots+K_nT_n}{K_1+K_2+\cdots+K_n} \tag{3-36}$$

式中　K_1，K_2，…，K_n——各不同地点的供应量或各不同使用地点的需要量；

T_1，T_2，…，T_n——各不同运距的运费。

③ 运输损耗费。

运输损耗费是指材料在装卸、运输过程中发生的不可避免的合理损耗。该费用可以计入材料运输费，也可以单独计算。

运输损耗费＝(材料原价＋运杂费)×相应材料损耗率　(3-37)

④ 采购保管费。

采购保管费是指材料部门在组织订货、采购、供应和保管材料过程中所发生的各种费用。包括采购费、工地管理费、仓储费和仓储损耗。

采购保管费＝(材料原价＋运杂费＋运输损耗费)×采购保管费率　(3-38)

或[(材料原价＋运杂费)×(1＋运输损耗率)]×采购保管率　(3-39)

【例 3-4】 某工地水泥从两个地方采购，其采购量及有关费用见表 3-2，求该工程水泥的基价。

表 3-2　水泥采购信息表

采购处	采购量	原价/(元/t)	运杂费/(元/t)	运输损耗率/%	采购及保管费费率/%
来源一	500	260	25	0.4	3
来源二	600	250	30	0.5	

解　加权平均原价$=\frac{500\times260+600\times250}{500+600}=255$(元/t)

加权平均运杂费$=\frac{500\times25+600\times30}{500+600}=28$(元/t)

来源一的运输损耗费＝(260＋25)×0.4%＝1.14(元/t)

来源二的运输损耗费＝(250＋30)×0.5%＝1.4(元/t)

加权平均运输损耗费$=\frac{500\times1.14+600\times1.4}{500+600}=1.28$(元/t)

水泥基价＝(255＋28＋1.28)×(1＋3%)＝292.80(元/t)

3. 定额基价中机械费的确定

机械费是指施工作业所发生的施工机械的使用费或其租赁费。

施工机械使用费＝∑(施工机械台班消耗量×机械台班单价)　(3-40)

机械台班单价是指一台施工机械在正常运转条件下一个台班内所需分摊和开支的全部费用，每台班按 8 小时工作制计算。

机械台班单价＝台班折旧费＋台班大修理费＋台班经常修理费＋台班安拆费及场外运费＋台班人工费＋台班燃料动力费＋台班其他费用　(3-41)

按费用性质的不同，可以分为以下两大类。

① 第一类费用。属于不变费用，即不管机械运转情况如何，不管施工地点和条件，都需要支出的比较固定的经常性费用。主要包括：台班折旧费、台班大修理费、台班经常修理费、台班安拆费及场外运输费。

② 第二类费用。属于可变费用，即只有机械运转工作时才发生的费用，且不同地区、不同季节、不同环境下的费用标准也不同。主要包括：台班燃料动力费、台班人工费、台班其他费用。

台班其他费用是指按照国家和有关部门规定应交纳的养路费、车船使用税、保险费及年检费用等。

（四）预算定额的内容

预算定额的具体表现形式是单位估价表，即包括定额人工、材料和施工机械台班消耗量，又综合了人工费、材料费、施工机具使用费和基价。

预算定额由建筑工程建筑面积计算规范、总说明、定额目录、分项工程说明及其相应的工程量计算规则、分项工程定额项目表、附录等组成，可以归纳如下。

1. 文字说明

文字说明是由建筑面积计算规范、总说明、目录、分部分项说明及工程量计算规则所组成。

建筑面积计算规范是全国统一的建筑面积计算规则，阐述该规范适用的范围、相关术语及计算建筑面积的规定，是计算工程项目或单项工程建筑面积的主要依据。

总说明阐述预算定额的用途、编制依据、适用范围、编制原则等内容。

分部分项说明阐述该分部工程内综合的内容、定额换算及增减系数的条件及定额应用时应注意的事项等。

分部分项工程量计算规则阐述了该分部工程计算工程量时所遵循的规则，是计算工程量时主要的参考依据。

2. 分项工程定额项目表

定额项目表是由分项定额所组成的，这是预算定额的核心内容，见表3-3。

表3-3　砌块砌体定额项目表

工作内容：1. 调、运、铺砂浆，运砌块（砖）；
2. 砌体砌块（砖）包括窗台虎头砖、腰线、门窗套等；
3. 安放木砖、铁件等。

单位：$10m^3$

定额编号				A1-45	A1-46
项目				加气混凝土砌块墙	
				600mm×300mm×100mm	600mm×300mm×(125mm、200mm、250mm)
				混合砂浆M5	
基价				3297.13	3300.46
其中	人工费/元			897.72	897.72
	材料费/元			2378.10	2388.39
	机械费/元			21.31	14.35
名称		单位	单价/元	数量	
人工	普工	工日	60.00	5.21	5.21
	技工	工日	92.00	6.36	6.36
材料	加气混凝土砌块600mm×300mm×100mm	m^3	225.00	9.09	—
	加气混凝土砌块600mm×300mm×100mm以上	m^3	225.00	—	9.504
	蒸压灰砂砖240mm×115mm×53mm	千块	270.00	0.259	0.259
	水泥混合砂浆M5	m^3	223.94	1.16	0.79
	水	m^3	3.15	1.00	1.00
机械	灰浆搅拌机	台班	110.40	0.193	0.130

3. 附录

附录中包括混凝土、砂浆等配合比表、材料价格取定表、施工机械台班价格取定表、艺术造型天棚断面示意图、货架柜类大样图、栏板栏杆大样图等。

(五) 预算定额的应用

1. 直接套用

在选择定额项目时，当工程项目的设计要求、材料种类、工作内容与预算定额相应子目相一致时，可直接套用定额。

【例 3-5】 某工程采用混合砂浆 M5 砌筑 600mm×300mm×200mm 加气混凝土砌块墙 60m³，根据表 3-3 计算该分项工程的人工、材料、机械的消耗量及相应人工费、材料费及机械费。

解 根据题中已知条件判断得知该工程内容与定额中编号为 A1-46 的工程内容一致，所以可以直接套用定额子目。

从定额表中，可确定该项工程

普通工消耗量＝5.21×60÷10＝31.26(工日)

技工消耗量＝6.36×60÷10＝38.16(工日)

加气混凝土砌块 600mm×300mm×200mm 消耗量＝9.504×60÷10＝57.024(m^3)

蒸压灰砂砖 240mm×115mm×53mm 消耗量＝0.259×60÷10＝1.554(千块)

水泥混合砂浆 M5 消耗量＝0.79×60÷10＝4.74 (m^3)

水消耗量＝1×600÷100＝6(m^3)

灰浆搅拌机消耗量＝0.13×60÷10＝0.78(台班)

人工费＝897.72×60÷10＝5386.32(元)

材料费＝2388.39×60÷10＝14330.34(元)

机械费＝14.35×60÷10＝86.10(元)

2. 定额换算

当工程项目的设计要求与预算定额项目的工程内容、材料规格、施工方法不同时，就不能直接套用预算定额，必须根据预算定额的相关文字说明换算后再进行套用。

(1) 砌筑砂浆、混凝土的换算　当施工图纸设计的砌筑砂浆与混凝土的强度等级与预算定额不一致时，不能直接套用定额，需要调整相应的强度等级，求出新的定额基价。

$$\text{换算后定额基价}=\text{原定额基价}+\text{应换算材料的定额消耗量}\times(\text{换入材料单价}-\text{换出材料单价}) \quad (3\text{-}42)$$

【例 3-6】 某工程采用混合砂浆 M7.5 砌筑 600mm×300mm×200mm 加气混凝土砌块墙 60m³，根据表 3-4 计算该分项工程人材机的合价。

解 查湖北省定额可知，M7.5 砌筑砂浆预算单价为 235.47 元/m³，但无混合砂浆 M7.5 砌筑 600mm×300mm×200mm 加气混凝土砌块墙的定额子目，可以套用相近定额子目 A1-46 混合砂浆 M5 砌筑 600mm×300mm×200mm 加气混凝土砌块墙，并进行基价换算。

$$\begin{aligned}\text{换算后基价}&=3300.46\ \text{元}/10m^3+0.79m^3/10m^3\times(235.47-223.94)\text{元}/m^3\\&=3309.57\ \text{元}/10m^3\end{aligned}$$

计算结果见表 3-4。

表 3-4 加气混凝土砌块墙定额子目表

定额编号	项目	单位	工程量	基价/元	合价/元
A1-46 换	加气混凝土砌块墙 600mm×300mm×200mm	$10m^3$	6	3309.57	19857.42

（2）抹灰砂浆的换算　当设计用抹灰砂浆与定额取定不同时，按定额规定进行换算，抹灰砂浆换算包括抹灰砂浆配合比换算与抹灰砂浆厚度换算。当施工图纸设计抹灰砂浆配合比与定额不同时，需要将定额按照设计规定进行调整，但人工、机械消耗量不变，换算方法同砌筑砂浆、混凝土的换算。

当抹灰厚度发生变化且定额允许换算时，砂浆用量发生变化，因而人工、材料、机械台班用量均需调整。如湖北省定额列项中有调增减厚度的子项，可以直接采用定额费用相加减。

【例 3-7】 根据湖北省定额子目，见表 3-5，计算填充材料上水泥砂浆找平层（30mm）的定额基价。

表 3-5 水泥砂浆找平定额子目表　　单位：$100m^2$

定额编号				A13-21	A13-22
项目				水泥砂浆找平层	
				填充材料上(20mm)	厚度每增减 5mm
基价				1450.41	230.49
其中	人工费/元			651.52	69.24
	材料费/元			752.52	151.31
	机械费/元			46.37	9.94
名称		单位	单价/元	数量	
人工	普工	工日	60.00	2.64	0.28
	技工	工日	92.00	5.36	0.57
材料	水泥砂浆 1∶3	m^3	296.69	2.53	0.51
	水	m^3	3.15	0.6	—
机械	灰浆搅拌机	台班	110.40	0.42	0.09

解　根据表 3-5 可知：

填充材料上水泥砂浆找平层（20mm）的基价：1450.41 元/$100m^2$

水泥砂浆找平层厚度每增减 5mm 的基价：230.49 元/$100m^2$

则填充材料上水泥砂浆找平层（30mm）的定额基价＝1450.41＋230.49×2

＝1911.39（元/$100m^2$）

（3）系数的换算　系数的换算是指当施工图设计的工作内容与定额规定的相应内容不一致时，需要将定额的一部分或全部乘以规定系数。

$$换算后的基价＝换算前基价±换算部分费用×相应调整系数 \tag{3-43}$$

如湖北省预算定额桩基工程分部预算定额规定：单位工程打桩工程量在表 3-6 规定以内时，其中人工、机械消耗量另按相应定额项目乘以系数 1.25 计算。

表 3-6 调增定额系数桩基工程

桩类	工程量
预制钢筋混凝土方桩	$200m^3$
预应力钢筋混凝土管桩、空心方桩	1000m
沉管灌注混凝土桩、钻孔(旋挖成孔)灌注桩	$150m^3$
冲孔灌注桩	$100m^3$

【例 3-8】 湖北省某工程采用轨道式柴油打桩机打桩径 600mm 的预应力混凝土管桩 820m，计算该分项工程人工费、材料费与机械费合价。

解 因为该工程的工程量为 820m，小于 1000m，属于小型打桩工程，按定额规定，需要将人工、机械消耗量另按相应定额项目乘以系数 1.25 计算。套用湖北省定额 G3-21 子目（表 3-7）。

表 3-7 预应力混凝土管桩定额子目表

定额编号	项目	单位	人工费/元	材料费/元	机械费/元	基价/元
G3-21	打桩径 600mm 的预应力混凝土管桩	100m	535.60	24534.79	2517.46	27587.85

调整之后的定额基价＝27587.85＋(535.60＋2517.46)×(1.25－1)

＝27587.85＋763.27

＝28351.12(元/100m)

该分项工程人工费、材料费与机械费合价

＝28351.12 元/100m ×(820 ÷100)m

＝232479.18(元)

三、概算定额及概算指标

(一) 概算定额

1. 概算定额的概念及作用

(1) 概算定额的概念　概算定额主要用于设计概算的编制，是在预算定额的基础上，将预算定额中有联系的若干个分项工程合为一个概算定额项目。

概算定额基价可按下列公式计算：

概算定额基价＝人工费＋材料费＋机械费　(3-44)

人工费＝现行概算定额中人工工日消耗量×人工单价　(3-45)

材料费＝$\sum$(现行概算定额中材料消耗量×相应材料单价)　(3-46)

机械费＝$\sum$(现行概算定额中机械台班消耗量×相应机械台班单价)　(3-47)

(2) 概算定额的作用

① 概算定额是编制概算及修正概算的主要依据；

② 概算定额是对设计项目进行技术经济分析比较的依据；

③ 概算定额是控制施工图预算的依据；

④ 概算定额是编制建设工程主要材料需要量的依据；

⑤ 概算定额是编制概算指标和投资估算指标的依据。

2. 概算定额的内容

概算定额主要由文字说明、定额项目表和附录三部分组成。文字说明主要包括总说明和分部工程说明。总说明主要阐述概算定额的编制依据、使用范围、包括的内容及作用、应遵守的规则及建筑面积计算规则；分部工程说明主要阐述本分部工程的综合工作内容及工程量计算规则。

定额项目表是概算定额的核心内容，表 3-8 为某省某年商品混凝土浇捣钢筋混凝土基础梁概算定额子目。

表 3-8 商品混凝土浇捣钢筋混凝土基础梁 单位：m^3

定额编号				2-183
项目				钢筋混凝土基础梁 商品混凝土
基价/元				1041.80
其中	人工费/元			197.97
	材料费/元			820.52
	机械费/元			23.31
名称		单位	单价/元	数量
主要工程量	基础梁 C20 商品混凝土	$10m^3$	3157.49	0.10000
	现浇构件圆钢 ϕ6.5 以内	t	3538.87	0.01200
	现浇构件圆钢 ϕ8 以内	t	3245.54	0.0010
	现浇构件螺纹钢Φ16 以内	t	3222.14	0.01200
	现浇构件螺纹钢Φ20 以内	t	3171.66	0.10800
	基础梁模板	$100m^2$	2663.05	0.08330
	人工挖沟槽三类土 2m 以内	$100m^3$	1615.78	0.02642
	回填土夯填	$100m^3$	1053.97	0.021
	成型钢筋运输人工装卸 10km 以内	10t	148.33	0.0133
	成型钢筋运输人工装卸每增 1km	10t	7.81	0.0665
	人工运土方运距 20m 以内	$100\ m^3$	612.00	0.00540
	人工运土方每增加 20m	$100\ m^3$	136.80	0.04878
名称		单位	单价/元	消耗量
人工	综合工日	工日	30.00	6.5991
主要材料	C20 商品混凝土碎石 20mm	m^3	290.00	1.015
	1：2 水泥砂浆	m^3	229.82	0.001
	圆钢 ϕ6.5	t	2600.00	0.0122
	圆钢 ϕ8	t	2600.00	0.001
	螺纹钢 ϕ16	t	2700.00	0.0125
	螺纹钢 ϕ20	t	2700.00	0.1129
	模板板方材	m^3	1350.00	0.0374
	九夹板模板	m^2	36.70	1.8668

（二）概算指标

1. 概算指标的概念及作用

（1）概算指标的概念　概算指标主要用于投资估价、初步设计阶段，是以单位工程为对象，以建筑面积、体积或成套设备装置的台或组为计量单位而规定的人工、材料和机械台班的消耗量和造价指标。概算指标比概算定额综合性、扩大性更强。

（2）概算指标的作用

① 概算指标可以作为编制投资估算的参考；

② 概算指标是在初步设计阶段确定工程概算造价的依据；

③ 概算指标是设计单位进行设计方案比较、技术经济分析的依据；

④ 概算指标是估算主要材料用量的依据；

⑤ 概算指标是编制固定资产计划、确定投资额的主要依据。

2. 概算指标的内容

概算指标一般包括文字说明和列表形式两部分，以及必要的附录。如表 3-9～表 3-12 为某省某年概算指标组成部分。

表 3-9　内浇外砌住宅结构特征

结构类型	层数	层高	檐高	建筑面积
内浇外砌	六层	2.8m	17.7m	4206m²

表 3-10　内浇外砌住宅经济指标　　100m²建筑面积

项　目		合计/元	其中/元			
			直接费	间接费	利润	税金
单方造价		30422	21860	5576	1893	1093
其中	土建	26133	18778	4790	1626	939
	水暖	2565	1843	470	160	92
	电照	614	1239	316	107	62

表 3-11　内浇外砌住宅构造内容及工程量指标　　100m²建筑面积

序号	构造特征		工程量	
			单位	数量
一、土建				
1	基础	灌注桩	m³	14.64
2	外墙	二砖墙、清水墙勾缝、内墙抹灰刷白	m³	24.32
3	内墙	混凝土墙、一砖墙、抹灰刷白	m³	22.70
4	柱	混凝土柱	m³	0.70
5	地面	碎砖垫层、水泥砂浆面层	m²	13
6	楼面	120mm 预制空心板、水泥砂浆面层	m²	65
7	门窗	木门窗	m²	62
8	屋面	预制空心板、水泥珍珠岩保温、三毡四油卷材防水	m²	21.7
9	脚手架	综合脚手架	m²	100
二、水暖				
1	采暖方式	集中采暖		
2	给水性质	生活给水明设		
3	排水性质	生活排水		
4	通风方式	自然通风		
三、电气照明				
1	配电方式	塑料管暗配电线		
2	灯具种类	日光灯		
3	用电量			

表 3- 12　内浇外砌住宅人工及主要材料消耗指标

序号	名称及规格	单位	数量	序号	名称及规格	单位	数量
一、土建				二、水暖			
1	人工	工日	506	1	人工	工日	39
2	钢筋	t	3.25	2	钢管	t	0.18
3	型钢	t	0.13	3	暖气片	m²	20
4	水泥	t	18.10	4	卫生器具	套	2.35
5	白灰	t	2.10	5	水表	个	1.84
6	沥青	t	0.29	三、电气照明			
7	红砖	千块	15.10	1	人工	工日	20
8	木材	m³	4.10	2	电线	m	283
9	砂	m³	41	3	钢管	t	0.04
10	砾	m³	30.5	4	灯具	套	8.43
11	玻璃	m²	29.2	5	电表	个	1.84
12	卷材	m²	80.8	6	配电箱	套	6.1
				四、机械使用费		%	7.5
				五、其他材料费		%	19.57

第二节　工程量清单计价与计量规范

随着我国改革开放的进一步加快，越来越多的企业进入国内市场，我国企业也不断走出国门进行海外投资和经营。为了与国际惯例相接轨，提高国内建设各方主体参与国际化竞争的能力，我国从2003年开始，在全国范围内推广工程量清单计价办法。先后于2003年7月1日起实行国家标准《建设工程工程量清单计价规范》（GB 50500—2003），2008年12月1日起实施《建设工程工程量清单计价规范》（GB 50500—2008）。经过十年的实施，通过总结经验，针对执行中存在的问题，对原规范进行了修编，于2013年7月1日实施《建设工程工程量清单计价规范》（GB 50500—2013）以及《房屋建筑与装饰工程工程量计算规范》（GB 50854—2013）。

一、建设工程工程量清单计价规范

《建设工程工程量清单计价规范》（GB 50500—2013）为母规范，各专业工程工程量计算规范与其配套使用，适用于建设工程发承包及实施阶段的计价活动。

该标准体系将为深入推行工程量清单计价，建立市场形成工程造价机制奠定坚实基础，并对维护市场秩序，规范建设工程发承包双方的计价行为，促进建设市场健康发展发挥重要作用。

二、房屋建筑与装饰工程工程量计算规范

为规范房屋建筑与装饰工程造价计量行为，统一房屋建筑与装饰工程工程量计算规则、工程量清单的编制方法，制定《房屋建筑与装饰工程工程量计算规范》（GB 50854—2013），该规范适用范围是工业与民用的房屋建筑与装饰、装修工程施工发承包计价活动中的“工程量清单编制和工程计量”，即房屋建筑与装饰工程计价，必须按本规范规定的工程量计算规则进行工程计量。

该规范包括正文、附录、条件说明三个部分，其中正文包括：总则、术语、工程计量、工程量清单编制，共计29项条款；附录包括附录A土石方工程，附录B地基处理与边坡支护工程，附录C桩基工程，附录D砌筑工程，附录E混凝土与钢筋混凝土工程，附录F金属结构工程，附录G木结构工程，附录H门窗工程，附录J屋面及防水工程，附录K保温、隔热防腐工程，附录L楼地面装饰工程，附录M墙、柱面装饰与隔断、幕墙工程，附录N天棚工程，附录P油漆、涂料、裱糊工程，附录Q其他装饰工程，附录R拆除工程，附录S措施项目17个附录。

第三节　工程造价信息

工程造价信息是工程造价管理机构根据调查和测算发布的建设工程人工、材料、工程设备、施工机械台班的价格信息，以及各类工程的造价指数、指标等，其中，价格信息、工程造价指数和已完工程信息最能体现信息动态性变化特征，并在工程价格的市场机制中起着重要作用。

一、价格信息

价格信息包括各种建筑工程材料、人工工资、施工机械等的最新市场价格，这些信息是比较初级的，一般没有经过系统的加工处理，也称之为数据。

1. 人工价格信息

人工价格信息，也称人工成本信息，是指建筑工程实物工程量人工单价与建筑工种人工工资，是经综合后贴近发布地区市场实际的信息价格。

通过发布人工成本信息，可以引导建筑企业理性报价，发承包双方合理确定工程造价，是建筑劳务合同双方签订劳务分包合同、合理支付劳动报酬的指导标准，也是有关部门调解、处理建筑劳动工资纠纷的重要依据。

（1）建筑工种人工成本信息　建筑工种是根据《中华人民共和国劳动法》和《中华人民共和国职业教育法》的有关规定，对从事技术复杂、通用性广、涉及国家财产、人民生命安全和消费者利益的职业（工种）的劳动者实行就业准入的规定，结合建筑行业实际情况而确定的。表3-13为××市2014年第一季度建筑工种人工成本信息。

表3-13　××市2014年第一季度建筑工种人工成本信息

序　号	工　种	日工资/(元/工日)	序　号	工　种	日工资/(元/工日)
1	建筑、装饰普工	93.48	6	砌筑工(砖瓦工)	113.72
2	木工(模板工)	127.42	7	抹灰工(一般抹灰)	107.04
3	钢筋工	112.86	8	抹灰、镶贴工	122.59
4	混凝土工	94.73	9	装饰木工	130.67
5	架子工	114.61			

注：1. 建筑工种人工成本信息包括：基本工资、工资性补贴、生产工人辅助工资、职工福利费、生产工人劳动保护费。

2. 建筑工种人工成本信息以日工资为主，日工资按8小时/天计算，不计算加班加点工资。涉及到日工资转换为月工资的按21.75天/月计算。

（2）建筑工程实物工程量人工成本信息　该成本信息是按照建筑工程的不同划分标准为对象，是劳务单位完成单位工程量劳务价格的参考。表3-14为××市2014年第一季度建筑工程实物工程量人工成本信息。

表3-14　××市2014年第一季度建筑工程实物工程量人工成本信息表

土石方工程				
项目编码	项目名称	工程量计算规则	计量单位	人工单价/元
01	平整场地	按实际平整场地面积计算	m^2	5.00
02	人工挖土方(2m以内)	按实际挖方的天然密实体积计算	m^3	20.17
03	人工回填土	按实际填方的天然密实体积计算	m^3	17.33
架子工程				
项目编码	项目名称	工程量计算规则	计量单位	人工单价/元
04	单排脚手架	按实际搭设的垂直投影面积计算	m^3	6.63
05	双排脚手架			8.30
06	里架搭拆			3.57
…				

2. 材料价格信息

材料价格信息是材料价格动态变化的计价依据，对项目投资人、施工企业等相关建设主体有极为重要的作用。表3-15为××市2014年10月部分建筑材料价格参考价格。

表 3-15 ××市 2014 年 10 月部分建筑材料价格参考价格表

序号	材料名称	规格及型号	单位	价格/元
1	圆钢(HPB300)	Φ10mm 外	t	3850
2	螺纹钢Ⅱ级(HRB335)	Φ 10mm	t	3900
3	螺纹钢Ⅱ级(HRB335)	Φ 12～14mm	t	3850
4	螺纹钢Ⅱ级(HRB335)	Φ 16～25mm	t	3720
5	(商品)普通混凝土	C30,骨料最大粒径 31.5mm	m^3	382.58
6	(商品)普通混凝土	C35,骨料最大粒径 31.5mm	m^3	409.58
7	加气混凝土砌块	3.5MPa	m^3	270.00

注：1. 本参考价格已综合考虑了材料原价、包装费、运杂费（含损耗）和采购保管费等。

2. 本参考价格力求反映市场的价格情况，并非“政府定价”或者“政府指导价”，仅供工程计价时参考。

3. 机械价格信息

机械价格信息包括设备市场价格信息和设备租赁市场价格信息两部分，相对而言，后者对工程计价更为重要。表 3-16 为××市 2014 年 10 月份部分设备租赁参考价。

表 3-16 ××市 2014 年 10 月份部分设备租赁参考价表

序号	设备名称	型号规格	租期	价格/元	备注
1	固定塔吊	QTZ63,QTZ60	台·月	15000	
2	固定塔吊	QTZ5710,QTZ80F	台·月	16000	
3	施工电梯	SCD200/200(100m 以下)	台·月	9000	
4	施工电梯	SCD200/200(101～150m)	台·月	12000	
5	电动卷扬机	快速单筒	台·月	1400	
6	电动卷扬机	快速双筒	台·月	2400	
7	挖掘机	PC120	台·天	1300	含司机及动力费
8	挖掘机	PC200	台·天	1700	含司机及动力费

二、 工程造价指数

工程造价指数是反映一定时期的工程造价相对于某一固定时期的工程造价变化程度的比值或比率，一般包括各种单项价格指数、设备工器具价格指数、建筑安装工程造价指数、建设项目或单项工程造价指数。

1. 单项价格指数

$$\text{人工费(材料费、机械费)价格指数}=\frac{\text{报告期价格}}{\text{基期价格}} \tag{3-48}$$

$$\text{企业管理费(工程建设其他费)费率指数}=\frac{\text{报告期费率}}{\text{基期费率}} \tag{3-49}$$

$$\text{环比价格指数}=\frac{\text{报告期定基指数}}{\text{上期定基指数}} \tag{3-50}$$

【例 3-9】 某工程 2012 年购买某种型号钢筋价格是 3800 元/t，2013 年价格为 3950 元/t，2014 年价格为 4180 元/t，试计算该种型号钢筋的环比价格指数。

解

根据公式(3-50) 可知

$$\text{2013 年该种型号钢筋的环比价格指数}=\frac{3950}{3800}=103.95\%$$

$$\text{2014 年该种型号钢筋的环比价格指数}=\frac{4180}{3950}=105.82\%$$

2. 设备工器具价格指数

$$设备工器具价格指数=\frac{报告期单价\times报告期购置数量}{基期单价\times报告期购置数量} \tag{3-51}$$

【例 3-10】 某工程主要购买 A、B 两种设备，A 设备基期购置 3 台，单价是 15 万元；报告期 2 台，单价 15.5 万元。B 设备基期购置 3 台，单价是 20 万元；报告期购置 4 台，单价 20.5 万元。试计算该工程设备价格指数。

解 设备工器具价格指数是综合价格指数，根据公式(3-51) 可知

$$设备工器具价格指数=\frac{2\times15.5+4\times20.5}{2\times15+4\times20}=103\%$$

3. 建筑安装工程造价指数

建筑安装工程造价指数=

$$\frac{报告期建筑安装工程费}{\frac{报告期人工费}{人工费指数}+\frac{报告期材料费}{材料费指数}+\frac{报告期施工机具使用费}{施工机具使用指数}+\frac{报告期企业管理费}{企业管理费指数}+利润+规费+税金} \tag{3-52}$$

【例 3-11】 某典型工程，建筑工程造价的构成及相关费用与去年同期相比的价格指数如表 3-17 所示，和去年同期相比，试计算该典型工程的建筑工程造价指数。

表 3-17 某建筑工程造价信息表

费用名称	人工费	材料费	机械使用费	企业管理费	利润	规费	税金	合计
造价/万元	120	650	60	45	69	20	39	1038
指数/%	129	112	108	113	—	—	—	

解 建筑安装工程造价指数的公式是根据加权调和平均数指数推导的，是平均指数，根据公式(3-52) 可知：

$$建筑安装工程造价指数=\frac{1038}{\frac{120}{129\%}+\frac{650}{112\%}+\frac{60}{108\%}+\frac{40}{113\%}+69+20+39}=116.32\%$$

4. 工程项目或单项工程造价指数

工程项目或单项工程造价指数=

$$\frac{报告期建设项目或单项工程造价}{\frac{报告期建筑安装工程费}{建筑安装工程造价指数}+\frac{报告期设备工器具费}{设备工器具价格指数}+\frac{报告期工程建设其他费用}{工程建设其他费用}} \tag{3-53}$$

工程造价指数反映了报告期与基期相比的价格变动趋势，在实际工作中，政府可以将工程造价指数作为建设市场宏观调控的依据，同时也是工程承发包双方进行工程估价和结算的重要依据。

三、已完工程信息

已完或在建工程的各种造价信息，可以为拟建工程或在建工程造价提供依据，这种信息也可以称为工程造价资料。表 3-18～表 3-21 为××市××商品房工程已完工程信息。

表 3-18　××市××商品房工程概况

工程名称	××市××商品房工程
建筑类型	住宅楼
工程地点	该市内环线内
开工日期	2013.3.1
计划竣工日期	2014.6.20
总建筑面积/m^2	9385.36
其中地上面积/m^2	9385.36
地下建筑面积/m^2	—
建安造价/万元	1201.66
平方米造价/(元/m^2)	1280.36
计价方式	清单计价
合同类型	固定单价合同
地上层数	11
地下层数	—
标准层高/m	3
檐高/m	36.6
结构类型	剪力墙
抗震设防烈度	7 度
有无人防	无

工程名称		××市××商品房工程
建筑工程	地基处理	—
	基础类型	—
	基础底标高/m	−3.5
	外墙类型	砂加气混凝土砌块墙
	隔墙类型	粉煤灰加气混凝土砌块
	是否使用预拌混凝土	是
	主要混凝土标号	C30
	屋面防水	卷材防水
	地下室防水	—
	厨房防水	聚氨酯防水涂膜
	卫生间防水	聚氨酯防水涂膜
	屋面保温	泡沫混凝土
装饰工程	楼地面	水泥砂浆楼地面
	内墙面	混合砂浆内墙面
	天棚	抹水泥浆两遍
	门窗	铝合金门窗
	外立面	外墙涂料、干挂石材
	墙面保温隔热	30 厚 NZL 轻质保温材料
安装工程	给水	PPR 管
	排水	PVC-U 排水管
	强电	钢管及阻燃管预埋、电缆电线
	弱电	钢管及阻燃管预埋

表 3-19　××市××商品房建筑工程项目造价分析表　　单位：元/m^2

项目 \ 费用		平方米造价	人工费	材料费	机械费	措施费	规费	企业管理费	利润	税金
建筑工程		1169.50	200.66	604.04	19.04	212.62	38.22	38.94	16.68	39.30
安装工程	给水	16.03	4.93	6.92	0.64	0.59	0.37	1.53	0.55	0.50
	排水	24.74	5.44	13.17	0.91	0.90	0.60	2.12	0.76	0.83
	强电	66.99	12.71	39.90	1.67	2.11	1.63	4.96	1.78	2.25
	弱电	3.11	0.88	1.42	0.08	0.08	0.08	0.34	0.12	0.10

表 3-20　××市××商品房建筑工程项目人工及主要材料（半成品）消耗量表

序号	名称	单位	总消耗量	每 100m^2 消耗量	单　价
1	人工	工日	27193.24	289.74	56 元 / 工日
2	水泥	t	373.05	3.97	233 元 / t
3	砂子	t	1484.33	15.82	65 元 / t
4	石子	t	190.93	2.03	66.6 元 / t
5	钢材	t	443.99	4.73	3525 元 / t
6	预拌混凝土	m^3	3401.61	36.24	300 元 /m^3
7	模板	m^2	7684.57	81.88	27.8 元/m^2

注：水泥、砂子、石子不含预拌混凝土中水泥、砂子和石子用量。

表 3-21　××市××商品房建筑工程项目主要工程量表

项目名称		单　位	工程量	每 100m² 工程量
建筑	土石方	m^3	—	—
	混凝土	m^3	3401.61	36.24
	钢材	t	443.99	4.73
	模板	m^2	7684.57	81.88
	砌体	m^3	1451.7	15.47
装饰	门窗	m^2	1976.98	21.06
	屋面	m^2	1356.48	14.45
	楼地面	m^2	7877.48	83.93
	内墙面	m^2	21370.26	227.70
	外墙面	m^2	8078.12	86.07
安装	电线	m	45662.04	486.52
	电缆	m	339.2	3.61
	电气管	m	13380.28	142.57
	给水管	m	3030	32.28
	排水管	m	4228	45.05

小　结

工程定额指在正常的生产条件下，生产一定计量单位的质量合格的建筑安装产品所消耗资源的数量标准及费用额度。工程定额按反映的生产要素分为劳动定额、材料消耗定额、机械消耗定额；按主编单位和执行范围分为全国统一定额、行业统一定额、地区统一定额、企业定额、补充定额；按编制程序和用途分为施工定额、预算定额、概算定额、概算指标、投资估算指标；按照专业划分为建筑工程定额、安装工程定额。

预算定额是在合理的施工组织和正常的施工条件下，消耗在质量合格的分项工程或结构构件上的人工、材料和施工机械的数量标准及相应的费用额度。

预算定额基价＝人工费＋材料费＋机械费，预算定额由建筑工程建筑面积计算规范、总说明、定额目录、分项工程说明及其相应的工程量计算规则、分项工程定额项目表、附录等组成。当工程项目的设计要求、材料种类、工作内容与预算定额相应子目相一致时，可直接套用定额；当工程项目的设计要求与预算定额项目的工程内容、材料规格、施工方法不同时，就不能直接套用预算定额，必须根据预算定额的相关文字说明换算后再进行套用。

建设工程清单计价的依据还包括母规范《建设工程工程量清单计价规范》（GB 50500—2013），及与之配套使用《房屋建筑与装饰工程工程量计算规范》（GB 50854—2013）。

工程造价信息是指对工程造价的计价和控制过程所依据的相关资料，除了各种定额、标准规范及政策文件之外，还包括价格信息、工程造价指数和已完工程信息，均能体现信息动态性变化特征，并在工程价格的市场机制中起着重要作用。

能力训练题

一、单项选择题

1.（2006年注册造价师考试真题） 根据材料消耗的性质划分，施工材料可以划分为（　　）。

A. 实体材料和非实体材料　　B. 必须消耗的材料和损失的材料

C. 主要材料和辅助材料　　D. 一次性消耗材料和周转材料

2.（2006年注册造价师考试真题） 预算定额的人工工日消耗量包括（　　）。

A. 基本用工、其他用工　　B. 基本用工、辅助用工

C. 基本用工、人工幅度差　　D. 基本用工、其他用工、人工幅度差

3.（2006年注册造价师考试真题） 下列工程造价信息中，属于比较初级的，一般没有经过系统加工处理的信息是（　　）。

A. 建材的最新市场价格　　B. 人工工资价格指数

C. 某已完工程造价指标　　D. 建安工程造价指数

4.（2008年注册造价师考试真题） 下列资料中，应属单位工程造价资料积累的是（　　）。

A. 建设标准　　B. 建设工期

C. 建设条件　　D. 工程内容

5.（2010年注册造价师考试真题） 下列人工费用中，不属于预算定额基价构成内容的是（　　）。

A. 施工作业的生产工人工资

B. 施工机械操作人员工资

C. 工人夜间施工的夜间补助

D. 大型施工机械安装与拆卸所发生的人工费

6.（2012年注册造价师考试真题） 工程量清单计价中，在编制投标报价和招标控制价时共同依据的资料是（　　）。

A. 企业定额　　B. 国家、地区或行业定额

C. 合同约定　　D. 投标人拟定的施工组织设计方案

7.（2013年注册造价师考试真题） 表明某经济现象某一期对其上一期或前一期的综合变动程度的指数属于（　　）。

A. 综合指数　　B. 环比指数

C. 定基指数　　D. 平均数指数

8. 下列不属于工程造价信息特点的是（　　）。

A. 区域性　　B. 季节性

C. 专业性　　D. 不变性

二、简答题

1. 什么是工程定额？它是如何分类的？

2. 什么是劳动定额？什么是机械消耗定额？它们各有几种表现形式？

3. 什么是预算定额？它有什么作用？

4. 如何确定预算定额中人工消耗量指标、材料消耗量指标及机械消耗量指标？

5. 如何确定预算定额基价中的人工费、材料费及机械费？

6. 预算定额由哪些内容组成？如何进行预算定额的套用及换算？

7. 什么是概算定额及概算指标？它们有什么作用？

8.《建设工程工程量清单计价规范》与《房屋建筑与装饰工程工程量计算规范》由哪些内容组成？它们有什么作用？

9. 工程造价信息包括哪些内容？如何使用工程造价信息？

三、计算题

1.（2012 年注册造价师考试真题改编） 某材料自甲、乙两地采购，甲地采购量为 400t，原价为 180 元/t，运杂费为 30 元/t；乙地采购量为 300t，原价为 200 元/t，运杂费为 28 元/t，该材料运输损耗率和采购保管费费率分别为 1%、2%，试计算该材料的基价。

2.（2013 年注册造价师考试真题改编） 某施工机械原值为 50000 元，耐用总台班为 2000 台班，一次大修费为 3000 元，大修周期为 4，台班经常修理费系数为 20%，每台班发生的其他费用合计为 30 元/台班，忽略残值和资金时间价值，试计算该机械的台班单价。

第四章　工程量清单及计价的编制

知识目标

- 了解工程量清单的分类
- 理解《建设工程工程量清单计价规范》(GB 50500—2013) 及《房屋建筑与装饰工程工程量计算规范》(GB 50854—2013) 的内容
- 掌握编制工程量清单、招标控制价及投标报价的方法

能力目标

- 能够解释工程量清单及计价的编制格式及相应内容

工程量清单计价是指在建设工程招投标阶段，招标人自行或委托具有资质的中介机构编制工程量清单，并作为招标文件的一部分提供给投标人，由投标人依据工程量清单并结合自身的技术专长、材料采购渠道和管理水平进行自主报价的计价方式。

使用国有资金投资建设工程，必须采用工程量清单计价；非国有资金投资的建设工程，宜采用工程量清单计价；不采用工程量清单计价的建设工程，应执行计价规范除工程量清单等专门规定外的其他规定。

第一节　招标工程量清单

一、概述

（一）工程量清单分类

《建设工程工程量清单计价规范》(GB 50500—2013) 规定，工程量清单是载明建设工程分部分项工程项目、措施项目、其他项目的名称和相应数量以及规费、税金项目等内容的明细清单，分为招标工程量清单及已标价工程量清单。

招标工程量清单是招标人依据国家标准、招标文件、设计文件以及施工现场实际情况编制的，随招标文件发布供投标的工程量清单，是工程量清单计价的基础，应作为编制招标控制价、投标报价、施工阶段合同价款调整与结算的依据。

已标价工程量清单是构成合同文件组成部分的投标文件中已标明价格，经算术性错误修正（如有）且承包人已确认的工程量清单。

（二）招标工程量清单编制依据

①《建设工程工程量清单计价规范》（GB 50500—2013）及各专业工程计量规范；
② 国家或省级、行业建设主管部门颁发的计价依据和办法；
③ 建设工程设计文件；
④ 与建设工程项目有关的标准、规范、技术资料；
⑤ 拟定的招标文件；
⑥ 施工现场情况 、工程特点及常规施工方案；
⑦ 其他相关资料。

二、分部分项工程量清单

分部分项工程量清单应反映拟建工程全部实体工程项目名称和相应数量，招标人应根据相应专业计量规范编写项目编码、项目名称、项目特征、计量单位和工程量，这五个要点在分部分项工程量清单的组成中缺一不可。

（一）项目编码

分部分项工程量清单的项目编码，应采用十二位阿拉伯数字表示，一至九位应按相关专业计量规范附录的规定设置，十至十二位应根据拟建工程的工程量清单项目名称和项目特征设置，同一招标工程的项目编码不得有重码，如图 4-1 所示。

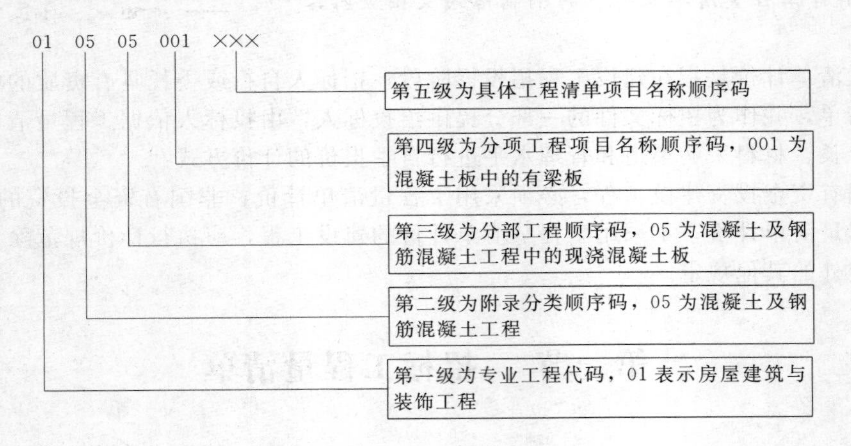

图 4-1　项目编码及其含义

当同一标段（或合同段）的一份工程量清单中含有多个单位工程且工程量清单是以单位工程为编制对象时，在编制工程量清单时应特别注意项目编码第五级十至十二位的设置不得有重码的规定。

例如一个标段（或合同段）的一份工程量清单中含有三个单位工程，每一单位工程中都有项目特征相同的现浇混凝土有梁板，在工程量清单中又需反映三个不同单位工程的现浇混凝土有梁板工程量时，则第一个单位工程的现浇混凝土有梁板为 010505001001，第二个单位工程的现浇混凝土有梁板为 010505001002，第三个单位工程的现浇混凝土有梁板为 010505001003，并分别列出各单位工程现浇混凝土有梁板的工程量。

（二）项目名称

分部分项工程量清单的项目名称应按各专业工程计量规范附录的项目名称结合拟建工程的实际确定。

分部分项工程清单项目的设置和划分原则上以形成工程实体为原则。所谓实体是指形成生产或工艺作用的主要实体部分，对附属或次要部分均不设置项目。项目必须包括完成或形成实体部分的全部内容。清单分项名称常以其中的主要实体子项命名。例如清单项目“散水、坡道”，该分项中包含了“垫层”、“面层”二个单一的子项。

对于归并或综合较大的项目应区分项目名称，分别编码列项，如010804007为门窗工程中的特种门，应区分冷藏门、冷冻间门、保温门、变电室门、隔音门、防射线门、人防门、金库门等。

（三）项目特征

项目特征是用来表述项目名称的，它明显（直接）影响实体自身价值（或价格），如材质、规格等。同时，项目特征是区分清单项目的依据，是确定综合单价的前提，是履行合同义务的基础，由此可见，在编制的工程量清单中必须对其项目性进行准确和全面的描述。在描述工程量清单项目特征时应按以下原则进行。

① 项目特征描述的内容应按各专业工程计量规范附录中的规定，结合拟建工程的实际，能满足确定综合单价的需要。

② 若采用标准图集或施工图纸能够全部或部分满足项目特征的要求，项目特征可直接采用详见××图集或者××图号的方式。对不能满足项目特征描述要求的部分，仍应用文字描述。

（四）计量单位

分部分项目工程量清单的计量单位应按各专业工程计量规范附录中规定的计量单位确定。当计量单位有两个或两个以上时，应根据所编工程量清单项目的特征要求，选择最适宜表现该项目特征并方便计量的单位。如《房屋建筑与装饰工程工程量计算规范》（GB 50854—2013）规定桩基工程中沉管灌注桩的计量单位为“根/m/m^3”。

（五）工程量计算

分部分项工程量清单的工程数量应按各专业工程计量规范附录中规定的工程量计算规则计算。

三、措施项目清单

措施项目清单指为完成工程项目施工，发生于该工程施工准备和施工过程中的技术、生活、安全、环境保护等方面的项目清单。

（一）单价措施项目

单价措施项目是指措施项目中能计量的且以清单形式列出的项目，应同分部分项工程一样，编制工程量清单时，必须按《房屋建筑与装饰工程工程量计算规范》（GB 50854—2013）规定列出项目编码、项目名称、项目特征、计量单位。见表4-1。

表 4-1　某工程综合脚手架

项目编码	项目名称	项目特征描述	计量单位	工程量	金额/元	
					综合单价	合价
011701001001	综合脚手架	1. 建筑结构形式：框剪 2. 檐口高度：60m	m^2	18000		

（二）总价措施项目

总价措施项目指对措施项目不能计量的，仅列出项目编码、项目名称，并未列出项目特征、计量单位和工程量计算规则的措施项目，在编制工程量清单时，必须按《房屋建筑与装饰工程工程量计算规范》（GB 50854—2013）附录措施项目规定的项目编码、项目名称确定清单项目，不必描述项目特征和确定计量单位。如表 4-2 所示。

表 4-2　某工程安全文明施工、夜间施工

序号	项目编码	项目名称	计算基础	费率/%	金额/元	调整费率/%	调整后金额	备注
1	011707001001	安全文明施工						
2	011707002001	夜间施工						

四、其他项目清单

工程建设标准的高低、工程的复杂程度、工程的工期长短、工程的组成内容、发包人对工程管理要求等都直接影响其他项目清单的具体内容。其他项目清单包括下列内容。

（一）暂列金额

暂列金额是招标人在工程量清单中暂定并包括在合同价款中的一笔款项，用于合同签订时尚未确定或者不可预见的所需材料、设备、服务的采购，施工中可能发生的工程变更、合同约定调整因素出现时的工程价款调整以及发生的索赔、现场签证确认等的费用。

暂列金额列入合同价格并不一定属于承包人（中标人）所有。事实上，即使是总价包干合同，也不是列入合同价格的任何金额都属于中标人的，是否属于中标人应得金额应取决于具体的合同约定，暂列金额的定义是非常明确的，只有按照合同约定程序实际发生后，才能成为中标人的应得金额，纳入合同结算价款中。扣除实际发生金额后的暂列金额余额仍属于招标人所有。

因此，在确定暂定金额时应根据施工图纸的深度、暂估价设定的水平、合同价款约定调整的因素以及工程实际情况合理确定。一般可按分部分项工程量清单的 10%～15%确定，不同专业预留的金额应分别列项。表 4-3 为某工程暂列金额明细表。

表 4-3　某工程暂列金额明细表

序号	项目名称	计量单位	暂定金额/元	备　注
1	自行车棚工程	项	50000	正在设计图纸
2	工程量偏差和设计变更	项	30000	
3	政策性调整和材料价格波动	项	20000	
4	其他	项	20000	
合　计			120000	—

注：此表由招标人填写，如不能详列，也可只列暂定金额总额，投标人应将上述暂列金额计入投标总价中。

（二）暂估价

暂估价是指招标阶段直至签订合同协议时，招标人在招标文件中提供的用于支付必然要

发生但暂时不能确定价格的材料以及需另行发包的专业工程金额。包括材料暂估单价、工程设备暂估单价、专业工程暂估价。

一般而言，为方便合同管理和计价，需要纳入分部分项工程量清单项目综合单价中的暂估价最好只是材料费，以方便投标人组价。以“项”为计量单位给出的专业工程暂估价一般应是综合暂估价，应当包括除规费、税金以外的管理费、利润等。

暂估价中的材料、工程设备暂估单价应根据工程造价信息或参照市场价格估算，列出明细表；专业工程暂估价应分不同专业，按有关计价规定估算，列出明细表。表4-4为某工程材料（工程设备）暂估单价及调整表。

表4-4　某工程材料（工程设备）暂估单价及调整表

序号	材料(工程设备)名称、规格、型号	计量单位	数量		单价/元		合价/元		差额±/元		备注
			暂估	确认	暂估	确认	暂估	确认	单价	合价	
1	钢筋（规格见施工图）	t	200		3850		770000				用于现浇钢筋混凝土工程
2	低压开关柜（CGD190 380V/220V）	台	2		46000		92000				用于低压开关柜安装项目
合　计							862000				

注：此表由招标人填写“暂估单价”，并在备注栏说明暂估价的材料、工程设备拟用在哪些清单项目上，投标人应将上述材料、工程设备暂估单价计入工程量清单综合单价报价中。

（三）计日工

计日工是为了解决现场发生的零星工作的计价而设立的。是在施工过程中，完成发包人提出的施工图纸以外的零星项目或工作，按合同中约定的综合单价计价。

计日工适用的所谓零星工作一般是指合同约定之外的或者因变更而产生的、工程量清单中没有相应项目的额外工作，尤其是那些时间不允许事先商定价格的额外工作。计日工为额外工作和变更的计价提供了一个方便快捷的途径。

计日工应列出项目名称、计量单位和暂估数量。表4-5为某工程计日工表。

表4-5　某工程计日工表

编号	项目名称	单位	暂定数量	实际数量	综合单价/元	合价/元	
						暂定	实际
一	人工						
1	普工	工日	100				
2	技工	工日	60				
人工小计							
二	材料						
1	钢筋(规格见施工图)	t	1				
2	水泥	t	2				
3	中粗砂	m^3	9				
材料小计							
三	机械						
1	自升式塔吊起重机	台班	3				
2	灰浆搅拌机(400L)	台班	2				
施工机械小计							
四	企业管理费和利润						
总计							

注：此表项目名称、暂定数量由招标人填写，编制招标控制价时，单价由招标人按有关计价规定确定；投标时，单价由投标人自主报价，按暂定数量计算合价计入投标总价中。结算时，按发承包双方确认的实际数量计算合价。

(四) 总承包服务费

总承包服务费是为了解决招标人在法律、法规允许的条件下进行专业工程发包以及自行采购供应材料、设备时，要求总承包人对发包的专业工程提供协调和配合服务（如分包人使用总包人的脚手架等）；对供应的材料、设备提供收、发和保管服务以及对施工现场进行统一管理；对竣工资料进行统一汇总整理等发生并向总承包人支付的费用。招标人应当预计该项费用并按投标人的投标报价向投标人支付该项费用。

总承包服务费应列出服务项目及其内容等。表 4-6 为某工程总承包服务费计价表。

表 4-6　某工程总承包服务费计价表

序号	项目名称	项目价值/元	服务内容	计算基础	费率/%	金额/元
1	发包人发包专业工程	180000	1. 按专业工程承包人的要求提供施工工作面并对施工现场进行统一管理，对竣工资料进行统一整理汇总 2. 为专业工程承包人提供垂直运输机械和焊接电源接入点，并承担垂直运输费和电费			
2	发包人供应材料	800000	对发包人供应的材料进行验收及保管和使用发放			
	合计	—	—		—	

注：此表项目名称、服务内容由招标人填写，编制招标控制价时，费率及金额由招标人按有关计价规定确定；投标时，费率及金额由投标人自主报价，计入投标总价中。

五、规费和税金项目清单

1. 规费项目清单

规费项目清单应包括下列内容。

① 社会保险费：包括养老保险费、失业保险费、医疗保险费、工伤保险费、生育保险费。

② 住房公积金。

③ 工程排污费。

规费作为政府和有关权力部门规定必须缴纳的费用，政府和有关权力部门可根据形势发展的需要，对规费项目进行调整。因此，对规范未包括的规费项目，在计算规费时应根据省级政府和省级有关权力部门的规定进行补充。

2. 税金项目清单

税金项目清单应包括下列内容。

① 营业税；

② 城市维护建设税；

③ 教育费附加；

④ 地方教育附加。

如国家税法发生变化或地方政府及税务部门依据职权对税种进行了调整时，应对税金项目清单进行相应的调整。

第二节　招标控制价的编制

为了有利于客观、合理地评审投标报价和避免哄抬标价，造成国有资产流失，国有资金

投资的建设工程招标，招标人必须编制招标控制价。

一、招标控制价概述

（一）概念

招标控制价也称为拦标价，是招标人根据国家或省级、行业建设主管部门颁发的有关计价依据和办法，以及拟定的招标文件和招标工程量清单，结合工程具体情况编制的招标工程的最高投标限价。

招标控制价不同于标底，无须保密。并且，作为最高投标限价，应事先告知投标人，供投标人权衡是否参与投标。

（二）招标控制价编制依据

① 现行国家标准《建设工程工程量清单计价规范》（GB 50500—2013）与专业工程计量规范；

② 国家或省级、行业建设主管部门颁发的计价定额和计价办法；

③ 建设工程设计文件及相关资料；

④ 拟定的招标文件及招标工程量清单；

⑤ 与建设项目相关的标准、规范、技术资料；

⑥ 施工现场情况、工程特点及常规施工方案；

⑦ 工程造价管理机构发布的工程造价信息；当工程造价信息没有发布时，参照市场价；

⑧ 其他的相关资料。

二、编制招标控制价的规定

① 国有资金投资的建设工程招标，招标人必须编制招标控制价，作为投标人的最高投标限价，是招标人能够接受的最高交易价格。投标人报价若高于公布的招标控制价，则其投标作为废标处理。

② 招标控制价应由具有编制能力的招标人或受其委托具有相应资质的工程造价咨询人编制。

③ 招标人应在招标文件中如实公布招标控制价，不得对所编制的招标控制价进行上浮或下调。同时，应将招标控制价及有关资料报该工程所在地或有该工程管辖权的行业管理部门工程造价管理机构备查。

④ 当招标控制价超过批准的概算时，招标人应将其报原概算审批部门审核。

第三节　投标报价的编制

一、编制投标报价应注意的事项

① 因国有资金投资的工程，其招标控制价相当于政府采购中的采购预算，且其定义就是最高投标限价。而投标价是指投标人投标时响应招标文件要求所报出的对已标价工程量清单汇总后标明的总价，因此，若投标人的投标报价高于招标控制价的应予废标。

② 实行工程量清单招标，招标人在招标文件中提供招标工程量清单，其目的是使各投

标人在投标报价中具有共同的竞争平台。因此，投标人必须按招标工程量清单填报表格，项目编码、项目名称、项目特征、计量单位、工程量必须与招标工程量清单一致，且投标报价不得低于工程成本。

③ 招标工程量清单与计价表中列明的所有需要填写单价和合价的项目，投标人均应填写且只允许有一个报价。未填写单价和合价的项目，视为此项费用已包含在已标价工程量清单中其他项目的单价和合价之中。当竣工结算时，此项目不得重新组价予以调整。

④ 实行工程量清单计价，投标总价应当与分部分项工程费、措施项目费、其他项目费和规费、税金的合计金额一致，即投标人在进行工程量清单招标的投标报价时，不能进行投标总价优惠（或降价、让利），投标人对投标报价的任何优惠（或降价、让利）均应反映在相应清单项目的综合单价中。

二、投标报价的流程及依据

（一）投标报价的流程

1. 熟悉招标文件

为了保证工程量清单报价的合理性，投标人应反复阅读、理解招标文件，熟悉招标文件中所明确的实质性要求和条件，以做出全部响应，避免遗漏。

2. 工程现场踏勘

投标人应对工程现场周围环境进行了解，以获取有用信息做出投标策略及投标价格决定，考察内容主要包括以下方面。

① 施工现场是否达到招标文件规定的条件；

② 施工的地理位置和地形、地貌；

③ 施工现场的地址、土质、地下水位、水文等情况；

④ 施工现场的气候条件，如气温、湿度、风力等；

⑤ 现场的环境，如交通、供水、供电、污水排放等；

⑥ 临时用地、临时设施搭建等，即工程施工过程中临时使用的工棚、堆放材料的库房以及这些设施所占地方等。

3. 复核工程量

招标文件中会提供招标工程量清单，但仍需要进行复核工程量，因为工程量的大小是投标报价最直接的依据，这将直接影响到投标的策略、报价的尺度以及选择相应的施工方案，并也可以据此确定订货及采购物资的数量，避免产生停工或积压的现象。

如果发现招标工程量清单的工程量有误，投标人也不能修改工程量清单中的工程量，因为修改了清单便是擅自修改了合同，对于工程量清单中存在的错误，是否向招标方提出修改意见，取决于投标策略。投标人可以根据相应的报价技巧进行报价，以增加中标的机会及提高中标后的收益。

4. 编制施工方案及进度计划

投标方应根据招标文件，并结合施工单位自身的条件和市场竞争情况，合理制定施工方案，充分体现投标人的竞争实力，并且科学制定施工进度计划，确定劳动力和机械台班的数量，编制主要资源需要量计划。

5. 计算综合单价及分部分项工程费

投标人应在通过各种渠道对工程所需要的各种劳务、材料及施工机械设备进行市场询

价，并以此为依据进行编制综合单价。投标报价中的分部分项工程费应由招标工程量清单中工程量乘以综合单价汇总而成。

6. 计算措施项目费

措施项目中的单价措施项目应采用分部分项工程量清单方式的综合单价计价，措施项目中的总价措施项目以“项”为单位的方式按费率计算，按项计价。

7. 计算其他项目费、规费和税金

其他项目费主要包括暂列金额、暂估价、计日工以及总承包服务费，投标人应按国家或省级、行业建设主管部门的有关规定计算规费和税金。

8. 汇总各项费用，复核调整确认投标报价

投标方在汇总各项费用后，可以根据企业自身实力及工程的实际情况确定投标报价策略，进行投标报价的调整，以最大限度获取中标机会或赢得最佳效益。

投标报价具体流程如图 4-2 所示。

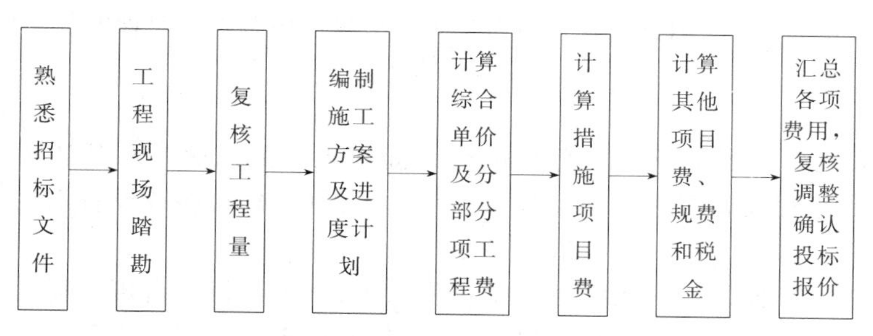

图 4-2　投标报价具体流程

（二）投标报价的依据

① 现行国家标准《建设工程工程量清单计价规范》（GB 50500—2013）与专业工程计量规范；

② 国家或省级、行业建设主管部门颁发的计价办法；

③ 企业定额，国家或省级、行业建设主管部门颁发的计价定额和计价办法；

④ 招标文件、招标工程量清单及其补充通知、答疑纪要；

⑤ 建设工程设计文件及相关资料；

⑥ 施工现场情况、工程特点及投标时拟定的投标施工组织设计或施工方案；

⑦ 与建设项目相关的标准、规范、技术资料；

⑧ 市场价格信息或工程造价管理机构发布的工程造价信息；

⑨ 其他的相关资料。

三、投标报价的内容

（一）分部分项工程和措施项目清单与计价表的编制

1. 分部分项工程和单价措施项目清单与计价表的编制

（1）综合单价

1）综合单价中应包括招标文件中划分的应由投标人承担的风险范围及其费用，招标文件中没明确的，应提请招标人明确。

2）分部分项工程和措施项目中的单价项目，应根据招标文件和招标工程量清单项目中的特征确定综合单价计算。在招标投标阶段，当出现招标工程量清单特征描述与设计图纸不符时，投标人应以招标工程量清单的项目特征描述为准，确定投标报价。当施工中施工图纸或设计变更与招标工程量清单项目特征描述不一致时，发承包双方应按实际施工的项目特征，依据合同约定重新确定综合单价。

3）综合单价的计算。

综合单价的确定是分部分项工程和单价措施项目清单与计价表编制过程中最主要的内容，包括完成每一个计量单位清单项目所需的人工费、材料和工程设备费、施工机具使用费、企业管理费、利润，并考虑风险费用的分摊。

风险费用隐含于已标价工程量清单综合单价中，用于化解发承包双方在工程合同中约定内容和范围内的风险，包括由于市场价格波动导致的价格风险、相关政策及法规的出台导致的费用增加、承包人根据自身技术管理水平能够自主控制的风险等。

① 计算方法。

$$\text{综合单价}=\frac{\sum(\text{人工费}+\text{材料和工程设备费}+\text{施工机具使用费}+\text{企业管理费}+\text{利润}+\text{风险费})}{\text{清单工程量}} \tag{4-1}$$

式中

$$\text{人工费}=\sum\text{定额计价工程量}\times\sum(\text{定额人工消耗量}\times\text{人工单价}) \tag{4-2}$$

$$\text{材料和工程设备费}=\sum\text{定额计价工程量}\times\sum(\text{定额材料或设备消耗量}\times\text{材料或设备单价}) \tag{4-3}$$

$$\text{施工机具使用费}=\sum\text{定额计价工程量}\times\sum(\text{定额机械台班消耗量}\times\text{机械台班单价})+\text{仪器仪表使用费} \tag{4-4}$$

其中，企业管理费和利润应按各地区的计价方法计算，依据《湖北省建筑安装工程费用定额》（2013 版）计算如下。

$$\text{企业管理费}=(\text{人工费}+\text{施工机具使用费})\times\text{管理费费率} \tag{4-5}$$

$$\text{利润}=(\text{人工费}+\text{施工机具使用费})\times\text{利润率} \tag{4-6}$$

$$\text{风险费用}=(\text{人工费}+\text{材料和工程设备费}+\text{施工机具使用费}+\text{企业管理费}+\text{利润})\times\text{风险费率} \tag{4-7}$$

② 计算综合单价应注意的事项。

a. 清单项目的设置和划分以形成工程实体为原则，会包含较多的工作内容，计价时，可能会出现一个清单项目对应多个定额子目的情况，所以在组价时应根据项目特征的描述确定相应的定额子目。

计算每个清单项目清单工程量时应依据相应专业的工程量计算规范中的工程量计算规则；计算每一项定额子目的定额计价工程量时，应依据所选用定额的工程量计算规则。

b. 投标报价时确定定额人、材、机的消耗量，一般应采用反映企业水平的企业定额，在没有企业定额或企业定额缺项时，可以参照本企业实际水平相近的国家、地区、行业定额。

c. 人、材、机单价应根据询价的结果和市场行情综合确定。

d. 招标文件中要求投标人承担的风险内容和范围，投标人应考虑进入综合单价。在施工过程中，当出现的风险内容及其范围（幅度）在招标文件规定的范围内时，合同价款不做调整。

（2）分部分项工程费

$$分部分项工程费=\sum(分部分项工程量\times分部分项工程综合单价) \quad (4-8)$$

根据计算出的综合单价，可编制分部分项工程量清单与计价表，见表 4-7、表 4-8。

表 4-7　分部分项工程和单价措施项目清单与计价表（投标报价）

工程名称：某公司办公楼　　　　标段：　　　　第　页　共　页

序号	项目编码	项目名称	项目特征描述	计量单位	工程量	金额/元	
						综合单价	合价
		0101 土石方工程					
1	010101001001	平整场地	三类土，弃土运距 20m	m^2	165.00	6.63	1093.95
2	010101003001	挖沟槽土方	三类土，挖土深度 1.45m，弃土运距 30m	m^2	86.50	42.67	3690.96
		…					
		分部小计					9112.99
		…					
		0105 混凝土及钢筋混凝土工程					
15	010502001002	矩形柱	混凝土强度等级：C30 柱截面尺寸：600mm×500mm	m^3	4.50	534.62	2405.79
16	010502002001	构造柱	混凝土强度等级：C30 柱截面尺寸：240mm×240mm	m^3	8.30	486.53	4038.20
		…					
		分部小计					94569.36
		合　计					563468.49

表 4-8　工程量清单综合单价分析表

工程名称：某公司办公楼　　　　标段：　　　　第　页　共　页

项目编码	010101003001		工程名称		挖沟槽土方		计量单位		m^3	工程量	86.50
清单综合单价组成明细											
定额编号	定额名称	定额单位	数量	单价/元				合价/元			
				人工费	材料费	机械费	管理费和利润	人工费	材料费	机械费	管理费和利润
G1-143	人工挖沟槽	$100m^3$	0.01	3223.80	—	5.17	405.56	32.24	—	0.05	4.06
G1-297	基底钎探	$100m^2$	0.0045	55.20	—	—	6.93	0.26	—	—	0.03
G1-219	双(单)轮车运土	$100m^3$	0.0056	957.00	—	—	120.20	5.36	—	—	0.67
小计								37.86	—	0.05	4.76
清单项目综合单价/(元/m^3)								42.67			

注：在综合单价分析过程中，需要计算清单单位的含量，即每一计量单位的清单项目所分摊的工程内容的工程数量。

$$清单单位含量=\frac{某工程内容的定额工程量}{清单工程量} \quad (4-9)$$

《房屋建筑与装饰工程工程量计算规范》（GB 50854—2013）规定：关于挖沟槽、基坑、一般土方因工作面和放坡增加的工程量是否并入各土方工程量中，应按各省、自治区、直辖市或行业建设主管部门的规定实施。

① 根据《湖北省建设工程公共专业消耗量定额及基价表》（2013 版）中规定，则人工挖沟槽的定额计价工程量计算规则同清单工程量计算规则，因此，人工挖沟槽的定额计价工程量为 86.50m^3，则：

$$\text{G1-143 人工挖沟槽的清单单位含量}=\frac{86.50}{86.50}=1$$

② 根据《湖北省建设工程公共专业消耗量定额及基价表》（2013 版）中工程量计算规则及该工程图纸，计算得 G1-297 基底钎探的定额计价工程量为 38.72m^2，G1-219 人力车运输土方的定额计价工程量为 48.45m^3，则：

$$\text{G1-297 基底钎探的清单单位含量}=\frac{38.72}{86.50}=0.45$$

$$\text{G1-219 人力车运输土方的清单单位含量}=\frac{48.45}{86.50}=0.56$$

③ 查《湖北省建筑安装工程费用定额》（2013 版），可知土石方工程管理费和利润的费率分别为 7.60%和 4.96%，计算基数均为人工费和施工机具使用费之和。则：

G1-143 人工挖沟槽单价中管理费与利润之和＝(3223.80＋5.17)×(7.60%＋4.96%)

＝405.56(元)

G1-297 基底钎探单价中管理费与利润之和＝55.20×(7.60%＋4.96%)

＝6.93(元)

G1-219 人力车运输土方中管理费与利润之和＝957.00×(7.60%＋4.96%)＝120.20(元)

2. 总价措施项目清单与计价表的编制

由于各投标人拥有的施工装备、技术水平和采用的施工方法有所差异，投标人投标时应根据自身编制的投标施工组织设计（或施工方案）确定总价措施项目，并编制总价措施项目清单与计价表及确定总价项目金额。

但其中的安全文明施工费必须按照国家或省级、行业建设主管部门的规定计价，不得作为竞争性费用。招标人不得要求投标人对该项费用进行优惠，投标人也不得将该项费用参与市场竞争。

（二）其他项目清单与计价表的编制

其他项目费主要包括暂列金额、暂估价、计日工及总承包服务费组成，应按下列规定报价。

① 暂列金额应按招标工程量清单中列出的金额填写，不得变动；

② 材料、工程设备暂估价应按招标工程量清单中列出的单价计入综合单价；

③ 专业工程暂估价应按招标工程量清单中列出的金额填写；

④ 计日工应按招标人在其他项目清单中列出的项目和数量，自主确定综合单价并计算计日工费用；

⑤ 总承包服务费应根据招标人在招标工程量清单中列出的内容和提出的要求自主确定。

（三）规费、税金项目清单与计价表的编制

由于规费和税金的计取标准是依据有关法律、法规和政策规定的，具有强制性，所以投

标人在投标报价时，应按国家或省级、行业建设主管部门规定的标准计算规费和税金，不得作为竞争性费用。

工程量清单计价是指招标方在建设工程招投标阶段，招标人自行或委托具有资质的中介机构编制工程量清单，并作为招标文件的一部分提供给投标人，由投标人依据工程量清单并结合自身的技术专长、材料采购渠道和管理水平进行自主报价的计价方式。

招标工程量清单是招标人依据国家标准、招标文件、设计文件以及施工现场实际情况编制的，随招标文件发布供投标的工程量清单，是工程量清单计价的基础，应作为编制招标控制价、投标报价、施工阶段合同价款调整与结算的依据。

已标价工程量清单是构成合同文件组成部分的投标文件中已标明价格，经算术性错误修正（如有）且承包人已确认的工程量清单。

分部分项工程量清单应反映拟建工程全部实体工程项目名称和相应数量，招标人应根据相应专业计量规范编写项目编码、项目名称、项目特征、计量单位和工程量，这五个要点在分部分项工程量清单的组成中缺一不可。措施项目清单指为完成工程项目施工，发生于该工程施工准备和施工过程中的技术、生活、安全、环境保护等方面的项目清单。其他项目清单包括暂列金额、暂估价、计日工及总承包服务费。规费项目清单包括社会保险费、住房公积金、工程排污费；税金项目清单包括、营业税、城市维护建设税、教育费附加及地方教育附加。

招标控制价也称为拦标价，是招标人根据国家或省级、行业建设主管部门颁发的有关计价依据和办法，以及拟定的招标文件和招标工程量清单，结合工程具体情况编制的招标工程的最高投标限价。

投标报价的流程包括熟悉招标文件、工程现场踏勘、复核工程量 、编制施工方案及进度计划，计算综合单价及分部分项工程费、计算措施项目费，计算其他项目费、规费和税金，汇总各项费用、复核调整确认投标报价。

能力训练题

一、选择题

1.（2009 年注册造价师考试真题） 在分部分项工程量清单的项目设置中，除明确说明项目的名称外，还应阐释清单项目的（　　）。

A. 计量单位　　B. 清单编码
C. 工程数量　　D. 项目特征

2.（2009 年注册造价师考试真题） 不属于措施项目清单编制依据的是（　　）。

A. 拟建工程的施工技术方案　　B. 其他项目清单
C. 招标文件　　D. 有关的施工规范

3.（2010年注册造价师考试真题） 下列关于招标控制价的说法中，正确的是（　　）。

A. 招标控制价必须由招标人编制　　B. 招标控制价只需公布总价

C. 投标人不得对招标控制价提出异议　　D. 招标控制价不应上调或下浮

4.（2010年注册造价师考试真题） 采用工程量清单计价方式招标时，对工程量清单的完整性和准确性负责的是（　　）。

A. 编制招标文件的招标代理人　　B. 编制清单的工程造价咨询人

C. 发布招标文件的招标人　　D. 确定中标的投标人

5.（2010年注册造价师考试真题） 投标人针对工程量清单中工程量的遗漏或错误，可以采取的正确做法是（　　）。

A. 向招标人提出异议，要求招标人修改

B. 不向招标人提出异议，风险自留

C. 是否向招标人提出修改意见取决于投标策略

D. 等中标后，要求招标人按实调整

6.（2012年注册造价师考试真题） 下列费用项目中，应由投标人确定额度，并计入其他项目清单与计价汇总表中的是（　　）。

A. 暂列金额　　B. 材料暂估价

C. 专业工程暂估价　　D. 总承包服务费

7.（2013年注册造价师考试真题） 编制招标工程量清单中分部分项工程量清单时，项目特征可以不描述的是（　　）。

A. 梁的标高　　B. 混凝土的强度等级

C. 门（窗）框外围尺寸或洞口尺寸　　D. 油漆（涂料）的品种

8.（2013年注册造价师考试真题） 招标工程量清单编制时，在总承包服务费计价表中，应由招标人填写的内容是（　　）。

A. 服务内容　　B. 项目价值

C. 费率　　D. 金额

二、简答题

1. 什么是工程量清单？它有哪些分类？什么是工程量清单计价？

2. 工程量清单由哪几部分组成？它们各有什么特点？

3. 招标工程量清单的编制依据包括哪些内容？

4. 什么是分部分项工程量清单的五个要点？

5. 什么是措施项目清单？什么是其他项目清单？什么是规费和税金清单？它们包括哪些内容？

6. 什么是招标控制价？它有什么作用？招标控制价与投标价有何异同？

7. 投标报价有哪些流程？它的编制依据包括哪些内容？

8. 如何编制综合单价？应注意哪些事项？

9. 如何计算分部分项工程费？

10. 编制总价措施项目清单与计价表、其他项目清单与计价表、规费与税金项目清单与计价表时应注意哪些事项？

三、计算题

1. 某工程项目承包人依据招标文件相关规定进行投标，确定该分部分项工程人工市场单价为50元/工日，加权材料市场单价为220元/m^3，机械台班市场单价为530元/台班，

管理费费率为7.6%，利润率为4.96%，该分部分项工程清单工程量与定额计价量相等，暂不考虑风险因素，试依据《湖北省建筑安装工程费用定额》(2013版) 计算该分部分项工程综合单价（单位：元/m^3）。

2. 某工程项目采用工程量清单方式招标，部分工程量清单见表4-9，请依据当地工程量消耗定额及费用定额，试确定该部分工程清单项目投标报价，并编制综合单价分析表。

表4-9 某工程项目工程量清单

序号	项目编码	项目名称	项目特征描述	计量单位	工程量	金额/元	
						综合单价	合价
1	010101001001	平整场地	1. 三类土 2. 弃土运距100m	m^2	85		
2	010101003001	挖沟槽土方	1. 三类土 2. 挖土深度2.5m 3. 弃土运距为现场内运输堆放距离60 m,场外运输为1km	m^3	150		
3	010503004001	现浇混凝土圈梁	1. 现场搅拌 2. 混凝土强度等级为C25	m^3	1.56		
4	010503005001	现浇混凝土过梁	1. 现场搅拌 2. 混凝土强度等级为C25	m^3	0.16		
5	010507004001	现浇混凝土平板	1. 现场搅拌 2. 混凝土强度等级为C25	m^3	5.33		
6	010507004001	现浇混凝土压顶	1. 现场搅拌 2. 混凝土强度等级为C25	m^3	0.32		

第五章 建筑面积计算

知识目标

- 了解建筑面积的概念及作用
- 理解建筑面积计算规则
- 掌握建筑面积的计算方法

能力目标

- 能够根据施工图纸上的具体数据准确计算建筑面积

第一节 建筑面积概述

一、建筑面积概念

建筑面积是指建筑物（包括墙体）所形成的楼地面面积。建筑面积包括使用面积、辅助面积和结构面积。

1. 使用面积

使用面积是指建筑物各层平面布置中可直接为生产或生活使用的净面积总和，在民用建筑中亦称“居住面积”。例如，住宅建筑中的起居室、客厅、书房、卫生间、厨房及储藏室等都属于使用面积。

2. 辅助面积

辅助面积是指建筑物各层平面布置中为辅助生产或生活所占净面积的综合，例如建筑物中的楼梯、走道、电梯间、杂物间等。

3. 结构面积

结构面积指建筑物各层平面中的墙、柱等结构所占面积之和。

二、建筑面积的作用

首先，在工程建设的众多技术经济指标中，大多以建筑面积为基数，它是核定估算、概算、预算工程造价的一个重要基础数据，是计算和确定工程造价，并分析工程造价和工程设

计合理性的一个基础指标。

其次，建筑面积是国家进行建设工程数据统计、固定资产宏观调控的重要指标；同时，建筑面积还是房地产交易、工程承发包交易、建筑工程有关运营费用的核定等的一个关键指标。

因此，建筑面积的计算不仅是工程计价的需要，也在加强建设工程科学管理等方面起着非常重要的作用。

三、术语

《建筑工程建筑面积计算规范》(GB/T 50353—2013) 对规则中有关词汇给予明确的定义，以便正确计算建筑面积。

① 自然层 (floor)：按楼地面结构分层的楼层。

② 结构层高 (structure story height)：楼面或地面结构层上表面至上部结构层上表面之间的垂直距离。

③ 围护结构 (building enclosure)：围合建筑空间的墙体、门、窗。

④ 建筑空间 (space)：以建筑界面限定的、供人们生活和活动的场所。

⑤ 结构净高 (structure net height)：楼面或地面结构层上表面至上部结构层下表面之间的垂直距离。

⑥ 围护设施 (enclosure facilities)：为保障安全而设置的栏杆、栏板等围挡。

⑦ 地下室 (basement)：室内地平面低于室外地平面的高度超过室内净高的 1/2 的房间。

⑧ 半地下室 (semi-basement)：室内地平面低于室外地平面的高度超过室内净高的 1/3，且不超过 1/2 的房间。

⑨ 架空层 (stilt floor)：仅有结构支撑而无外围护结构的开敞空间层。

⑩ 走廊 (corridor)：建筑物中的水平交通空间。

⑪ 架空走廊 (elevated corridor)：专门设置在建筑物的二层或二层以上，作为不同建筑物之间水平交通的空间。

⑫ 结构层 (structure layer)：整体结构体系中承重的楼板层。

⑬ 落地橱窗 (french window)：突出外墙面且根基落地的橱窗。

⑭ 飘窗 (bay window)：凸出建筑物外墙面的窗户。

⑮ 檐廊 (eaves gallery)：建筑物挑檐下的水平交通空间。

⑯ 挑廊 (overhanging corridor)：挑出建筑物外墙的水平交通空间。

⑰ 门斗 (air lock)：建筑物入口处两道门之间的空间。

⑱ 雨篷 (canopy)：建筑出入口上方为遮挡雨水而设置的部件。

⑲ 门廊 (porch)：建筑物入口前有顶棚的半围合空间。

⑳ 楼梯 (stairs)：由连续行走的梯级、休息平台和维护安全的栏杆（或栏板）、扶手以及相应的支托结构组成的作为楼层之间垂直交通使用的建筑部件。

㉑ 阳台 (balcony)：附设于建筑物外墙，设有栏杆或栏板，可供人活动的室外空间。

㉒ 主体结构 (major structure)：接受、承担和传递建设工程所有上部荷载，维持上部结构整体性、稳定性和安全性的有机联系的构造。

㉓ 变形缝 (deformation joint)：防止建筑物在某些因素作用下引起开裂甚至破坏而预留的构造缝。

㉔ 骑楼（overhang）：建筑底层沿街面后退且留出公共人行空间的建筑物。
㉕ 过街楼（overhead building）：跨越道路上空并与两边建筑相连接的建筑物。
㉖ 建筑物通道（passage）：为穿过建筑物而设置的空间。
㉗ 露台（terrace）：设置在屋面、首层地面或雨篷上的供人室外活动的有围护设施的平台。
㉘ 勒脚（plinth）：在房屋外墙接近地面部位设置的饰面保护构造。
㉙ 台阶（step）：联系室内外地坪或同楼层不同标高而设置的阶梯形踏步。

第二节　建筑面积计算规则

《建筑工程建筑面积计算规范》（GB/T 50353—2013）对建筑工程建筑面积的计算做出了具体的规定和要求，具体包括以下内容。

一、计算建筑面积的范围

（1）建筑物的建筑面积应按自然层外墙结构外围水平面积之和计算。结构层高在 2.20m 及以上的，应计算全面积；结构层高在 2.20m 以下的，应计算 1/2 面积。

（2）建筑物内设有局部楼层时，对于局部楼层的二层及以上楼层，有围护结构的应按其围护结构外围水平面积计算，无围护结构的应按其结构底板水平面积计算，且结构层高在 2.20m 及以上的，应计算全面积，结构层高在 2.20m 以下的，应计算 1/2 面积。建筑物局部楼层如图 5-1 所示。

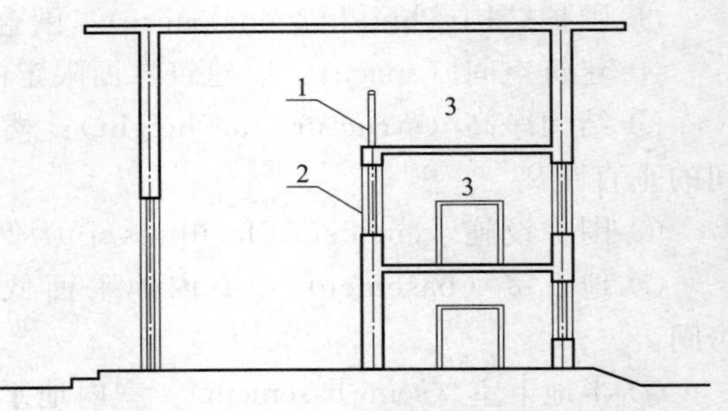

图 5-1　建筑物内的局部楼层示意图
1—围护设施；2—围护结构；3—局部楼层

【例 5-1】 试计算如图 5-2 所示建筑物建筑面积。

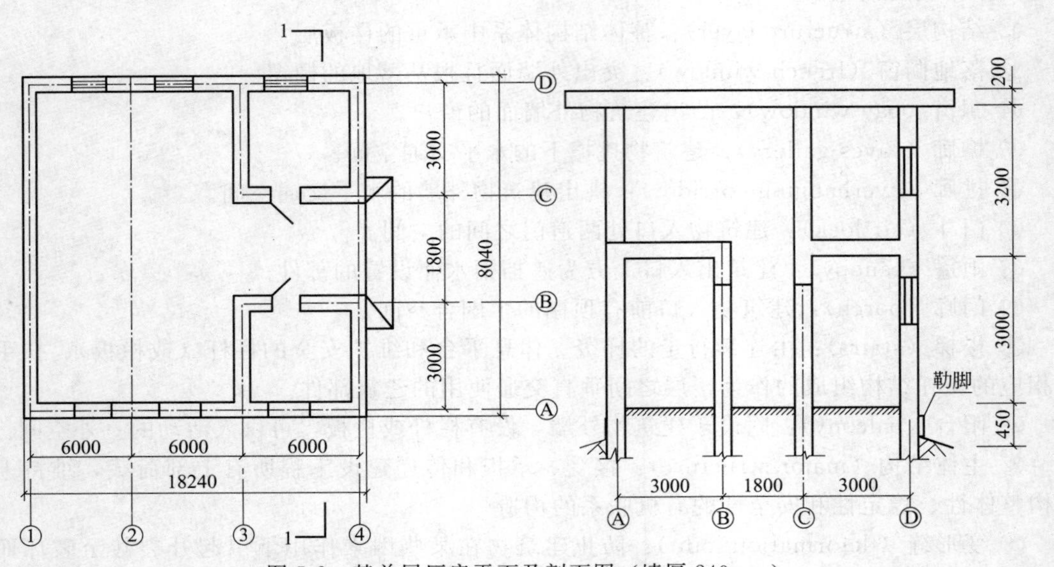

图 5-2　某单层厂房平面及剖面图（墙厚 240mm）

解 ① 底层建筑面积 $S_1=18.24\times8.04=146.65(\text{m}^2)$

② 局部二层建筑面积 $S_2=(6+0.24)\times(3+0.24)=20.22(\text{m}^2)$

③ 单层厂房建筑面积 $S=S_1+S_2=(146.65+20.22)=166.87(\text{m}^2)$

(3) 对于形成建筑空间的坡屋顶，结构净高在 2.10m 及以上的部位应计算全面积；结构净高在 1.20m 及以上至 2.10m 以下的部位应计算 1/2 面积；结构净高在 1.20m 以下的部位不应计算建筑面积。

【例 5-2】 试计算如图 5-3 所示建筑物建筑面积。

解 $h_1>2.1\text{m},S_1=4.175\times(4.5+0.24)=19.79(\text{m}^2)$

$1.2\text{m}<h_2<2.1\text{m},S_2=\frac{1}{2}\times1.385\times(4.5+0.24)\times2=6.56(\text{m}^2)$

$h_3<1.2\text{m},S_3=0$

$S=S_1+S_2+S_3=19.79+6.56=26.35(\text{m}^2)$

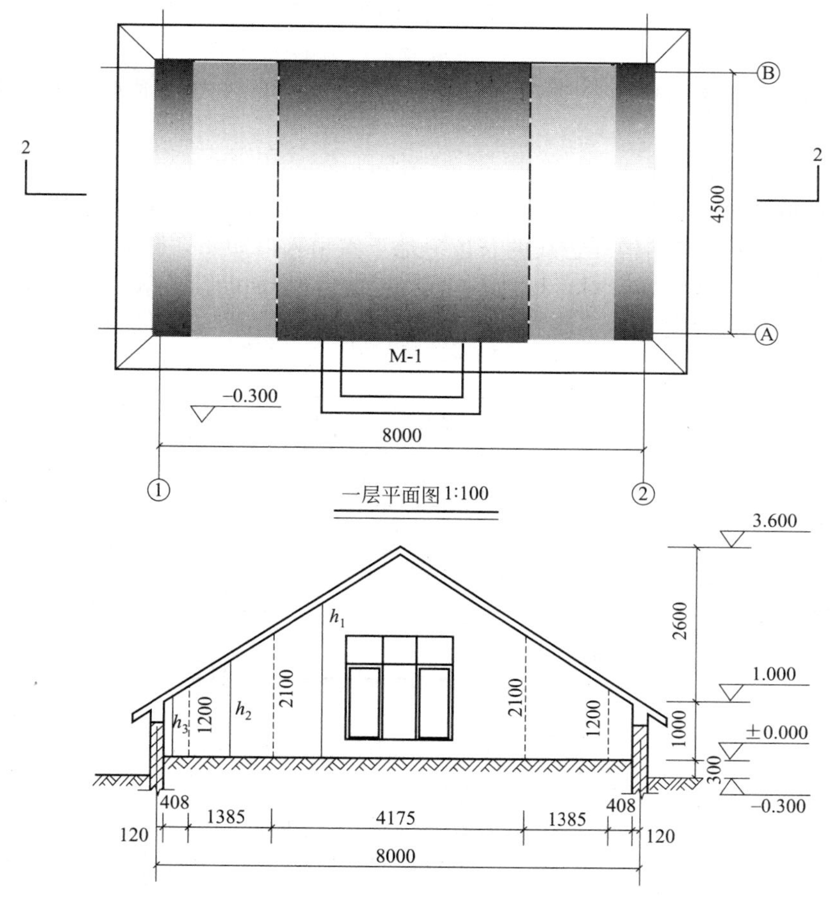

图 5-3 某房屋建筑图

(4) 对于场馆看台下的建筑空间，结构净高在 2.10m 及以上的部位应计算全面积；结构净高在 1.20m 及以上至 2.10m 以下的部位应计算 1/2 面积；结构净高在 1.20m 以下的部位不应计算建筑面积。室内单独设置的有围护设施的悬挑看台，应按看台结构底板水平投影面积计算建筑面积。有顶盖无围护结构的场馆看台应按其顶盖水平投影面积的 1/2 计算面积。

理解此项条款时应注意：

① 场馆看台下的建筑空间因其上部结构多为斜板，所以采用净高的尺寸划定建筑面积的计算范围和对应规则。

② 室内单独设置的有围护设施的悬挑看台，因其看台上部设有顶盖且可供人使用，所以按看台板的结构底板水平投影计算建筑面积。

③“有顶盖无围护结构的场馆看台”所称的“场馆”为专业术语，指各种“场”类建筑，如：体育场、足球场、网球场、带看台的风雨操场等。

(5) 地下室、半地下室应按其结构外围水平面积计算。结构层高在 2.20m 及以上的，应计算全面积；结构层高在 2.20m 以下的，应计算 1/2 面积。地下室、半地下室（车间、商店、车站、车库、仓库等），包括相应的有永久性顶盖的出入口，应按其外墙上口（不包括采光井、外墙防潮层及其保护墙）外边线所围水平面积计算。

理解此项条款时应注意：地下室作为设备、管道层按下文第（26）项执行；地下室的各种竖向井道按下文第（19）项执行；地下室的围护结构不垂直于水平面的按下文第（18）项规定执行。

(6) 出入口外墙外侧坡道有顶盖的部位，应按其外墙结构外围水平面积的 1/2 计算面积。

理解此项条款时应注意。

① 出入口坡道分有顶盖出入口坡道和无顶盖出入口坡道，出入口坡道顶盖的挑出长度，为顶盖结构外边线至外墙结构外边线的长度。地下室出入口如图 5-4 所示。

② 顶盖以设计图纸为准，对后增加及建设单位自行增加的顶盖等，不计算建筑面积。

③ 顶盖不分材料种类（如钢筋混凝土顶盖、彩钢板顶盖、阳光板顶盖等）。

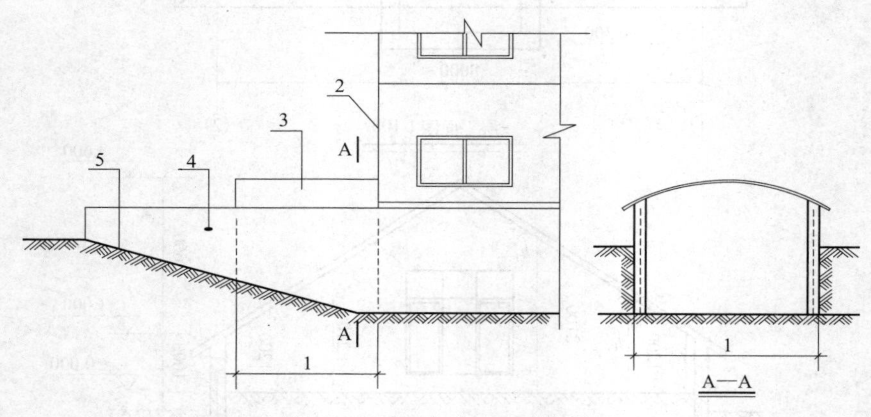

图 5-4 地下室出入口示意图

1—计算 1/2 投影面积部位；2—主体建筑；3—出土口顶盖；4—封闭出入口侧墙；5—出入口坡道

【例 5-3】 求如图 5-5 所示建筑物的建筑面积。

解 地下室及附着建筑物外墙的出入口的建筑面积按其上口外墙的（不包括采光井、防潮层及其防护墙）外围的水平面积计算。

$S=(12.3+0.24)\times(10+0.24)+(2.1+0.24)\times0.8+6\times2=142.09(m^2)$

(7) 建筑物架空层及坡地建筑物吊脚架空层，应按其顶板水平投影计算建筑面积。结构层高在 2.20m 及以上的，应计算全面积；结构层高在 2.20m 以下的，应计算 1/2 面积。

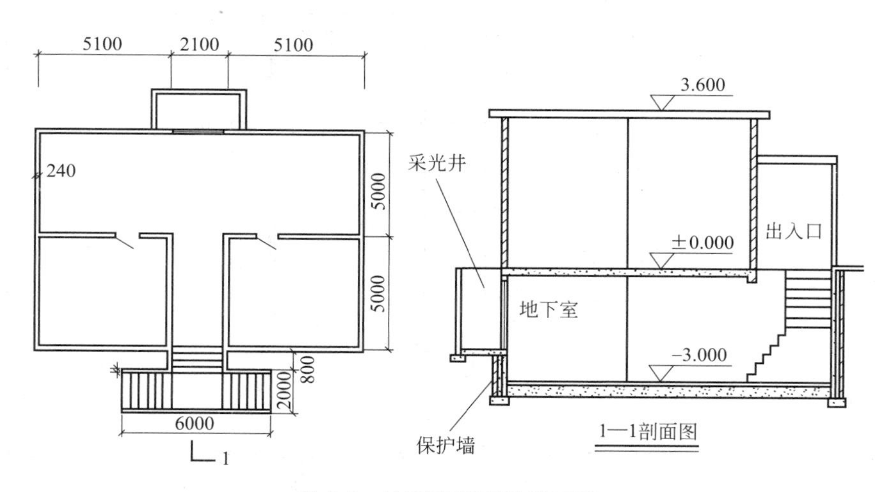

图 5-5 地下室平面及剖面图

理解此项条款时应注意：

① 架空层是指仅有结构支撑而无外围护结构的开敞空间层。

② 本条既适用于建筑物吊脚架空层、深基础架空层建筑面积的计算，也适用于目前部分住宅、学校教学楼等工程在底层架空或在二楼或以上某个甚至多个楼层架空，作为公共活动、停车、绿化等空间的建筑面积的计算。建筑物吊脚架空层如图 5-6 所示。

③ 架空层中有围护结构的建筑空间按相关规定计算。

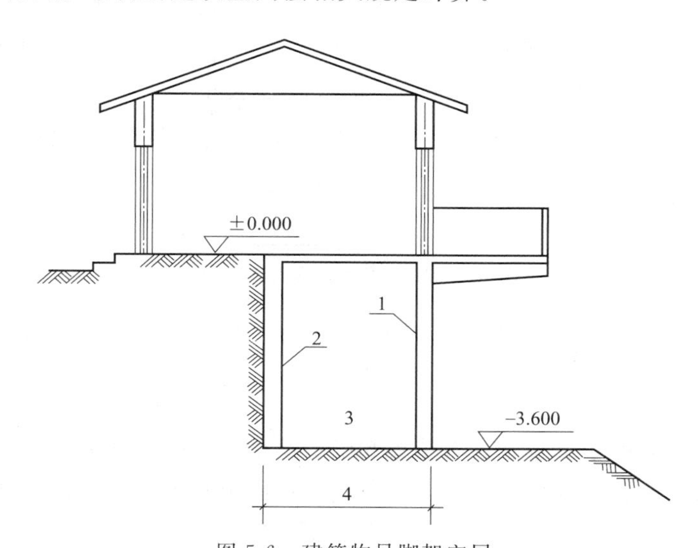

图 5-6 建筑物吊脚架空层

1—柱；2—墙；3—吊脚架空层；4—计算建筑面积部位

（8）建筑物的门厅、大厅应按一层计算建筑面积，门厅、大厅内设置的走廊应按走廊结构底板水平投影面积计算建筑面积。结构层高在 2.20m 及以上的，应计算全面积；结构层高在 2.20m 以下的，应计算 1/2 面积。

【例 5-4】 求图 5-7 建筑物的建筑面积。

解 建筑物设有伸缩缝时应分层计算建筑面积，并入所在建筑物建筑面积之内。建筑物内门厅、大厅不管其高度如何，均按一层计算建筑面积。

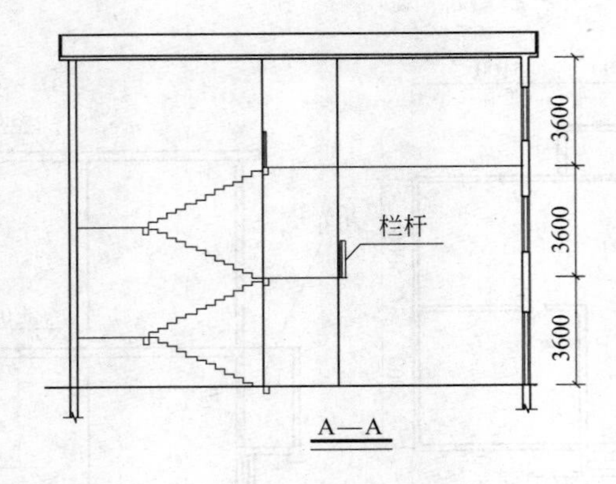

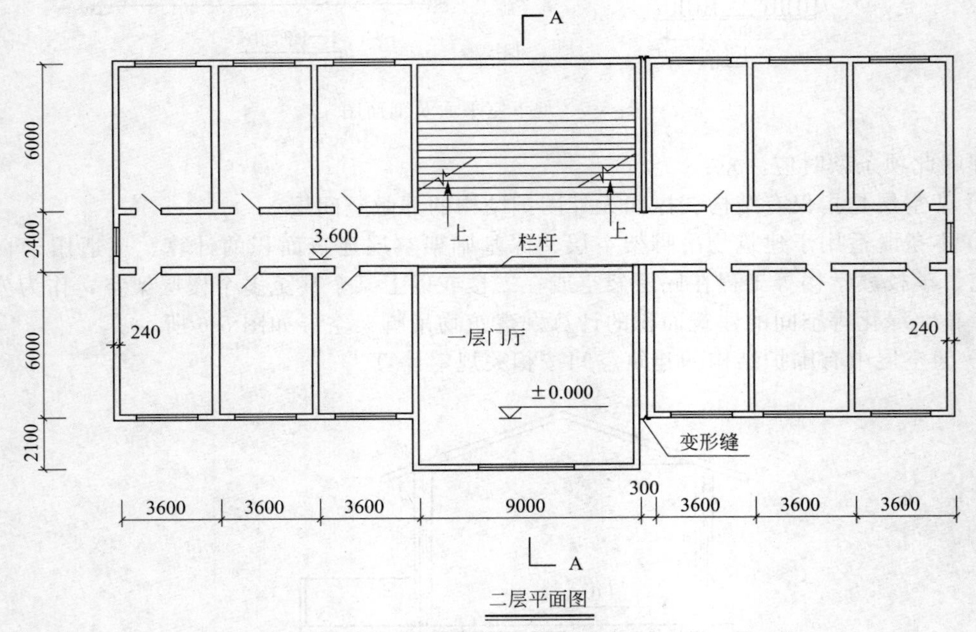

图 5-7　某建筑物平面及剖面图

$S=(3.6\times6+9.0+0.3+0.24)\times(6.0\times2+2.4+0.24)\times3+(9.0+0.24)\times2.1\times2-(9-0.24)\times6$

$=1353.92(\mathrm{m}^2)$

(9) 对于建筑物间的架空走廊，有顶盖和围护结构的，应按其围护结构外围水平面积计算全面积；无围护结构、有围护设施的，应按其结构底板水平投影面积计算 1/2 面积。

理解此项条款时应注意：无围护结构的架空走廊如图 5-8(a) 所示，有围护结构的架空走廊如图 5-8(b) 所示。

【例 5-5】 如图 5-9 所示，架空走廊一层为通道，三层无顶盖，计算该架空走廊的建筑面积。

解 该图中的架空走廊均无围护结构，三楼可作为二楼的顶盖，三楼架空走廊无顶盖，不计算建筑面积，二楼有顶盖的架空通廊建筑面积为：

$$S=(6.0-0.24)\times2\times1/2=5.76(\mathrm{m}^2)$$

(10) 对于立体书库、立体仓库、立体车库，有围护结构的，应按其围护结构外围水平面积计算建筑面积；无围护结构、有围护设施的，应按其结构底板水平投影面积计算建筑面积。无结构层的应按一层计算，有结构层的应按其结构层面积分别计算。结构层高在

(a) 无围护结构的架空走廊示意图

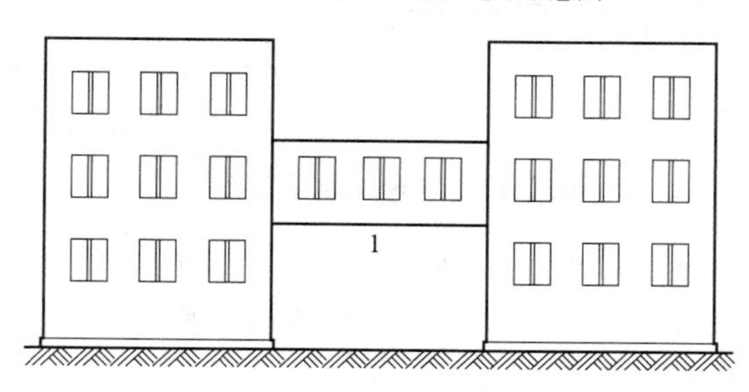

(b) 有围护结构的架空走廊示意图

图 5-8 架空走廊示意图

1—栏杆；2—架空走廊

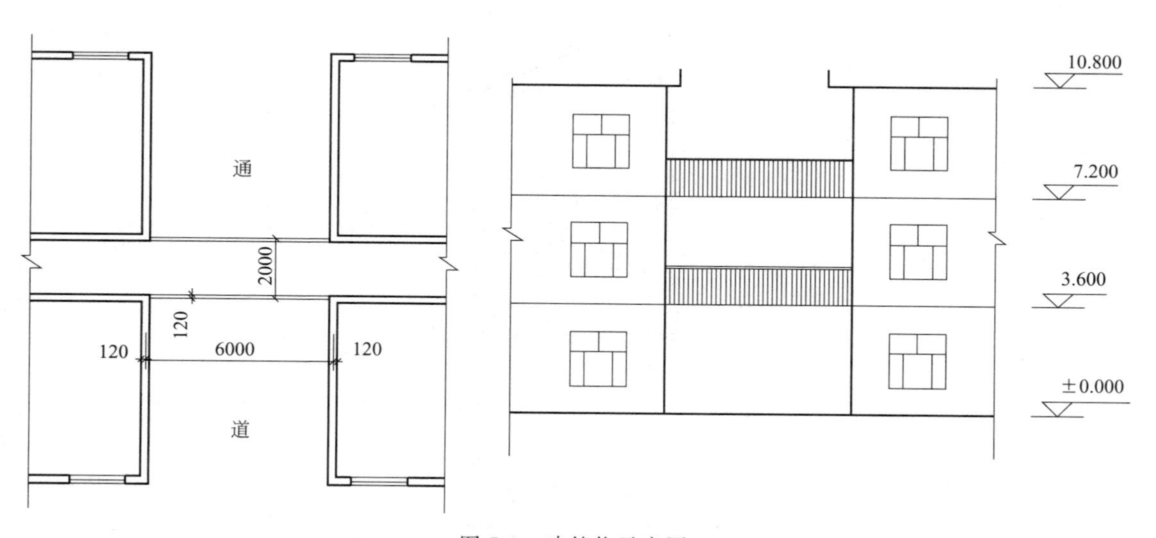

图 5-9 建筑物示意图

2.20m 及以上的，应计算全面积；结构层高在 2.20m 以下的，应计算 1/2 面积。

理解此项条款时应注意：本条主要规定了图书馆中的立体书库、仓储中心的立体仓库、大型停车场的立体车库等建筑的建筑面积计算规则。起局部分隔、存储等作用的书架层、货架层或可升降的立体钢结构停车层均不属于结构层，故该部分不计算建筑面积。

【例 5-6】 求图 5-10 建筑物的建筑面积。

解 该货台建筑面积为 $S=4.5\times1\times5\times0.5\times5+12\times6$

$=128.25(\mathrm{m}^2)$

(11) 有围护结构的舞台灯光控制室，应按其围护结构外围水平面积计算。结构层高在 2.20m 及以上的，应计算全面积；结构层高在 2.20m 以下的，应计算 1/2 面积。

(12) 附属在建筑物外墙的落地橱窗，应按其围护结构外围水平面积计算。结构层高在

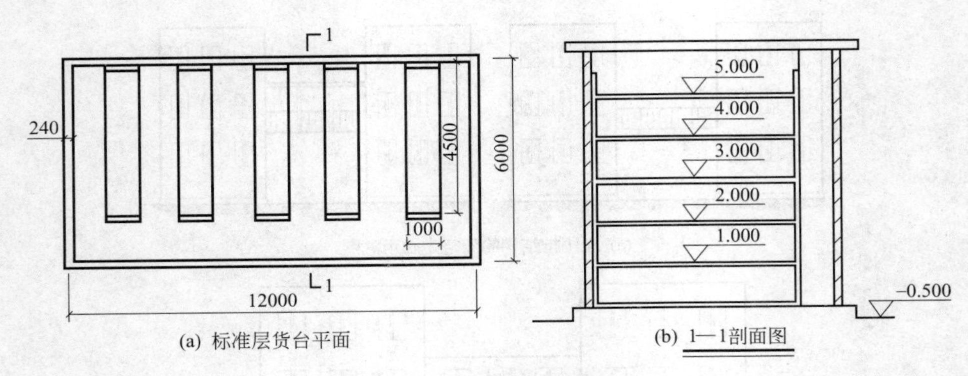

(a) 标准层货台平面 (b) 1—1剖面图

图 5-10 货台建筑示意图

2.20m 及以上的，应计算全面积；结构层高在 2.20m 以下的，应计算 1/2 面积。

(13) 窗台与室内楼地面高差在 0.45m 以下且结构净高在 2.10m 及以上的凸（飘）窗，应按其围护结构外围水平面积计算 1/2 面积。

(14) 有围护设施的室外走廊（挑廊），应按其结构底板水平投影面积计算 1/2 面积；有围护设施（或柱）的檐廊，应按其围护设施（或柱）外围水平面积计算 1/2 面积。檐廊如图 5-11 所示。

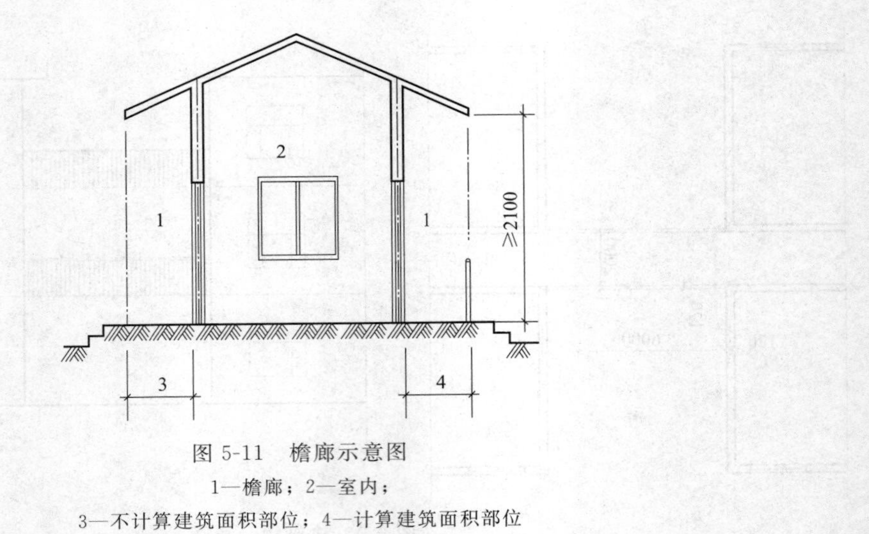

图 5-11 檐廊示意图

1—檐廊；2—室内；

3—不计算建筑面积部位；4—计算建筑面积部位

(15) 门斗应按其围护结构外围水平面积计算建筑面积，且结构层高在 2.20m 及以上的，应计算全面积；结构层高在 2.20m 以下的，应计算 1/2 面积。门斗如图 5-12 所示。

(16) 门廊应按其顶板的水平投影面积的 1/2 计算建筑面积；有柱雨篷应按其结构板水平投影面积的 1/2 计算建筑面积；无柱雨篷的结构外边线至外墙结构外边线的宽度在 2.10m 及以上的，应按雨篷结构板的水平投影面积的 1/2 计算建筑面积。

理解此项条款时应注意：

① 雨篷划分为有柱雨篷（包括独立柱雨篷、多柱雨篷、柱墙混合支撑雨篷、墙支撑雨篷）和无柱雨篷（悬挑雨篷）。

② 如凸出建筑物，且不单独设立顶盖，利用上层结构板（如楼板、阳台底板）进行遮挡，则不视为雨篷，不计算建筑面积。

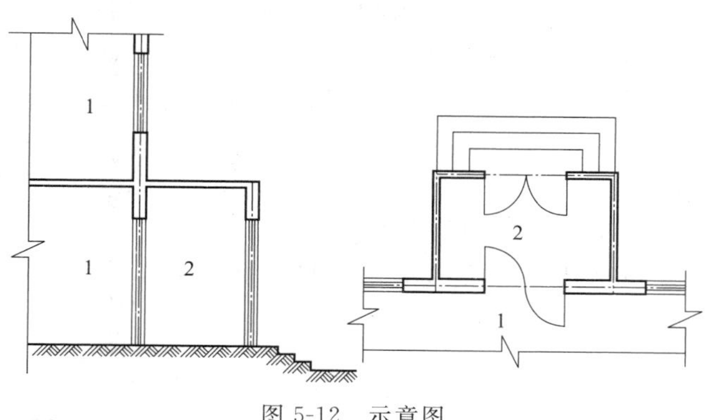

图 5-12 示意图

1—室内；2—门斗

③ 对于无柱雨篷，如顶盖高度达到或超过两个楼层时，也不视为雨篷，不计算建筑面积。

④ 有柱雨篷，没有出挑宽度的限制，也不受跨越层数的限制，均计算建筑面积。无柱雨篷，其结构板不能跨层，并受出挑宽度的限制，设计出挑宽度大于或等于 2.10m 时才计算建筑面积。出挑宽度，系指雨篷结构外边线至外墙结构外边线的宽度，弧形或异形时，取最大宽度。

(17) 设在建筑物顶部的、有围护结构的楼梯间、水箱间、电梯机房等，结构层高在 2.20m 及以上的应计算全面积；结构层高在 2.20m 以下的，应计算 1/2 面积。

理解此项条款时应注意：如遇建筑物屋顶的楼梯间是坡屋顶，应按坡屋顶的相关条文计算面积。

(18) 围护结构不垂直于水平面的楼层，应按其底板面的外墙外围水平面积计算。结构净高在 2.10m 及以上的部位，应计算全面积；结构净高在 1.20m 及以上至 2.10m 以下的部位，应计算 1/2 面积；结构净高在 1.20m 以下的部位，不应计算建筑面积。

理解此项条款时应注意：本条款对于向内、向外倾斜均适用。由于目前很多建筑设计追求新、奇、特，造型越来越复杂，很多时候根本无法明确区分什么是围护结构、什么是屋顶，因此对于斜围护结构与斜屋顶采用相同的计算规则，即只要外壳倾斜，就按结构净高划段，分别计算建筑面积。斜围护结构如图 5-13 所示。

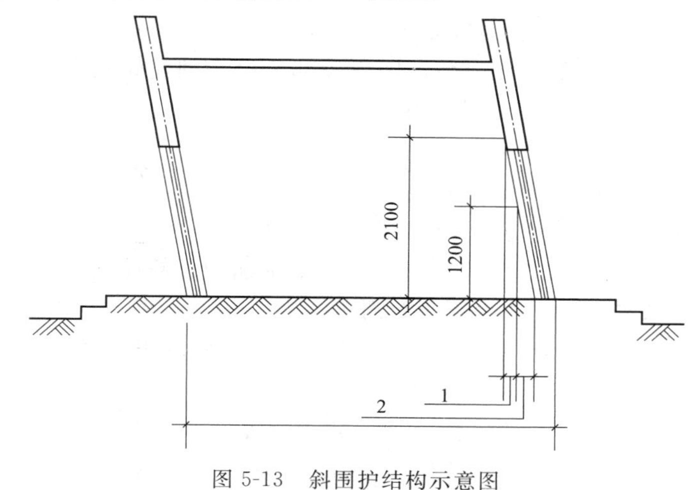

图 5-13 斜围护结构示意图

1—计算 1/2 建筑面积部位；2—不计算建筑面积部位

(19) 建筑物的室内楼梯、电梯井、提物井、管道井、通风排气竖井、烟道，应并入建筑物的自然层计算建筑面积。有顶盖的采光井应按一层计算面积，且结构净高在 2.10m 及以上的，应计算全面积；结构净高在 2.10m 以下的，应计算 1/2 面积。室内电梯井、垃圾道剖面如图 5-14 所示。

理解此项条款时应注意：

① 建筑物的楼梯间层数按建筑物的层数计算。

② 有顶盖的采光井包括建筑物中的采光井和地下室采光井。地下室采光井如图 5-15 所示。

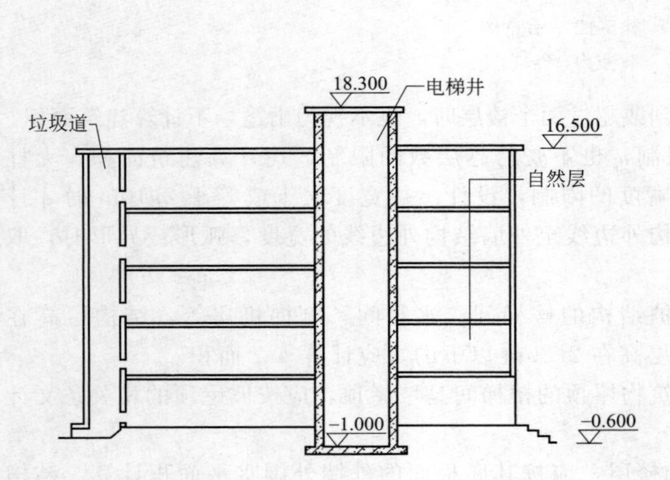

图 5-14 室内电梯井、垃圾道剖面示意图

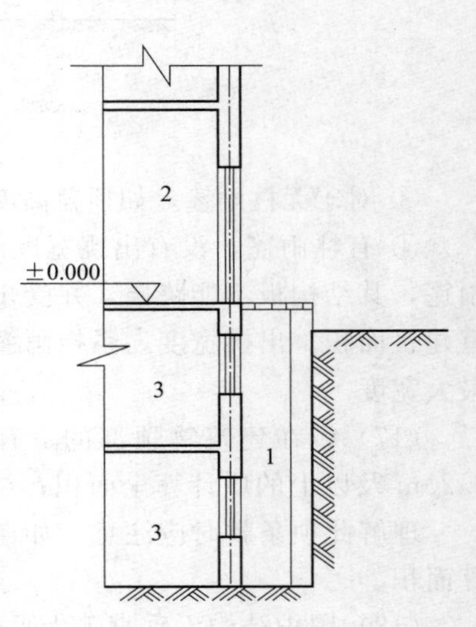

图 5-15 地下室采光井示意图

1—采光井；2—室内；3—地下室

(20) 室外楼梯应并入所依附建筑物自然层，并应按其水平投影面积的 1/2 计算建筑面积。

理解此项条款时应注意：

① 室外楼梯作为连接该建筑物层与层之间交通不可缺少的基本部件，无论从其功能、还是工程计价的要求来说，均需计算建筑面积。

② 层数为室外楼梯所依附的楼层数，即梯段部分投影到建筑物范围的层数。利用室外楼梯下部的建筑空间不得重复计算建筑面积。

③ 利用地势砌筑的为室外踏步，不计算建筑面积。

【例 5-7】 求如图 5-16 所示的室外楼梯建筑面积。

解 该室外楼梯建筑面积为 $S=3.6\times(6.3+0.24)\times1/2=11.77(\text{m}^2)$

(21) 在主体结构内的阳台，应按其结构外围水平面积计算全面积；在主体结构外的阳台，应按其结构底板水平投影面积计算 1/2 面积。

理解此项条款时应注意：建筑物的阳台，不论其形式如何，均以建筑物主体结构为界分别计算建筑面积。

【例 5-8】 某 6 层砖混结构住宅楼，2～6 层建筑平面图均相同，如图 5-17 所示。阳台为不封闭阳台，首层无阳台，其他均与二层相同。计算其建筑面积。

解 首层建筑面积 $S_1=(9.20+0.24)\times(13.2+0.24)=126.87(\text{m}^2)$

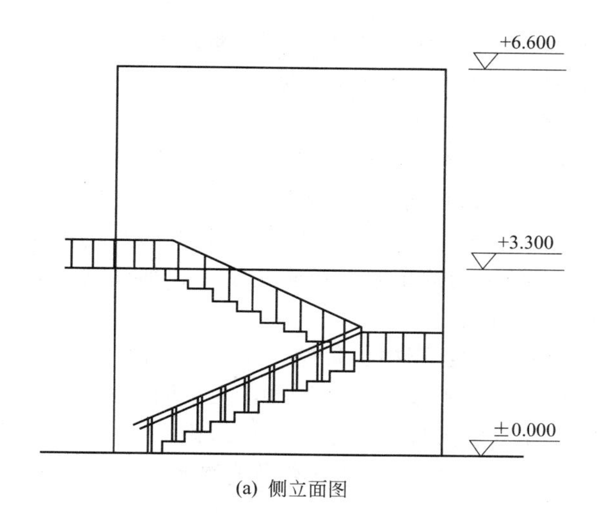

(a) 侧立面图

(b) 二层平面图

图 5-16 建筑楼梯示意图

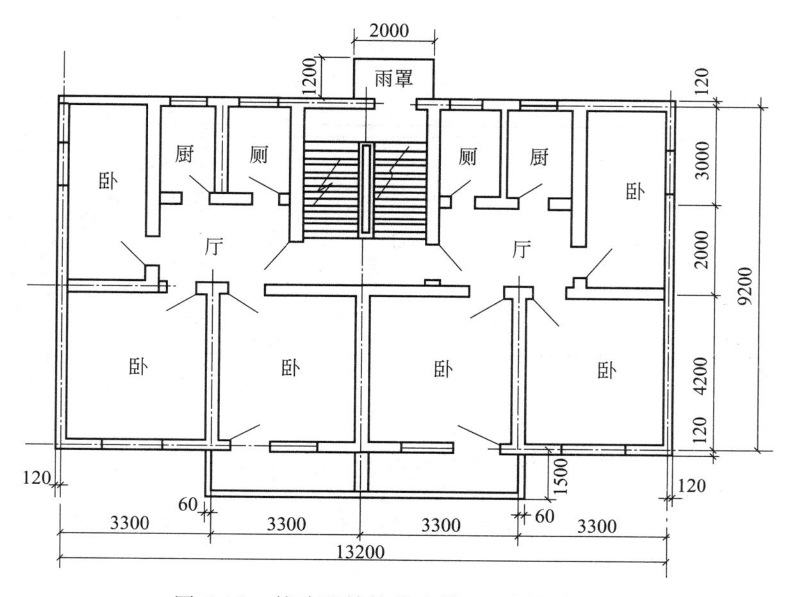

图 5-17 某砖混结构住宅楼 2～6 层平面图

2～6 层建筑面积（包括主体面积和阳台面积）$S_{2\sim6}=S_z+S_y$

式中，S_z 为主体面积；S_y 为阳台面积。

$S_z=S_1\times5=126.87\times5=634.35(m^2)$

$S_y=(1.5-0.12)\times(3.3\times2+0.06\times2)\times5\times1/2=23.18(m^2)$

$S_{2\sim6}=(634.35+23.18)=657.53(m^2)$

总建筑面积 $S=S_1+S_{2\sim6}=(126.87+657.53)=784.40(m^2)$

（22）有顶盖无围护结构的车棚、货棚、站台、加油站、收费站等，应按其顶盖水平投影面积的 1/2 计算建筑面积。

理解此项条款时应注意：车棚、货棚、站台、加油站、收费站等，不以柱来确定建筑面积的计算，而依据顶盖的水平投影面积计算，在车棚、货棚、站台、加油站、收费站内设有围护结构的管理室、休息室另按相关条款计算面积。

【例 5-9】 求图 5-18、图 5-19 建筑物的建筑面积。

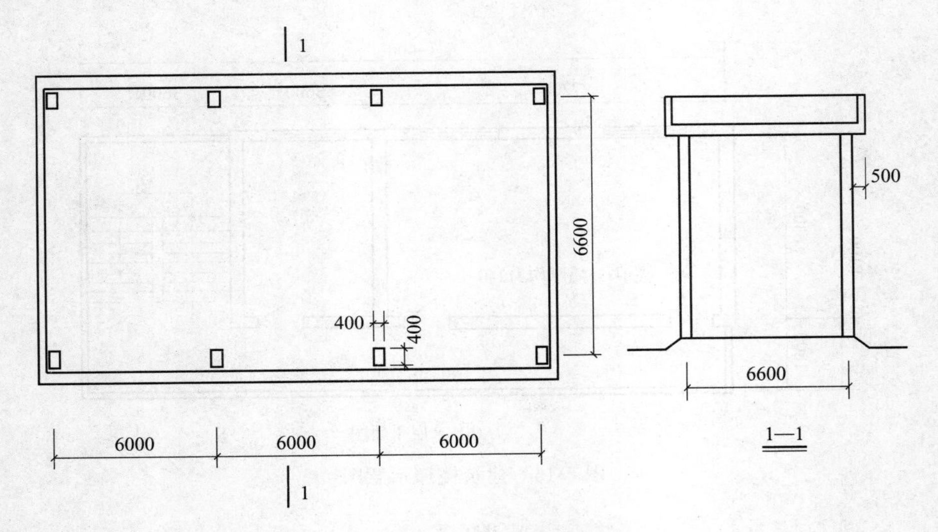

图 5-18 货棚建筑示意图

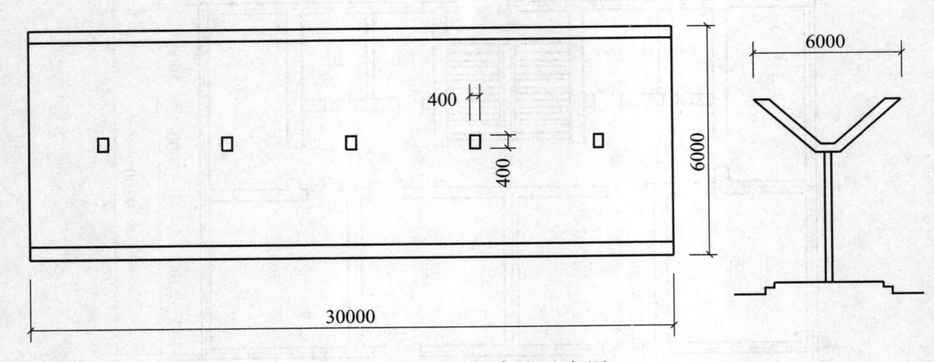

图 5-19 站台建筑示意图

解 货棚面积 $S=(6.0\times3+0.4+0.5\times2)\times(6.6+0.4+0.5\times2)\times1/2$

$=77.6(m^2)$

站台面积 $S=30\times6\times1/2=90(m^2)$

（23）以幕墙作为围护结构的建筑物，应按幕墙外边线计算建筑面积。

理解此项条款时应注意：幕墙以其在建筑物中所起的作用和功能来区分，直接作为外墙起围护作用的幕墙，按其外边线计算建筑面积；设置在建筑物墙体外起装饰作用的幕墙，不计算建筑面积。

（24）建筑物的外墙外保温层，应按其保温材料的水平截面积计算，并计入自然层建筑面积。

理解此项条款时应注意：

① 建筑物外墙外侧有保温隔热层的，保温隔热层以保温材料的净厚度乘以外墙结构外边线长度按建筑物的自然层计算建筑面积，其外墙外边线长度不扣除门窗和建筑物外已计算建筑面积构件（如阳台、室外走廊、门斗、落地橱窗等部件）所占长度。

② 当建筑物外已计算建筑面积的构件（如阳台、室外走廊、门斗、落地橱窗等部件）有保温隔热层时，其保温隔热层也不再计算建筑面积。

③ 外墙是斜面者按楼面楼板处的外墙外边线长度乘以保温材料的净厚度计算。

④ 外墙外保温以沿高度方向满铺为准，某层外墙外保温铺设高度未达到全部高度时（不包括阳台、室外走廊、门斗、落地橱窗、雨篷、飘窗等），不计算建筑面积。

⑤ 保温隔热层的建筑面积是以保温隔热材料的厚度来计算的，不包含抹灰层、防潮层、保护层（墙）的厚度。建筑外墙保温如图 5-20 所示。

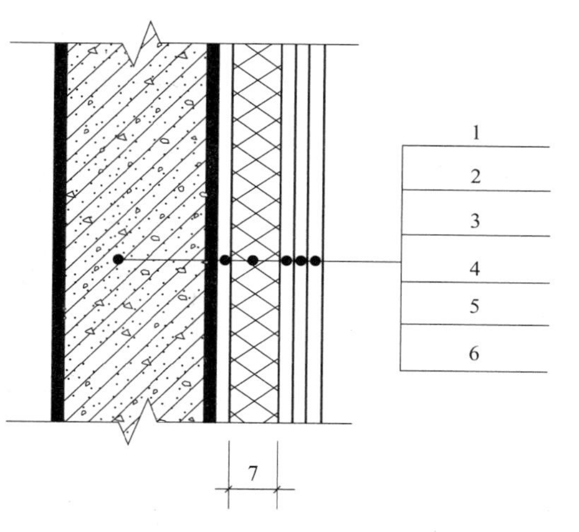

图 5-20 建筑外墙保温示意图

1—墙体；2—黏结胶浆；3—保温材料；4—标准网；5—加强网；6—抹面胶浆；7—计算建筑面积部位

（25）与室内相通的变形缝，应按其自然层合并在建筑物建筑面积内计算。对于高低联跨的建筑物，当高低跨内部连通时，其变形缝应计算在低跨面积内。

理解此项条款时应注意：

① 本条款所指的与室内相通的变形缝，是指暴露在建筑物内，在建筑物内可以看得见的变形缝。

② 变形缝是指防止建筑物在某些因素作用下引起开裂甚至破坏而预留的构造缝。它是在建筑物因温差、不均匀沉降以及地震而可能引起结构破坏变形的敏感部位或其他必要的部位，预先设缝将建筑物断开，令断开后建筑物的各部分成为独立的单元，或者是划分为简单、规则的段，并令各段之间的缝达到一定的宽度，以能够适应变形的需要。根据外界破坏因素的不同，变形缝一般分为伸缩缝、沉降缝、抗震缝三种。

（26）对于建筑物内的设备层、管道层、避难层等有结构层的楼层，结构层高在 2.20m 及以上的，应计算全面积；结构层高在 2.20m 以下的，应计算 1/2 面积。

理解此项条款时应注意：

① 设备层、管道层虽然其具体功能与普通楼层不同，但在结构上及施工消耗上并无本质区别，且自然层的定义为“按楼地面结构分层的楼层”，因此设备、管道楼层归为自然层，其计算规则与普通楼层相同。

② 在吊顶空间内设置管道的，则吊顶空间部分不能被视为设备层、管道层。

二、不计算建筑面积的范围

（1）与建筑物内不相连通的建筑部件。

理解此项条款时应注意：与建筑物内不相连通的建筑部件指的是依附于建筑物外墙外不与户室开门连通，起装饰作用的敞开式挑台（廊）、平台，以及不与阳台相通的空调室外机搁板（箱）等设备平台部件。

（2）骑楼、过街楼底层的开放公共空间和建筑物通道。骑楼如图 5-21(a) 所示，过街楼如图 5-21(b) 所示。

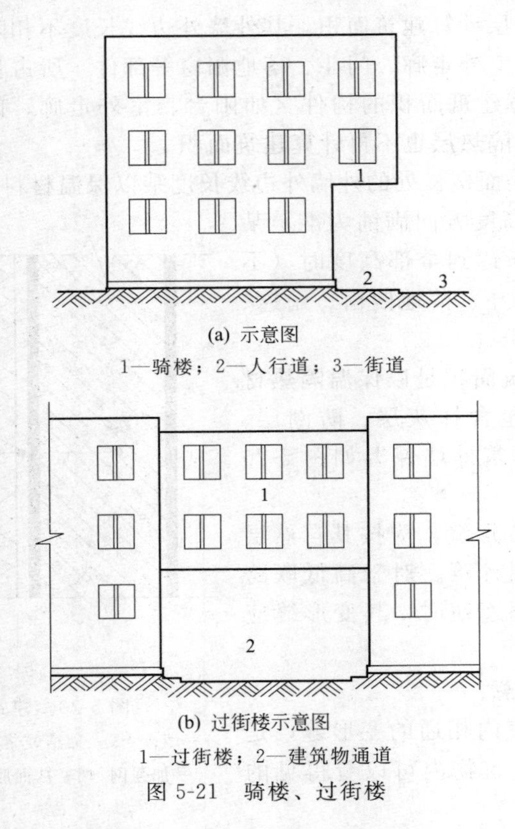

(a) 示意图

1—骑楼；2—人行道；3—街道

(b) 过街楼示意图

1—过街楼；2—建筑物通道

图 5-21　骑楼、过街楼

（3）舞台及后台悬挂幕布和布景的天桥、挑台等。

理解此项条款时应注意：本款条文是指影剧院的舞台及为舞台服务的可供上人维修、悬挂幕布、布置灯光及布景等搭设的天桥和挑台等构件设施。

（4）露台、露天游泳池、花架、屋顶的水箱及装饰性结构构件。

理解此项条款时应注意：

① 露台是指设置在屋面、首层地面或雨篷上的供人室外活动的有围护设施的平台。

② 露台应满足四个条件：一是位置，设置在屋面、地面或雨篷顶，二是可出入，三是有围护设施，四是无盖，这四个条件须同时满足。如果设置在首层并有围护设施的平台，且其上层为同体量阳台，则该平台应视为阳台，按阳台的规则计算建筑面积。

（5）建筑物内的操作平台、上料平台、安装箱和罐体的平台。

理解此项条款时应注意：建筑物内不构成结构层的操作平台、上料平台（包括：工业厂房、搅拌站和料仓等建筑中的设备操作控制平台、上料平台等），其主要作用为室内构筑物

或设备服务的独立上人设施，因此不计算建筑面积。

（6）勒脚、附墙柱、垛、台阶、墙面抹灰、装饰面、镶贴块料面层、装饰性幕墙，主体结构外的空调室外机搁板（箱）、构件、配件，挑出宽度在2.10m以下的无柱雨篷和顶盖高度达到或超过两个楼层的无柱雨篷。

理解此项条款时应注意：附墙柱是指非结构性装饰柱。

（7）窗台与室内地面高差在0.45m以下且结构净高在2.10m以下的凸（飘）窗，窗台与室内地面高差在0.45m及以上的凸（飘）窗。

理解此项条款时应注意：限制了飘窗与室内地面的高差及结构净高，减少了飘窗面积的实用性。

（8）室外爬梯、室外专用消防钢楼梯。

理解此项条款时应注意：室外钢楼梯需要区分具体用途，如专用于消防楼梯，则不计算建筑面积，如果是建筑物唯一通道，兼用于消防，则需要按上文第（20）条计算建筑面积。

（9）无围护结构的观光电梯。

（10）建筑物以外的地下人防通道，独立的烟囱、烟道、地沟、油（水）罐、气柜、水塔、贮油（水）池、贮仓、栈桥等构筑物。

第三节 综合案例

【例5-10】 某砖混结构的二层建筑物的一层及二层平面图如图5-22所示，依据《建筑工程建筑面积计算规范》(GB/T 50353—2013) 的计算规则，计算表5-1工程量计算表中分项工程的工程量，并将工程量及计算过程填入该表的相应栏目。(计算结果保留两位小数)

表5-1 工程量计算表

序号	项目名称	计量单位	工程量	计算过程
1	建筑面积	m^2		
2	一层外墙外边线总长	m		
3	一层外墙中心线总长	m		
4	一层内墙净长线总长	m		

解 ① 一层建筑面积 $S_1=(5.7+1.8+2.4+0.24)\times(3.6+0.24)+(3.3+2.4+3.3+0.24)\times(3.6-0.24)+(10.5+0.24)\times(4.8+0.24)+(3.3+2.4+0.24)\times1.2$

$=10.14\times3.84+9.24\times3.36+10.74\times5.04+5.94\times1.2$

$=131.24(m^2)$

二层建筑面积 $S_2=S_1+S_{阳台}=131.24+(3.6-0.24)\times1.5+0.6\times0.24$

$=136.42(m^2)$

小计：$S=S_1+S_2=131.24+136.42=267.66(m^2)$

② 一层外墙外边线长 $L_{外墙外边线}=10.14+13.44+(10.74+1.2)+(12.24+0.9+1.5)$

$=50.16(m)$

③ 一层外墙中心线长 $L_{外墙中心线}=50.16-4\times0.24=49.2(m)$

④ 一层内墙净长线 $L_{内净1}=(3.6-0.24)\times2+(4.8-0.24)+5.7+(2.4-0.9)+3.3$

$=21.78(m)$

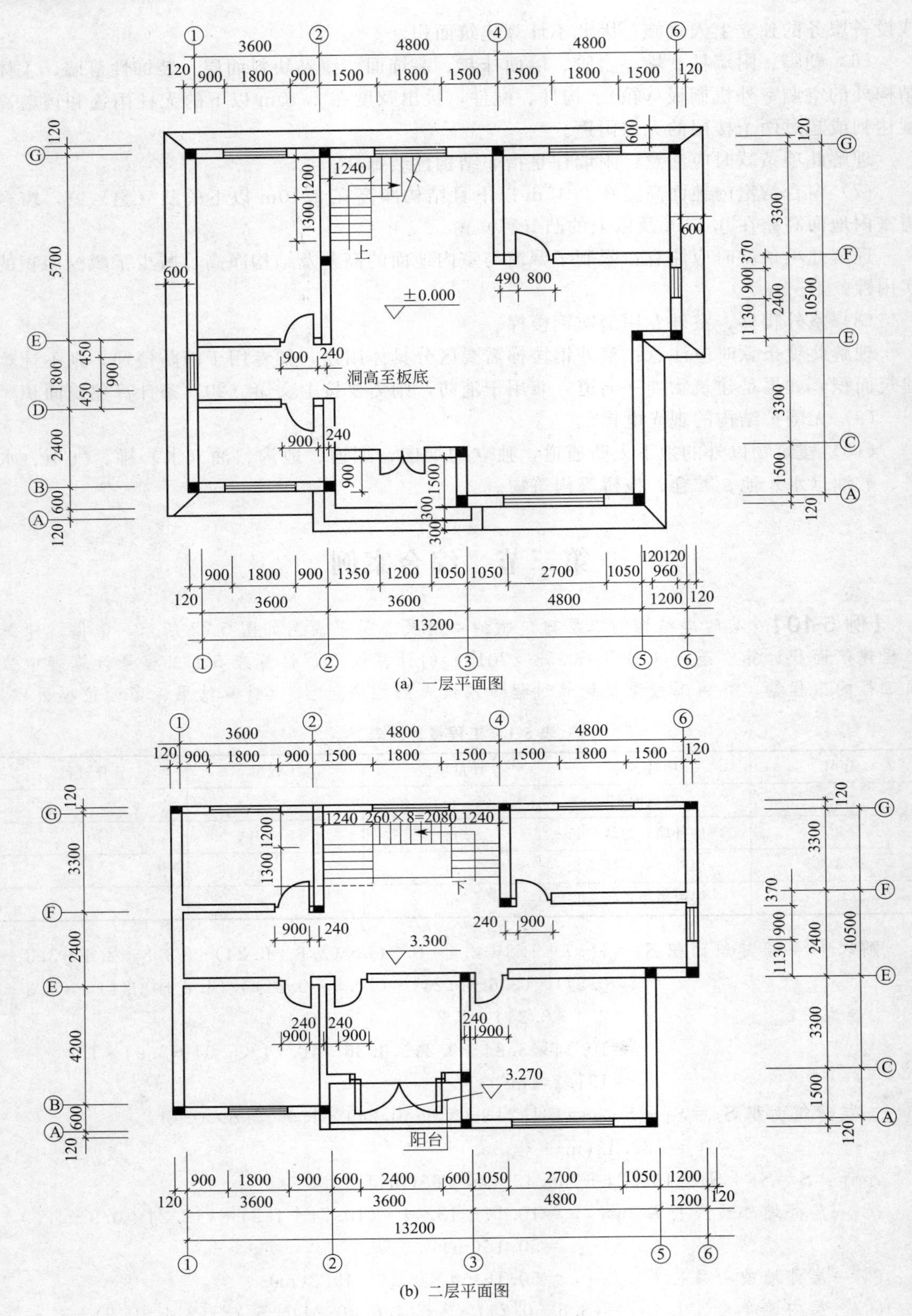

图 5-22 某砖混结构平面图

小　结

建筑面积是指建筑物（包括墙体）所形成的楼地面面积。建筑面积包括使用面积、辅助面积和结构面积。

应依据《建筑工程建筑面积计算规范》（GB/T 50353—2013）相关计算规则计算建筑面积。

能力训练题

一、单项选择题

1. （2014注册造价工程师考试真题） 建筑物内的管道井，其建筑面积计算说法正确的是（　　）。

A. 不计算建筑面积　　B. 按管道图示结构内边线面积计算

C. 按管道井净空面积的1/2乘以层数计算

D. 按自然层计算建筑面积

2. （2014注册造价工程师考试真题） 多层建筑物二层以上楼层按其外墙结构外围水平面积计算，层高在2.20m及以上者计算全面积，其层高是指（　　）。

A. 上下两层楼面结构标高之间的垂直距离

B. 本层地面与屋面板底结构标高之间的垂直距离

C. 最上一层层高是其楼面至屋面板底结构标高之间的垂直距离

D. 最上层遇屋面板找坡的以其楼面至屋面板最高处板面结构之间的垂直距离

3. （2014注册造价工程师考试真题） 地下室的建筑面积计算正确的是（　　）。

A. 外墙保护墙上口外边线所围水平面积

B. 层高2.10m及以上者计算全面积

C. 层高不足2.2m者应计算1/2面积

D. 层高在1.90以下者不计算面积

4. （2014注册造价工程师考试真题） 有永久性顶盖且顶高4.2m无围护结构的场馆看台，其建筑面积计算正确的是（　　）。

A. 按看台底板结构外围水平面积计算　　B. 按顶盖水平投影面积计算

C. 按看台底板结构外围水平面积的1/2计算

D. 按顶盖水平投影面积的1/2计算

5. （2013注册造价工程师考试真题） 根据《建筑工程建筑面积计算规范》(GB/T 50353—2013)，下列情况可以计算建筑面积的是（　　）。

A. 设计加以利用的坡屋顶内净高在1.20～2.10m

B. 地下室采光井所占面积

C. 建筑物出入口外挑宽度在1.20m以上的无柱雨篷

D. 不与建筑物内连通的装饰性阳台

6. （2013注册造价工程师考试真题改编） 根据《建筑工程建筑面积计算规范》（GB/T 50353—2013），关于室外楼梯的建筑面计算的说法，正确的是（　　）。

A. 按自然层水平投影面积计算

B. 超过 2.2m 的按自然层水平投影面积的 1/2 计算

C. 室外楼梯各层均不计算建筑面积

D. 室外楼梯并入所依附建筑物自然层，并按其水平投影面积的 1/2 计算建筑面积

7. (2012 注册造价工程师考试真题) 在建筑面积计算中，有效面积包括（　　）。

A. 使用面积和结构面积　　B. 居住面积和结构面积

C. 使用面积和辅助面积　　D. 居住面积和辅助面积

8. (2012 注册造价工程师考试真题改编) 根据《建筑工程建筑面积计算规范》(GB/T 50353—2013)，建筑面积计算正确的是（　　）。

A. 建筑物的建筑面积应按自然层外墙结构外围水平面积之和计算

B. 建筑高度 2.10m 以上者计算全面积，2.10m 及以下计算 1/2 面积

C. 设计利用的坡屋顶，净高不足 2.10m 不计算面积

D. 坡屋顶内净高在 1.20～2.20m 部位应计算 1/2 面积

9. (2012 注册造价工程师考试真题改编) 根据《建筑工程建筑面积计算规范》(GB/T 50353—2013)，某建筑物的室外楼梯，梯段部分投影到建筑物范围的层数为 5 层，楼梯水平投影面积为 $6m^2$，则该室外楼梯的建筑面积为（　　）m^2。

A. 12　　B. 15

C. 18　　D. 24

10. (2012 注册造价工程师考试真题改编) 根据《建筑工程建筑面积计算规范》(GB/T 50353—2013)，关于建筑面积计算的说法，错误的是（　　）。

A. 室内楼梯间的建筑面积按自然层计算

B. 建筑物的电梯井按建筑物的自然层计算

C. 以幕墙作为围护结构的建筑物，应按幕墙外边线计算建筑面积

D. 窗台与室内地面高差在 0.45 m 以下且结构净高在 2.1m 以下的飘窗，按其围护结构外围水平面积计算 1/2 面积

二、多项选择题

1. (2014 注册造价工程师考试真题) 关于建筑面积计算，说法正确的有（　　）。

A. 露天游泳池按设计图示外围水平投影面积的 1/2 计算

B. 建筑物内的储水罐按平台投影面积计算

C. 有永久顶盖的室外楼梯，按楼梯水平投影面积计算

D. 建筑物主体结构内的阳台按其结构外围水平面积计算

E. 宽度超过 2.10m 的雨篷按结构板的水平投影面积的 1/2 计算

2. (2013 注册造价工程师考试真题改编) 根据《建筑工程建筑面积计算规范》(GB/T 50353—2013)，下列建筑中不应计算建筑面积的有（　　）。

A. 建筑物利用坡屋顶净高不足 2.10m 的部分

B. 建筑物内部楼层的二层部分

C. 建筑设计利用坡屋顶内净高不足 1.2m 的部分

D. 外挑宽度不足 2.10m 的无柱雨篷

E. 利用地势砌筑的建筑物室外台阶所占面积

3. (2012 注册造价工程师考试真题改编) 根据《建筑工程建筑面积计算规范》(GB/T 50353—2013)，层高 2.20m 及以上计算全面积，层高不足 2.20m 者计算 1/2 面积的项目有

（ ）。

A. 宾馆大厅内的回廊

B. 单层建筑物内设有局部楼层，无围护结构的二层部分

C. 多层建筑物坡屋顶内和场馆看台下的空间

D. 有围护设施的室外走廊

E. 建筑物架空层

4. (2012 注册造价工程师考试真题改编) 根据《建筑工程建筑面积计算规范》(GB/T 50353—2013)，下列不应计算建筑面积的项目有（ ）。

A. 地下室的采光井、保护墙

B. 顶盖高度超过两个楼层的无柱雨篷

C. 建筑物外墙的保温隔热层

D. 有围护结构的屋顶水箱间

E. 建筑物内的变形缝

5. (2011 注册造价工程师考试真题改编) 根据《建筑工程建筑面积计算规范》(GB/T 50353—2013)，应计算建筑面积的项目有（ ）。

A. 露台、露天游泳池、花架、屋顶的水箱及装饰性结构构件

B. 屋顶有围护结构的水箱间

C. 地下人防通道

D. 层高不足 2.20m 的建筑物大厅回廊

E. 层高不足 2.20m 有围护结构的舞台灯光控制室

三、计算题

1. 有一五层住宅楼，由 5 个单元组成，每个单元，如图 5-23 所示，前阳台不封闭，后阳台封闭，底层无阳台，外墙厚度各层均为 240mm，试求该住宅楼建筑面积。

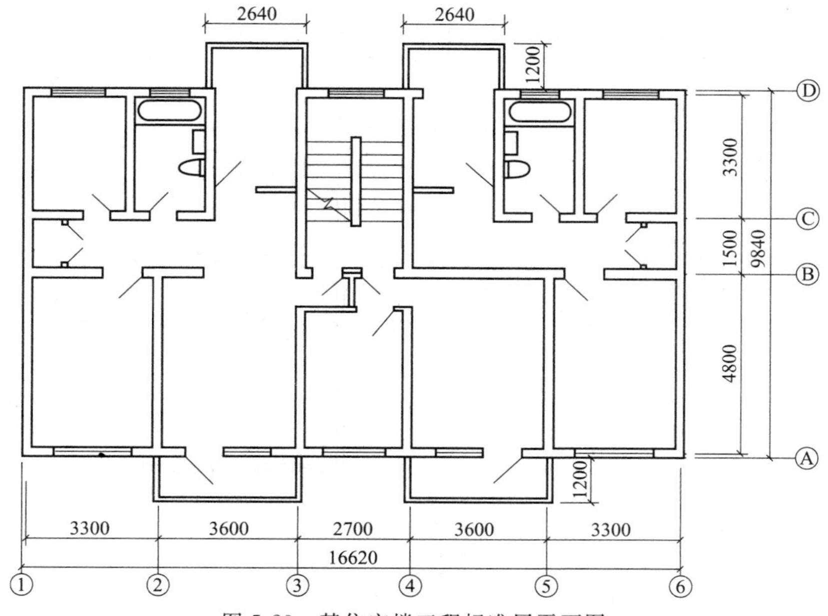

图 5-23 某住宅楼工程标准层平面图

2. 某建筑物如图 5-24 、图 5-25(a)、(b)、(c) 所示，该建筑物附楼为一层礼堂，计算

该建筑物的建筑面积。(墙厚 240mm)

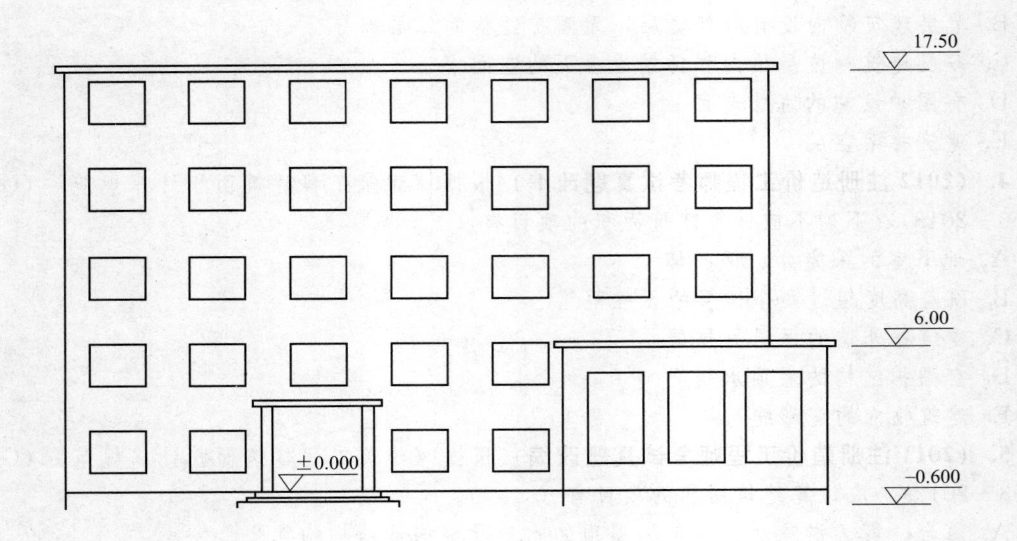

图 5-24　某建筑物正立面图

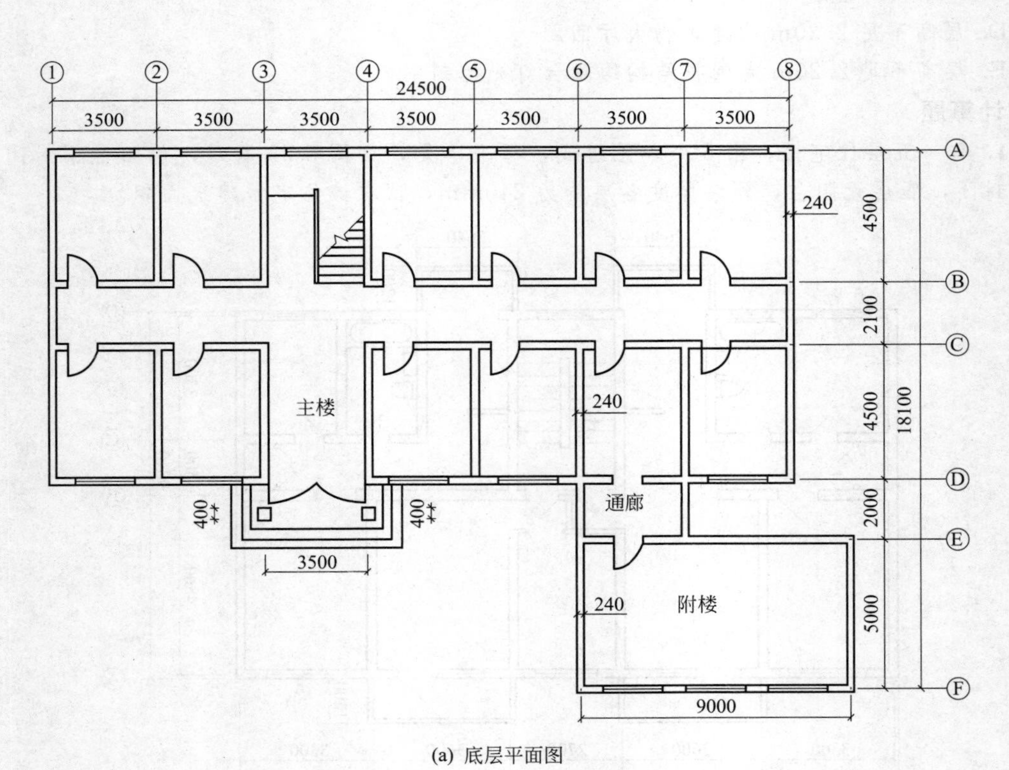

(a) 底层平面图

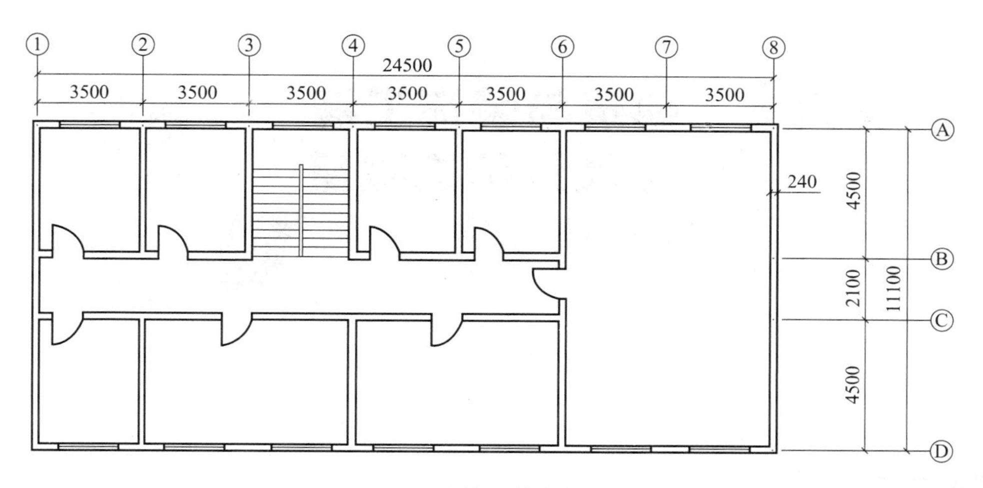

(b) 主楼2~3层平面图

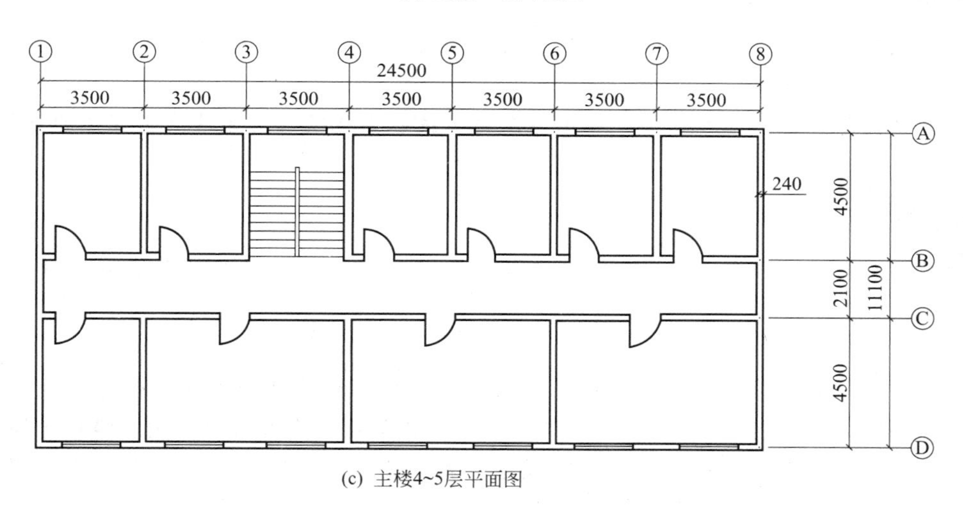

(c) 主楼4~5层平面图

图 5-25 某建筑平面图

第六章　建筑与装饰工程定额计价工程量

知识目标

- 了解工程量的概念、计算依据和计算基本要求
- 理解工程量计算规则
- 掌握建筑与装饰工程各分部分项工程及施工技术措施项目定额计价工程量的计算方法

能力目标

- 能够熟练应用工程量计算规则，计算建筑与装饰工程分部分项工程及施工技术措施项目定额计价工程量

本章以2013版《湖北省建设工程公共专业消耗量定额及基价表（土石方·地基处理·桩基础·预拌砂浆）》、《湖北省房屋建筑与装饰工程消耗量定额及基价表（结构·屋面）》、《湖北省房屋建筑与装饰工程消耗量定额及基价表（装饰·装修）》为依据，介绍建筑与装饰工程定额计价工程量计算规则及计算方法。

第一节　概　　述

一、工程量概念和计算依据

1. 工程量的概念

工程量是指以物理计量单位或自然计量单位所表示的各分项工程或结构构件的实物数量。其中物理计量单位是以分项工程或结构构件的物理属性为单位的计量单位，如长度（m）、面积（m^2）、体积（m^3）、质量（kg）和重量（t）等；自然计量单位是指以自然实体为单位的计量单位，如件、组、樘等。

2. 工程量计算依据

（1）施工图纸　是计算工程量的主要依据。造价人员在计算工程量之前应充分、全面地审核施工图纸，了解设计意图，掌握工程全貌，这是准确、迅速地计算工程量的关键。只有在对设计图纸进行全面详细的了解，并在结合预算定额项目划分的原则下，正确全面地分析

该工程中各分部分项工程，并准确无误地划分，才能正确地计算工程量。

（2）预算定额及《房屋建筑与装饰工程工程量计算规范》 是计算工程量的主要依据，因此在计算工程量之前熟悉预算定额和《房屋建筑与装饰工程工程量计算规范》，是结合施工图纸迅速、准确地确定工程项目和计算工程量的根本保证。

（3）施工组织设计 是承包商根据施工图纸、组织施工的基本原则和上级主管部门的有关规定以及现场的实际情况等资料编制而成，用以指导拟建工程施工过程中各项活动的综合性文件。它规定了组成拟建工程各分项工程的施工方法、施工进度和技术组织措施等具体内容。

因此，计算工程量前应熟悉施工组织设计中影响工程造价的有关内容，严格按照施工组织设计所确定的施工方法和技术组织措施等要求，准确计算工程量。

二、工程量计算基本要求

计算工程造价包括计量和计价两个过程，其中计价需要在计量的基础上进行，无论是软件计算还是手工计算，工作量最大的还是计量，能否及时、准确地计算出工程量，直接影响计算工程造价的速度和准确性。因此，为避免漏算、错算、重算，在工程量计算过程中应注意以下几点。

1. 正确识读图纸

由于专业分工的不同，房屋施工图分为建筑施工图（简称建施）、结构施工图（简称结施）和设备施工图（如给排水、采暖通风、电气等，简称设施）。

（1）先看目录，通过阅读图纸目录，了解建筑类型、设计单位、图纸张数，并检查全套各工种图纸是否齐全，图名与图纸编号是否相符等。

（2）初步阅读各工种设计说明，了解工程概况，将所采用的标准图集编号摘抄下来，并准备好标准图集，供看图时使用。

（3）阅读建筑施工图，读图次序依次为：设计总说明、总平面图、建筑平面图、立面图、剖面图、构造详图。初步阅读建施图后，应能在头脑中形成整栋房屋的立体形象，能想象出建筑物的大致轮廓，为下一步阅读结构施工图做好准备。

（4）阅读结构施工图，具体步骤如下。

① 阅读结构设计说明：包括结构设计的依据、材料标号及要求、施工要求、标准图选用等。

② 阅读基础平面图与详图：包括基础的平面布置及基础与墙、柱轴线的相对位置关系，以及基础的断面形状、大小、基底标高、基础材料及其他构造做法。

③ 阅读柱平面布置图：根据对应的建筑平面图校验柱的布置合理性及柱网尺寸、柱断面尺寸与轴线的关系尺寸有无错误。

④ 阅读楼层及屋面结构平面布置图：结合建施图，读懂梁、板、屋面结构布置及相应构造做法。

（5）阅读设备施工图：包括管道平面布置图、管道系统图、设备安装图、工艺图等。

2. 确定工程量计算顺序

合理安排工程量计算顺序是工程量快速计算的基本前提。一个单位工程按工程量计算规则可划分为若干个分部工程，应考虑将前一个分部工程中计算的工程量数据，能够用于其他分部分项工程工程量计算。合理安排工程量计算顺序，将有关联的分部分项工程按前后依赖关系有序地排列，才能计算流畅，避免错算、漏算和重复计算，从而加快工程量计算速度。

3. 熟悉定额及《房屋建筑与装饰工程工程量计算规范》的内容

计算定额工程量应依据预算定额中的工程量计算规则，计算清单工程量，应依据《房屋建筑与装饰工程工程量计算规范》附录中的工程量计算规则。因此，只有熟悉定额及《房屋建筑与装饰工程工程量计算规范》，才能准确地计算出相应的工程量。

4. 书写工整、规范，便于检查

对于计算的部位、规格型号应有详细的说明，最好采用表格形式，以便于检查。特别是当计量数据比较大时，尤其需要书写工整、规范，才能便于检查。

三、工程量计算方法

为了防止漏算、重算现象发生，应该按照一定的顺序，有条不紊地进行计算工程量。下面分别介绍土建工程中工程量计算通常采用的几种顺序。

1. 按施工顺序计算

按施工先后顺序依次计算工程量，即按先地下、后地上；先底层，后上层；先基础，后结构；先结构，后装饰；先主要，后次要的顺序计算。大型和复杂工程应先划成区域，编成区号，分区计算。

2. 按定额顺序计算

按当地定额中的分部分项编排顺序计算工程量，对照施工图纸，即按土石方工程→地基处理工程→桩基础工程→砌筑工程→混凝土及钢筋混凝土工程→屋面防水工程→楼地面工程→墙柱面工程等。这种按定额编排计算工程量顺序的方法，对初学者可以有效地防止漏算重算现象。

3. 按图纸拟定一个有规律的顺序依次计算

（1）按顺时针方向计算　从平面图左上角开始，按顺时针方向依次计算。如图 6-1 所示。外墙从左上角开始，依箭头所指示的次序计算，绕一周后又回到左上角。此方法适用于外墙、外墙基础、外墙挖地槽、楼地面、天棚、室内装饰等工程量的计算。

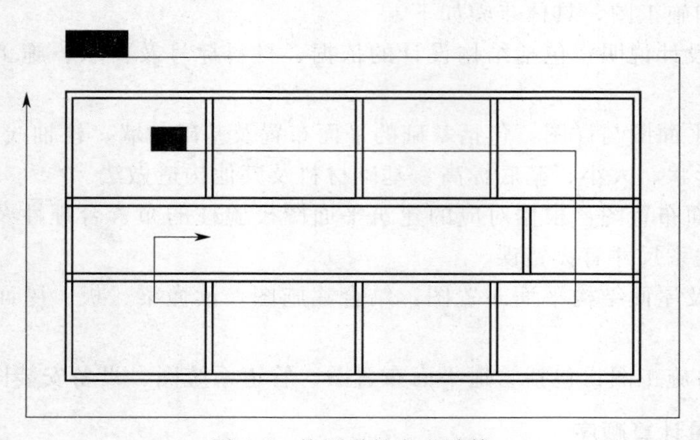

图 6-1　按顺时针方向计算

（2）按先横后竖、先上后下、先左后右的顺序计算　以平面图上的横竖方向分别从左到右或从上到下依次计算。此方法适用于内墙、内墙挖地槽、内墙基础和内墙装饰等工程量的

计算。

（3）按照图纸上的构配件编号顺序计算　在图纸上注明记号，按照各类不同的构、配件，如柱、梁、板等编号，顺序地按柱 Z_1、Z_2、Z_3、Z_4…；梁 L_1、L_2、L_3…，板 B_1、B_2、B_3…等构件编号依次计算。如图 6-2 所示。

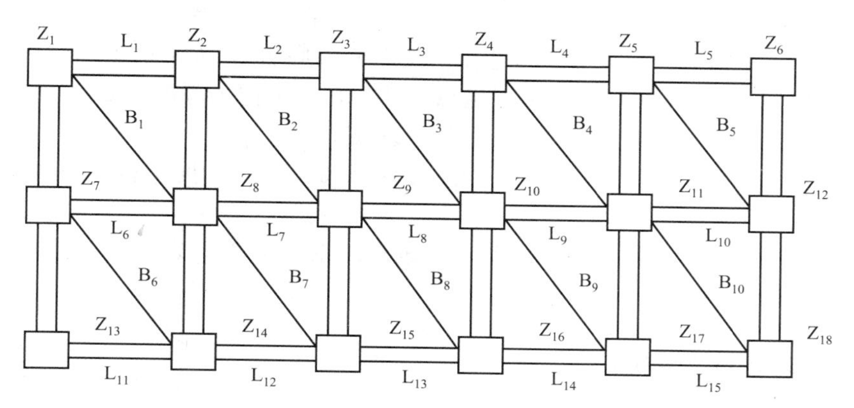

图 6-2　按构配件编号顺序计算

（4）根据平面图上的定位轴线编号顺序计算　对于复杂工程，计算墙体、柱子和内外粉刷工程量时，仅按上述顺序计算还可能发生重复或遗漏，这时，可按图纸上的轴线顺序进行计算，并将其部位以轴线号表示出来。如位于Ⓐ轴线上的外墙，轴线长为①～②，可标记为Ⓐ：①～②。此方法适用于内外墙挖地槽、内外墙基础、内外墙砌体、内外墙装饰等工程量的计算。

在计算工程量时，并不完全限制于以上几种，造价人员可以根据自己的经验和习惯，在保证层次清晰、计算精确的前提下，采用不同的计算方法。

第二节　土石方工程

一、土石方工程定额说明

① 本节定额适用于房屋建筑工程和市政基础设施工程的土石方及运输。

② 干湿土的划分首先以地质勘察资料为准，含水率≥25%为湿土；或以地下常水位为准划分，地下常水位以上为干土，以下为湿土。如挖湿土时，人工和机械乘系数 1.18，干、湿土工程分别计算；如含水率＞40%时，另行计算。采用井点降水的土方应按干土计算。

③ 本定额未包括地下水位以下施工的排水费用，发生时另按相应项目计算。

④ 本定额未包括工作面以外运输路面的维修和养护、城区环保清洁费、挖方和填方区的障碍清理、铲草皮、挖淤泥时堰塘排水等内容，发生时应另行计算。

⑤ 沟槽、基坑、一般土（石）方的划分：底宽≤7m 且底长＞3 倍底宽为沟槽；底长≤3 倍底宽且底面积≤150m^2 为基坑；超过上述范围则为一般土（石）方。

⑥ 在支撑下挖土，按实挖体积人工乘以系数 1.43，机械乘以系数 1.2，先开挖后支撑的不属支撑下挖土。

⑦ 挖桩间土方时，按实挖体积（扣除桩体所占体积，包括空钻或空挖所形成的未经回填的桩孔所占体积），人工挖土方乘以系数 1.25，机械挖土方乘以系数 1.1。

⑧ 场地按竖向布置挖填土方时，不再计算平整场地的工程量。

⑨ 挖土中遇含碎、砾石体积为31%～50%的密实黏性土或黄土时，按挖四类土相应定额项目基价乘以1.43。碎、砾石含量超过50%时，另行处理。

⑩ 挖土中因非施工方责任发生塌方时，除一、二类土外，三、四类土壤按降低一级土类别执行，第九条所列土壤按四类土定额项目执行，工程量均以塌方数量为准。

⑪ 机械挖土方中需人工辅助开挖（包括切边、修整底边），人工挖土部分按批准的施工组织设计确定的厚度计算工程量，无施工组织设计的，人工挖土厚度按30cm计算。人工挖土部分套用人工挖一般土方相应项目且人工乘以系数1.50。

⑫ 推土机推土或铲运机铲土土层平均厚度小于30cm时，推土机台班用量乘以系数1.25，铲运机台班用量乘以系数1.17。

⑬ 挖掘机在垫板上进行作业时，人工、机械乘以系数1.25，定额不包括垫板铺设所需的人工、材料及机械消耗。

二、土石方工程量计算规则

1. 土方体积

土方体积均以天然密实体积为准计算。非天然密实土方（如虚方体积、夯实后体积和松填体积）应按表6-1折算。

表6-1 土方体积折算表

虚方体积	天然密实体积	夯实后体积	松填体积
1.00	0.77	0.67	0.83
1.30	1.00	0.87	1.08
1.50	1.15	1.00	1.25
1.20	0.92	0.80	1.00

2. 放坡系数表

土方放坡或支挡土板都能有效地防止挖方过程中土方的垮塌。定额一般规定，放坡或支挡土板工程量不得重复计算，因此，施工中应选择合适的施工方法。

在场地比较开阔的情况下开挖土方时，可以优先采用放坡的方式保持边坡的稳定。

放坡的坡度以放坡宽度B与挖土深度H之比表示，即$k=B/H$，式中k为放坡系数，如图6-3所示。坡度通常用$1:k$表示，显然，$1:k=H:B$。

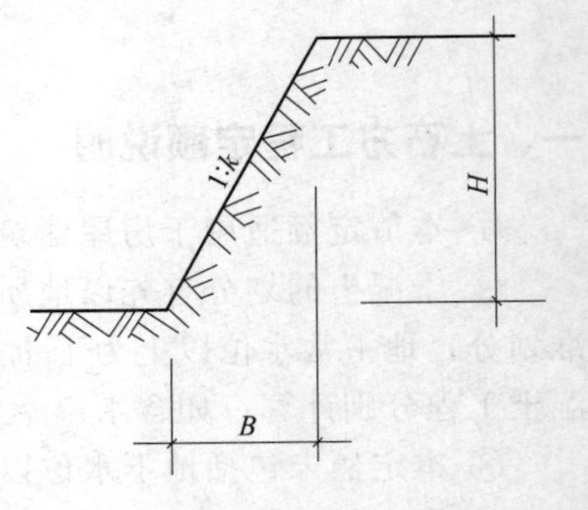

图6-3 放坡系数示意图

土方工程量的计算与定额允许的放坡起点高度密切相关，放坡的起点高度按定额规定执行。见表6-2。

表6-2 放坡起点及放坡系数

土壤类别	放坡起点/m	人工挖土	机械挖土		
			在坑内作业	在坑上作业	顺沟槽在坑上作业
一、二类土	1.20	1∶0.5	1∶0.33	1∶0.75	1∶0.5
三类土	1.50	1∶0.33	1∶0.25	1∶0.67	1∶0.33
四类土	2.00	1∶0.25	1∶0.10	1∶0.33	1∶0.25

注：沟槽、基坑中土类别不同时，分别按其放坡起点、放坡系数，依不同土类别厚度加权平均计算。

3. 工作面

工作面是指工人施工操作或支模板所需要增加的开挖断面宽度，与基础材料和施工工序有关。在沟槽、基坑下进行基础施工，需要一定的操作空间。为达到此要求，在挖土时按基础垫层的双向尺寸向周边放出一定范围的操作面积，作为施工时的操作空间，这个单边放出的宽度就是工作面。基础工作面宽度按表 6-3 所示计算。

表 6-3 基础工作面宽度表

基础材料	每边各增加工作面宽度/mm
砖基础	200
浆砌毛石、条石基础	150
混凝土基础垫层支模板	300
混凝土基础支模板	300
基础垂直面做防水层	1000(防水层面)

4. 平整场地

平整场地是指在开工前为了方便施工现场进行放样、定线和施工等需要，对建筑场地厚度在±30cm 以内的挖、填、找平。挖填土厚度超过±30cm 时，应按挖土方项目计算。

平整场地工程量按建筑物外墙外边线每边向外放出 2m 后所围的面积计算。如图 6-4 所示。

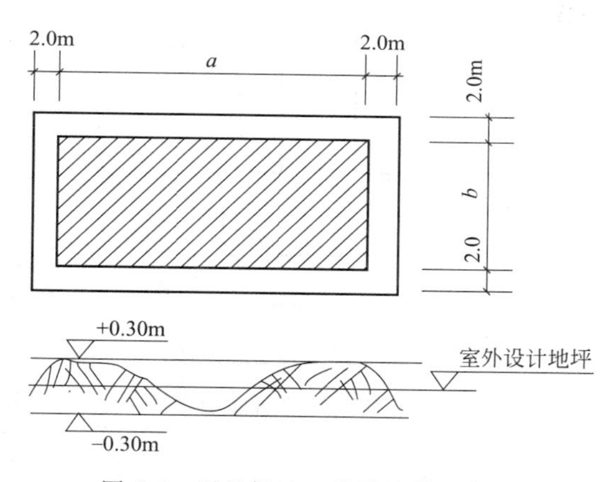

图 6-4 平整场地工程量计算示意图

一般平整场地的工程量计算公式为：

$$S_{平整场地}=(a+4)\times(b+4)=S_{底}+2\times L_{外}+16 \quad (6-1)$$

式中 a——建筑物外墙外边线长；

b——建筑物外墙外边线宽；

$S_{底}$——底层建筑面积；

$L_{外}$——建筑物外墙外边线；

16——四个角的正方形面积，即 $4\times2\times2=16(m^2)$。

【例 6-1】 如图 6-5 所示，图中尺寸线均为外墙外边线，试分别计算下列图形的平整场地工程量。

解 图 (a) 为矩形，可直接套用公式计算平地场地工程量。

$$S_a=90.5\times20.5+(90.5+20.5)\times2\times2+16=2315.25(m^2)$$

图 (b) 与图 (c) 是由矩形组成的建筑物底面，由于它们漏算面积的角与重复计算的角

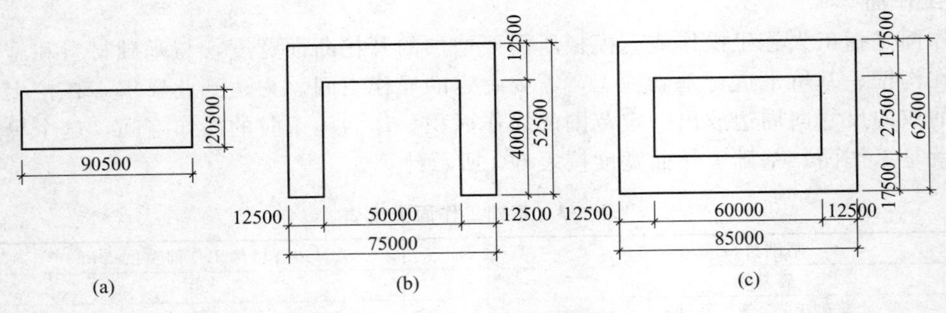

图 6-5　平整场地示意图

之差总是四个，所以也可套用公式计算平整场地工程量。

$$S_b=(52.5\times12.5\times2+50\times12.5)+[(75+52.5+40)\times2]\times2+16=2623.5(\text{m}^2)$$

$$S_c=(85.0\times62.5-60.0\times27.5)+(62.5+85.0+27.5+60.0)\times2\times2+16=4618.5(\text{m}^2)$$

5. 人工挖沟槽

人工挖沟槽工程量 V=施工组织设计开挖断面积×槽长

① 施工组织设计开挖断面。如图 6-6 所示。

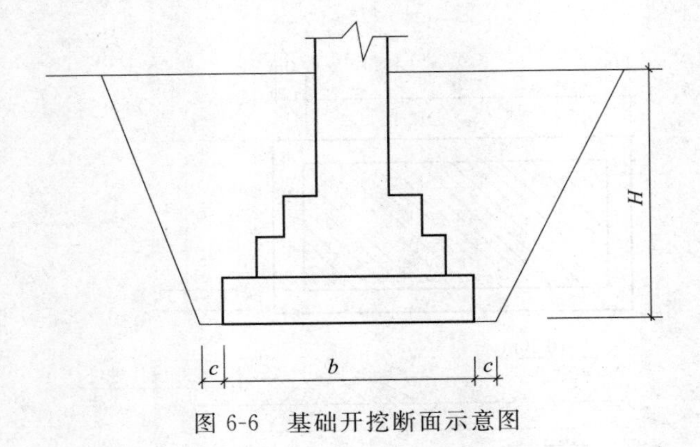

图 6-6　基础开挖断面示意图

设开挖深度为 H，放坡系数为 k，工作面宽为 c，设计基础垫层宽为 b，则：

$$施工组织设计开挖断面面积\ S=(b+2c+kH)\times H \tag{6-2}$$

② 沟槽长度：外墙沟槽长按中心线长度计算，内墙沟槽按槽底（无垫层时按基础底面）之间的净长线长度计算。

③ 沟槽、基坑的深度，按槽、坑底面至室外地坪深度计算。

④ 内外突出的垛、附墙烟囱等体积并入沟槽土方工程量内计算。

⑤ 两槽交接处重叠部分因放坡产生的重复计算工程量，不予扣除。

⑥ 原槽、坑即直接在槽（坑）内浇灌混凝土，不支模板。此时计算放坡和工作面均自垫层上表面开始。如图 6-7 所示。

⑦ 挖沟槽、基坑需支挡木板时，其宽度包括沟槽、基坑底宽、加宽工作面和挡土板厚度（每边按 100mm 计算）。

【例 6-2】 某沟槽开挖如图 6-8 所示，不放坡，不设工作面，三类土。试计算挖沟槽工程量，并确定定额项目。

解　外墙沟槽工程量 $V_外=1.05\times1.4\times(21.6+7.2)\times2=84.67(\text{m}^3)$

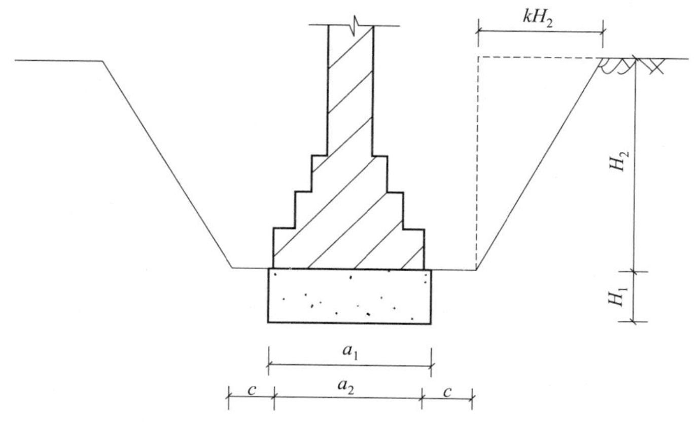

图 6-7 原槽浇灌垫层示意图

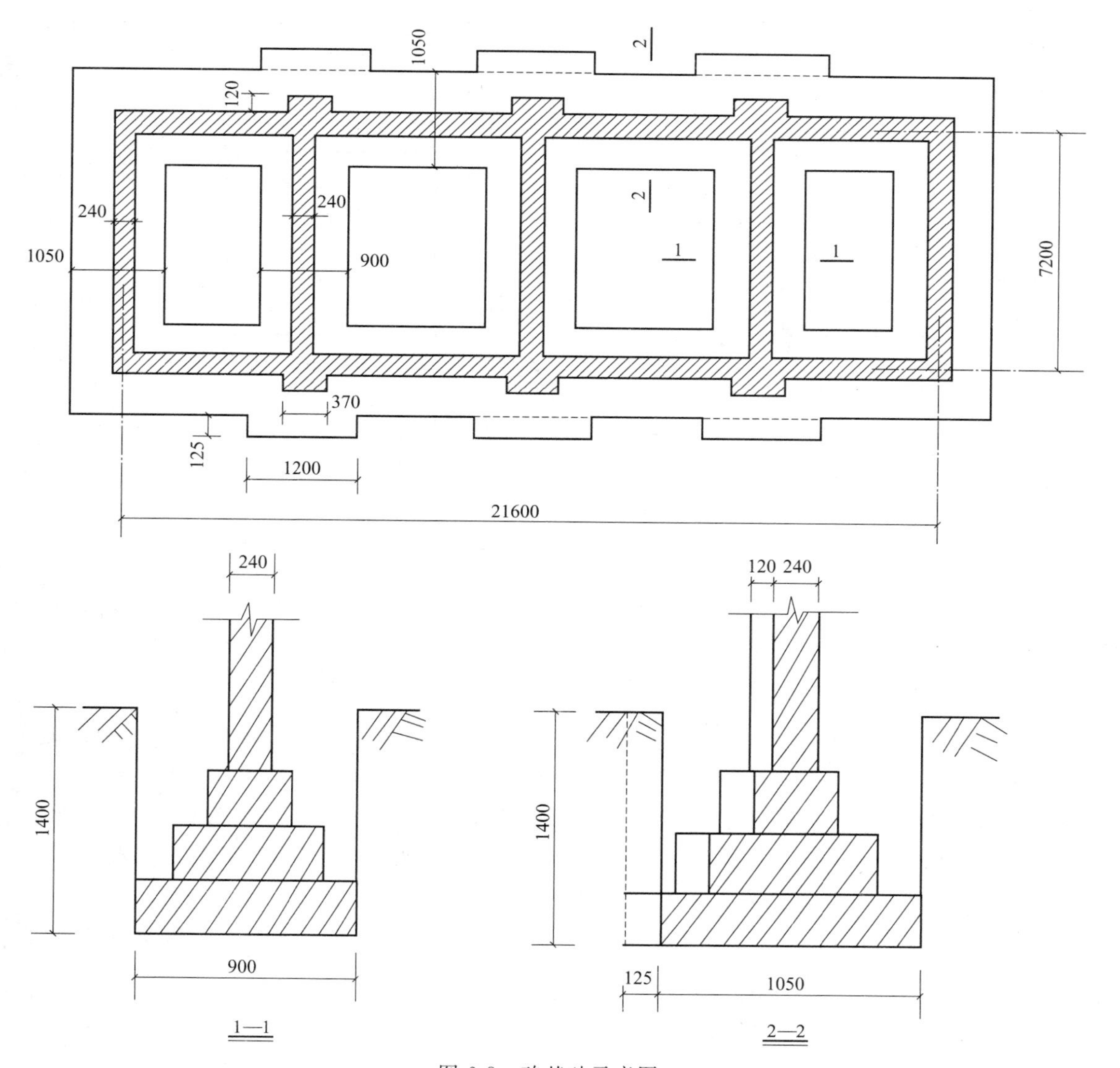

图 6-8 砖基础示意图

内墙沟槽工程量 $V_{内}=0.9\times1.4\times(7.2-1.05)\times3=23.25(m^3)$

附垛沟槽工程量 $V_{垛}=0.125\times1.4\times1.2\times6=1.26(m^3)$

合计 $V=84.67+23.25+1.26=109.18(m^3)$

定额子目：G1-5 三类土深度 1.5m 以内

定额基价：1958.4 元/100m^3

6. 人工挖基坑

① 底面矩形不放坡。

设独立基础底面尺寸为 $a\times b$，至设计室外标高深度为 H，不放坡、不留工作面时基坑为一长方体形状，则

$$V=a\times b\times H \tag{6-3}$$

② 底面矩形放坡。

设工作面为 c，坡度系数为 k，则基坑形状为一倒梯形体，如图 6-9 所示，则

$$V=(a+2c+kH)\times(b+2c+kH)\times H+1/3k^2H^3 \tag{6-4}$$

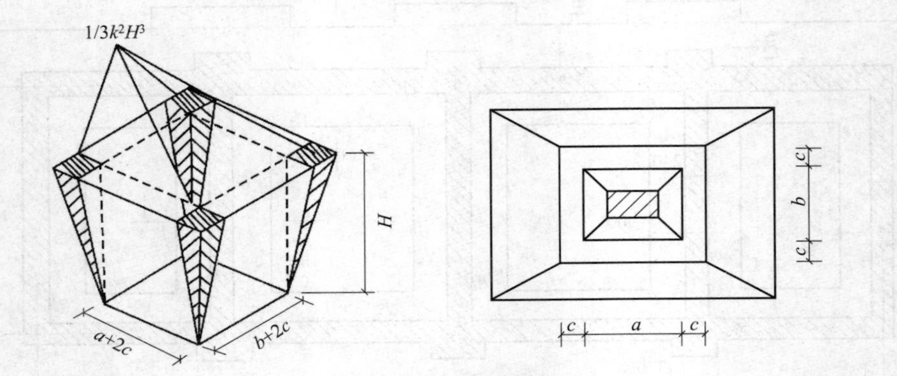

图 6-9 放坡底坑透视图

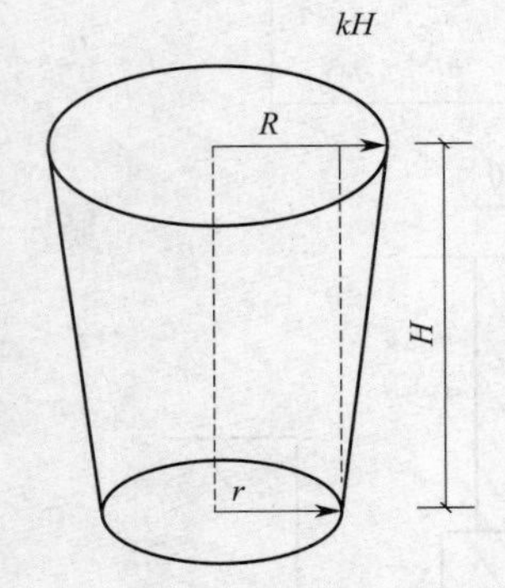

图 6-10 底面圆形放坡示意图

③ 底面圆形不放坡。

$$V=\pi r^2H \tag{6-5}$$

④ 底面圆形放坡。如图 6-10 所示。

$$V=\frac{1}{3}\pi H(r^2+R^2+rR) \tag{6-6}$$

式中 r——坑底半径（含工作面宽度）；

R——坑上口半径，$R=r+kH$。

【例 6-3】 如图 6-11 所示，某构筑物基础为满堂基础，基础垫层为无筋混凝土，长宽方向的外边线尺寸为 8.04m 和 5.64m，垫层厚 20cm，垫层顶面标高为－4.55m，室外地面标高为－0.65m，地下常水位标高为－3.50m，该处土壤类别为三类土，人工挖土，不考虑工作面，试计算挖土方工程量，并确定定额项目。

解 基坑如图 6-11 所示，基础埋至地下常水位以下，坑内有干、湿土，应分别计算。

（1）挖干、湿土总量

查表得 $k=0.33$，$\frac{1}{3}k^2H^3=\frac{1}{3}\times0.33^2\times3.9^3=2.15$，设垫层部分的土方量为 V_1，垫层以上的挖方量为 V_2，总土方为 V_0，则

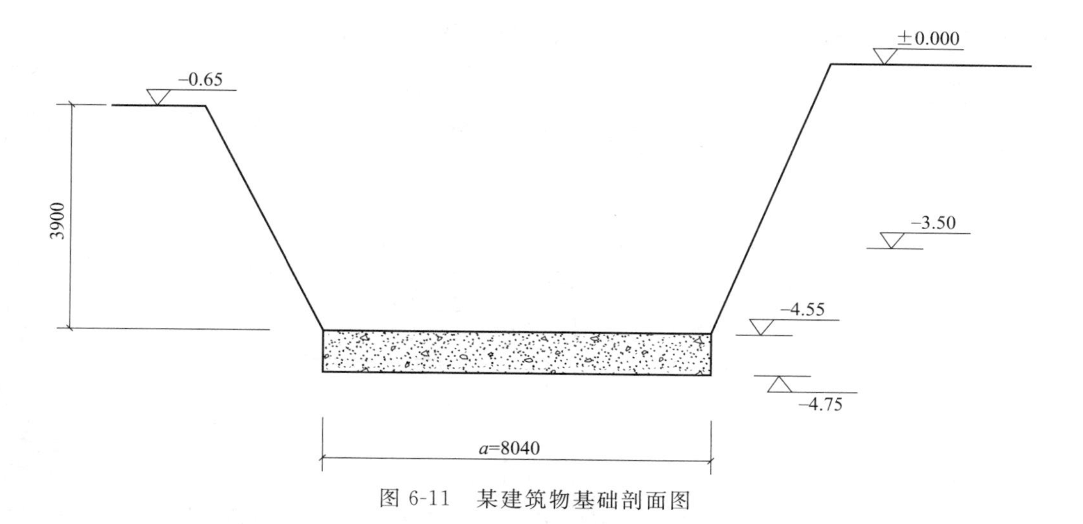

图 6-11 某建筑物基础剖面图

$V_0=V_1+V_2=a\times b\times 0.2+(a+k\times H)(b+k\times H)\times H+\frac{1}{3}k^2H^3$

$=8.04\times 5.64\times 0.2+(8.04+0.33\times 3.9)\times(5.64+0.33\times 3.9)\times 3.9+2.15$

$=263.19(m^3)$

(2) 挖湿土量

如图 6-11 所示，放坡部分挖湿土深度为 1.05m [即 −3.50−(−4.55)]，则 $\frac{1}{3}k^2H^3=0.042$，设湿土量为 V_3，则

$V_3=V_1+(8.04+0.33\times 1.05)\times(5.64+0.33\times 1.05)\times 1.05+0.042$

$=9.07+8.387\times 5.987\times 1.05+0.042$

$=61.84(m^3)$

定额子目：G1-152 换 人工挖基坑，深度 2m 以内

定额基价：3811.72×1.18(元/100m^2)

(3) 挖干土量 V_4

$V_4=V_0-V_3=263.19-61.84=201.35(m^3)$

定额子目：G1-153 人工挖基坑，深度 4m 以内

定额基价：4433.98 元/100m^2

【例 6-4】 某独立柱基础底宽 2.7m，长 3.7m，混凝土垫层底宽 2.9m，长 3.9m，厚 20cm，室外地坪至垫层底深度为 3m，$k=0.33$，计算该基坑的土方工程量和基础垫层工程量。

解 $V_{挖基坑}=(2.9+0.3\times 2+0.33\times 3)\times(3.9+0.3\times 2+0.33\times 3)\times 3+0.33\times 0.33\times 3\times 3\times 3/3$

$=74.93(m^3)$

$V_{基础垫层}=2.9\times 3.9\times 0.2=2.262(m^3)$

7. 石方工程

① 石方体积应按挖掘前的天然密实体积计算。

② 人工凿岩石按图示尺寸以体积计算。

③ 爆破岩石工程量按图示尺寸加允许超挖量以体积计算。其沟槽和基坑的深度、宽度

每边允许超挖量：较软岩、较硬岩为200mm；坚硬岩为150mm。

8. 回填土

建筑物回填土可分为基础回填和室内回填两部分，如图6-12所示，回填土区分夯填和松填，按图示体积计算。

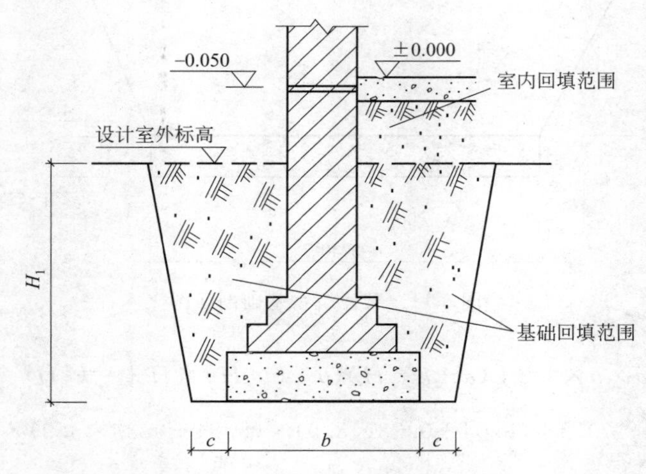

图6-12　基础回填与室内回填示意图

① 基础回填土体积以挖方体积减去设计室外地坪以下埋设砌筑物（包括基础垫层、基础等）体积计算。

$$V_{基础回填土}=V_{挖土}-V_{设计室外地坪以下埋设物} \tag{6-7}$$

② 室内回填土又称房心回填，指室外设计标高至房屋室内设计标高之间的回填土，是按主墙之间的净面积乘以回填土厚度计算。这里的“主墙”一般是指结构厚度在大于120mm以上（不含120mm）的各类墙体。

$$V_{房心回填土}=S_{主墙间净面积}\times H_{回填土厚度} \tag{6-8}$$

$$H_{回填土厚度}=室内外高差-地坪厚度(垫层、找平层、面层厚度) \tag{6-9}$$

③ 管道沟槽回填应扣除管径在200mm以上的管道、基础、垫层和各种构筑物所占体积。

9. 土石方运输

① 土石方运距应以挖土重心至填土重心或弃土重心最近距离计算，挖土重心、填土重心、弃土重心按施工组织设计确定。

② 余土或取土工程量可按下式计算：

余土外运体积=挖土总体积-回填土总体积（或按施工组织设计计算）

上式中，计算结果为正值时为余土外运体积，负值时为取土体积。

10. 其他

① 基底钎探。

基础土方开挖后进行验槽的一种方法，是施工规范要求的一项工作内容。按图示基底面积计算。

② 支挡土板面积按槽、坑单面垂直支撑面积计算。双面支撑亦按单面垂直面积计算，套用双面支挡土板定额，无论连续或断续均按定额执行。

③ 机械拆除混凝土障碍物，按被拆除构件的体积计算。

【例 6-5】 某建筑物基础的平面图、剖面图如图 6-13 所示。已知室外设计地坪以下各工程量：垫层体积 $2.4m^3$，砖基础体积 $16.24m^3$。人工装土翻斗车运土，运距 300m。图中尺寸均以 mm 计。三类土，放坡系数 $k=0.33$，工作面宽度 $c=300mm$。试计算该建筑物平整场地、人工挖沟槽、回填土、房心回填土、余土运输工程量（不考虑挖填土方的运输），并确定定额项目。

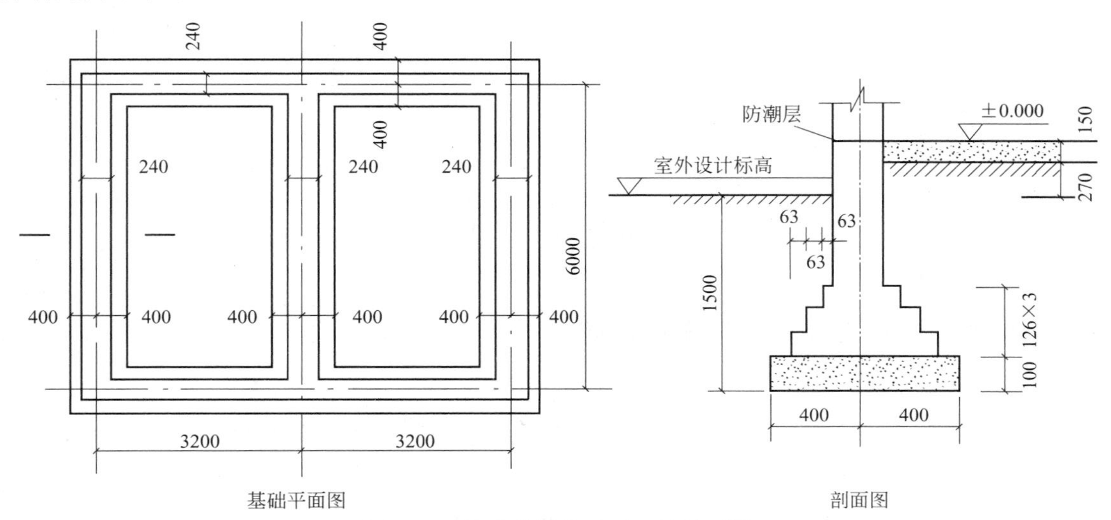

图 6-13　某建筑物基础平面及剖面图

解　(1) 平整场地面积 $S=(a+4)\times(b+4)=(3.2\times2+0.24+4)\times(6+0.24+4)$

$=108.95(m^2)$

定额子目：G1-283 人工平整场地

定额基价：189.00 元/$100m^2$

(2) 挖沟槽体积（按垫层下表面放坡计算）

$V_{沟槽}=(b+2c+kH)\times H\times L$

$=1.5\times(0.8+2\times0.3+0.33\times1.5)\times[(6.4+6)\times2+(6-0.3\times2-0.4\times2)]$

$=83.57(m^3)$

定额子目：G1-143　人工挖沟槽三类土 2m 以内

定额基价：3228.97 元/$100m^3$

(3) 基础回填体积

$V_{基础回填土}=V_{挖土}-V_{设计室外地坪以下埋设物}$

$=(83.57-2.4-16.24)$

$=64.93(m^3)$

定额子目：G1-281 填土夯实基槽

定额基价：1057.03 元/$100m^3$

(4) 房心回填土体积

$V_{房心回填土}=S_{主墙间净面积}\times H_{回填土厚度}$

$=(3.2-0.24)\times(6-0.24)\times2\times0.27$

$=9.21(m^3)$

定额子目：G1-282　填土夯实 平地

定额基价：812.82 元/100 m^3

(5) 余土运输体积

$V_{外运}$＝挖土总体积－回填土总体积

＝挖土体积－基础回填土体积－房心回填土体积

＝83.57－64.93－9.21

＝9.43(m^3)

定额子目：G1-227　人工装机动翻斗车运土、运距200m以内

定额基价：2188.39元/100m^3

定额子目：G1-228　人工装机动翻斗车运土、3km以内每增加200m

定额基价：190.44/100m^3

第三节　地基处理与边坡支护工程

一、地基处理与边坡支护工程定额说明

(1) 地基处理

① 灌注桩中灌注的材料用量，均已包括表6-4规定的充盈系数和材料损耗，充盈系数与定额规定不同时，可以调整。

表6-4　充盈系数及损耗表

项目	充盈系数	损耗率/%
打孔灌注砂桩	1.15	3.00
打孔灌注砂石桩	1.15	3.00

注：其中灌注砂石桩除上述充盈系数和损耗率外，还包括级配密实系数1.334。

② 单、双头深层水泥搅拌桩，定额已综合了正常施工工艺需要的重复喷浆（粉）的搅拌。空搅部分按相应定额的人工及搅拌桩机台班用量乘以系数0.5计算，其他不计。

水泥搅拌桩的水泥掺量按加固土重（1800kg/m^3）的13%考虑，如设计不同时，按水泥掺量每增减1%定额调整。

③ SMW工法搅拌桩，搅拌水泥掺量按20%考虑，实际用量不同时，可以调整；插拔型钢按4次摊销考虑。

④ 高压旋喷桩，设计水泥用量与定额不同时，可以调整。

(2) 基坑与边坡支护

① 地下连续土方的运输、回填，套用土石方工程相应定额子目；钢筋笼、钢筋网片及护壁、导墙的钢筋制作及安装，套用混凝土及钢筋混凝土工程相应定额子目。

② 喷射混凝土护坡中的钢筋网片制作、安装，套用混凝土及钢筋混凝土工程中的相应定额子目。

(3) 单位工程打桩　其工程量在表6-5规定以内时，其中人工、机械消耗量另按相应定额项目乘以系数1.25计算。

表6-5　打桩工程量极限

桩类	工程量
沉管灌注砂桩、砂石桩	150m^3
水泥搅拌桩、高压旋喷桩、微型桩	100m^3
钢板桩	50t

(4) 单独打试桩、锚桩　按相应定额的打桩人工及机械乘以系数 1.5。

二、地基处理与边坡支护工程量计算规则

(1) 沉管灌注砂（砂石）桩

① 单桩体积（包括砂桩、砂石桩）不分沉管方法均按钢管外径按钢管外径截面积（不包括桩箍）乘以设计桩长（不包括预制桩尖）另加加灌长度计算。

加灌长度：设计有规定的，按设计要求计算；设计无规定的，按 0.5m 计算。若按设计规定桩顶标高已达到自然地坪时，不计加灌长度（各类灌注桩均同）。

② 沉管灌注桩空打部分工程量，按打桩前的自然地坪标高至设计桩顶标高的长度减加灌长度后乘以桩截面积计算。

(2) 水泥搅拌桩

① 单、双头深层水泥搅拌桩工程量，按桩长乘以桩径截面积以体积计算，桩长按设计桩顶标高至桩底长度另加 0.5m 计算；若设计桩顶标高至打桩前的自然地坪标高小于 0.5m 或已达打桩前的自然地坪标高时，另加长度应按实际长度计算或不计。

② SMW 工法搅拌桩按桩长乘以设计截面积以体积计算

(3) 高压旋喷桩　其工程量，引（钻）孔按自然地坪标高至设计桩底的长度计算，喷浆按设计加固桩截面面积乘以设计桩长计算，不扣除桩与桩之间的搭接。

(4) 压力注浆微型桩　按设计长度乘以桩截面面积以体积计算。

(5) 地下连续墙

① 地下连续墙成槽土方量按连续墙设计长度、宽度和槽深（加超深 0.5m）计算。混凝土浇注量同连续墙成槽土方量。

② 锁口管及清底置换以段为单位（段指槽壁单元槽段）。锁口管吊拔按连续墙段数加 1 段计算，定额中已包括锁口管的摊销费用。

(6) 打、拔圆木桩　按设计桩长（包括接桩）及梢径，按木材材积表计算，其预留长度的材积已考虑在定额内。送桩按大头直径的截面积乘以入土深度计算。

(7) 打、拔槽型钢板桩　其工程量按设计图示槽型桩钢板桩的重量计算。凡打断、打弯的桩，均需拔除重打，但不重复计算工程量。

(8) 打、拔拉森钢板桩（SP-Ⅳ型）　按设计桩长计算。

(9) 锚杆（土钉）支护　锚杆（土钉）钻孔、灌浆按设计图示以延长米计算。喷射混凝土护坡按设计图示尺寸以面积计算。

【例 6-6】 某工程采用 42.5MPa 硅酸盐水泥喷粉桩，水泥掺量为桩体的 14%，设计桩顶标高至桩底长度为 9.00m，桩截面直径 1.00m，共 50 根，桩顶标高 −1.80m，室外地坪标高 −0.30m。试计算该水泥粉喷桩的工程量，并确定定额项目及相应的定额基价。

解　(1) 水泥粉喷桩工程量 $V_1=3.14\times0.50^2\times(9+0.5)\times50=372.88(\mathrm{m}^3)$

定额 G2-9 粉喷搅拌桩单头（水泥掺量 13%）的定额基价：1819.62 元/$10\mathrm{m}^3$，

其中 32.5 水泥消耗量为 2363kg/$10\mathrm{m}^3$，32.5 水泥预算单价为 0.46 元/kg，42.5 水泥预算单价为 0.47 元/kg。

定额子目 G2-9 换算定额基价：

$1819.62+(0.47-0.46)\times2363=1843.25$(元/$10\mathrm{m}^3$)

水泥掺量每增加 1%：G2-10 定额基价为 86.24 元/$10\mathrm{m}^3$

定额子目 G2-10 换算定额基价：

86.24+(0.47-0.46)×182=88.06(元/$10m^3$)

(2) 空搅工程量 $V_2=3.14\times0.50^2\times(1.80-0.30-0.5)\times50=39.25(m^3)$

空搅部分按相应定额的人工及搅拌桩机台班用量乘以系数0.5计算

定额子目G2-9换算定额基价:

(1.41×60+3.29×92+422.15×0.47)×0.5×3.925=1149.42(元)

第四节 桩基工程

一、桩基工程定额说明

(1) 预制桩

① 预制混凝土桩定额设置预制钢筋混凝土方桩和预应力混凝土管桩子目，其中预制钢筋混凝土方桩按实心桩考虑，预应力混凝土管桩按空心桩考虑。预制钢筋混凝土方桩、预应力混凝土管桩的定额取定价包括桩制作（含混凝土、钢筋、模板）及运输费用。

② 打、压预制钢筋混凝土方桩，定额按外购成品构件考虑，已包含了场内必需的就位供桩。

③ 打、压预制钢筋混凝土方桩，定额已综合了接桩所需的打桩机台班，但未包括接桩本身费用，发生时套用接桩定额子目。

④ 打、压预制钢筋混凝土方桩，单节长度超过20m时，按相应定额人工、机械乘以系数1.2。

⑤ 打、压预应力混凝土管桩，定额按外购成品构件考虑，已包含了场内必需的就位供桩。设计要求设置的钢骨架、钢托板分别按混凝土及钢筋混凝土工程中的桩钢筋笼和预埋铁件相应定额执行。

⑥ 打、压预应力混凝土管桩，定额已包括接桩费用，接桩不再计算。

⑦ 打、压预制钢筋混凝土空心方桩，按打、压预应力混凝土管桩相应定额执行。

(2) 灌注桩

① 灌注桩中灌注的材料用量，均已包括表6-6规定的充盈系数和材料损耗，充盈系数与定额规定不同时，可以调整。

表6-6 充盈系数和材料损耗表

项目	充盈系数	损耗率/%
打孔灌注混凝土桩	1.15	1.50
钻孔灌注混凝土桩	1.15	1.50

② 注浆单管埋设定额按桩底注浆考虑，如设计采用侧向注浆，则人工和机械乘以系数1.2。

(3) 单位工程打桩工程量在表6-7规定以内时，其中人工、机械消耗量另按相应定额项目乘以系数1.25计算。

表6-7 打桩系数调整表

桩类	工程量
预制钢筋混凝土方桩	$200m^3$
预应力钢筋混凝土管桩、空心方桩	1000m
沉管灌注混凝土桩、钻孔(旋挖成孔)灌注桩	$150m^3$
冲孔灌注桩	$100m^3$

(4) 单独打试桩、锚桩，按相应定额的打桩人工及机械乘以系数1.5。

(5) 在桩间补桩或在地槽（坑）中强夯后的地基上打桩时，按相应定额的打桩人工及机械乘以系数1.15，在室内打桩可另行补充。

(6) 定额以打直桩为准，如打斜桩斜度在1∶6以内者，按相应定额项目乘以1.25，如斜度大于1∶6者，按相应定额项目人工、机械乘以系数1.43。

(7) 金属周转材料中包括桩帽、送桩器、桩帽盖、活瓣桩尖、钢管、料斗等属于周转性使用的材料。

二、桩基工程量计算规则

1. 预制钢筋混凝土桩

(1) 打（压）预制桩

① 打（压）预制方桩：按设计桩长（含桩尖长）乘以桩的截面面积计算。

② 压预应力管桩：按设计桩长（不含桩尖）以延长米计算。管桩桩尖按设计图示重量计算，桩头灌芯按设计尺寸以灌注实体积计算。

(2) 接桩　电焊接桩按设计图示以角钢或钢板的重量计算。

(3) 送桩　工程量按桩截面积乘以送桩深度（自设计室外地面至设计桩顶面另加0.5m）以体积计算。因为桩架操作平台一般高于自然地面（设计室外地面）0.5m左右，为了将预制桩沉入自然地面以下一定深度的标高，必须用一节短桩压在桩顶上将其送入所需要的深度。如图6-14所示。

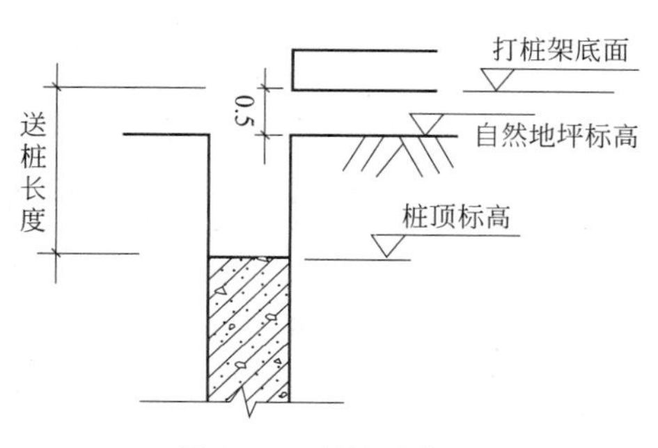

图6-14　送桩示意图

2. 现场灌注桩

(1) 钻孔灌注桩

① 钻孔桩、旋挖桩机成孔工程量按成孔长度另加0.25乘以设计桩径截面积以体积计算。成孔长度为打桩前的自然地坪标高至设计桩底的长度。入岩增加费工程量按设计入岩部分的体积计算，竣工时按实调整。

② 灌注水下混凝土工程量，按设计桩长（含桩尖）增加1.0m乘以设计断面以体积计算。

③ 冲孔桩机冲击（抓）锤冲孔工程量，分别按设计入土深度计算，定额中的孔深指护筒至桩底的深度，成孔定额中同一孔内的不同土质，不论其所在深度如何，均执行总孔深定额。

④ 泥浆池建造和拆除、泥浆运输工程量，按成孔工程量以体积计算。

⑤ 桩孔回填土工程量，按加灌长度顶面至打桩前自然地坪标高的长度乘以桩孔截面积计算。

⑥ 注浆管、声测管工程量，按打桩前的自然地坪标高至设计桩底标高的长度另加0.2m计算。

⑦ 钻（冲）孔灌注桩，设计要求扩底，其扩底工程量按设计尺寸计算，并入相应的工程量内。

(2) 沉管灌注混凝土桩

① 单桩体积不分沉管方法均按钢管外径截面积（不包括桩箍）乘以设计桩长（不包括预制桩尖）另加加灌长度计算。

加灌长度：设计有规定的，按设计要求计算；设计无规定的，按 0.5m 计算。若按设计规定桩顶标高已达到自然地坪时，不计加灌长度（各类灌注桩均同）。

② 夯扩（单桩体积）桩工程量＝桩管外径截面积×（夯扩或扩头部分高度＋设计桩长＋加灌长度），式中夯扩或扩头部分高度按设计规定计算。

扩大桩的体积按单桩体积乘以复打次数计算，其复打部分乘以系数 0.85。

③ 沉管灌注桩空打部分工程量，按打桩前的自然地坪标高至设计桩顶标高的长度减加灌长度后乘以桩截面积计算。

【例 6-7】 某桩基础工程，一类土，设计为预制方桩 400mm×400mm，每根工程桩长 18m(6＋6＋6)，共 200 根。桩顶标高为－2.15m，设计室外地面标高为－0.60m，柴油打桩机施工，电焊接桩。试计算打桩及送桩工程量。

解 工程量计算见表 6-8。

表 6-8 工程量计算表

序号	定额编号	分项名称	单位	工程量计算式	数量
1	G3-2	轨道柴油打桩机打预制方桩 桩长 25m 内	m^3	18×0.4×0.4×200	576
2	G3-6	柴油打桩机送方桩 桩长 25m 内 送桩	m^3	0.4×0.4×200×(2.15－0.6＋0.5)	65.6

【例 6-8】 如图 6-15 所示，采用旋挖钻机现场成孔灌注桩，共计 300 根，计算钻孔灌注桩工程量，并确定定额项目。

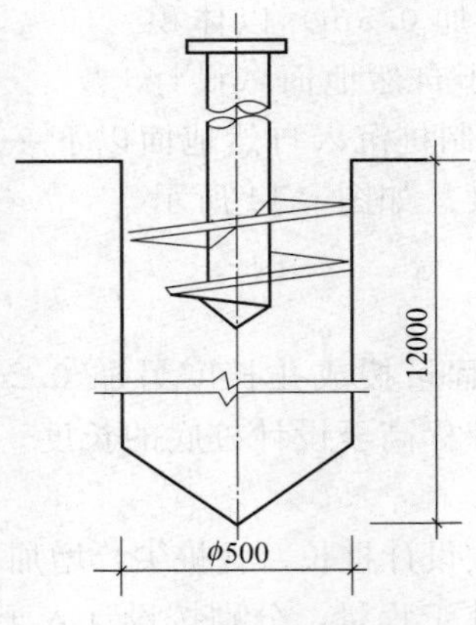

图 6-15 钻孔灌注桩示意图

解 $V=\pi/4\times0.5\times0.5\times(12+0.25)\times300=721.59(m^3)$

定额子目：G3-164 旋挖钻机成孔 桩径 1000mm 以内

定额基价：4181.78 元/$10m^3$

第五节 砌筑工程

一、砌筑工程定额说明

1. 砌砖、砌块

① 定额中砖的规格按实心砖、多孔砖、空心砖三类编制，砌块的规格按小型空心砌块、

加气混凝土砌块、蒸压砂加气混凝土精确砌块三类编制，各种砖、砌块规格见表 6-9。如实际采用规格与定额取定不同时，含量可以调整。

表 6-9 常用砌块尺寸 单位：mm

砖、砌块种类	规 格
蒸压实心砖	240×115×53
蒸压灰砂砖	240×115×53
多孔砖	240×115×90
空心砖	240×115×115
小型空心砌块	390×190×190、190×190×190、190×190×90
加气混凝土砌块	600×300×100、600×300×150、600×300×200、600×300×250
蒸压砂加气混凝土精确砌块	600×300×100、600×300×200、600×300×250、600×300×50

② 砖墙定额中已包括先立门窗框的调直用工以及腰线、窗台线、挑檐等一般出线用工。

③ 砖砌体均包括了原浆勾缝用工，加浆勾缝时，另按相应定额计算。

④ 单面清水砖墙（含弧形砖墙）按相应的混水砖墙定额执行，人工乘以系数 1.15。

⑤ 清水方砖柱按混水方砖柱定额执行，人工乘以系数 1.06。

⑥ 围墙按实心砖砌体编制，如砌空花、空斗等其他砌体围墙，可分别按墙身、压顶、砖柱等套用相应定额。

⑦ 填充墙以填炉渣、炉渣混凝土为准，如实际使用材料与定额不同时允许换算，其他不变。

⑧ 砖砌挡土墙时，两砖以上执行砖基础定额，两砖以内执行砖墙定额。

⑨ 砖水箱内外壁，区分不同壁厚执行相应的砖墙定额。

⑩ 检查井、化粪池适用建设场地范围内上下水工程。定额已包括土方挖、运、填、垫层板、墙、顶盖、粉刷及刷热沥青等全部工料在内。但不包括池顶盖板上的井盖及盖座、井池内进排水套管、支架及钢筋铁件的工料。化粪池容积 $50m^3$ 以上的，分别列项套用相应定额计算。

⑪ 小型空心砌块、加气混凝土砌块墙是按水泥混合砂浆编制的，如设计使用水玻璃矿渣等黏结剂为胶合料时，应按设计要求另行换算。

⑫ 砖砌圆弧形空花、空心砖墙及圆弧形砌块砌体墙按直形墙相应定额项目人工乘以系数 1.10。

2. 砌石

① 定额中粗、细料石（砌体）墙按 400mm×220mm×200mm，柱按 450mm×220mm×200mm，踏步石按 400mm×200mm×100mm 规格编制的。

② 毛石护坡高度超过 4m 时，定额人工乘以系数 1.15。

3. 砂浆

(1) 定额项目中砌筑砂浆按常用规格、强度等级列出，实际与定额不同时，砂浆可以换算。如采用预拌砂浆时，其相应说明、工程量计算规则及取费方法与现拌砂浆相同，按相应预拌砂浆定额子目套用。

(2) 对于实际工程中使用预拌（干混）砂浆而定额未对应编制定额子目的，可按以下换算方法对现拌砂浆子目进行调整。此换算方法适用于湖北省房屋建筑与装饰工程、安装工程、市政工程、园林绿化工程及房屋修缮工程等计价定额。

① 定额人工消耗量调整如下。

干混砌筑砂浆：普工扣减定额人工 0.258 工日/(m^3 定额砂浆用量)；

干混地面砂浆：普工扣减定额人工 0.269 工日/(m^3 定额砂浆用量)；

干混抹灰砂浆：普工扣减定额人工 0.281 工日/(m^3 定额砂浆用量)。

② 定额材料消耗量调整如下。

干混砌筑砂浆：按定额砂浆用量 1.7t/m^3 折合换算；

干混地面砂浆：按定额砂浆用量 1.7t/m^3 折合换算；

干混抹灰砂浆：按定额砂浆用量 1.65t/m^3 折合换算；

水：增加 0.25t/(m^3 定额砂浆用量)。

③ 定额机械台班消耗量调整如下。

当定额子目中仅有现拌砂浆（水泥砂浆、混合砂浆）时，扣除定额砂浆搅拌机消耗量，增加干混砂浆罐式搅拌机 0.046 台班/(m^3 定额砂浆用量)。

当定额子目中除有现拌砂浆外，还有其他需砂浆搅拌机搅拌的材料时（如水泥白石子浆等），按每立方米现拌砂浆扣减 0.167 台班砂浆搅拌机消耗量，同时增加干混砂浆罐式搅拌机 0.046 台班/(m^3 定额砂浆用量)。

(3) 当实际使用的预拌砂浆强度等级与定额设置不同时，强度等级可以换算。

二、砌筑工程量计算规则

1. 砌砖、砌块

① 计算墙体时，按设计图示尺寸以体积计算。扣除门窗洞口、过人洞、空圈、嵌入墙身的钢筋混凝土柱、梁（包括过梁、圈梁、挑梁）、砖平拱、钢筋砖过梁和凹进墙内的壁龛、管槽、暖气槽、消火栓箱所占体积。不扣除梁头、板头、檩头、垫木、木楞头、沿椽木、木砖、门窗走头、砖墙内加固钢筋、木筋、铁件、钢管及单个面积在 0.3m^2 以内的孔洞等所占体积。突出墙面的窗台虎头砖、压顶线、山墙泛水、烟囱根、门窗套及三皮砖以内的腰线和挑檐等体积亦不增加。

② 砖垛、三皮砖以上的腰线和挑檐等体积，并入墙身体积内计算。

③ 附墙烟囱（包括附墙通风道、垃圾道）按其外形体积计算，并入所依附的墙体积内，不扣除单个孔洞横截面 0.1m^2 以内的体积，但孔洞内的抹灰工程量亦不增加。

④ 女儿墙高度自外墙顶面至女儿墙顶面，区别不同墙厚并入外墙计算。

⑤ 砖平拱、钢筋砖过梁按图示尺寸以体积计算。如设计无规定时，砖平拱按门窗洞口宽度两端共加 100mm，乘以高度（门窗洞口宽小于 1500mm 时，高度为 240mm，洞口宽大于 1500mm 时，高度为 365mm）计算；钢筋砖过梁按门窗洞口宽度两端共加 500mm，高度按 440mm 计算。

2. 砖砌体厚度

① 混凝土实心砖、蒸压灰砂砖以 240mm×115mm×53mm 为标准，其砖砌体计算厚度按表 6-10 计算。

表 6-10 标准砖砌体计算厚度表 单位：mm

墙厚	1/4	1/2	3/4	1	3/2	2	5/2
计算厚度	53	115	180	240	365	490	615

② 使用非标准砖时，其砌体厚度应按砖实际规格和设计厚度计算。

3. 基础与墙身（柱身）的划分

① 基础与墙（柱）身使用同一种材料时，以设计室内地面为界（有地下室者，以地下室室内设计地面为界），以下为基础，以上为墙（柱）身。如图 6-16（a）所示。

② 基础与墙身使用不同材料时，位于设计室内地面±300mm 以内时，以不同材料为界线，超过±300mm 时，以设计室内地面为界线。如图 6-16（b）所示。

③ 砖、石围墙以设计室外地坪为分界线，以下为基础，以上为墙身。

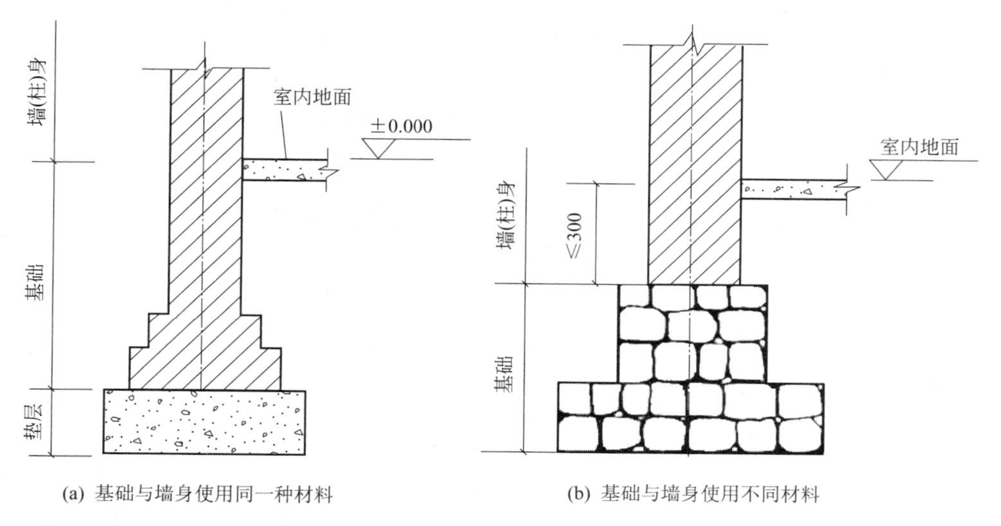

图 6-16 基础与墙身划分示意图

4. 基础长度

外墙墙基按外墙中心线长度计算，内墙墙基按内墙基净长计算。基础大放脚 T 形接头处的重叠部分以及嵌入基础的钢筋、铁件、管道、基础防潮层及单个面积在 0.3m^2 以内孔洞所占体积不予扣除，但靠墙暖气沟的挑砖亦不增加。附墙垛基础宽出部分体积应并入基础工程量内。

① 砖石基础工程量计算公式：

$$V_{基础}=L_{基础}\times S_{断面}-V_{扣}+V_{垛} \tag{6-10}$$

② 砖基础大放脚通常采用等高式和不等高式两种砌筑法，如图 6-17 所示。

为了简便砖大放脚基础工程量的计算，可将大放脚部分的面积折成相等墙基断面的面积，即墙基厚×折算高；或者按照规则砖墙尺寸计算后再加上增加的断面面积。如图 6-18 所示。

基础断面面积计算公式如下：

$$S_{断面}=(H_1+H_2)\times B(m^2) \tag{6-11}$$

或

$$S_{断面}=H_1\times B+S_{放脚}(m^2) \tag{6-12}$$

式中 $S_{断面}$——基础断面面积；

$S_{放脚}$——大放脚折加面积；

H_1，H_2——分别为基础设计高度和大放脚折加高度；

B——基础墙厚度。

一般情况下，大放脚的体积要并入所附基础墙内，可根据大放脚的层数、所附基础墙的厚度及是否等高放脚等因素，查表 6-11。

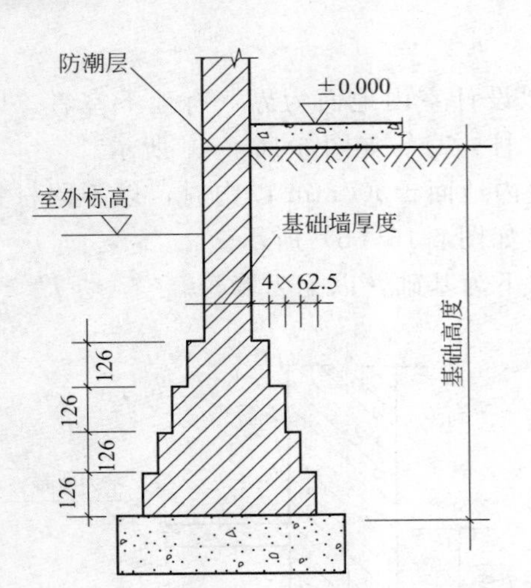

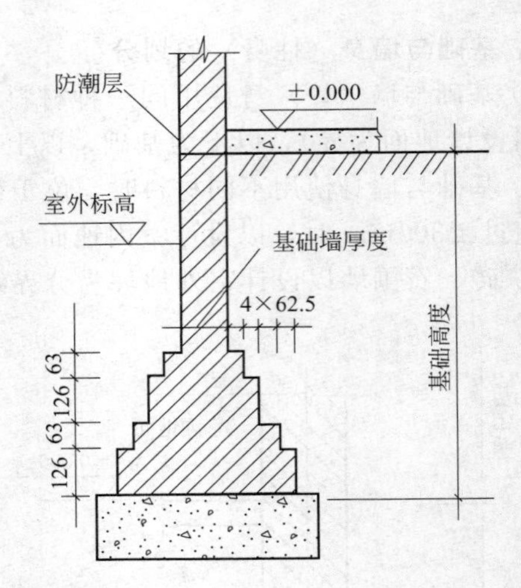

图 6-17 大放脚砖基础示意图

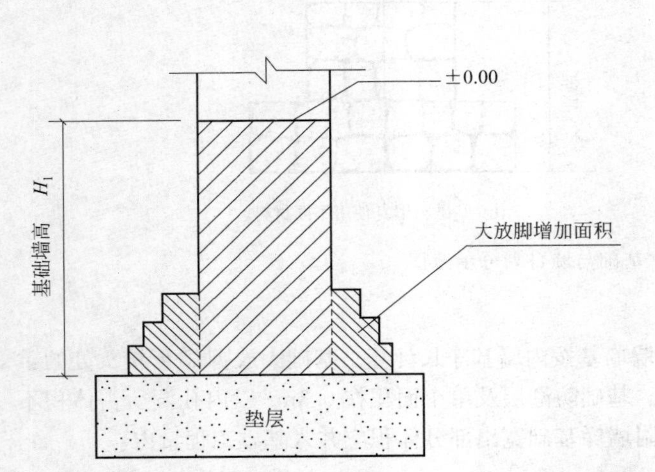

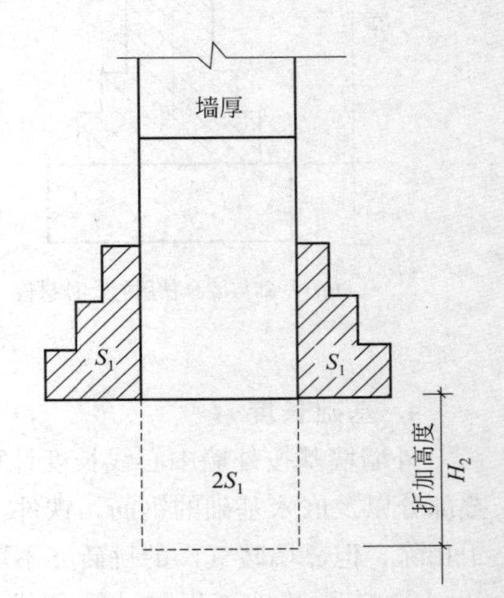

图 6-18 砖基断面图

表 6-11 标准砖大放脚折加高度和增加断面面积

放脚层数	折加高度/m										增加断面面积/m²	
	1/2 砖		1 砖		3/2 砖		2 砖		5/2 砖			
	等高	间隔	等高	间隔	等高	间隔	等高	间隔	等高	间隔	等高	间隔
一	0.137	0.137	0.066	0.066	0.043	0.043	0.032	0.032	0.026	0.026	0.0158	0.0158
二	0.411	0.342	0.197	0.164	0.129	0.108	0.096	0.08	0.077	0.064	0.0473	0.0394
三	0.822	0.685	0.394	0.328	0.259	0.216	0.193	0.161	0.154	0.128	0.0945	0.0788
四	1.37	1.096	0.656	0.525	0.432	0.345	0.321	0.257	0.256	0.205	0.1575	0.126
五	2.054	1.643	0.984	0.788	0.647	0.518	0.482	0.386	0.384	0.307	0.2363	0.189
六	2.876	2.26	1.378	1.083	0.906	0.712	0.675	0.53	0.538	0.423	0.3308	0.2599
七	3.574	3.013	1.838	1.444	1.208	0.949	0.90	0.707	0.717	0.563	0.441	0.3465
八	4.930	3.835	2.365	1.838	1.553	1.208	1.157	0.90	0.922	0.717	0.567	0.4410
九	6.163	4.793	2.953	2.297	1.942	1.51	1.446	1.125	1.152	0.896	0.7088	0.5513
十	7.533	5.821	3.61	2.789	2.373	1.834	1.768	1.366	1.409	1.088	0.8663	0.6694

注：本表按标准砖双面放脚每层高 126mm（等高式），以及双面放脚层高分别为 126mm、63mm（间隔式，又称不等高式）砌出 62.5mm，灰缝按 10mm 计算。

【例 6-9】 某建筑物基础平面图及剖面图如图 6-19 所示，基础为 M5.0 的水泥砂浆砌

筑标准砖。试计算砌筑砖基础的工程量。

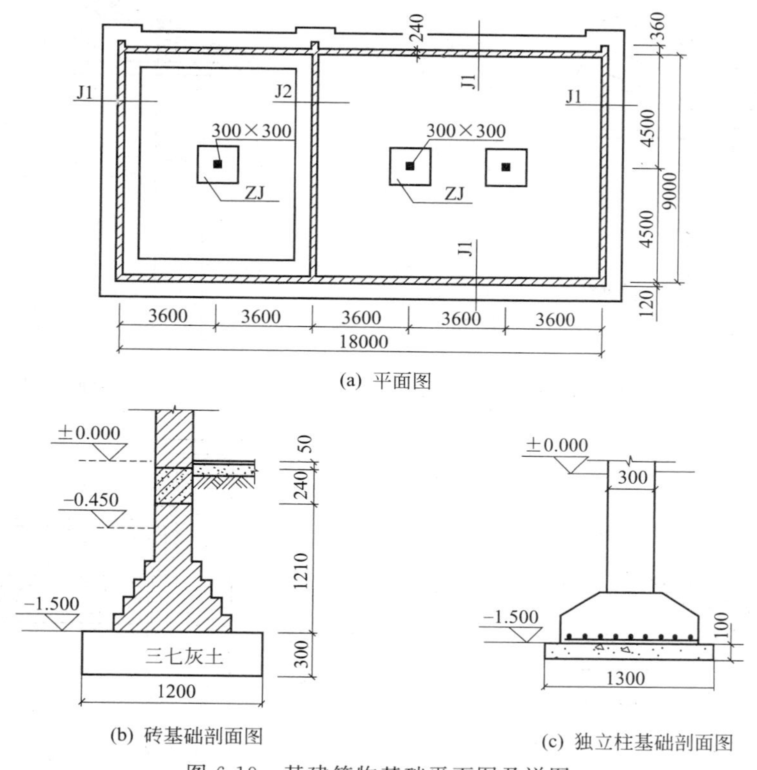

(a) 平面图

(b) 砖基础剖面图

(c) 独立柱基础剖面图

图 6-19 某建筑物基础平面图及详图

解 (1) 外墙砖基础

$L_{外}=(9+3.6\times5)\times2+0.24\times3=54.72(m)$

$S_{断面}=0.24\times(1.5-0.24)+0.1575=0.46(m^2)$

$V_{外}=0.46\times54.72=25.17(m^3)$

(2) 内墙砖基础

$L_{内}=9-0.24=8.76(m)$

$V_{圈梁}=0.24\times0.24\times8.76=0.5046(m^3)$

$V_{内}=(0.24\times1.5+0.1575)\times8.76-0.5046=4.03(m^3)$

则砌筑砖基础的工程量为：

$V=V_{外}+V_{内}=25.17+4.03=29.20(m^3)$

5. 墙的长度

外墙长度按外墙中心线长度计算，内墙长度按内墙净长线计算。

6. 墙身高度

按下列规定计算。

(1) 外墙墙身高度 斜（坡）屋面无檐口天棚者算至屋面板底；有屋架且室内外均有天棚者，算至屋架下弦底面另加 200mm，如图 6-20(a) 所示；无天棚者算至屋架下弦底加 300mm，如图 6-20(b) 所示；出檐宽度超过 600mm 时，应按实砌高度计算，如图 6-20(c) 所示；平屋面算至钢筋混凝土板面。女儿墙高度自外墙顶面至图示女儿墙顶面，区别不同墙厚并入外墙计算，如图 6-20(d) 所示。

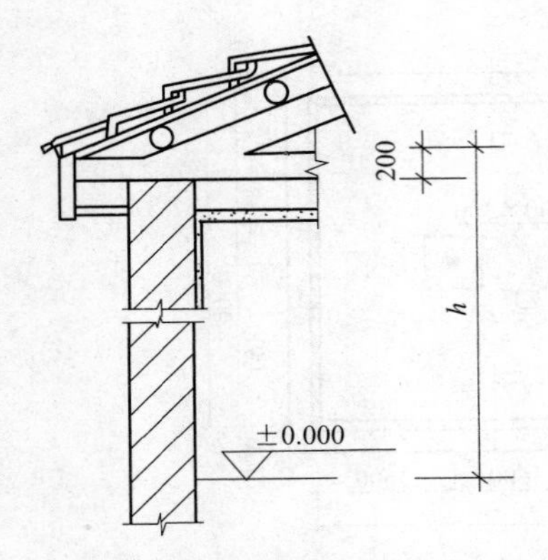

(a) 斜屋面且室内外有顶棚者的外墙高度

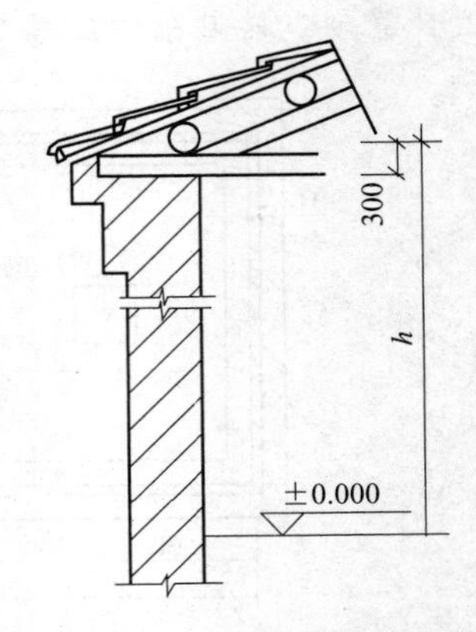

(b) 坡屋架无顶棚的外墙高度

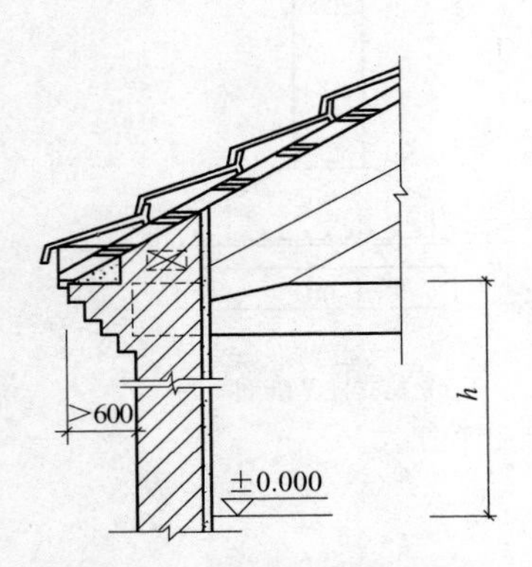

(c) 出檐宽度>600的坡屋面外墙高度

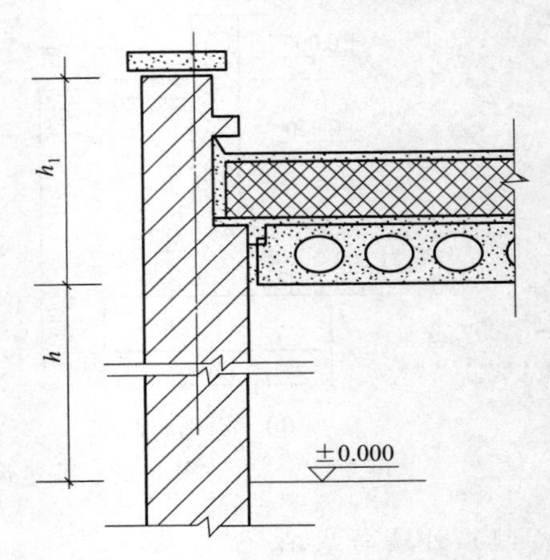

(d) 平屋面(或平屋面有女儿墙)的外墙高度

图 6-20 外墙高度示意图

(2) 内墙墙身高度 位于屋架下者，其高度算至屋架底，如图 6-21(a) 所示；无屋架者算至天棚底另加 100mm，如图 6-21(b) 所示；有钢筋混凝土楼板隔层者算至板面，如图 6-21(c) 所示；有框架梁时算至梁底面，如图 6-21(d) 所示。

【例 6-10】 如图 6-22 所示单层建筑，内外墙用 M5 砂浆砌筑。已知外墙中圈梁、过梁体积为 1.0m^3，门窗面积为 15.40m^2；内墙中圈梁、过梁体积为 0.4m^3，门窗面积为 1.5m^2，顶棚抹灰厚 10mm，试计算砖墙砌体工程量。

解 外墙长：$L_{外}=(5.00+9.00)\times 2=28(\text{m})$

内墙净长：$L_{内}=5.00-0.365=4.635(\text{m})$

高度 H：$H=4(\text{m})$

外墙体积：$V_{外}=(28.00\times 3.88-15.40)\times 0.365-1.0=33.03(\text{m}^3)$

内墙体积：$V_{内}=(4.635\times 3.88-1.50)\times 0.24-0.40=3.56(\text{m}^3)$

墙体总体积：$V=33.03+3.56=36.59(\text{m}^3)$

【例 6-11】 某建筑物平面、立面如图 6-23 所示，墙身为 M5.0 混合砂浆，外墙 370mm，内墙为 240mm。M-1：1200mm × 2500mm，M-2：900mm × 2000mm，C-1：1500mm×1500mm，门窗洞口均设过梁，过梁宽同墙宽，高均为 120mm，长度为洞口宽加 500mm；构造柱为 240mm×240mm，合计 2.72m^3；每层设圈梁，圈梁沿墙满布，高度

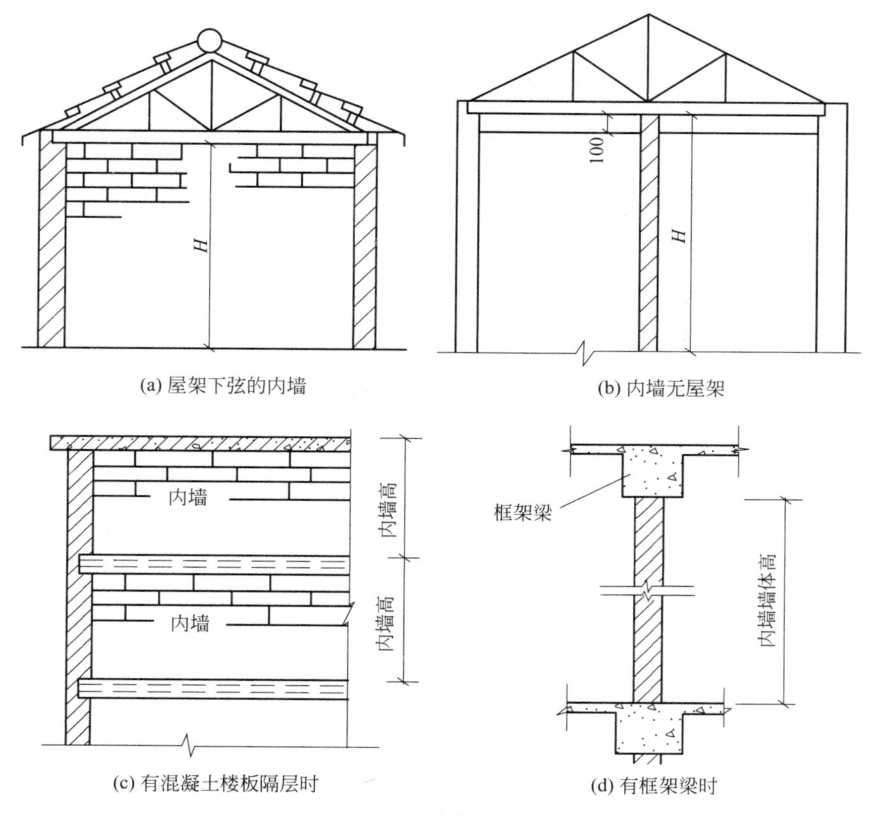

图 6-21 内墙高度示意图

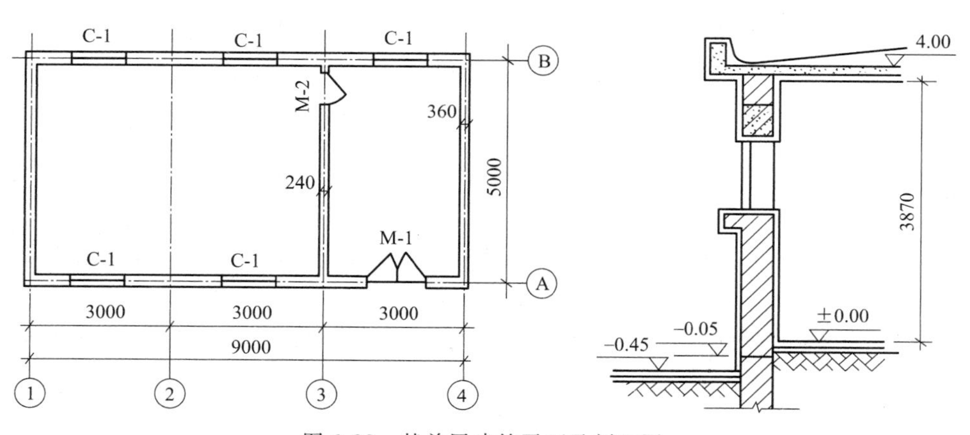

图 6-22 某单层建筑平面及剖面图

200mm，合计 4.73m^3。试计算墙身工程量。

解 $L_{中}=(3.3\times3+0.06\times2+6+0.06\times2)\times2=32.28(m)$

$L_{内}=(6-0.24)\times2=11.52(m)$

墙身高度 $H=3.2+2.9\times2=9(m)$

外墙门窗洞口面积(3M-1+17C-1) $S_{外}=1.2\times2.5\times3+1.5\times1.5\times17=47.25\ (m^3)$

内墙门窗洞口面积(6M-2)$S_{内}=0.9\times2.0\times6=10.8(m^3)$

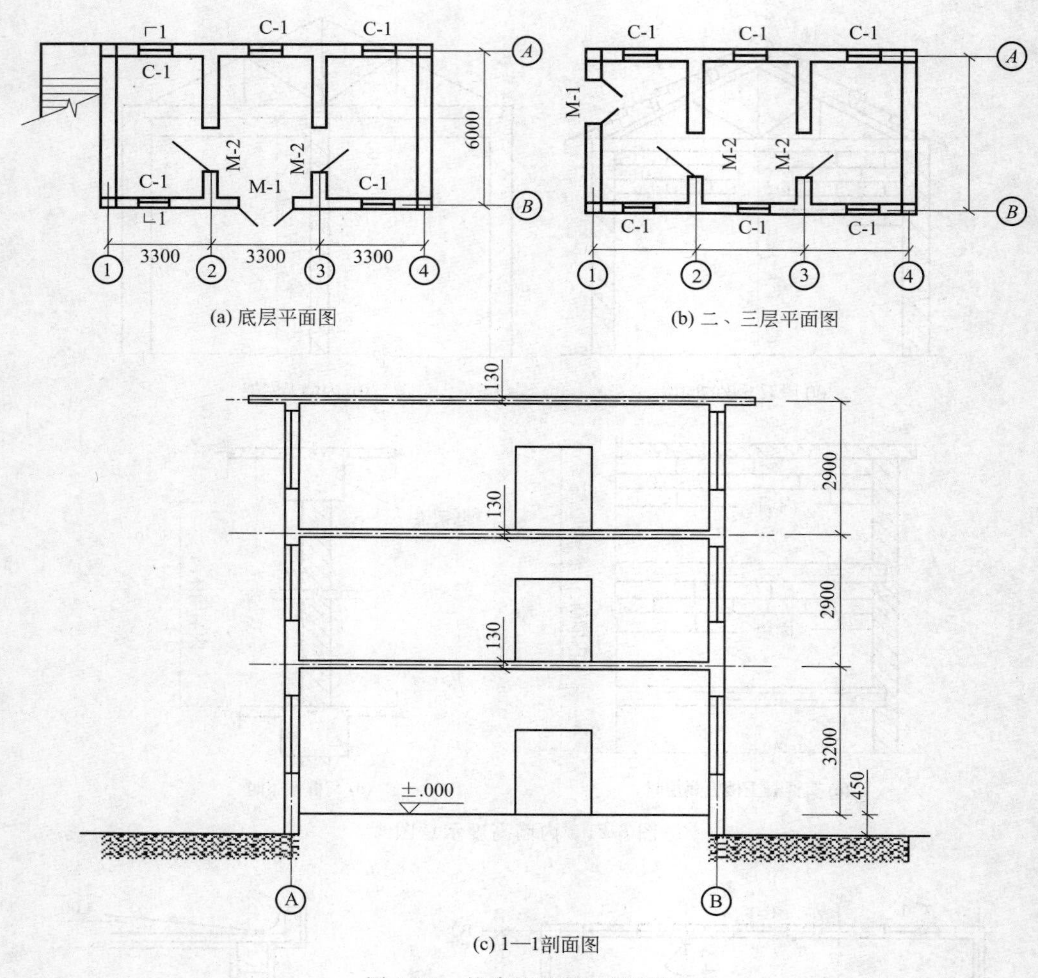

(a) 底层平面图

(b) 二、三层平面图

(c) 1—1剖面图

图 6-23　某建筑平面及剖面图

过梁体积 $V_{过梁}=[(1.2+0.5)\times3+(1.5+0.5)\times17]\times0.365\times0.12+(0.9+0.5)\times6\times0.24\times0.12$
$=1.95\ (\mathrm{m}^3)$

墙身工程量 $V_{墙}=(32.28\times9-47.25)\times0.365+(11.52\times9-10.8)\times0.24-1.95-2.72-4.73$
$=101.68\ (\mathrm{m}^3)$

(3) 内、外山墙墙身高度　按其平均高度计算，如图 6-24 所示，墙身高度为 $h=h_1+h_2/2$。

(4) 围墙定额中，已综合了柱、压顶、砖拱等因素，不另计算。围墙以设计长度乘以高度计算。高度以设计室外地坪至围墙顶面，围墙顶面按如下规定。

① 有砖压顶算至压顶顶面；

② 无压顶算至围墙顶面；

③ 其他材料压顶算至压顶底面。

7. 框架间砌体

以框架间的净空面积乘以墙厚计算，框架外表镶贴砖部分亦并入框架间砌体工程量内计算。

8. 空斗墙

如图 6-25 所示，按设计图示尺寸以空斗墙外形体积计算。墙角、内外墙交接处、门窗洞口立边、窗台砖及屋檐处的实砌部分已包括在定额内，不另行计算。但窗间墙、窗台下、楼板下、梁头下等实砌部分，应另行计算，套零星砌体定额项目。

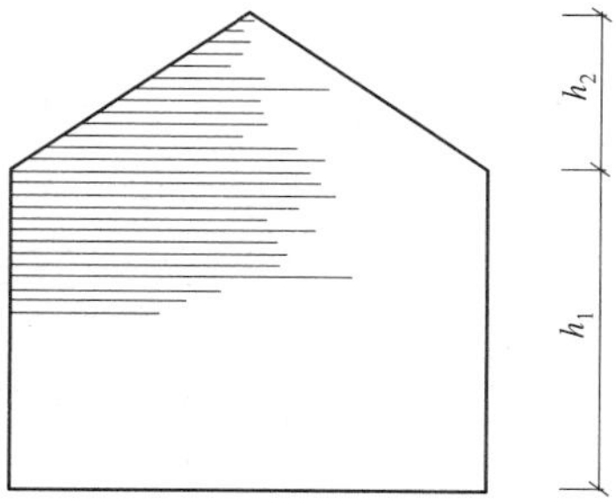

9. 空花墙

如图 6-26 所示，按设计图示尺寸以空花部分外形体积计算，空花部分不予扣除。其中实砌体部分体积另行计算。

图 6-24 内外山墙高度

10. 填充墙

按设计图示尺寸以填充墙外形体积计算。其中实砌部分已包括在定额内，不另计算。

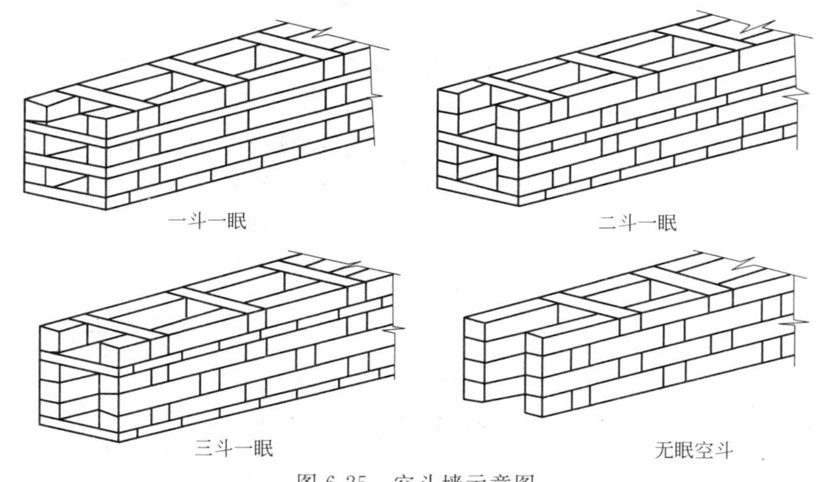

图 6-25 空斗墙示意图

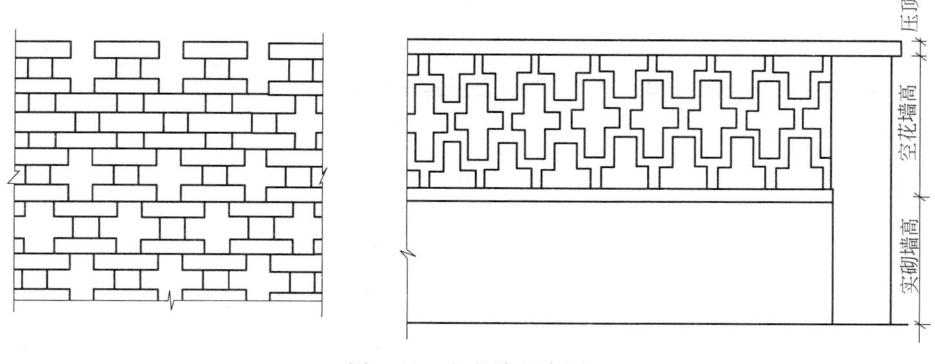

图 6-26 空花墙示意图

11. 砖过梁

承受门窗洞口上部墙体的重量和楼盖传来的荷载的梁，称为过梁。无钢筋时叫砖平拱，有钢筋时叫钢筋砖过梁。如图 6-27 所示。

砖拱、钢筋砖过梁按图示尺寸以体积计算。如设计无规定时，砖平拱按门窗洞口宽度两端共加 100mm，乘以高度（门窗洞口宽小于 1500mm 时，高度为 240mm，洞口宽大于

1500mm 时，高度为 365mm）计算；钢筋砖过梁按门窗洞口宽度两端共加 500mm，高度按 440mm 计算。

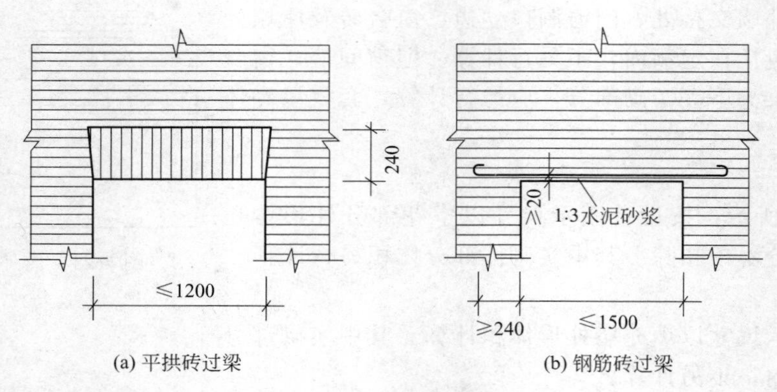

图 6-27　过梁示意图

即：砖平拱 V=(洞口宽+0.1)×0.24(或 0.365)×墙厚

　　钢筋砖过梁 V=(洞口宽+0.5)×0.44×墙厚

【例 6-12】 某单层建筑物如图 6-28 所示，墙身用 M5 混合砂浆砌筑标准黏土砖，墙厚均为 370mm，混水砖墙。GZ370mm×370mm 从基础到板顶，女儿墙处 GZ240mm×240mm 到压顶底面，门窗洞口上均采用砖平拱过梁。M-1：1500mm×2700mm，M-2：1000mm×2700mm，C-1：1800mm×1800mm，试计算砖平拱的工程量。

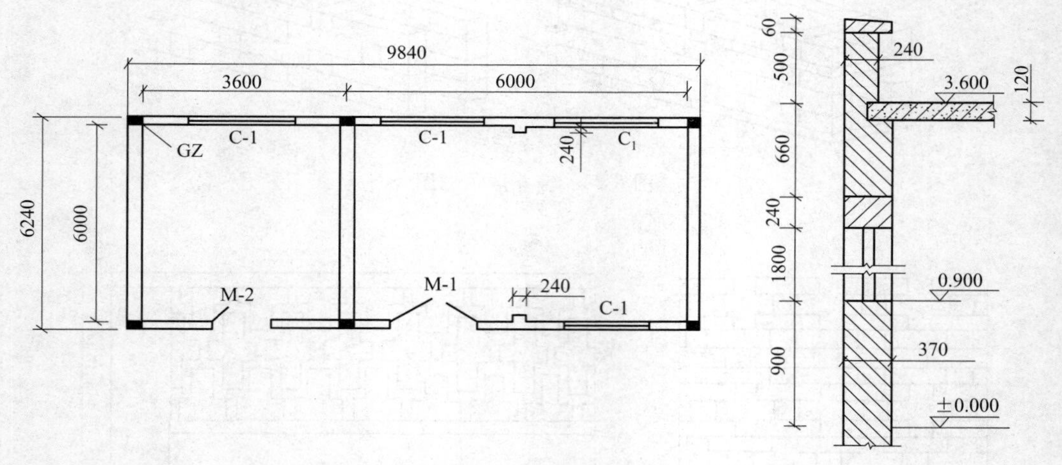

图 6-28　砖墙示意图

解　砖平拱工程量

V_1=(1.5+1+0.1×2)×0.365×0.24+(1.8×4+0.1×4)×0.365×0.365

　　=1.25(m^3)

12. 砖柱

按实砌体积计算，柱基套用相应基础项目。

13. 其他砖砌体

① 砖砌台阶（不包括梯带）按水平投影面积以 m^2 计算。

② 地垄墙按实砌体积套用砖基础定额。

③ 厕所蹲台、水槽腿、煤箱、暗沟、台阶挡墙或梯带、花台、花池及支撑地楞的砖墩，房上烟囱及毛石墙的门窗立边、窗台虎头砖等按实砌体积计算，套用零星砌体定额项目。

④ 砌体内的钢筋加固应根据设计规定以质量计算，套砌体钢筋加固项目。

⑤ 检查井、化粪池不分形状及深浅，按垫层以上实有外形体积计算。

14. 多孔砖墙、空心砖墙、砌块砌体

① 多孔砖墙、空心砖墙、小型空心砌块等按设计图示尺寸以体积计算，不扣除其本身孔、空心部分体积。

② 混凝土砌块按设计图示尺寸以体积计算，按设计规定需要镶嵌的砖砌体部分已包括在定额内，不另计算。

第六节　混凝土及钢筋混凝土工程

一、混凝土及钢筋混凝土工程定额说明

(1) 定额编制了混凝土的四种施工方式：现场搅拌混凝土、商品混凝土、集中搅拌混凝土的浇捣和预制构件成品安装。

① 商品混凝土的单价为“入模价”，包括商品混凝土的制作、运输、泵送。

② 集中搅拌混凝土是按混凝土搅拌站、混凝土搅拌输送车及混凝土的泵送机械都是施工企业自备的情况下编制的，混凝土输送泵（固定泵）、混凝土输送泵车均未含管道费用，管道费用据实计算。本节不分构件名称和规格，集中搅拌的混凝土泵送分别套用混凝土输送泵车或混凝土输送泵子目。

③ 预制混凝土构件定额采用成品形式，成品构件按外购列入混凝土构件安装子目，定额含量包含了构件安装的损耗。成品构件的定额取定价包括混凝土构件制作及运输、钢筋制作及运输、预制混凝土模板五项内容。

(2) 混凝土定额按自然养护制定，如发生蒸气养护，可另增加蒸气养护费。

(3) 现浇混凝土

① 除商品混凝土外，混凝土的工作内容包括筛砂子、筛洗石子、后台运输、搅拌、前台运输、清理、润湿模板、浇灌、捣固、养护。

② 实际使用的混凝土的强度等级与定额子目设置的强度等级不同时，可以换算。

③ 毛石混凝土，定额按毛石占混凝土体积的20%计算，如设计要求不同时，可以调整。

④ 杯口基础顶面低于自然地面，填土时的围笼处理，按实结算。

⑤ 捣制基础圈梁，套用本节捣制圈梁的定额。箱式满堂基础拆开三个部分分别套用相应的满堂基础、墙、板定额。

⑥ 依附于梁、墙上的混凝土线条适用于展开宽度为500mm以内的线条。

⑦ 构造柱只适用先砌墙后浇柱的情况，如构造柱为先浇柱后砌墙者，无论断面大小，均按周长1.2m以内捣制矩形柱定额执行。墙心柱按构造柱定额及相应说明执行。

⑧ 捣制整体楼梯，如休息平台为预制构件，仍套用捣制整体楼梯，预制构件不另计算。阳台为预制空心板时，应计算空心板体积，套用空心板相应子目。

⑨ 凡以投影面积（平方米）或延长米计算的构件，其混凝土含量超过定额含量±10%

时，混凝土含量增减量每立方米按表 6-12 调整。

表 6-12　每立方米混凝土含量增减表

名称	人工	材料	机械	
现场搅拌混凝土	2.61 工日	混凝土 $1m^3$	搅拌机 0.1 台班	电 0.8 度
商品混凝土	1.7 工日	混凝土 $1m^3$		

⑩ 现浇混凝土构件中零星构件项目，系指每件体积在 $0.05m^3$ 以内的未列出定额项目的构件。小立柱是指周长在 48cm 以内、高度在 1.5m 以内的现浇独立柱。

⑪ 依附于柱上的悬挑梁为悬臂结构件，依附在柱上的牛腿可支承吊车梁、或屋架等。

⑫ 阳台扶手带花台或花池，另行计算。捣制台板套零星构件，捣制花池套池槽定额。

⑬ 阳台栏板如采用砖砌、混凝土漏花（包括小刀片）、金属构件等，均按相应定额分别计算。现浇阳台的沿口梁已包括在定额内。

⑭ 定额中不包括施工缝处理，根据工程的各种施工条件，如需留施工缝者，技术上的处理按施工验收规范，经济上按实结算。

（4）钢筋及铁件

① 钢筋工程内容包括：制作、绑扎、安装以及浇灌钢筋混凝土时维护钢筋用工。

② 现浇构件钢筋以手工绑扎取定，实际施工与定额不同时，不再换算。

③ 绑扎铁丝、成型点焊和接头焊接用的电焊条已综合在定额项目内。

④ 设计图纸（含标准图集）未注明的搭接接头，其搭接长度已综合在定额中，不应另行计算。

⑤ 坡度大于等于 26°34′的斜板屋面，钢筋制安人工乘以系数 1.25。

⑥ 预应力构件中的非预应力钢筋，按现浇钢筋相应项目列项计算。

⑦ 柱接柱定额未包括钢筋焊接，发生时另行计算。

⑧ 小型构件安装，系指单位体积小于 $0.1m^3$ 的构件安装。

⑨ 升板预制柱加固，系指预制柱安装后，至楼板提升完成时间所需的加固搭设费。

⑩ 现场预制混凝土构件若采用砖模制作时，其安装定额中的人工、机械乘以系数 1.10。

⑪ 定额中的塔式起重机台班均已包括在垂直运输机械费中。

⑫ 预制混凝土构件必须在跨外安装时，按相应的构件安装定额的人工、机械台班乘以系数 1.18，用塔式起重机、卷扬机时，不乘此系数。

⑬ 现浇钢筋的人工、机械调整系数按表 6-13 计取。

表 6-13　现浇钢筋的人工、机械调整系数表

构件名称	现浇小型构件 钢　筋	现浇小型池槽 钢　筋	现浇烟囱、水塔 钢　筋
调整系数	2.00	2.52	1.70

二、混凝土及钢筋混凝土工程量计算规则

（一）现浇混凝土

现浇混凝土构件除现浇楼梯、散水、坡道以及电缆沟、地沟以外，均按图示尺寸实体体积以 m^3 计算。不扣除构件内钢筋、铁件、螺栓及墙、板中 $0.3m^2$ 内的孔洞所占体积，超过 $0.3m^2$ 的孔洞所占体积应予扣除。

1. 基础

按图示尺寸以体积计算。不扣除伸入承台基础的桩头所占体积。

① 混凝土基础与墙或柱的划分，均按基础扩大顶面为界。

② 框架式设备基础应分别按基础、柱、梁、板相应定额计算。楼层上的设备基础按有梁板定额项目计算。满堂基础也按此方法处理。

③ 设备基础定额中未包括地脚螺栓。地脚螺栓一般应包括在成套设备价值内，如成套设备价值中未包括地脚螺栓的价值，地脚螺栓应按实际重量计算。

④ 同一横截面有一阶使用了模板的条形基础，均按带形基础相应定额项目执行；未使用模板而沿槽浇灌的带形基础按本节混凝土基础垫层执行；使用了模板的混凝土垫层按本节相应定额执行。带形基础体积按带形基础长度乘以横截面积计算。带形基础长度：外墙按中心线，内墙按净长线计算。常见基础断面形式如图 6-29、图 6-30 所示。

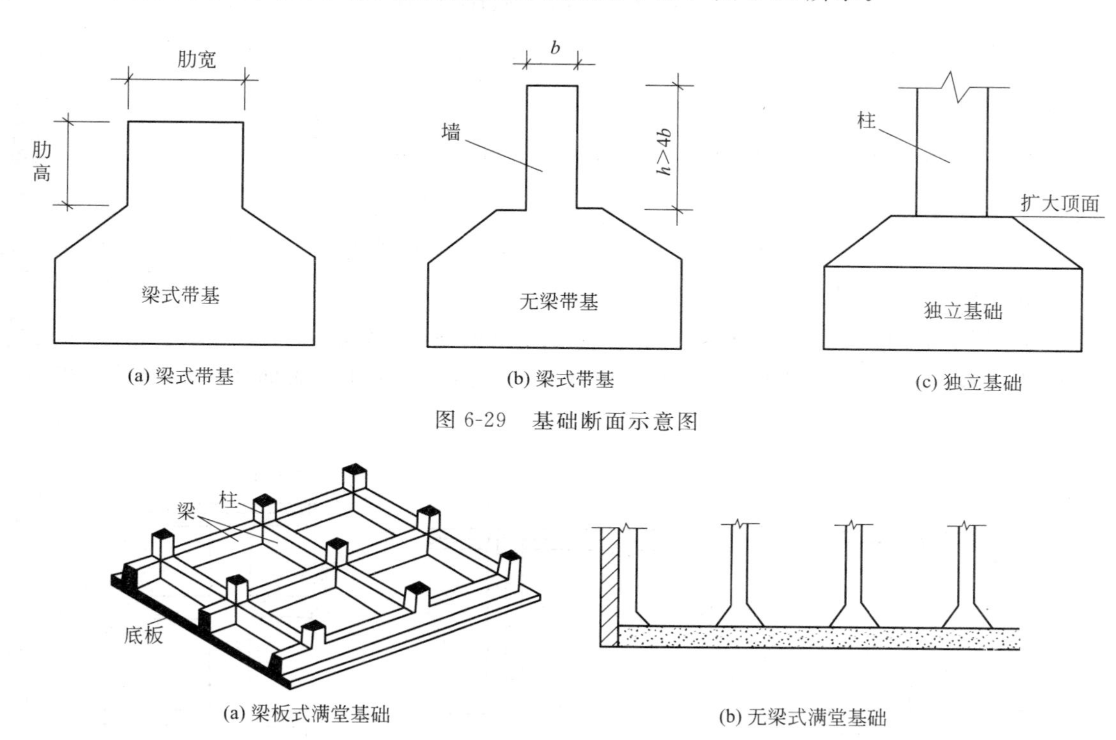

(a) 梁式带基　(b) 梁式带基　(c) 独立基础

图 6-29　基础断面示意图

(a) 梁板式满堂基础　(b) 无梁式满堂基础

图 6-30　满堂基础示意图

⑤ 杯形基础的颈高大于 1.2m 时（基础扩大顶面至杯口底面），按柱的相应定额执行，其杯口部分和基础合并按杯形基础计算。

【例 6-13】 某柱断面尺寸为 400mm×600mm，杯形基础尺寸如图 6-31 所示。其中，下部矩形高 500mm，下部棱台高 500mm，上部矩形高 600mm，内杯高 700mm，试计算杯形基础工程量。

解 （1）下部矩形体积 $V_1=3.50\times4.00\times0.50=7.00(\text{m}^3)$

（2）下部棱台体积$V_2=\dfrac{1}{3}H(S_{上}+S_{下}+\sqrt{S_{上}\times S_{下}})=\dfrac{1}{3}\times0.5\times(3.50\times4.0+\sqrt{3.50\times4.00\times1.35\times1.55}+1.35\times1.55)$

$=3.58(\text{m}^3)$

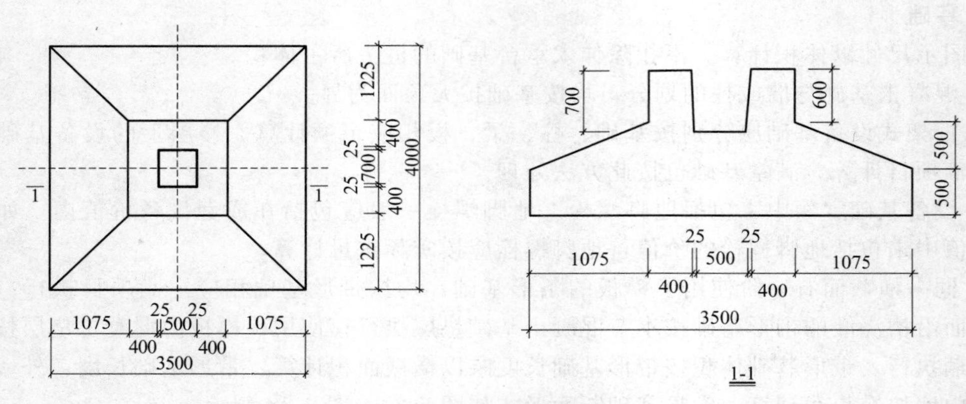

图 6-31 杯形基础平面与断面图

(3) 上部矩形体积 $V_3=1.35\times1.55\times0.6=1.26$ (m^3)

(4) 杯口净空部分体积

$$V_4=\frac{1}{3}\times0.70\times(0.50\times0.70+\sqrt{0.50\times0.70\times0.55\times0.75}+0.55\times0.75)$$

$$=0.27(m^3)$$

(5) 杯形基础工程量 $V=V_1+V_2+V_3-V_4=7.00+3.58+1.26-0.27=11.57(m^3)$

2. 柱

按图示断面尺寸乘以柱高以体积计算。柱高按下列规定确定。

① 无梁板的柱高，应自柱基上表面（或楼板上表面）至柱帽下表面计算，如图 6-32(a) 所示。

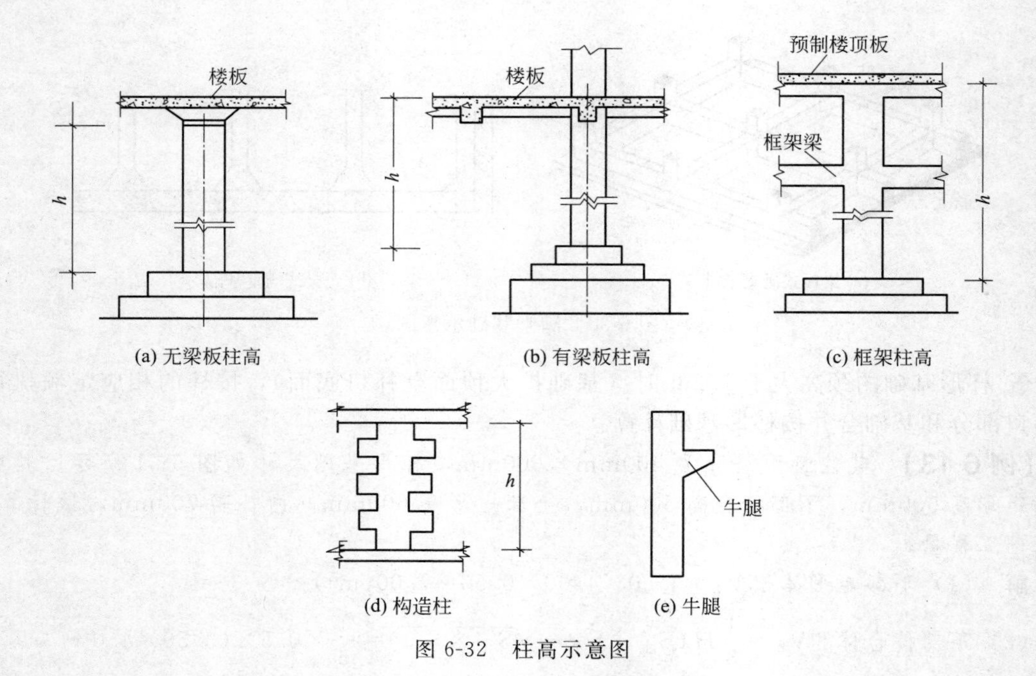

图 6-32 柱高示意图

② 有梁板的柱高，应自柱基上表面（或楼板上表面）至楼板上表面计算，如图 6-32(b) 所示。

③ 框架柱的柱高，应自柱基上表面（或楼板上表面）至柱顶高度计算，如图 6-32(c) 所示。

④ 构造柱按全高计算，与砖墙嵌接部分的体积并入柱身体积内计算，如图 6-32(d) 所示。

⑤ 突出墙面的构造柱全部体积以捣制矩形柱定额执行。

⑥ 依附柱上的牛腿的体积，并入柱身体积内计算；依附柱上的悬臂梁按单梁有关规定计算，如图 6-32(e) 所示。

构造柱是一种特殊的现浇柱，一般是先砌墙后浇注，在砌墙时每隔五皮砖也就是 300mm 留一个马牙槎缺口以便咬接，每缺口按 60mm 留槎。计算构造柱断面积时，槎口平均每边按 30mm 计入到柱宽内，如图 6-33 所示，构造柱的截面积计算公式如下：

$$S=d_1d_2+0.03(n_1d_1+n_2d_2) \tag{6-13}$$

式中 d_1，d_2——构造柱两个方向的尺寸；

n_1，n_2——d_1，d_2方向咬接的边数。

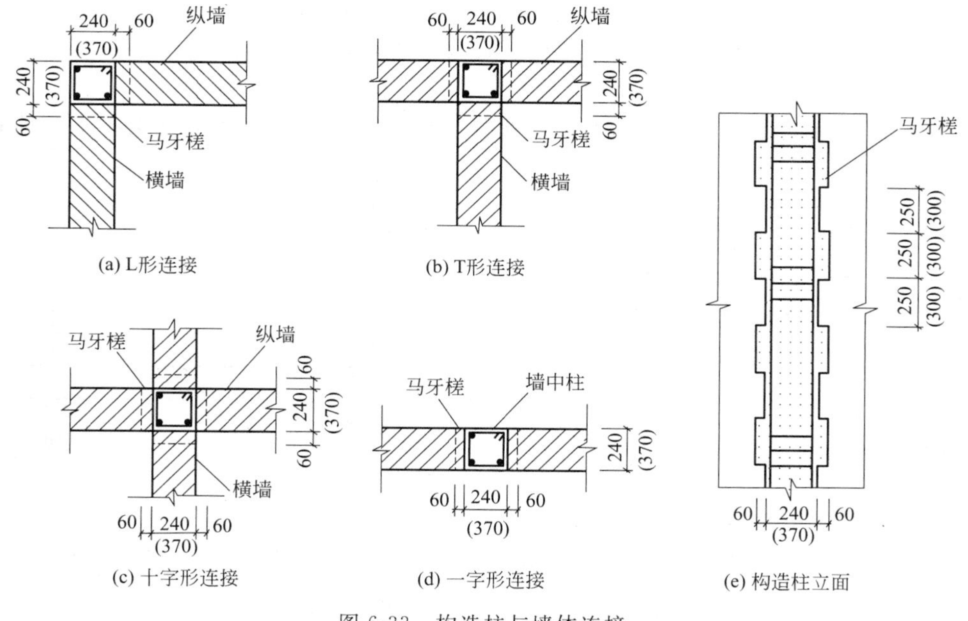

图 6-33 构造柱与墙体连接

【例 6-14】 试计算图 6-34 所示混凝土构造柱混凝土工程量，墙厚均为 240mm，圈梁高度为 400mm。

解 共 27 根构造柱，一字形：9 根；L 形：8 根；T 字形：10 根。

$V=0.24\times[(0.24+0.03)\times9+(0.24+0.03\times2)\times8+(0.24+0.03\times3)\times10]\times15.5$

$=30.24(m^3)$

3. 梁

按图示断面尺寸乘以梁长以体积计算。梁长按下列规定确定。

① 主、次梁与柱连接时，梁长算至柱侧面；次梁与柱子或主梁连接时，次梁长度算至柱侧面或主梁侧面；伸入墙内的梁头，应计算在梁长度内，梁头有捣制梁垫者，其体积并入梁内计算，如图 6-35(a) 所示。

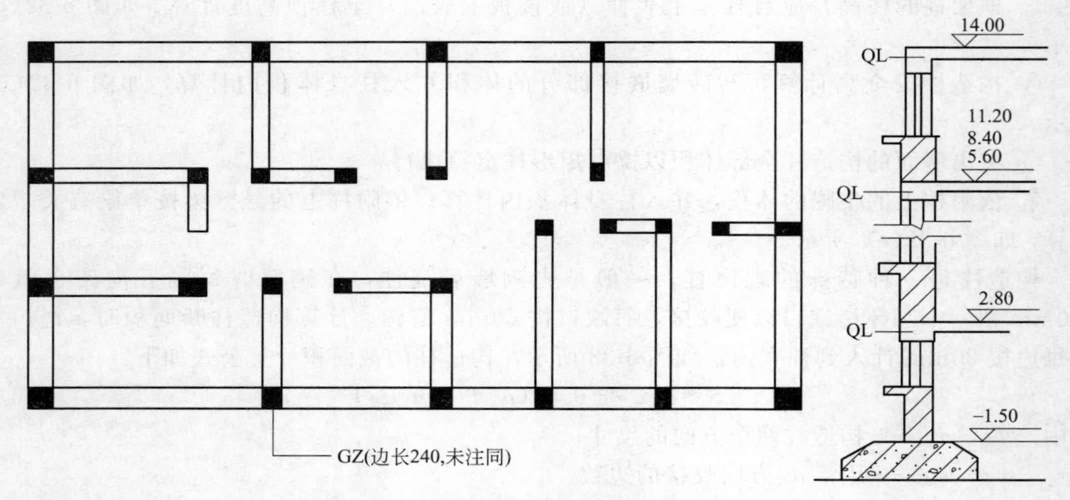

图 6-34　混凝土构造柱平面及立面示意图

② 圈梁与过梁连接时，分别套用圈梁、过梁定额，其过梁长度按门、窗洞口外围宽度两端共加 50cm 计算，如图 6-35(b) 所示。

③ 悬臂梁与柱或圈梁连接时，按悬挑部分计算工程量，独立的悬臂梁按整个体积计算工程量。

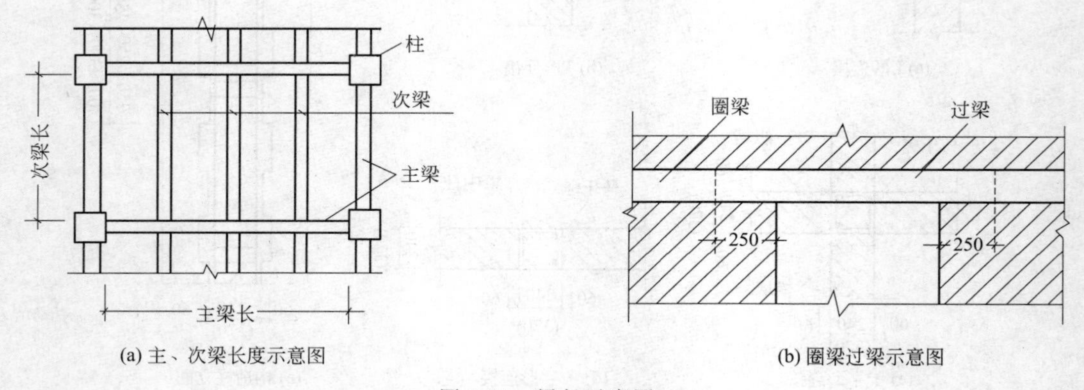

(a) 主、次梁长度示意图

(b) 圈梁过梁示意图

图 6-35　梁长示意图

4. 墙

按图示中心线长度乘以墙高及厚度以体积计算。应扣除门窗洞口及单个面积 $0.3m^2$ 以外孔洞所占的体积。

① 剪力墙带明柱（一侧或两侧突出的柱）或暗柱一次浇捣成型时，当墙净长不大于 4 倍墙厚时，套柱子目；当墙净长大于 4 倍墙厚时，按其形状套用相应墙子目。

② 后浇墙带、后浇板带（包括主、次梁）混凝土按设计图示尺寸以体积计算。

③ 依附于梁（包括阳台梁、圈梁、过梁）墙上的混凝土线条（包括弧形条）按延长米计算（梁宽算至线条内侧）。

5. 板

按图示面积乘以板厚以体积计算。应扣除单个面积 $0.3m^2$ 以外孔洞所占的体积。其中：

① 有梁板系指梁（包括主、次梁）与板构成一体，其工程量应按梁、板体积总和计算。

与柱头重合部分体积应扣除。如图 6-36(a) 所示。

② 无梁板系指不带梁直接用柱头支承的板，其体积按板与柱帽体积之和计算。如图 6-36(b)所示。

③ 平板系指无柱、梁，直接用墙支承的板。如图 6-36(c) 所示。

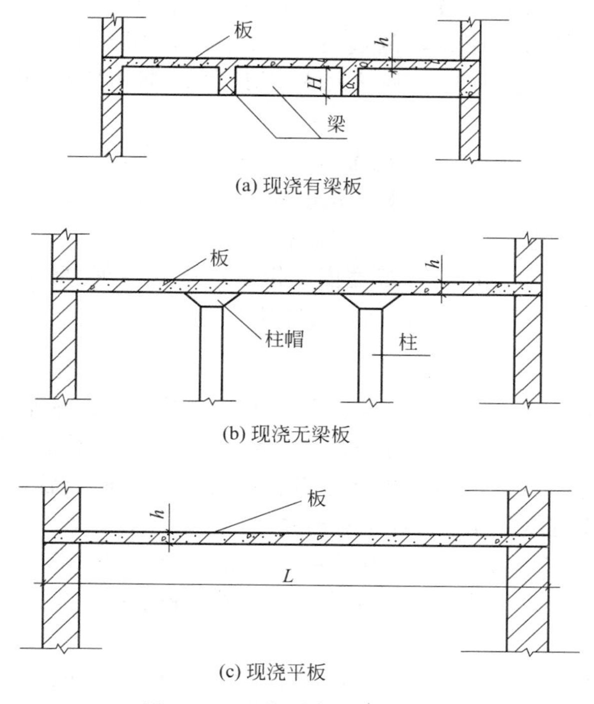

图 6-36　现浇混凝土板示意图

④ 有多种板连接时，以墙的中心线为界，伸入墙内的板头并入板内计算。

⑤ 挑檐天沟按图示尺寸以体积计算，捣制挑檐天沟与屋面板连接时，按外墙皮为分界线，与圈梁连接时，按圈梁外皮为分界线，分界线以外为挑檐天沟。挑檐板不能套用挑檐天沟的定额。挑檐板与遮阳板均按图示尺寸以体积计算，如图 6-37(a)、(b) 所示。

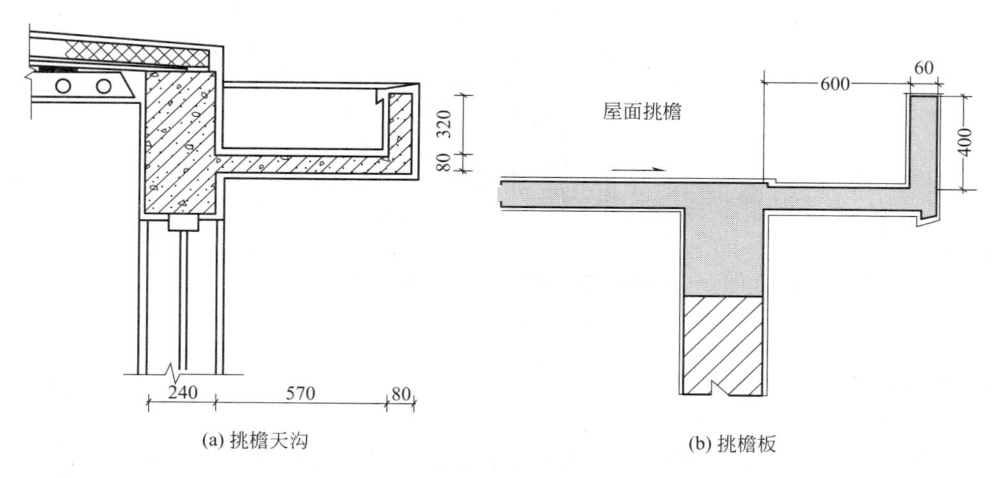

图 6-37　挑檐天沟与挑檐板示意图

⑥ 现浇框架梁和现浇板连接在一起时，按有梁板计算。

⑦ 石膏模盒现浇混凝土密肋复合楼板，按石膏模盒数量以块计算。在计算钢筋混凝土板工程量时，应扣除石膏模盒所占体积。

⑧ 阳台、雨篷、遮阳板均按伸出墙外的体积计算，伸出墙外的悬臂梁已包括在定额内，不另计算，但嵌入墙内梁按相应定额另行计算。雨篷翻边突出板面高度在200mm以内时，并入雨篷内计算，翻边突出板面在600mm以内时，翻边按天沟计算，翻边突出板面在1200mm以内时，翻边按栏板计算；翻边突出板面高度超过1200mm时，翻边按墙计算。

⑨ 栏板按图示尺寸以体积计算，扶手以延长米计算，均包括伸入墙内部分。楼梯的栏板和扶手长度，如图集无规定时，按水平长度乘以1.15系数计算。栏板（含扶手）及翻沿净高按1.2m以内考虑，超过时套用墙相应定额。

⑩ 当预制混凝土板需补缝时，板缝宽度（指下口宽度）在150mm以内者，不计算工程量；板缝宽度超过150mm者，按平板相应定额执行。

6. 楼梯

整体楼梯包括休息平台、平台梁、斜梁和楼梯的连接梁，按水平投影面积计算。楼梯踏步、踏步板，平台梁等侧面模板不另计算，伸入墙内部分也不增加。当楼梯与现浇楼板有梯梁连接时，楼梯应算至梯口梁外侧；当无梯梁连接时，以楼梯最后一个踏步边缘加300mm计算。整体楼梯不扣除宽度小于500mm的梯井。

【例6-15】 某四层住宅楼梯平面如图6-38所示，试计算整体楼梯混凝土工程量。

解 此楼梯无梯口梁，应按踏步最后一个边缘加300mm计算，四层住宅共3个水平投影面积。

整体楼梯工程量 $S=(3.6-0.24)\times(1.22+0.2+2.4+0.2+0.3)\times3$

$=43.55(m^2)$

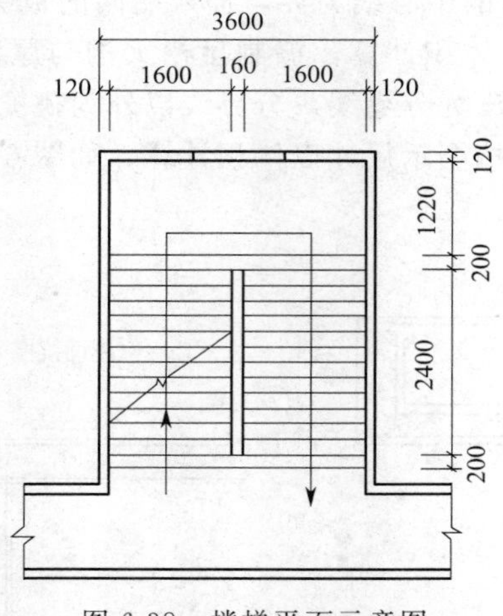

图6-38 楼梯平面示意图

7. 其他构件

① 现浇池、槽按实际体积计算。

② 台阶按水平投影面积计算，如台阶与平台连接时，其分界线应以最上层踏步外沿加300mm计算，如图6-39所示。架空式现浇室外台阶按整体楼梯计算。

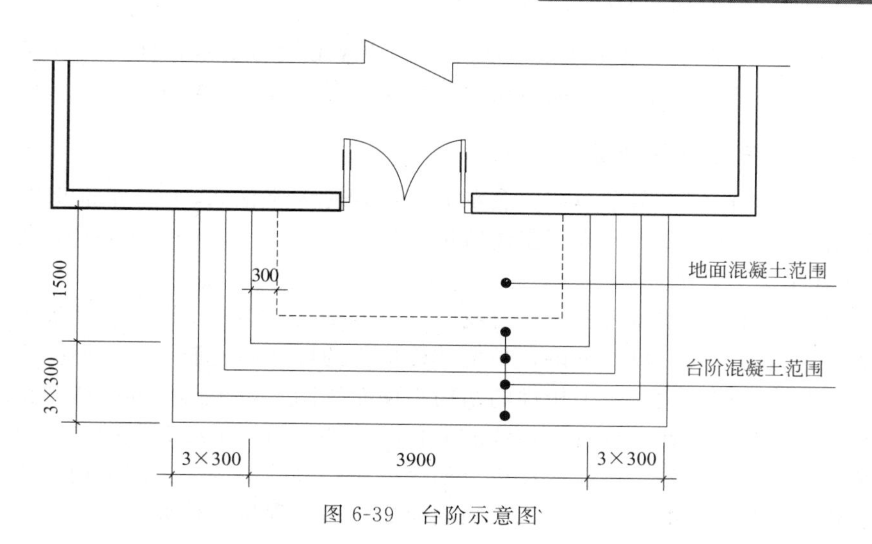

图 6-39 台阶示意图

【例 6-16】 某学院办公楼入口台阶如图 6-39 所示，试计算其台阶混凝土工程量。

解 台阶混凝土工程量 $S=(3\times0.3\times2+3.9)\times(3\times0.3+1.5)-(1.5-0.3)\times(3.9-0.3\times2)$

$=5.7\times2.4-1.2\times3.3=9.72(m^2)$

（二）预制混凝土构件成品安装

① 混凝土工程量除另有规定者外，均按图示尺寸实体积计算，不扣除构件内钢筋、铁件及小于 300mm×300mm 以内孔洞的面积。定额已包含预制混凝土构件废品损耗率。

② 预制钢筋混凝土工字形柱、矩形柱、空腹柱、双肢柱、空心柱、管道支架等安装，均按实体积以柱安装计算。预制柱上的钢牛腿按铁件计算。

③ 预制钢筋混凝土多层柱安装，首层柱以实体积按柱安装计算，二层及二层以上按每节柱实体积套用柱接柱子目。

④ 焊接形成的预制钢筋混凝土框架结构，其柱安装按框架柱体积计算，梁安装按框架梁体积计算。节点浇注成型的框架，按连体框架梁、柱体积之和计算。

⑤ 组合屋架安装，以混凝土部分实体体积计算，钢杆件部分不另计算。

⑥ 漏花空格安装，执行小型构件安装定额，其体积按洞口面积乘厚度以立方米计算，不扣除空花体积。

⑦ 窗台板、隔板、栏板的混凝土套用小型构件混凝土子目。

（三）预制混凝土构件接头灌缝

① 钢筋混凝土构件接头灌缝，包括构件坐浆、灌缝、堵板孔、塞板缝、塞梁缝等，均按预制钢筋混凝土构件实体积计算。

② 柱与柱基灌缝，按底层柱体积计算；底层以上柱灌缝按各层柱体积计算。

③ 预制钢筋混凝土框架柱现浇接头（包括梁接头），按现浇接头设计规定断面乘以长度以体积计算，按二次灌浆定额执行。

④ 空心板堵孔的人工、材料已包括在定额内。$10m^3$ 空心板体积包括 $0.23m^3$ 预制混凝土块、2.2 个工日。

（四）钢筋工程量计算

① 钢筋工程量应区分不同钢种和规格按设计长度（指钢筋中心线）乘以单位质量以吨计算。

② 计算钢筋工程量时，设计（含标准图集）已规定钢筋搭接长度的，按规定搭接长度计算；设计未规定搭接长度的，已包括在钢筋的损耗率之内，不另计算搭接长度。

（五）平法钢筋工程量计算

平法是混凝土结构施工图平面整体表示方法的简称。平法自 1996 年推出以来，历经十多年的不断创新与改进，现已形成国家建筑标准设计图——11G101、03G101-1、03G101-2、04G101-3、04G101-4 系列。

建筑结构施工图平面整体表示方法对我国目前混凝土结构施工图的设计表示方法做了重大改革。平法的表达形式，概括来讲，是把结构构件的尺寸和配筋等，按照平面整体表示方法制图规则，整体直接表达在各类构件的结构平面布置图上，再与标准构造图相配合，即构成一套新型完整的结构设计。改变了传统的那种将构件从结构平面布置图中索引出来，再逐个绘制配筋详图的繁琐方法。可以这样说，如今越来越多的结构施工图采用平法表示，不懂平法，看不懂平法所表达的意思，则无法顺利完成钢筋工程量的计算。

11G101 平法系列图集的适用范围是：

11G101-1——适用于现浇混凝土框架、剪力墙、梁、板；

11G101-2——适用于现浇混凝土板式楼梯；

11G101-3——适用于独立基础、条形基础、筏形基础及桩承台。

学习平法及其钢筋计算，关键是掌握平法的整体表示方法与标准构造，并与传统的配筋图法建立联系，举一反三，多看多练。平法钢筋计算方法与传统钢筋计算有很大的不同，读者需要改变观念。因篇幅受限，本教材仅以框架梁为例进行介绍，建议读者进一步学习平法系列图集。

1. 梁钢筋平法图示

梁内配筋的平法表达，采用平面注写式和截面注写式，以平面注写式为主。

(1) 平面注写式要点

① 在平面布置图中，将梁与柱、墙、板一起用适当比例绘制。

② 分别在不同编号的梁中各选择一根梁，在其上直接注写几何尺寸和配筋具体数值。

③ 平面注写包括集中标注如图 6-40 所示。施工时，原位标注优先于集中标注。

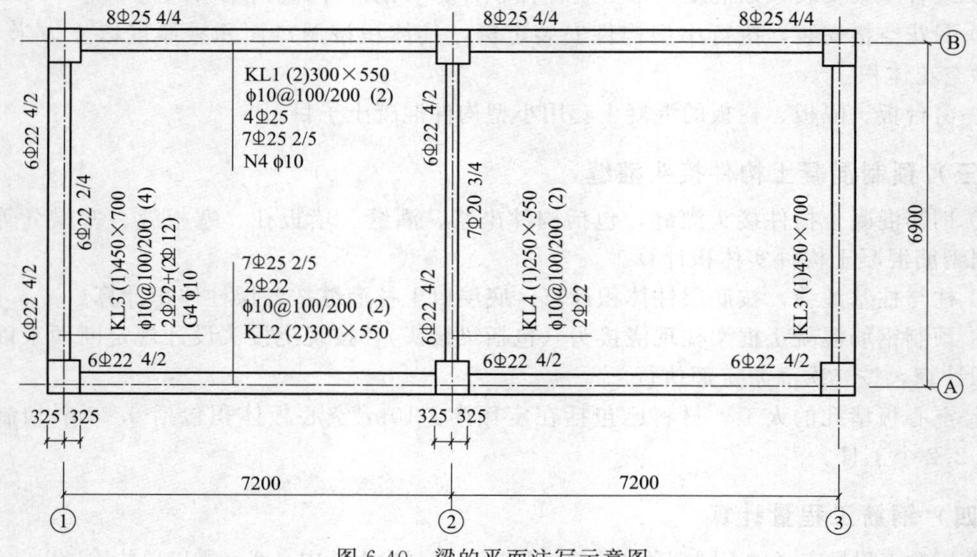

图 6-40 梁的平面注写示意图

以图 6-40 中 KL2 为例，引出线注明的是集中标注，KL2 是框架梁 2 的代号，“（2）”表示梁为两跨；300×550 表示梁截面的宽和高；Φ10@100/200（2）表示箍筋为Ⅰ级钢筋，直径为 10mm，加密区间距为 100mm，非加密区间距为 200mm，两肢箍；2Φ22 为梁上部全长贯通纵筋；7Φ25 2/5 为梁下部钢筋，分两排布置时上排 2 支，下排 5 支。原位标注在梁边，注在上面为梁上配筋，注在下面为梁下配筋。如图中支座附近注明的 6Φ22 4/2 为梁上配筋，第一排 4 支，含贯通筋在内，第二排 2 支。

（2）截面注写式要点

① 分别在不同编号的梁中各选择一根梁，再用剖面符号引出的截面配筋图上注写截面尺寸与配筋具体数值。

② 截面注写式既可单独使用，也可与平面注写式结合使用。

2. 梁钢筋平法构造

（1）梁纵筋构造　如图 6-41 所示。

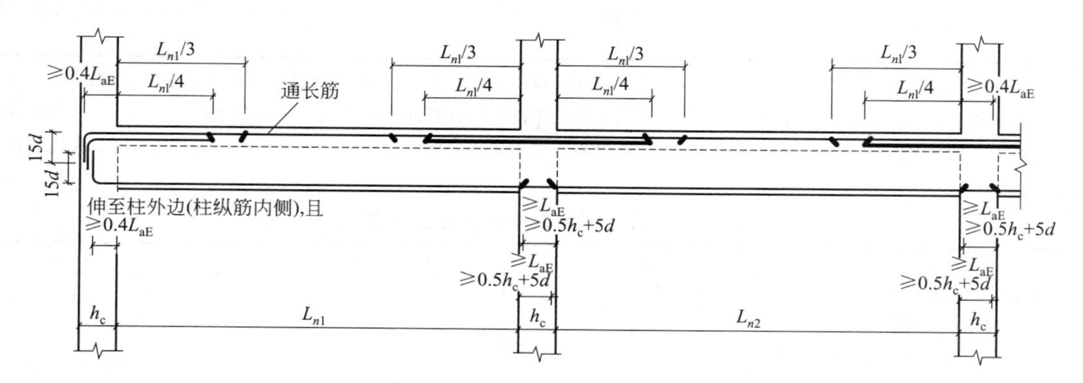

图 6-41　梁纵筋构造示意图

从图中可以看出如下构造特点：梁下部受力钢筋只在跨间布置，两端伸入支座计锚固长度，进入端支座弯锚，进入中间支座直锚；梁上部有贯通筋沿梁全长布置，至少 2 根，位置靠角边，是形成钢筋骨架的支撑点，在两边端部向下弯锚；端支座上方加转角筋，进入支座弯锚，出支座第一排为净跨长的三分之一，第二排为净跨长的四分之一；中支座上方加直筋，出支座为净跨长的三分之一或四分之一。

在框架结构中，基础为柱的支座，柱为梁的支座，梁为板的支座，这与力的传递路径是一致的。为使钢筋能在支座处受拉时不被拔出和滑动，就需要在钢筋进入支座后有足够长的锚固长度。锚固长度取值见表 6-14、表 6-15。

表 6-14　受拉钢筋基本锚固长度 l_{ab}、l_{abE}

钢筋种类	抗震等级	混凝土强度等级								
		C20	C25	C30	C35	C40	C45	C50	C55	>C60
HPB300	一二级(l_{abE})	45d	39d	35d	32d	29d	28d	26d	25d	24d
	三级(l_{abE})	41d	36d	32d	29d	26d	25d	24d	23d	22d
	四级(l_{abE}) 非抗震(l_{ab})	39d	34d	30d	28d	25d	24d	23d	22d	21d
HRB335 HRBF335	一二级(l_{abE})	44d	38d	33d	31d	29d	26d	25d	24d	24d
	三级(l_{abE})	40d	35d	31d	28d	26d	24d	23d	22d	22d
	四级(l_{abE}) 非抗震(l_{ab})	38d	33d	29d	27d	25d	23d	22d	21d	21d

续表

钢筋种类	抗震等级	混凝土强度等级								
		C20	C25	C30	C35	C40	C45	C50	C55	＞C60
HRB400 HRBF400 RRB400	一二级(l_{abE})	—	46d	40d	37d	33d	32d	31d	30d	29d
	三级(l_{abE})	—	42d	37d	34d	30d	29d	28d	27d	26d
	四级(l_{abE}) 非抗震(l_{ab})	—	40d	35d	32d	29d	28d	27d	26d	25d
HRB500 HRBF500	一二级(l_{abE})	—	55d	49d	45d	41d	39d	37d	36d	35d
	三级(l_{abE})	—	50d	45d	41d	38d	36d	34d	33d	32d
	四级(l_{abE}) 非抗震(l_{ab})	—	48d	43d	39d	36d	34d	32d	31d	30d

表 6-15　受拉钢筋锚固长度 l_a、抗震锚固长度 l_{aE}

非抗震	抗震	1. l_a不应小于 200。 2. 锚固长度修正系数 ζ_a按表 6-16 取用，当多于一项时，可按连乘计算，但不应小于 0.6。 3. 为抗震锚固长度修正系数，对一二级抗震等级取 1.15，对三级抗震等级取 1.05，对四级抗震等级取 1.00。
$l_a=\zeta_a l_{ab}$	$l_{aE}=\zeta_{aE} l_a$	

注：1. HPB300 级钢筋末端应做 180°弯钩，弯后平直段长度不应小于 3d，但作为受压钢筋时可不做弯钩。

2. 当锚固钢筋的保护层厚度不大于 5d 时，锚固长度范围内应设置横向构造钢筋，其直径不应小于 $d/4$（d 为锚固钢筋的最大直径）；对梁、柱等构件间距不应大于 5d，对板、墙等构件间距不应大于 10d，且不应大于 100（d 为锚固钢筋的最小直径）。

表 6-16　受拉钢筋锚固长度修正系数 ζ_a

锚固条件		ζ_a	备注
带肋钢筋的公称直接大于 25		1.10	—
环氧树脂涂层带肋钢筋		1.25	
施工过程中易受扰动的钢筋		1.10	
锚固区保护层厚度	3d	0.80	中间时按内插值，d 为锚固钢筋直径
	5d	0.70	

纵向受拉钢筋绑扎搭接长度 l_a基于 l_{aE}产生，在平法钢筋计算中，接头个数考虑 9m 或 12m 一个搭接，绑扎搭接长度其取值见表 6-17 的规定。

表 6-17　受拉钢筋绑扎搭接长度取值

绑扎搭接长度		在任何情况下，ζ_l不得小于 300mm	绑扎搭接长度修正系数 ζ_l			
抗震	非抗震		纵向钢筋搭接接头面积百分率/%	≤25	50	100
$l_{lE}=\zeta_l l_{aE}$	$l_l=\zeta_l l_a$		ζ_l	1.2	1.4	1.6

(2) 箍筋构造　如图 6-42 所示。

从图中可以看到箍筋构造特点：由于是框架梁，箍筋自支座边 50mm 开始布置，靠支座一侧有一段加密区，加密区宽度既要≥2 倍的梁高，又要≥500mm，二者比较取大值，中间部分按正常间距布筋。

(3) 悬挑梁构造　如图 6-43 所示。

悬挑梁上部钢筋应从跨内钢筋延伸过来，但第一排在端部弯折方式不一样，至少 2 根角筋，(一般是贯通筋) 到顶弯锚 12d，其余的下弯至梁下；第二排出挑长为 0.75L；跨内下部纵筋进入支座应弯锚；悬挑梁下部钢筋作为构造筋，进入支座 12d；悬挑梁箍筋加密布置。

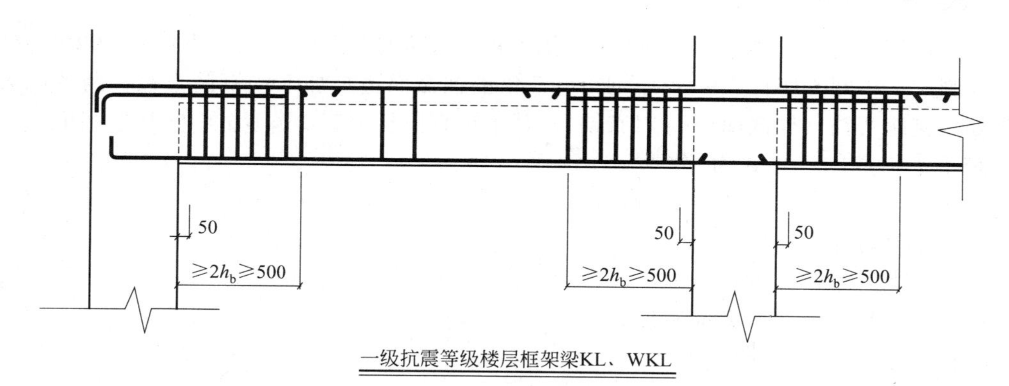

图 6-42　箍筋构造示意图

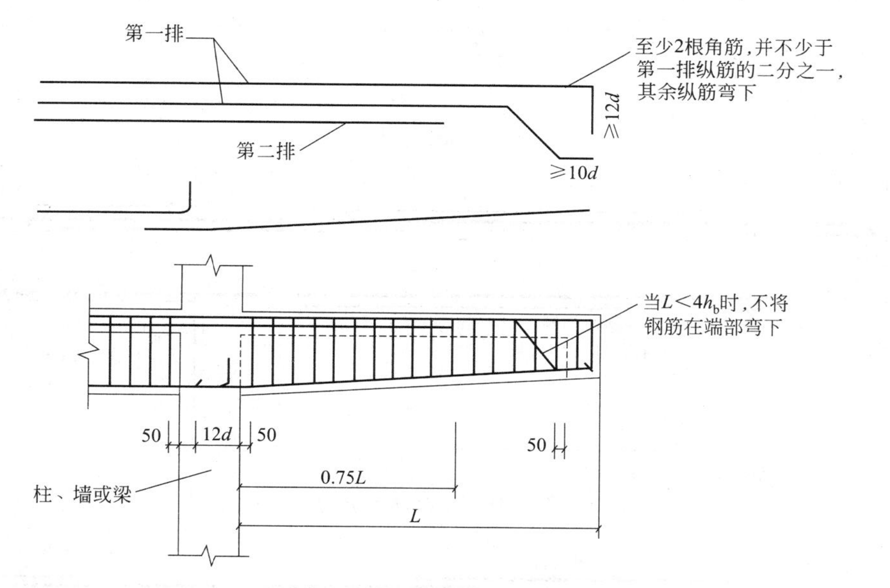

图 6-43　悬挑梁构造示意图

3. 梁平法钢筋计算方法

从以上构造知，平法中钢筋布置的控制点与前面传统钢筋内容有很大的不同，“净跨+锚固”是其钢筋计算的要诀。下面按不同位置的钢筋构造特点介绍计算方法。

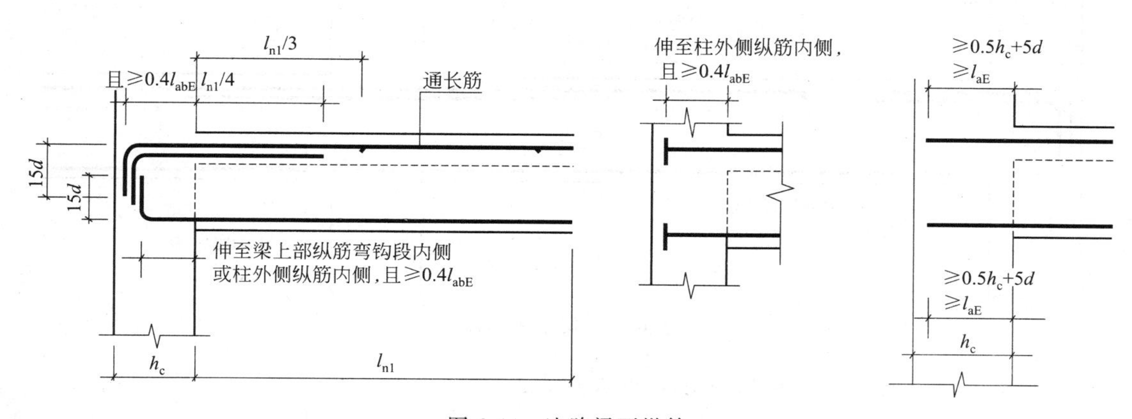

图 6-44　边跨梁下纵筋

（1）边跨梁下纵筋　如图 6-44 所示，边跨梁下纵筋的构造特点是：钢筋在跨间部分以梁净跨为控制点；中间支座伸入一个 l_{aE}或≥0.5 倍的柱截面边长加 5 倍钢筋直径，两者取大值，端支座处入支座弯锚（柱截面>l_{aE}时直锚），其水平直段长度应≥$0.4l_{aE}$，再上弯 $15d$。

边跨梁下纵筋的计算式为

$$L=L_{净跨}+2\times\max\{l_{aE},0.4l_{aE}+15d,h_c-c+15d\} \quad (6\text{-}14)$$

式中　L——钢筋计算长度；

$L_{净跨}$——梁的净跨长度；

h_c——柱截面沿框梁方向宽度；

c——混凝土保护层厚度；

d——梁的钢筋直径。

（2）中跨梁下纵筋（深入支座）　如图 6-45 所示，计算式为：

$$L=L_{净跨}+2\max\{0.5h_c+5d,l_{aE}\} \quad (6\text{-}15)$$

式中符号意义同前。

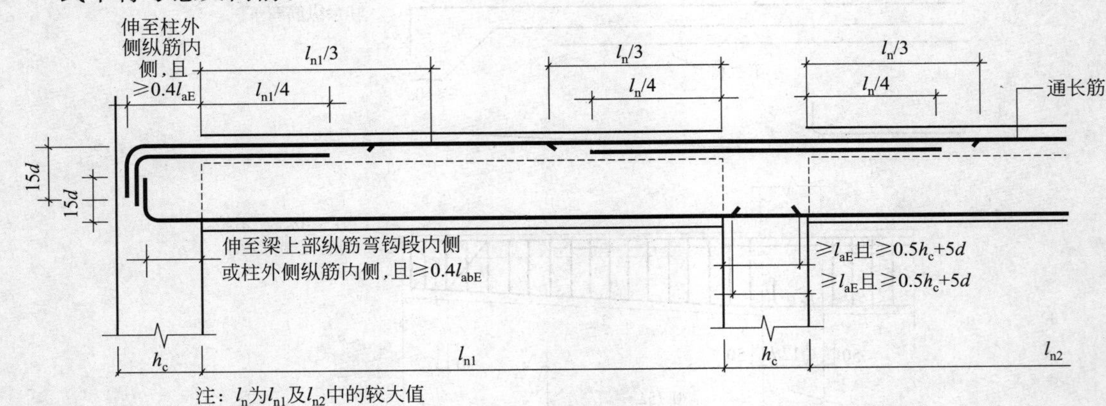

图 6-45　中跨梁下纵筋

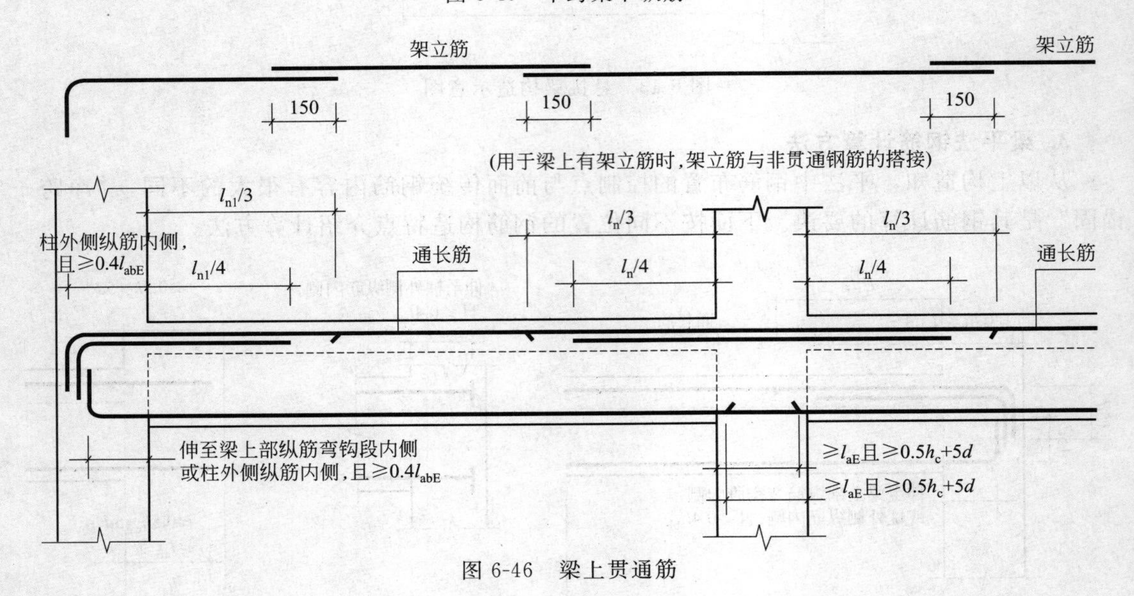

图 6-46　梁上贯通筋

（3）梁上贯通筋　如图 6-46 所示，计算式为：

$$L=L_{净跨}+2\times\max\{l_{aE},0.4l_{aE}+15d,h_c-c+15d\} \quad (6\text{-}16)$$

（4）架立筋 如图6-46所示，计算式为：

$$L=L_{净跨}-左右两边伸出支座的负筋长度+2\times 0.015 \tag{6-17}$$

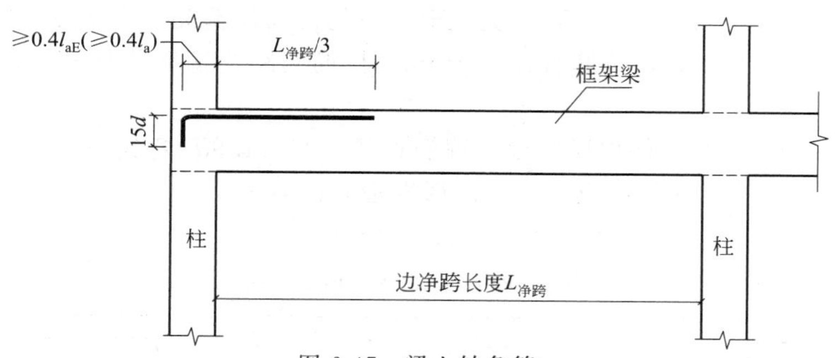

图6-47 梁上转角筋

（5）梁上转角筋 如图6-47所示，计算式为：

$$L=L_{净跨}/3+h_c-c+15d \tag{6-18}$$

式中 $L_{净跨}$——梁的净跨长度，第一排取1/3，第二排取1/4。

（6）中间支座上直筋（支座负筋） 如图6-48所示，计算式为：

$$L=2\times L_{净跨}/3+h_c \tag{6-19}$$

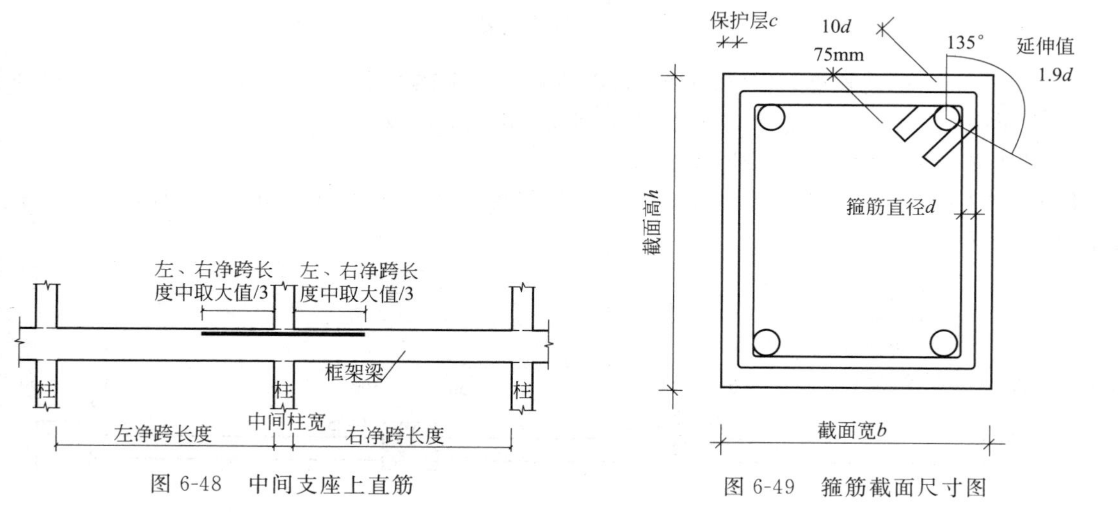

图6-48 中间支座上直筋

图6-49 箍筋截面尺寸图

（7）箍筋 如图6-49所示，箍筋按中心线长度计算：

$$箍筋长度=[(b-2c-d)+(h-2c-d)]\times 2+1.9d\times 2+\max\{10d,75\}\times 2 \tag{6-20}$$

支数计算公式为：

$$支数=(L_{净跨}-2B_{jm})/@+(B_{jm}-0.05)/S\times 2+1 \tag{6-21}$$

式中 B_{jm}——加密区宽度，一级抗震取2倍梁高或500mm中较大值，其他取1.5倍梁高或500mm中较大值；

@——非加密间距；

S——加密间距。

（8）腰筋及拉筋

① 腰筋计算方法为：

$$L=L_{净跨}+两端锚固 \tag{6-22}$$

注意：当为梁侧面构造筋时，其搭接与锚固长度可取为15d。

当为梁侧面受扭纵向钢筋时，其搭接长度为 l_l 或 l_{lE}（抗震）；其锚固长度与方式同框架梁下部纵筋。

② 拉筋计算方法　11G101-1 第 56 页规定：拉筋要勾住箍筋，当梁宽≤350 时，拉筋直径为 6mm；当梁宽>350 时，拉筋直径为 8mm。拉筋间距为箍筋非加密区间距的两倍。故其计算公式为：

$$L=\text{梁宽}-\text{保护层厚度}+\text{箍筋直径}+2\times 11.9d(\text{弯钩长度}) \tag{6-23}$$

（9）梁中构造筋　锚固长度取 15d，计算方法为：

$$L=L_{\text{净跨}}+2\times 15d \tag{6-24}$$

（10）吊筋和次梁加筋　如图 6-50 所示，计算方法为：

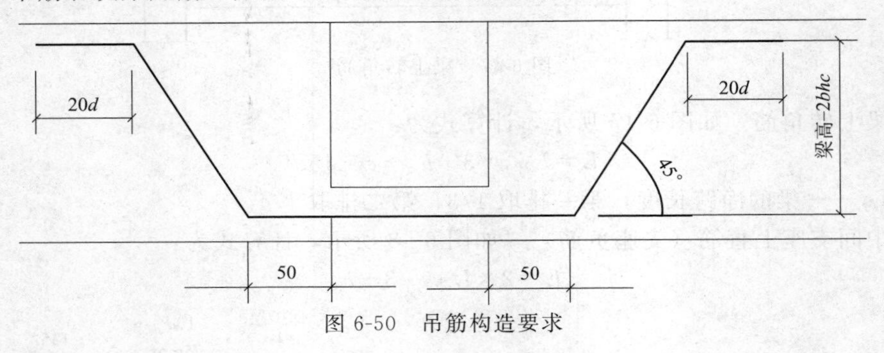

图 6-50　吊筋构造要求

$$\text{吊筋长度}=2\times 0.02+2\times\text{斜段长度}+\text{次梁宽度}+2\times 0.05 \tag{6-25}$$

框架梁高度>800mm，$\alpha=60°$；框架梁高度≤800mm，$\alpha=45°$。

次梁加筋按根数计算，长度同箍筋长度。

【例 6-17】　如图 6-51 所示，试计算一级抗震要求框架梁 KL1（3）的上部通长筋工程量，该框架梁为 C30 混凝土。

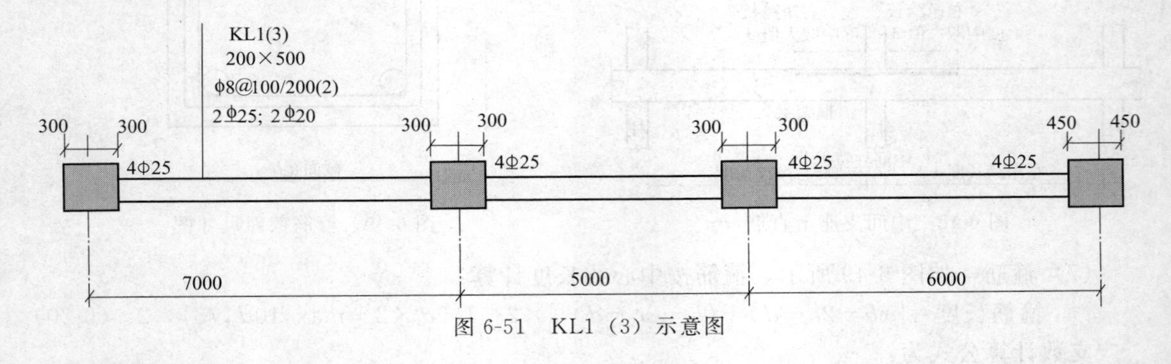

图 6-51　KL1（3）示意图

解　根据题给条件查表 l_{aE} 取 33d，混凝土保护层厚度取 20mm。

（1）计算 l_{aE}，$l_{aE}=33d=33\times 25=825$（mm）

（2）判断直锚/弯锚，左支座 600<l_{aE}，故需要弯锚；右支座 900>l_{aE}，故采用直锚。

（3）分别计算直锚和弯锚

左支座弯锚长度 $L=h_c-c+15d=600-20+15\times 25=955$(mm)

右支座直锚长度 $L=\max\{0.5h_c+5d,l_{aE}\}=\max\{0.5\times 900+5\times 25,825\}=825$(mm)

（4）计算上部通长筋单支长 $L=(7000+5000+6000-750)+955+825$

$=19030$(mm)

（5）计算接头个数$=19030/9000-1=2$(个)，搭接长度取 $1.2l_{aE}$。

上部通常钢筋单支钢筋长度 $L=19.030+2\times1.2\times0.825=21.01$(m)

重量 $=21.01\times2\times3.85=161.777$(kg)

第七节　木结构工程

一、木结构工程定额说明

① 木枋以一、二类木种为准（如红松、白松、杉木等），如采用三、四类木种（如青松、椿木、楠木、柚木、樟木、檀木、水曲柳、青刚木等），人工、机械×1.35。

② 定额中木材含水率以自然干燥为准，人工干燥时费用计入木材单价。

③ 木材定额消耗量以毛料体积为准（木梁、柱以净料体积为准），如按净料尺寸计算毛料体积时应增加刨光损耗：一面刨光增加 3mm，二面刨光增加 5mm，圆木每立方米材积增加 $0.05m^3$。

④ 板、枋材划分。见表 6-18。

表 6-18　板、枋材规格分类表

项目	按宽厚尺寸比例分类	按板材厚度、枋材宽厚乘积				
板材	宽≥3×厚	名称	薄板	中板	厚板	特厚板
		厚度/mm	≤18	19～35	36～65	≥66
枋材	宽<3×厚	名称	小枋	中枋	大枋	特大枋
		宽×厚/cm^2	≤54	55～100	101～225	≥226

⑤ 木结构有防火、防虫等要求时，按装饰装修工程定额中相关规定计算。

二、木结构工程计算规则

1. 木屋架

① 木屋架制作安装均按设计断面竣工木料（毛料）以体积计算，其后备长度及配制损耗均不另外计算。

② 附属于屋架的夹板、垫木、钢杆、铁件、螺栓等已并入相应的屋架制作项目中，不另计算；与屋架连接的挑檐木、支撑等，其工程量并入屋架竣工木料体积内计算。

③ 屋架的制作安装应区别不同跨度，其跨度应以屋架上下弦杆的中心线交点之间的长度为准。带气楼的屋架并入所依附屋架的体积内计算。屋架的马尾、折角和正交部分半屋架，应并入相连的屋架体积内计算。钢木屋架按竣工木料以体积计算。

④ 圆木屋架连接的挑檐木、支撑等，如为方木时，其方木部分应乘以系数 1.70，折合成圆木并入屋架竣工木料内，单独的方木挑檐（适用山墙承重方案），按矩形檩木计算。

2. 木基层

① 檩木按毛料尺寸以体积计算，简支檩长度按设计规定计算。如设计无规定者，按屋架或山墙中距增加 200mm；如两端出山墙，檩条长度算至博风板；连续檩条的长度按设计长度计算，其接头长度按全部连续檩木总体积的 5%计算。檩条托木已计入相应的檩木制作安装项目中，不另计算。

② 屋面木基层按屋面的斜面积计算，天窗挑檐重叠部分按设计规定计算，屋面烟囱及斜沟部分所占面积不扣除。

3. 封檐板

【例 6-18】 已知一圆木屋架上、下弦、竖杆、斜杆净料体积为 $0.458m^3$，跨度 10m，木屋架两端各有相连的一挑檐木（方木）规格为150mm×150mm×900mm，且木屋架及挑檐木均需刨光，试计算该圆木屋架的工程量。

解 圆木屋架加刨光损耗的体积 $V_1=0.458\times(1+0.05)=0.4809(m^3)$

挑檐木加四面刨光损耗的体积 $V_2=(0.15+0.005)\times(0.15+0.005)\times0.9\times2=0.0432(m^3)$

挑檐木折算成圆木体积（出材率为1.7）$V_3=0.0432\times1.7=0.0734(m^3)$

圆木屋架制安工程量 $V=V_1+V_3=0.4809+0.0735=0.5543(m^3)$

第八节　金属结构工程

一、金属结构工程定额说明

1. 金属构件成品安装

① 定额仅设置金属构件安装子目，未设置金属构件制作、金属构件运输子目。金属构件安装均按工厂加工的成品列入定额，定额取定的金属构件成品价包含金属构件制作和场外运输费用。金属结构油漆，按安装工程第十二册相应定额子目执行。

② 定额安装是按单机作业编制的。除注明外，均按安装高度在20m以内考虑。安装高度在20m以上时，应根据专项施工方案另行计算。

③ 吊装机械为履带吊、汽车吊、塔吊（后者不单列台班量）。

④ 钢柱（仅指第一节）与混凝土构件连接时，人工、机械台班×1.43。

⑤ 零星钢构件是指定额未列项目且单件重量在50kg以内的小型构件。

⑥ 本安装定额不含：安装焊接后无损检测费、混凝土钢结构中栓钉费、安装中使用的高强螺栓。

2. 金属构件拼装台搭拆

现场拼装不含拼装台搭拆，按有关措施项目另行计算。

二、金属结构工程量计算规则

1. 金属构件成品安装

① 金属构件成品安装按设计图示尺寸以质量计算。不扣除孔眼的质量，焊条、铆钉、螺栓等不另增加质量。

② 依附在钢柱上的牛腿及悬臂梁等并入钢柱工程量内。钢管柱上的节点板、加强环、内衬管、牛腿等并入钢管柱工程量内。

③ 制动梁、制动板、制动桁架、车挡并入钢吊车梁工程量内。

④ 墙架的安装工程量包括墙架柱、墙架梁及连系拉杆重量。

⑤ 依附钢煤斗的型钢并入煤斗工程量内。

2. 金属构件拼装台搭拆

金属构件拼装台搭拆工程量同金属构件成品安装工程量。

【例6-19】 某工程空腹钢柱如图6-52所示，共20根，试计算其工程量。

解 该柱主体钢材采用∟32b，单位长度重量43.25kg/m，

则立柱重量为 $W_1=2.97\times2\times43.25=256.91(kg)$

∟100×100×8角钢斜撑重量 $W_2=(0.8^2+0.29^2)^{1/2}\times6\times12.276=62.68(kg)$

∟100×100×8 角钢横撑重量 $W_3=0.29\times6\times12.276=21.36$(kg)

∟140×140×10 角钢底座重量 $W_4=(0.32+0.14\times2)\times4\times21.488=51.57$(kg)

—12 钢板底座重量 $W_5=0.75\times0.75\times94.20=52.99$(kg)

空腹钢柱工程量 $W=W_1+W_2+W_3+W_4+W_5$

$=(256.91+62.68+21.36+51.57+52.99)\times20$

$=8.91$(t)

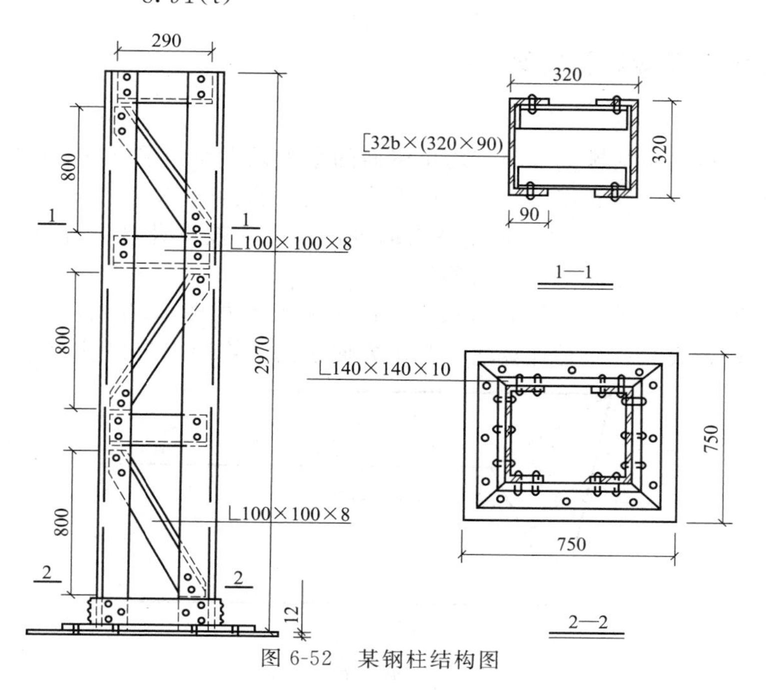

图 6-52　某钢柱结构图

第九节　屋面及防水工程

一、屋面及防水工程定额说明

(1) 瓦屋面　黏土瓦、小青瓦、石棉瓦、西班牙瓦、水泥瓦规格与定额不同时，瓦材数量可以调整，其他不变。

(2) 屋面（地面、墙面）防水、排水

1) 防水工程适用于楼地面、墙基、墙身、室内厕所、浴室及构筑物、水池等防水，建筑物±0.00 以下的防水、防潮工程按墙、地面防水工程相应项目计算。

2) 防水卷材的附加层、接缝、收头、找平层嵌缝、冷底子油等人工、材料均已计入定额内，不另计算。

3) 为便于屋面、地下室防水设计做法与定额项目的表现形式相衔接，有关说明如下。

① 改性沥青防水卷材（SBS、APP 等）定额取定卷材厚度 3mm，氯化聚乙烯橡胶共混防水卷材定额取定卷材厚度 1.2mm，卷材的层数定额均按一层编制。设计卷材厚度不同时，卷材价格按价差处理。设计卷材层数为两层时（如两层 3 厚 SBS 或 APP 改性沥青防水卷材），主材按相应定额子目乘以系数 2.0，人工、辅材乘以系数 1.8。

② 聚氨酯属厚质涂料，能一次结成较厚涂层。定额中聚氨酯涂膜区分双组分和单组分，

涂膜厚度有 2mm 和 1.5mm。当设计厚度与定额不同时，材料按厚度比例调整，人工不变。

③ 乳化沥青聚酯布（又称氯丁沥青）二布三涂总厚度约 1.2mm，乳化沥青聚酯布每增加一涂厚度约 0.4mm。

（3）变形缝填缝、盖缝、止水带如设计断面不同时，用料可以换算，人工不变。

（4）刚性屋面、屋面水泥砂浆找平层、水泥砂浆或细石混凝土保护层均套用装饰定额楼地面工程相应子目。

二、屋面及防水工程量计算规则

1. 瓦屋面

瓦屋面、彩钢板（包括挑檐部分）均按屋面的水平投影面积乘以屋面坡度系数以面积计算。不扣除房上烟囱、风帽底座、风道、屋面小气窗、斜沟及 0.3m^2 以内孔洞等所占面积，屋面小气窗的出檐部分亦不增加。屋面挑出墙外的尺寸，按设计规定计算，如设计无规定时，彩色水泥瓦按水平尺寸加 70mm 计算。

坡度系数：即延尺系数，指斜面与水平面的关系系数如图 6-53 所示，延尺系数的计算有两种方法：一是查表法；二是计算法。为了方便快捷计算屋面工程量，可按表 6-19 计算。

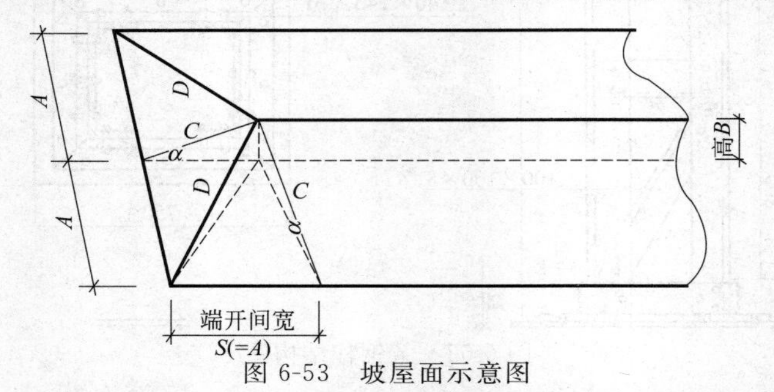

图 6-53 坡屋面示意图

注：1. 两坡水、四坡水屋面面积均为其水平投影面积乘以延迟系数 C；

2. 四坡排水屋面斜脊长度$=A\times D$（当 $S=A$ 时）；

3. 沿山墙泛水长度$=A\times C$。

表 6-19 屋面常用坡度系数

坡度 B/A	$B/(2A)$	坡度角 α	延尺系数 $C(A=1)$	隅延尺系数 $D(S=A=1)$
1	1/2	45°	1.4142	1.7321
0.75		36°52′	1.2500	1.6008
0.70		35°	1.2207	1.5779
0.666	1/3	33°40′	1.2015	1.5635
0.65		33°01′	1.1926	1.5564
0.60	1/3.333	30°58′	1.1662	1.5362
0.577		30°	1.1547	1.5274
0.55		28°49′	1.1413	1.5174
0.50	1/4	26°34′	1.1180	1.5000
0.45		24°14′	1.0966	1.4839
0.40	1/5	21°48′	1.0770	1.4697
0.35		19°17′	1.0594	1.4569
0.30	1/6.666	16°42′	1.0440	1.4457
0.25		14°02′	1.0308	1.4362
0.20	1/10	11°19′	1.0198	1.4283
0.15		8°32′	1.0112	1.4221
0.125		7°8′	1.0070	1.4197
0.100	1/20	5°42′	1.0050	1.4177
0.083		4°45′	1.0035	1.4166
0.066	1/30	3°49′	1.0022	1.4157

2. 屋面防水

卷材屋面按图示尺寸水平投影面积乘以规定的坡度系数（见表 6-19）计算。但不扣除房上烟囱、风帽底座、风道、屋面小气窗和斜沟所占的面积，屋面的女儿墙、伸缩缝和天窗等处的弯起部分，按图示尺寸并入屋面工程量计算，如图纸无规定时，伸缩缝、女儿墙的弯起部分可按 250mm 计算，天窗弯起部分可按 500mm 计算，并入屋面工程量内。涂膜屋面的工程量计算规则同卷材屋面。

【例 6-20】 某建筑屋面铺西班牙瓦，尺寸如图 6-54 所示，屋面坡度为 0.5，端开间宽等于墙宽的一半，试计算该瓦屋面工程量并计算斜脊长、正脊长。

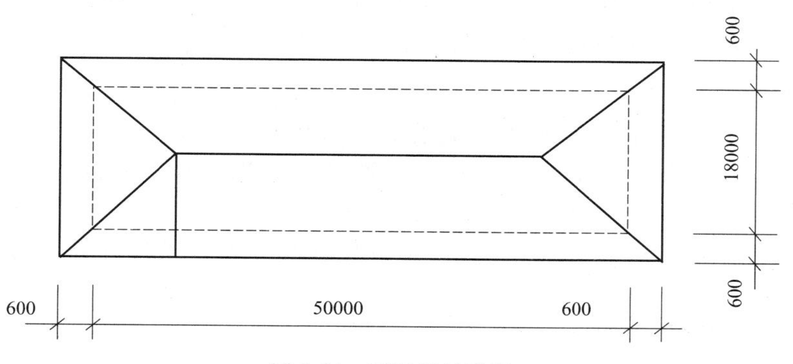

图 6-54 瓦屋面示意图

解 屋面坡度为 0.5，查表 6-19，$C=1.118$，$D=1.5$

屋面工程量为：$S=(50+0.6\times2)\times(18+0.6\times2)\times1.118=1099.04(m^2)$

单面斜脊长 $L=A\times D=9.6\times1.5=14.4(m)$

斜脊总长 $L_{斜脊}=4\times14.4=57.6(m)$

正脊长度 $L_{正脊}=(50+0.6\times2)-9.6\times2=32(m)(S=A)$

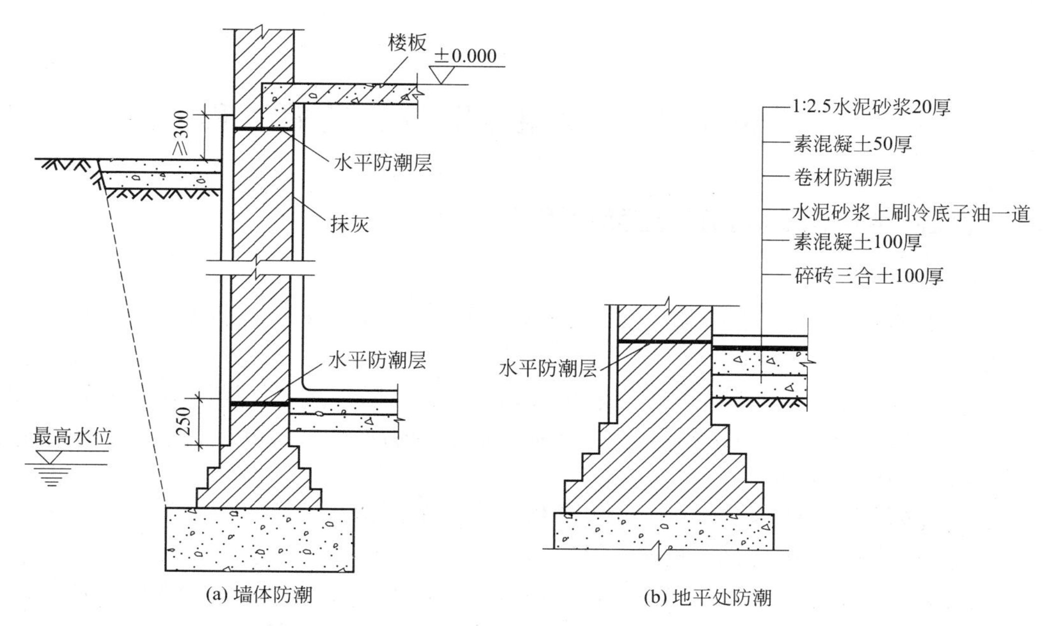

图 6-55 墙体及楼地面防水防潮层做法示意图

3. 地面墙面防水

① 建筑物地面防水、防潮层，按主墙间净空面积计算，扣除凸出地面构筑物、设备基础等所占的面积，不扣除柱、垛、间壁墙、烟囱及0.3m^2以内孔洞所占面积。与墙面连接处高度在500mm以内者按展开面积计算，并入平面工程量内；超过500mm时，按立面防水层计算。

② 建筑物墙基防水、防潮层，外墙长度按中心线，内墙按净长，分别乘以宽度以面积计算。如图6-55所示为墙体及楼地面防水防潮层做法示意图。

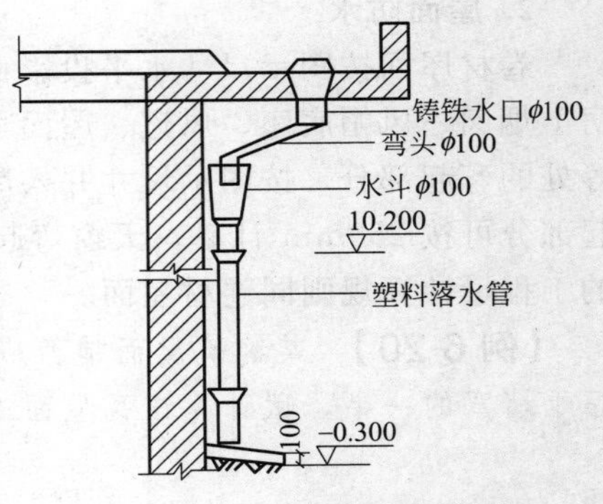

图6-56 塑料落水管示意图

4. 屋面排水

① 铸铁、玻璃钢落水管区别不同直径按图示尺寸以延长米计算，雨水口、水斗、弯头、短管以个计算。水落管的长度，应由水斗的下口算至设计室外地坪。

② 彩板屋脊、天沟、泛水、包角、山头按设计长度以延长米计算，堵头已包括在定额内。

③ 阳台PVC落水管按组计算。

5. 变形缝

① 变形缝嵌（填）缝、变形缝盖板、止水带均按延长米计算。

② 屋面检修孔以块计算。

【例6-21】 某屋面设计有铸铁管雨水口、塑料雨水管、塑料水斗共10处，如图6-56所示，试计算工程量。

解 (1) 水落管工程量 $L=(10.2+0.3)\times10=105(m)$

(2) 水斗工程量 $N_{水斗}=10$(个)

(3) 雨水口工程量 $N_{雨水口}=10$(个)

第十节 保温、隔热、防腐工程

一、保温、隔热、防腐工程定额说明

1. 保温隔热

① 本节定额适用于中温、低温及恒温的工业厂（库）房隔热工程以及一般保温工程。

② 本节定额只包括保温隔热材料的铺贴，不包括隔气防潮、保护层或衬墙等。

③ 隔热层铺贴，除松散稻壳、玻璃棉、矿渣棉为散装外，其他保温材料均以石油沥青（30号）作为胶结材料。

④ 玻璃棉、矿渣棉包装材料和人工均已包括在定额内。

⑤ 墙体铺贴块体材料，包括基层涂沥青一遍。

⑥ 保温屋排气管按ϕ50UPVC管及综合管件编制，排气孔ϕ50UPVC管按180°单出口考虑（2只90°弯头组成），双出口时应增加三通一只；ϕ50钢管、不锈钢管按180°煨制弯考

虑，当采用管件拼接时，另增加弯头 2 只，管件用量乘以系数 0.7。管材、管件的规格、材质不同时，单价换算，其余不变。

⑦ 外墙保温均包括界面剂、保温层、抗裂砂浆三部分，如设计与定额不同时，材料含量可以调整，人工不变。

⑧ 外墙外保温定额均考虑一层耐碱玻璃纤维网格布或热镀锌钢丝网，设计为双层时，另套用每增一层网格布或钢丝网定额子目。

⑨ 墙、柱面保温系统中，耐碱玻璃纤维网格布、热镀锌钢丝网安装塑料膨胀锚栓固定件的数量，定额按楼层综合取定，实际数量不同时不再调整。

⑩ 各类保温隔热涂料，如实际与定额取定厚度不同时，材料含量可以调整，人工不变。

2. 耐酸防腐

① 整体面层、隔离层适用于平面、立面的防腐耐酸工程，包括沟、坑、槽。

② 块料面层以平面砌为准，砌立面者按平面砌相应项目，人工乘以系数 1.38，贴踢脚板人工乘以系数 1.56，其他不变。

③ 各种砂浆、胶泥、混凝土材料的种类、配合比及各种整体面层的厚度，如设计与定额不同时，可以换算，但各种块料面层的结合层砂浆或胶泥厚度不变。

④ 本节的各种面层，除软聚氯乙烯塑料地面外，均不包括踢脚板。

⑤ 花岗岩板以六面剁斧的板材为准。如底面为毛面者，水玻璃砂浆增加 0.38m^3，沥青砂浆增加 0.44m^3。

二、保温、隔热、防腐工程量计算规则

1. 保温隔热

(1) 保温隔热层应区别不同保温隔热材料，除另有规定者外，均按设计实铺厚度以体积计算，其平均厚度计算如图 6-57 所示。

根据三角形计算原理，平均厚度为：

$$h_{平}=h+a\%\times A\div 2 \tag{6-26}$$

式中　h——保温层最薄处厚度；

$a\%$——屋面坡度；

A——坡屋面半坡宽度。

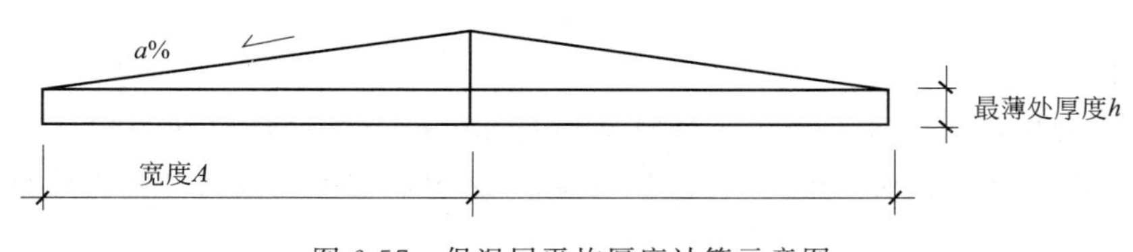

图 6-57　保温层平均厚度计算示意图

(2) 保温隔热层的厚度按隔热材料（不包括胶结材料）净厚度计算。

(3) 屋面、地面隔热层按围护结构墙体间净面积乘以设计厚度以体积计算，不扣除柱、垛所占的体积。

(4) 天棚混凝土板下铺贴保温材料时，按设计实铺厚度以体积计算。天棚板面上铺放保温材料时，按设计实铺面积计算。

(5) 墙体隔热层，内墙按隔热层净长乘以图示尺寸的高度及厚度以立方米计算，应扣除

冷藏门洞口和管道穿墙洞口所占的体积。外墙外保温按实际展开面积计算。

(6) 柱包隔热层，按图示柱隔热层中心线的展开长度乘以图示尺寸高度及厚度以体积计算。

(7) 其他保温隔热。

①池槽隔热层按图示池槽保温隔热层的长、宽及其厚度以体积计算。其中池壁按墙面计算，池底按地面计算。

②门洞口侧壁周围的隔热部分，按图示隔热层尺寸以体积计算，并入墙面保温隔热工程量内。

③柱帽保温隔热层，按图示保温隔热层体积并入天棚保温隔热层工程量内。

④烟囱内壁表面隔热层，按筒身内壁面积计算，应扣除各种孔洞所占的面积。

⑤保温层排气管按图示尺寸以延长米计算，不扣管件所占长度。保温层排气孔按不同材料以个计算。

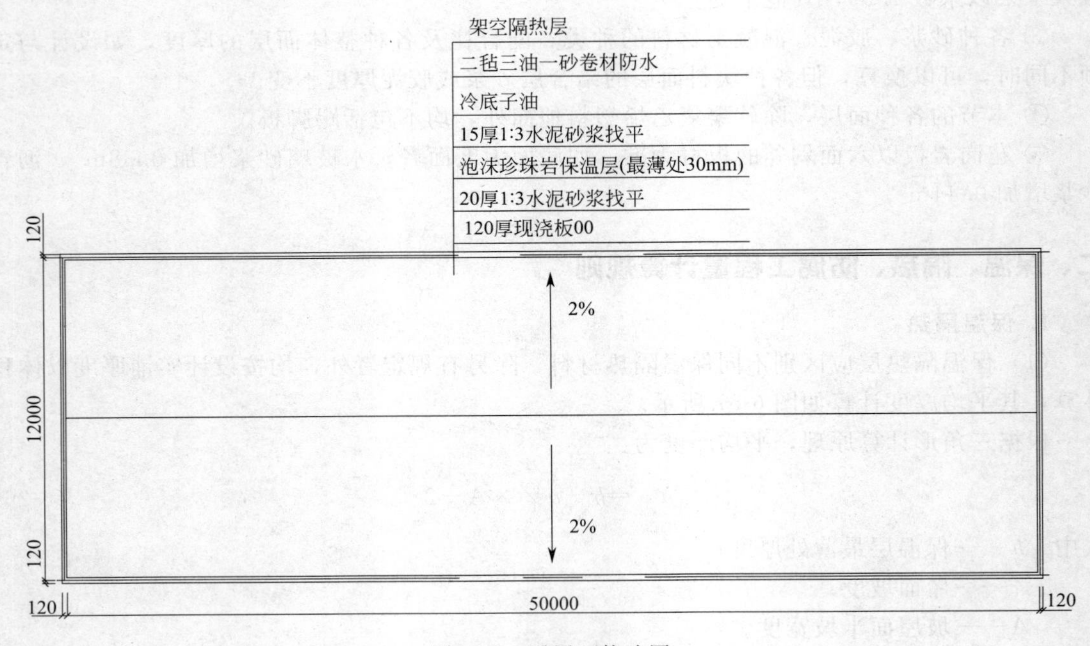

图 6-58　平屋面构造图

2. 耐酸防腐

① 防腐工程项目应区分不同防腐材料种类及其厚度，按设计实铺面积计算。应扣除凸出地面的构筑物、设备基础等所占的面积，砖垛等突出墙面部分按展开面积计算并入墙面防腐工程量之内。

② 踢脚板按实铺长度乘以高度以面积计算，应扣除门洞所占面积，并相应增加侧壁展开面积。

③ 平面砌筑双层耐酸块料时，按单层面积乘以系数 2.0 计算。

④ 防腐卷材接缝、附加层、收头等人工、材料，已计入在定额中，不再另行计算。

⑤ 硫磺砂浆二次灌缝按实体体积计算。

【例 6-22】 某办公楼屋面 240mm 厚女儿墙轴线尺寸为 12m×50m，平屋面构造如图 6-58 所示，试计算屋面保温层、卷材防水层工程量。

解 屋面水平投影面积 $S_1=(50-0.24)\times(12-0.24)$
$=585.18(m^2)$

泡沫珍珠岩保温层 $V=585.18\times(0.03+2\%\times11.76\div2\div2)$
$=51.96(m^3)$

二毡三油一砂卷材屋面 $S_2=585.18+(49.76+11.76)\times2\times0.25$
$=615.94(m^2)$

第十一节 成品构件二次运输工程

一、成品构件二次运输工程定额说明

① 该节定额适用于因场地狭小等原因，成品构件不能一次运至施工现场内，而须由成品构件集中堆放点至施工现场内的二次运输。不适用于构件场外运输，构件场外运输费用应包含在构件成品价中。

② 成品构件二次运输定额按运距 1km 综合考虑，实际运距超过时，按甲方批准的施工组织设计计算。

③ 本节按构件的类型和外形尺寸划分，其中，混凝土构件分六类，金属结构构件分三类，具体分类见表 6-20、表 6-21。

表 6-20 预制混凝土构件分类表

类别	项目
1	4m 以内空心板、实心板
2	4～6m 的空心板，6m 以内的桩、屋面板、工业楼板、进深梁、基础梁、吊车梁、楼梯休息板、楼梯段、阳台板、双 T 板、肋形板、天沟板、挂瓦板、间隔板、挑檐、烟道、垃圾道、通风道、桩尖、花格
3	6m 以上至 14m 梁、板、柱、桩、各类屋架、桁架、托架(14m 以上另行处理)、刚架
4	天窗架、挡风架、侧板、端壁板、天窗上、下挡，门框及单件体积在 0.1m³ 以内的小构件、檩条、支撑
5	装配式内、外墙板、大楼板、厕所板
6	隔墙板(高层用)

表 6-21 金属结构构件分类表

类别	项目
1	钢柱、屋架、托架梁、防风桁架
2	吊车梁、制动梁、型钢檩条、钢支撑、上下档、钢栏杆、栏杆、盖板、垃圾出灰门、倒灰门、篦子、爬梯、零星构件平台、操作台、走道休息台、扶梯、钢吊车梯台、烟囱紧固箍
3	墙架、挡风架、天窗架、组合檩条、轻型屋架、滚动支架、悬挂支架、管道支架

二、成品构件二次运输工程量计算规则

① 预制混凝土构件二次运输按构件图示尺寸以实体积计算。二次运输不计算构件运输废品率。

② 金属结构构件二次运输按钢材尺寸以质量计算。

第十二节　建筑工程施工技术措施项目

一、混凝土、钢筋混凝土模板及支撑工程

（一）定额说明

① 现浇混凝土模板按不同构件，分别以组合钢模板、胶合板模板、木模板和滑升模板配制。使用其他模板时，可编制补充定额。

② 模板工作内容包括：清理、场内运输、安装、刷隔离剂、浇灌混凝土时模板维护、拆模、集中堆放、场外运输。木模板包括制作（现浇不刨光），组合钢模板、胶合板模板还包括装箱。

③ 胶合板模板取定规格为 1830mm×915mm×12mm，周转次数按 5 次考虑。实际施工选用的模板厚度不同时，模板厚度和周转次数不得调整，均按本章定额执行。模板材料价差，无论实际采用何种厚度，均按定额取定的模板厚度计取。

④ 外购预制混凝土成品价中已包含模板费用，不另计算。如施工中混凝土构件采用现场预制时，参照外购预制混凝土构件以成品价计算。

⑤ 现浇混凝土梁、板、柱、墙、支架、栈桥的支模高度按 3.6m 编制。超过 3.6m 时，已超过部分工程量另按超高的项目计算。

⑥ 整板基础、带形基础的反梁、基础梁或地下室墙侧面的模板用砖侧模时，可按砖基础计算，同时不计算相应面积的模板费用。砖侧模需要粉刷时，可另行计算。

⑦ 捣制基础圈梁模板，套用捣制圈梁的定额。箱式满堂基础模板，拆开三个部分分别套用相应的满堂基础、墙、板定额。

⑧ 梁中间距≤1m 或井字（梁中）面积≤$5m^2$时，套用密肋板、井字板定额。

⑨ 钢筋混凝土墙及高度大于 700mm 的深梁模板的固定，根据施工组织设计使用胶合板模板并采用对拉螺栓，如对拉螺栓取出周转使用时，套用胶合板模板对拉螺栓加固子目；如对拉螺栓同混凝土一起现浇不取出时，套用刨光车丝钻眼铁件子目，模板的穿孔费用和损耗不另增加，定额中的钢支撑含量也不扣减。

⑩ 弧形板并入板内计算，另按弧长计算弧形板增加费。梁板结构的弧形板按有梁板计算外，另按接触面积计算弧形有梁板增加费。

⑪ 薄壳屋盖模板不分筒式、球形、双曲形等，均套用同一定额。

⑫ 若后浇带两侧面模板用钢板网时，可按每平方米（单侧面）用钢板网 $1.05m^2$、人工 0.08 工日计算，同时不计算相应面积的模板费用。

⑬ 外型体积在 $2m^3$ 以内的池槽为小型池槽。

⑭ 本节定额捣制构件均按支承在坚实的地基上考虑。如属于软弱地基、湿陷性黄土地基、冻胀性土等所发生的地基处理费用，按实结算。

（二）工程量计算规则

现浇混凝土及钢筋混凝土模板工程量，除另有规定外，均应区别模板的不同材质，按混凝土与模板接触面的面积计算。

1. 基础

① 基础与墙、柱的划分，均以基础扩大顶面为界。

② 有肋式带形基础，肋高与肋宽之比在 4∶1 以内的，按有肋式带形基础计算；肋高与肋宽之比超过 4∶1 的，其底板按板式带形基础计算，以上部分按墙计算。

③ 箱式满堂基础应分别按满堂基础、柱、墙、梁、板有关规定计算。

④ 设备基础除块体外，其他类型设备基础分别按基础、梁、柱、板、墙等有关规定计算；设备基础螺栓套留孔，区别不同深度以个计算。

⑤ 杯形基础的颈高大于 1.2m 时（基础扩大顶面至杯口底面），按柱定额执行，其杯口部分和基础合并按杯形基础计算。

【例 6-23】 如图 6-59 所示某砖混结构基础平面及断面图，砖墙下部为钢筋混凝土基础。试计算钢筋混凝土基础模板工程量。

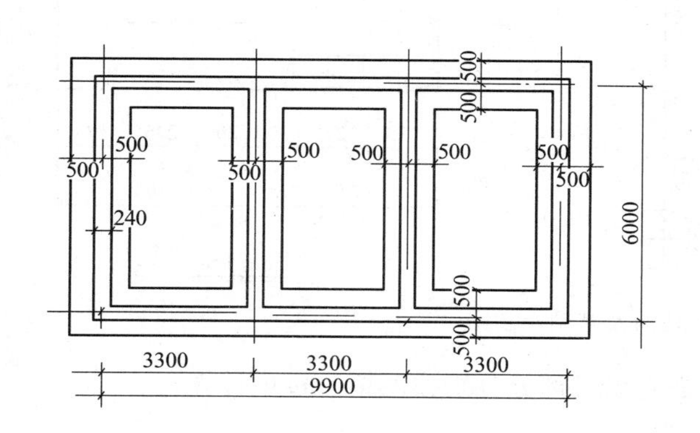

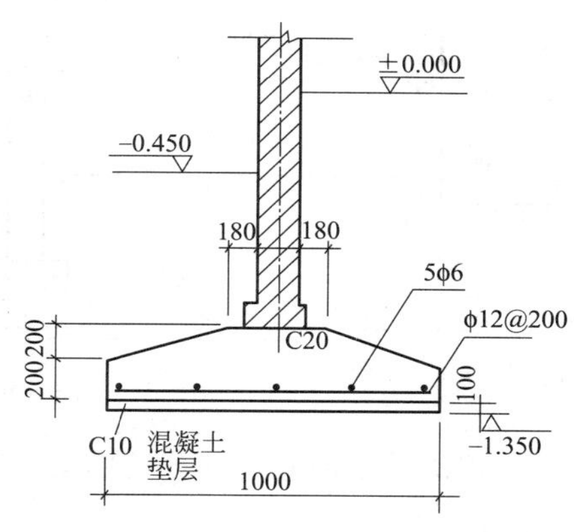

图 6-59 某砖混结构基础平面及断面图

解 $S_{外}=(6.0+0.5\times2+9.9+0.5\times2)\times2\times0.2=7.16(m^2)$

$S_{内}=(3.3-0.5\times2+6.0-0.5\times2)\times2\times0.2\times3=8.76(m^2)$

$S_{总}=7.16+8.76=15.92(m^2)$

2. 柱

① 有梁板的柱高，按基础上表面或楼板上表面至楼板上表面计算；无梁板的柱高，按基础上表面或楼板上表面至柱帽下表面计算。

② 构造柱的柱高，有梁时按梁间的高度（不含梁高），无梁时按全高计算。

③ 依附柱上的牛腿，并入柱内计算；单面附墙柱并入墙内计算，双面附墙柱按柱计算。

④ 构造柱均按图示外露部分计算模板面积。留马牙槎的按最宽面计算模板宽度。构造柱与墙接触面不计算模板面积。

【例 6-24】 如图 6-60 所示，试计算混凝土梁 KL1、柱 Z1、基础模板的工程量。

解 (1) 独立基础模板 $S_1=[(0.2+0.275)\times2\times4\times0.4+(0.2+0.275\times2)\times2\times4\times0.4]\times2$

$=7.84(m^2)$

(2)框架梁模板 $S_2=(0.25+0.5\times2)\times(4.5-0.4)\times2=10.25(m^2)$

(3)框架柱模板 $S_3=[0.4\times4\times(6.6+0.3+0.7)-0.25\times0.5\times2]\times2$

$=23.82(m^2)$

3. 梁

① 梁与柱连接时，梁长算至柱的侧面；主梁与次梁连接时，次梁长算至主梁的侧面。

② 圈梁与过梁连接时，过梁长度按门窗洞口宽度共加 500mm 计算。

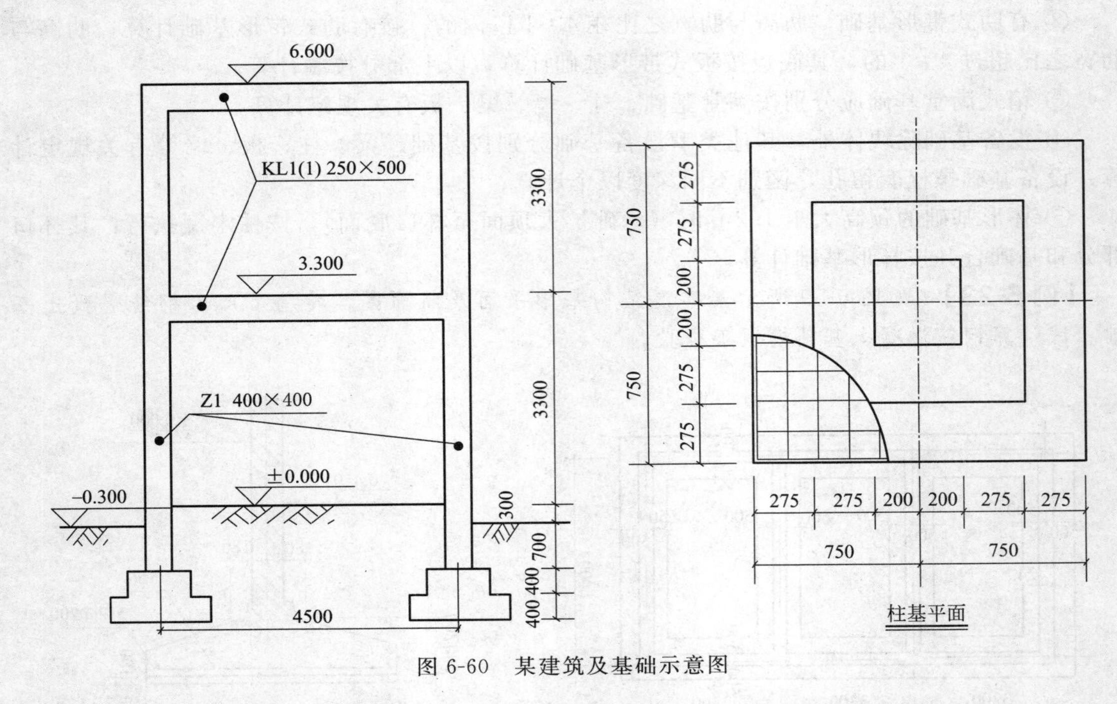

图 6-60 某建筑及基础示意图

③ 现浇挑梁的悬挑部分按单梁计算，嵌入墙身部分分别按圈梁、过梁计算。

4. 板

① 有梁板包括主梁、次梁与板，梁板合并计算；无梁板的柱帽并入板内计算。

② 平板与圈梁、过梁连接时，板算至梁的侧面。

③ 预制板缝宽度在 60mm 以上时，按现浇平板计算；60mm 宽以下的板缝已在接头灌缝的子目内考虑，不再列项计算。

5. 墙

① 墙与梁重叠，当墙厚等于梁宽时，墙与梁合并按墙计算；当墙厚小于梁宽时，墙梁分别计算。

② 墙与板相交，墙高算至板的底面。

③ 墙净长小于或等于 4 倍墙厚时，按柱计算；墙净长大于 4 倍墙厚，而小于或等于 7 倍墙厚时，按短肢剪力墙计算。

④ 现浇钢筋混凝土墙、板上单个面积在 $0.3m^2$ 以内的孔洞，不予扣除，洞侧壁模板亦不增加，但突出墙、板面的混凝土模板应相应增加；单个面积在 $0.3m^2$ 以外时，应予扣除，洞侧壁模板并入墙、板模板工程量内计算。

6. 楼梯

整体楼梯包括休息平台、平台梁、斜梁和楼梯的连接梁，按水平投影面积计算。不扣除宽度小于 500mm 的梯井。楼梯踏步、踏步板、平台梁等侧面模板不另计算，伸入墙内部分也不增加。当楼梯与现浇楼板有梯梁连接时，楼梯应算至梯口梁外侧；当无梯梁连接时，以楼梯最后一个踏步边缘加 300mm 计算。

7. 阳台、雨篷

现浇钢筋混凝土阳台、雨篷，按图示外挑部分尺寸的水平投影面积计算。挑出墙外的悬

臂梁及板边模板不另计算。雨篷翻边突出板面高度在200mm以内时，按翻边的外边线长度乘以突出板面高度，并入雨篷内计算；雨篷翻边突出板面高度在600mm以内时，翻边按天沟计算；雨篷翻边突出板面高度在1200mm以内时，翻边按栏板计算；雨篷翻边突出板面高度超过1200mm时，翻边按墙计算。

带反梁的雨篷按有梁板定额子目计算。

8. 挑檐天沟

现浇挑檐天沟与板（包括屋面板、楼板）连接时，以外墙为分界线；与圈梁（包括其他梁）连接时，以梁外边线为分界线。外墙外边线或梁外边线以外为挑檐天沟。

9. 台阶

混凝土台阶，按图示台阶尺寸的水平投影面积计算，台阶端头两侧不另计算模板面积。架空式混凝土台阶，按现浇楼梯计算。

10. 其他

① 现浇钢筋混凝土柱、梁（不包括圈梁、过梁）、板（含现浇阳台、雨篷、遮阳板等）、墙、支架、栈桥的支模高度（即室外设计地坪或板面至上一层板底之间的高度）以3.6m以内为准。高度超过3.6m以上部分，另按超高部分的总接触面积乘以超高米数（含不足1m，小数进位取整）计算支撑超高增加费工程量，套用相应构件每增加1m子目。

【例6-25】 6m高混凝土矩形柱，断面尺寸600mm×600mm，采用钢支撑，试计算柱支撑增加费。

解 6-3.6=2.4(m)，按3个增加层计算柱支撑增加费。

超高部分模板接触面积 $S=0.6\times4\times2.4=5.76(m^2)$

套用定额A7-49柱支撑高度超过3.6m每增加1m钢支撑

定额基价333.66元/100 m^2

则柱支撑超高增加费：3×333.66×5.76/100=57.66(元)

② 柱与梁、柱与墙、梁与梁等连接的重叠部分以及伸入墙内的梁头、板头部分，均不计算模板面积。

③ 楼板后浇带模板及支撑增加费以延长米计算。

④ 零星混凝土构件，系指每件体积在0.05m^3以内的未列出定额项目的构件。

⑤ 现浇混凝土明沟以接触面积计算按电缆沟子目套用；现浇混凝土散水按散水坡实际面积计算。

⑥ 混凝土扶手按延长米计算；带形桩承台按带形基础定额执行。

⑦ 小立柱、二次浇灌模板按零星构件定额执行，以实际接触面积计算。

⑧ 小型池槽按外型体积计算；胶合板模板堵洞按个计算。

二、脚手架工程

（一）定额说明

① 凡工业与民用建筑物所需搭设的脚手架，均按本节定额执行。

② 所有脚手架系按钢管配合扣件以及竹串片脚手板综合考虑的。在使用中无论采用何种材料、搭设方式和经营形式，均执行本定额。

③ 综合脚手架、檐高20m以上外脚手架增加费、单项脚手架中的钢管及配件、（螺栓、

底座、扣件）含量均以租赁形式表示，其他含量（脚手板等）以自有摊销形式表示；悬空吊篮脚手架中的材料含量以自有摊销形式表示。

④ 建筑物檐高指建筑物自设计室外地面标高至檐口滴水标高。无组织排水的滴水标高为屋面板顶面，有组织排水的滴水标高为天沟板底面。建筑物层数指室外地面以上自然层（含2.2m设备管道层）。地下室和屋顶有围护结构的楼梯间、电梯间、水箱间、塔楼、望台等，只计算建筑面积，不计算檐高和层数。

⑤ 综合脚手架内容包括：外墙砌筑、外墙装饰及内墙砌筑用架，不包括檐高20m以上外脚手架增加费。

⑥ 外脚手架增加费包括建筑工程（主体结构）和装饰装修工程。建筑物6层以上或檐高20m以上时，均应计算外脚手架增加费。外脚手架增加费以建筑物的檐高和层数两个指标划分定额子目。当檐高达到上一级而层数未达到时，以檐高为准；当层数达到上一级而檐高未达到时，以层数为准。计算外脚手架增加费时，以最高一级层数或檐高套用定额子目，不采用分级套用。

⑦ 当建筑工程（主体结构）与装饰装修工程是一个施工单位施工时，建筑工程按综合脚手架、外脚手架增加费子目全部计算，装饰装修工程不再计算。当建筑工程（主体结构）与装饰装修工程不是一个施工单位施工时，建筑工程综合脚手架按定额子目的90%计算、外脚手架增加费按定额子目的70%计算；装饰装修工程另按实际使用外墙单项脚手架或其他脚手架计算，外脚手架增加费按定额子目的30%计算。

⑧ 不能以建筑面积计算脚手架，但又必须搭设的脚手架，均执行单项脚手架定额。

⑨ 凡高度超过2m以上的石砌墙，应按相应脚手架定额乘以1.80系数。

⑩ 本定额中的外脚手架，均综合了上料平台因素，但未包括斜道。斜道应根据工程需要和施工组织设计的规定，另按座计算。

⑪ 脚手架的地基及基础强度不够，需要补强或采取铺垫措施，应按具体情况及施工组织设计要求，另列项目计算。

⑫ 金属结构及其他构件安装需要搭设脚手架时，根据施工方案按单项脚手架计算。

（二）工程量计算规则

1. 综合脚手架

① 综合脚手架工程量按建筑物的建筑面积之和计算。建筑面积计算以国家《建筑工程建筑面积计算规范》为准。

② 单层建筑物的高度，应自室外地坪至檐口滴水的高度为准。多跨建筑物如高度不同时，应分别按照不同的高度计算。多层建筑物层高或单层建筑物高度超过6m者，每超过1m再计算一个超高增加层，超高增加层工程量等于该层建筑面积乘以增加层层数。超过高度大于0.6m，按一个超高增加层计算；超过高度在0.6m以内时，舍去不计。

2. 檐高20m以上外脚手架增加费

① 檐高在20m以上时，以建筑物檐高与20m之差，除以3.3m（余数不计）为超高折算层层数（除本条第⑤、⑥款外），乘以按本条第③款计算的折算层面积，计算工程量。

② 当上层建筑面积小于下层建筑面积的50%时，应垂直分割为两部分计算。层数（或檐高）高的范围与层数（或檐高）低的范围分别按本条第①款规则计算。

③ 当上层建筑面积大于或等于下层建筑面积的50%时，则按本条第①款规定计算超高折算层层数，以建筑物楼面高度20m及以上实际层数建筑面积的算术平均值为折算层面积，

乘以超高折算层层数，计算工程量。

④ 当建筑物檐高在20m以下，而层数在6层以上时，以6层以上建筑面积套用7～8层子目，剩余6层以下（不含第6层）的建筑面积套用檐高20m以内子目。

⑤ 当建筑物檐高超过20m，但未达到23.3m，则无论实际层数多少，均以最高一层建筑面积（含屋面楼梯间、机房等）套用7～8层子目，剩余6层以下（不含 第6层）的建筑面积套用檐高20m以内子目。

⑥ 当建筑物檐高在28m以上但未超过29.9m，或檐高在28m以下但层数在9层以上时，按3个超高折算层和本条第③款计算的折算层面积相乘计算工程量，套用9～12层子目，余下建筑面积不计。

【例6-26】 如图6-61所示，试计算综合脚手架费用和外脚手架增加费用。

解 （1）综合脚手架费用

分析：层高均未超过6m，只计基本费，套用定额子目A8-1

定额基价：2418.05元/100m^2

则 综合脚手架费用＝2418.05×(2000×2＋1000×7＋600×2＋100)÷100

＝2418.05×123＝297420.15(元)

（2）外脚手架增加费

分析：檐高 H＝36＋0.6＝36.60（m）

超高折算层层数 n＝(H－20)÷3.3＝(36.60－20)÷3.3＝5(余数不计)

套用定额A8-4(9-12层)檐高40 m以内,定额基价3772.92元/ 100m^2

折算层面积 S＝(1000×2＋600×2＋100)÷4＝3300÷4＝825(m^2)

外脚手架增加费工程量＝折算层面积×超高折算层层数＝825×5＝4125(m^2)

则外脚手架增加费＝3772.92×(4125÷100)＝155632.95(元)

平均面积＝(1000×2＋600×2＋100)÷4＝825

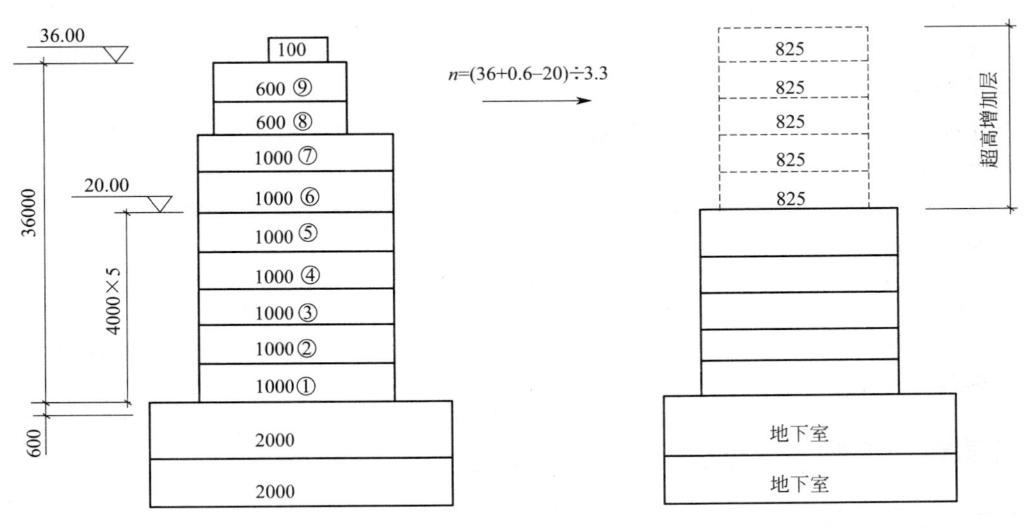

图6-61 某建筑物立面示意图

【例6-27】 某建筑物建筑工程（主体结构）与装饰装修工程是一个施工单位施工，檐高19.8m，层数7层，每层建筑面积2000 m^2。试确定应套用的定额子目。

解 定额套用如下：

第 7 层：综合脚手架 A8-1 工程量＝2000（m^2）；

檐高 20 m 以上外脚手架增加费 7～8 层 A8-3，工程量＝2000（m^2）；

1～5 层（第 6 层不计算）：综合脚手架 A8-1，工程量＝5×2000＝10000(m^2)

3. 单项脚手架

① 凡捣制梁（除圈梁、过梁）、柱、墙，按全部混凝土体积每立方米计算 13m^2 的 3.6m 以内钢管里脚手架；施工高度在 6～10m 时，应再按 6～10m 范围的混凝土体积每立方米增加计算 26m^2 的单排 9m 内钢管外脚手架；施工高度在 10m 以上时，按施工组织设计方案另行计算。施工高度应自室外地面或楼面至构件顶面的高度计算。

② 围墙脚手架，按相应的里脚手架定额以面积计算。其高度应以自然地坪至围墙顶，如围墙顶上装金属网者，其高度应算至金属网顶，长度按围墙的中心线。不扣除围墙门所占的面积，但独立门柱砌筑用的脚手架也不增加。围墙装修用脚手架，单面装修按单面面积计算，双面装修按双面面积计算。

③ 凡室外单独砌筑砖、石挡土墙和沟道墙，高度超过 1.2m 以上时，按单面垂直墙面面积套用相应的里脚手架定额；室外单独砌砖、石独立柱、墩及突出屋面的砖烟囱，按外围周长另加 3.6m 乘以实砌高度计算相应的单排外脚手架费用。

④ 砌两砖及两砖以上的砖墙，除按综合脚手架计算外，另按单面垂直砖墙面面积增计单排外脚手架。

⑤ 砖、石砌基础，深度超过 1.5m 时（设计室外地面以下），应按相应的里脚手架定额计算脚手架，其面积为基础底至设计室外地面的垂直面积。

⑥ 混凝土、钢筋混凝土带形基础同时满足底宽超过 1.2m（包括工作面的宽度），深度超过 1.5m；满堂基础、独立柱基础同时满足底面积超过 4m^2（包括工作面的宽度），深度超过 1.5m，均按水平投影面积套用基础满堂脚手架计算。

⑦ 高颈杯形钢筋混凝土基础，其基础底面至设计室外地面的高度超过 3m 时，应按基础底周边长度乘高度计算脚手架，套用相应的单排外脚手架定额。

⑧ 贮水（油）池及矩形贮仓按外围周长加 3.6m 乘以壁高以面积计算，套用相应的双排外脚手架定额。

⑨ 砖砌、混凝土化粪池，深度超过 1.5m 时，按池内净空的水平投影面积套用基础满堂脚手架计算。其内外池壁脚手架按本条第⑥款规定计算。

⑩ 室外管道脚手架以投影面积计算。高度从自然地面至管道下皮的垂直高度（多层排列管道时，以最上一层管道下皮为准），长度按管道的中心线。

4. 其他

悬空吊篮脚手架以墙面垂直投影面积计算，高度按设计室外地面至墙顶的高度，长度按墙的外围长度。

三、垂直运输工程

(一) 定额说明

凡工业与民用建筑物所需的垂直运输，均按本节定额执行。

① 建筑物垂直运输以建筑物的檐高及层数两个指标划分定额子目。如檐高达到上一级而层数未达到时，以檐高为准；如层数达到上一级而檐高未达到时，以层数为准。

② 建筑物檐高指建筑物自设计室外地面标高至檐口滴水标高。无组织排水的滴水标高

为屋面板顶，有组织排水的滴水标高为天沟板底。

建筑物层数指室外地面以上自然层（含 2.2m 设备管道层）。地下室和屋顶有围护结构的楼梯间、电梯间、水箱间、塔楼、望台等，只计算建筑面积，不计算檐高和层数。

③ 高层建筑垂直运输及超高增加费包括 6 层以上（或檐高 20m 以上）的垂直运输、超高人工及机械降效、清水泵台班、28 层以上通信等费用。建筑物层数在 6 层以上或檐高在 20m 以上时，均应计取此费用。

④ 7～8 层（檐高 20～28m）高层建筑垂直运输及超高增加费子目只包含本层，不包含 1～6 层（檐高 20m 以内）。当套用了 7～8 层（檐高 20～28m）高层建筑垂直运输及超高增加费子目时，余下地面以上的建筑面积还应套用 6 层以内（檐高 20m 以内）建筑物垂直运输子目。

9 层及以上或檐高 28m 以上的高层建筑垂直运输及超高增加费子目除包含本层及以上外，还包含 7～8 层（檐高 20～28m）和 1～6 层（檐高 20m 以内）。当套用了 9 层及以上（檐高 28m 以上）高层建筑垂直运输及超高增加费子目时，余下地面以上的建筑面积不再套用 7～8 层（檐高 20～28m）高层建筑垂直运输及超高增加费子目和 6 层以内（檐高 20m 以内）垂直运输子目。

⑤ 建筑物地下室（含半地下室）、高层范围外的 1～6 层且檐高 20m 以内裙房面积（不区分是否垂直分割），应套用 6 层以内（檐高 20m 以内）建筑物垂直运输子目。

⑥ 建筑物垂直运输定额中的垂直运输机械，不包括大型机械的场外运输、安拆费以及路基铺垫、基础等费用，发生时另按相应定额计算。

（二）工程量计算规则

檐高 20m 以内建筑物垂直运输、高层建筑垂直运输及超高增加费工程量按建筑面积计算。

1. 檐高 20m 以内建筑物垂直运输

当建筑物层数在 6 层以下且檐高 20m 以内时，按 6 层以下的建筑面积之和，计算工程量。包括地下室和屋顶楼梯间等建筑面积。

2. 高层建筑垂直运输及超高增加费

① 檐高在 20m 以上时，以建筑物檐高与 20m 之差，除以 3.3m（余数不计）为超高折算层层数，乘以按本条第③款计算的折算层面积，计算工程量。

② 当上层建筑面积小于下层建筑面积的 50%时，应垂直分割为两部分计算。层数（或檐高）高的范围与层数（或檐高）低的范围分别按本条第①款规则计算。

③ 当上层建筑面积大于或等于下层建筑面积的 50%时，则按本条第①款规定计算超高折算层层数，以建筑物楼面高度 20m 及以上实际层数建筑面积的算术平均值为折算层面积，乘以超高折算层层数，计算工程量。

④ 当建筑物檐高在 20m 以下，而层数在 6 层以上时，以 6 层以上建筑面积套用 7～8 层子目，剩余 6 层以下（6 层）的建筑面积套用檐高 20m 以内子目。

⑤ 当建筑物檐高超过 20m，但未达到 23.3m，则无论实际层数多少，均以最高一层建筑面积（含屋面楼梯间、机房等）套用 7～8 层子目，剩余 6 层以下（不含第 6 层）的建筑面积套用檐高 20m 以内子目。

⑥ 当建筑物檐高在 28m 以上但未超过 29.9m，或檐高在 28m 以下但层数在 9 层以上

时，按3个超高折算层和本条第③款计算的折算层面积相乘计算工程量，套用9～12层子目，余下建筑面积不计。

【例6-28】 如图6-62所示，某建筑物地下室1层，层高4.2m，建筑面积$2000m^2$；裙房共5层，层高4.5m，室外标高－0.6m，每层建筑面积$2000m^2$，裙房屋面标高22.5m；塔楼共15层，层高3m，每层建筑面积$800m^2$，塔楼屋面标高67.5m，上有一出屋面的梯间和电梯机房，层高3m，建筑面积$50m^2$。采用塔吊施工，试计算该建筑物垂直运输及超高增加费。

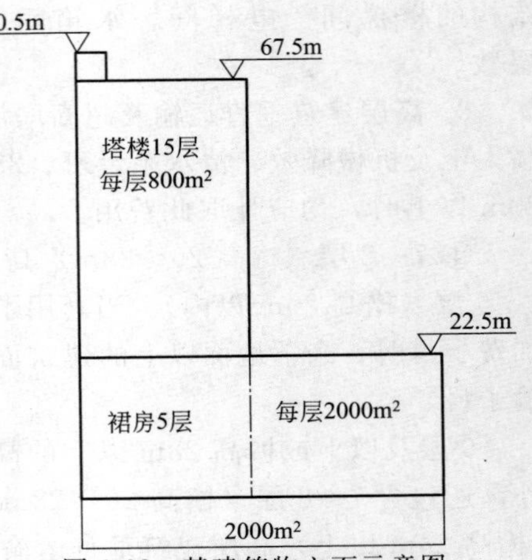

图6-62　某建筑物立面示意图

解　塔楼每层建筑面积$800m^2$，小于裙房每层建筑面积$2000m^2$的50%，符合垂直划分的原则。地下室和出屋面的梯间、电梯机房不计算层数和高度，因此塔楼的檐高＝0.6＋67.5＝68.1(m)，层数为20层，裙房的檐高为0.6＋22.5＝23.1(m)，裙房的顶层应该计算檐高20m以上垂直运输超高增加费。

第一部分　折算超高层数为n＝(68.1－20)÷3.3＝14

套用定额子目A9-8檐高69.5m，19～21层垂直运输及超高增加费

定额基价：9276.30元/100 m^2

折算层面积＝(800×15＋50)÷15＝803.33(m^2)

垂直运输超高增加工程量S＝折算层面积×超高折算层层数

＝803.33×14

＝11247 (m^2)

垂直运输超高增加费＝9276.30×11247÷100＝1043305.46(元)

第二部分　套用定额：A9-3檐高20～28m，7～8层垂直运输及超高增加费

定额基价：5392.83元/100 m^2

工程量S_1＝2000－800＝1200(m^2)

垂直运输超高增加费＝5392.83×1200÷100＝64713.96(元)

第三部分　套用定额：A9-2檐高20m以内塔吊施工

定额基价：1557.97元/100 m^2

工程量S_2＝1200×4＋2000＝6800(m^2)

垂直运输基本费用＝1557.97×6800÷100＝105941.96(元)

合计垂直运输费＝1043305.46＋64713.96＋105941.96＝1213961.38(元)

第十三节　装饰装修工程

一、楼地面工程

(一) 定额说明

本节水泥砂浆、水泥石子浆、混凝土等配合比，如设计规定与定额不同时，可以换算。

（1）找平层

楼梯找平层按水平投影面积乘以系数1.365，台阶找平层乘以系数1.48。

（2）整体面层

① 整体面层中的水磨石粘贴砂浆厚度为25mm，如设计粘贴砂浆厚度与定额厚度不同时，按找平层中每增减子目进行调整。

② 现浇水磨石定额项目已包括酸洗打蜡工料，其余项目均不包括酸洗打蜡。

③ 楼梯整体面层不包括踢脚线、侧面、底面的抹灰。

④ 台阶整体面层不包括牵边、侧面装饰。

⑤ 台阶包括水泥砂浆防滑条，其他材料做防滑条时，则应另行计算防滑条。

（3）块料面层

① 块料面层粘贴砂浆厚度见表6-22，如设计粘贴砂浆厚度与定额厚度不同时，按找平层每增减子目进行调整。

表6-22 块料面层粘贴砂浆厚度

项目名称	砂浆种类	厚度/mm
石材	水泥砂浆1∶4	30
陶瓷锦砖	水泥砂浆1∶4	20
陶瓷地砖	水泥砂浆1∶4	20
预制水磨石	水泥砂浆1∶4	25
水泥花砖	水泥砂浆1∶4	20

② 零星项目面层适用于楼梯侧面、台阶的牵边、小便池、蹲台、池槽，以及面积在$0.5m^2$以内且定额未列的项目。

（二）工程量计算规则

（1）地面垫层

按室内主墙间净空面积乘以设计厚度以体积计算。应扣除凸出地面的构筑物、设备基础、室内铁道、地沟等所占的体积，不扣除间壁墙和面积在$0.3m^2$以内的柱、垛、附墙烟囱及孔洞所占体积。

（2）整体面层、找平层

① 楼地面按室内主墙间净空尺寸以面积计算。应扣除凸出地面构筑物、设备基础、室内铁道、地沟等所占面积，不扣除间壁墙和$0.3m^2$以内的柱、垛、附墙烟囱及孔洞所占面积。门洞、空圈、暖气包槽、壁龛的开口部分亦不增加面积。

② 楼梯面积按设计图示尺寸以楼梯（包括踏步、休息平台及500mm以内的楼梯井）水平投影面积计算。楼梯与楼地面相连时，算至梯口梁内侧边沿；无梯口梁者，算至最上一层踏步边沿加300mm。

③ 台阶面层按设计图示尺寸以台阶（包括踏步及最上一层踏步边沿加300mm）水平投影面积计算。

④ 防滑条如无设计要求时，按楼梯、台阶踏步两端距离减300mm以延长米计算。

⑤ 水泥砂浆、水磨石踢脚线按长度乘以高度以面积计算，洞口、空圈长度不予扣除，洞口、空圈、垛、附墙烟囱等侧壁长度亦不增加。

（3）块料面层

① 楼地面块料面层按实铺面积计算。不扣除单个$0.1m^2$以内的柱、垛、附墙烟囱及孔洞所占面积。

② 楼梯、台阶块料面层工程量计算规则与整体面层相同。

③ 拼花部分按实铺面积计算。

④ 点缀按个计算，计算主体铺贴地面面积时，不扣除点缀所占面积。

⑤ 块料面层踢脚线按实贴长度乘以高度以面积计算；成品木踢脚线按实铺长度计算；楼梯踢脚线按相应定额乘以系数 1.15。

⑥ 零星项目按实铺面积计算。

⑦ 石材底面刷养护液按底面面积加 4 个侧面面积计算。

(4) 块料面层计算规则适用于塑料橡胶面层、地毯、地板及其他面层。

【例 6-29】 某建筑平面如图 6-63 所示，采用 40mm 厚 1∶2 水泥砂浆，试计算水泥砂浆楼地面的人工费、材料费及机械费之和。

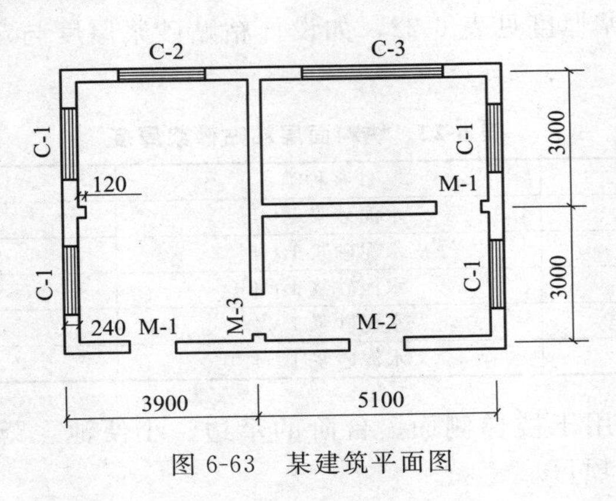

图 6-63　某建筑平面图

解　水泥砂浆楼地面工程量

$$S=(3.9-0.24)\times(3+3-0.24)+(5.1-0.24)\times(3-0.24)\times 2$$
$$=47.91(\mathrm{m}^2)$$

套用定额：A13-30　20mm　　1∶2 水泥砂浆楼地面　定额基价：1751.59 元/100 m^2

套用定额：A13-22　　1∶3 水泥砂浆厚度每增减 5mm　定额基价：230.49 元/100 m^2

A13-22 换算定额基价：$230.49+0.51\times(370.86-296.69)=268.32$(元/100$\mathrm{m}^2$)

人工费、材料费及机械费之和 $=1751.59\times0.4791+268.32\times4\times0.4791$

$=1353.38$(元)

二、墙、柱面工程

(一) 定额说明

(1) 本节定额凡注明砂浆种类、配合比、饰面材料（含型材）型号规格的，如与设计规定不同时，可按设计规定调整，但人工、机械消耗量不变。

(2) 抹灰厚度：如设计与定额取定不同时，除定额有注明厚度的项目可以调整外，其他不做调整。

(3) 墙柱面抹灰、镶贴块料面层。

① 镶贴块料面层（含石材、块料）定额项目内，均未包括打底抹灰的工作内容。打底抹灰按如下方法套用定额：按打底抹灰砂浆的种类，套用一般抹灰相应子目，再套用 A14-71光面变麻面子目（扣、减表面压光费用）。抹灰厚度不同时，按一般抹灰砂浆厚度每增减子目进行调整。

② 墙面一般抹灰、镶贴块料（不含石材），当外墙施工且工作面高度在 3.6m 以上时，按以上相应项目人工乘以系数 1.25。

③ 两面或三面凸出墙面的柱、圆弧形、锯齿形墙面等不规则墙面抹灰、镶贴块料面层按相应项目人工乘以系数 1.15，材料乘以系数 1.05。

④ 一般抹灰、装饰抹灰和镶贴块料的"零星项目"适用于壁柜、暖气壁龛、池槽、花台、挑檐、天沟、遮阳板、腰线、窗台线、门窗套、栏板、栏杆、压顶、扶手、雨篷周边以及 0.5m^2 以内的抹灰或镶贴。

⑤ 镶贴面砖定额按墙面考虑。面砖按缝宽 5mm、10mm 和 20mm 列项，如灰缝不同或灰缝超过 20mm 以上者，其块料及灰缝材料（水泥砂浆 1∶1）用量允许调整，其他不变。

⑥ 镶贴面砖定额是按墙面考虑的，独立柱镶贴面砖按墙面相应项目人工乘以系数 1.15；零星项目镶贴面砖按墙面相应项目人工乘以系数 1.11，材料乘以系数 1.14。

⑦ 单梁单独抹灰、镶贴、饰面，可按独立柱相应定额项目和说明执行。

（4）墙柱面装饰。

① 墙柱饰面层、隔墙（间壁）、隔断（护壁）定额项目内，除注明外均未包括压条、收边、装饰线（板）。如设计要求时，应另套用其他工程章节相应子目。

② 隔墙（间壁）、隔断（护壁）等定额项目中，龙骨间距、规格如与设计不同时，定额用量可以调整。

③ 墙柱龙骨、基层、面层未包括刷防火涂料，如设计要求时，应另套用油漆、涂料章节相应子目。

（二）工程量计算规则

1. 内墙抹灰

内墙抹灰面积按设计图示尺寸以面积计算。应扣除墙裙、门窗洞口、空圈及单个 0.3m^2 以外的孔洞面积，不扣除踢脚线、挂镜线和墙与构件交接处的面积，门窗洞口和孔洞的侧壁及顶面不增加面积。附墙柱、梁、垛、烟囱侧壁并入相应的墙面面积内。

（1）内墙面抹灰的长度，以主墙间的图示净长尺寸计算，其高度确定如下。

① 无墙裙的，其高度按室内地面或楼面至天棚底面之间距离计算。

② 有墙裙的，其高度按墙裙顶至天棚底面之间距离计算。

③ 钉板天棚的内墙面抹灰，其高度按室内地面或楼面至天棚底面另加 100mm 计算。

（2）内墙裙抹灰面按内墙净长乘以高度计算。

2. 外墙抹灰

外墙抹灰面积按外墙面的垂直投影面积计算。应扣除门窗洞口、外墙裙和单个 0.3m^2 以外的孔洞面积，门窗洞口和孔洞的侧壁及顶面不增加面积。附墙柱、梁、垛、烟囱侧壁并入外墙面抹灰面积内。栏板、栏杆、扶手、压顶、窗台线、门窗套、挑檐、遮阳板、突出墙外的腰线等，另按相应规定计算。

① 外墙裙抹灰面积按其长度乘以高度计算。

② 飘窗凸出外墙面（指飘窗侧板）增加的抹灰并入外墙工程量内。

③ 窗台线、门窗套、挑檐、遮阳板、腰线等展开宽度在 300mm 以内者，按装饰线以延长米计算，如展开宽度超过 300mm 以外时，按图示尺寸以展开面积计算，套零星抹灰定额项目。

④ 栏板、栏杆（包括立柱、扶手或压顶等）抹灰按中心线的立面垂直投影面积乘以系

数 2.20 计算，套用零星项目；外侧与内侧抹灰砂浆不同时，各按系数 1.10 计算。

⑤ 墙面勾缝按墙面垂直投影面积计算，不扣除门窗洞口、门窗套、腰线等零星抹灰所占的面积，附墙柱和门窗洞口侧面的勾缝面积亦不增加。独立柱、房上烟囱勾缝，按图示尺寸以面积计算。

3. 装饰抹灰

① 外墙面装饰抹灰按垂直投影面积计算，扣除门窗洞口和单个 0.3m^2 以外的孔洞所占的面积，门窗洞口和孔洞的侧壁及顶面亦不增加面积。附墙柱侧面抹灰面积并入外墙抹灰工程量内。

② 女儿墙（包括泛水、挑砖）、阳台栏板（不扣除花格所占孔洞面积）内侧抹灰按垂直投影面积乘以系数 1.10，带压项者乘系数 1.30 按墙面定额执行。

③ 零星项目按设计图示尺寸以展开面积计算。

④ 装饰抹灰玻璃嵌缝、分格按装饰抹灰面面积计算。

4. 块料面层

① 墙面镶贴块料面层，按实贴面积计算。

② 墙面镶贴块料，饰面高度在 300mm 以内者，按踢脚线定额执行。

5. 墙面装饰

① 隔断、隔墙按净长乘以净高计算，扣除门窗洞口及单个 0.3m^2 以外的孔洞所占面积。

② 全玻隔断的不锈钢边框工程量按边框展开面积计算；全玻隔断工程量按其展开面积计算。

6. 柱工程量

① 柱一般抹灰、装饰抹灰按结构断面周长乘以高度计算。

② 柱镶贴块料按外围饰面尺寸乘以高度计算。

③ 大理石（花岗岩）柱墩、柱帽、腰线、阴角线按最大外径周长计算。

④ 除定额已列有柱帽、柱墩的项目外，其他项目的柱帽、柱墩工程量按设计图示尺寸以展开面积计算，并入相应柱面积内，每个柱帽或柱墩另增人工：抹灰 0.25 工日、块料 0.38 工日、饰面 0.5 工日。

【例 6-30】 如图 6-64 所示，内墙面为 1：2 水泥砂浆，外墙面为普通水泥白石子水刷石，门窗洞口尺寸分别为 M-1：900mm×2000mm；M-2：1200mm×2000mm；M-3：1000mm×2000mm；C-1：1500mm×1500mm；C-2：1800mm×1500mm；C-3：3000mm×1500mm，试计算墙面抹灰工程量。

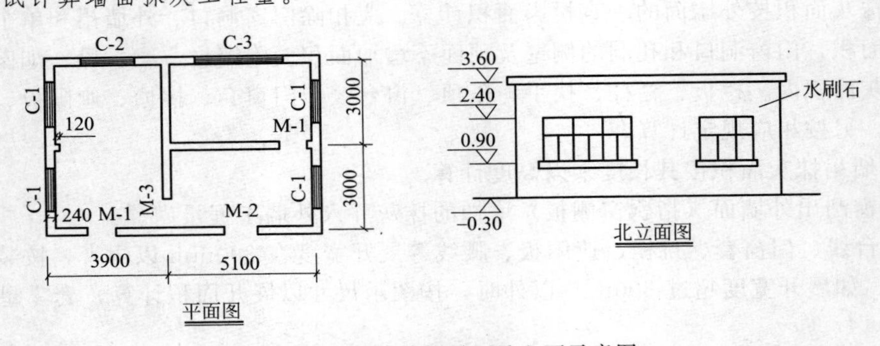

图 6-64 某建筑物平面及立面示意图

解 (1) 外墙面抹灰工程量

外墙面抹灰面积 $S_1=(3.9+5.1+0.24+3\times2+0.24)\times2\times(3.6+0.3)$

$=15.48\times2\times3.9$

$=120.74(m^2)$

应扣门窗洞口面积 $S_2=1.5\times1.5\times4+1.8\times1.5+3\times1.5+0.9\times2+1.2\times2$

$=9+2.7+4.5+1.8+2.4$

$=20.40(m^2)$

外墙抹灰工程量 $S=S_1-S_2=120.74-20.40$

$=100.34(m^2)$

(2) 内墙面抹灰工程量

内墙面面积+柱侧面面积 $S_3=(3.9-0.24+3\times2-0.24)\times2+[(5.1-0.24+3-0.24)\times2\times2+0.12\times2]\times3.6$

$=(18.84+30.48+0.24)\times3.6$

$=178.42(m^2)$

应扣门窗洞口面积 $S_4=0.9\times2\times3+1.2\times2+1\times2\times2+1.5\times1.5\times4+1.8\times1.5+3\times1.5$

$=5.4+2.4+4+9+2.7+4.5$

$=28.00\ (m^2)$

内墙抹灰工程量 $S=S_3-S_4=178.42-28.00=150.42\ (m^2)$

三、幕墙工程

（一）定额说明

① 本节定额所使用的材料及技术要求，除符合有关规范标准外，还须符合《玻璃幕墙工程技术规范》(JGJ 102—2003)、《建筑玻璃应用技术规程》(JGJ 113—2009) 以及《玻璃幕墙工程质量检验标准》(JGJ/T 139—2001) 的要求。

② 本节未包括施工验收规范中要求的检测、试验所发生的费用。

③ 本节定额使用的钢材、铝材、镀锌方钢型材、索具、索具配件、拉杆、拉杆配件、玻璃肋、玻璃肋连接件、驳接抓及配件、镀锌加工件、化学螺栓、悬窗五金配件等型号、规格，如与设计不同时，可按设计规定调整，但人工、机械不变。

④ 本节定额所采用的骨架，如需要进行弯弧处理，其弯弧费另行计算。

⑤ 点支承玻璃幕墙是采用内置受力骨架直接和主体钢结构进行连接的模式，如采用螺栓和主体连接的后置连接方式，后置预埋钢板、螺栓等材料费另行计算。

⑥ 点支承玻璃幕墙索结构辅助钢桁架安装是考虑在混凝土基层上的，如采用和主体钢构件直接焊接的连接方式，或和主体钢构件采用螺栓连接的方式，则需要扣除化学螺栓和钢板的材料费。

⑦ 框支承幕墙是按照后置预埋件考虑的，如预埋件同主体结构同时施工，则应扣除化学螺栓的材料费。

⑧ 基层钢骨架、金属构件只考虑防锈处理，如表面采用高级装饰，另套用相应章节定额子目。

⑨ 幕墙防火系统、防雷系统中的镀锌铁皮、防火岩棉、防火玻璃、钢材和幕墙铝合金装饰线条，如与设计不同时，可按设计规定调整，但人工、机械不变。

（二）工程量计算规则

① 点支承玻璃幕墙，按设计图示尺寸以四周框外围展开面积计算。肋玻结构点式幕墙玻璃肋工程量不另计算，作为材料项进行含量调整。点支承玻璃幕墙索结构辅助钢桁架制作安装，按质量计算。

② 全玻璃幕墙，按设计图示尺寸以面积计算。带肋全玻璃幕墙，按设计图示尺寸以展开面积计算，玻璃肋按玻璃边缘尺寸以展开面积计算并入幕墙工程量内。

③ 金属板幕墙，按设计图示尺寸以外围面积计算。凹或凸出的板材折边不另计算，计入金属板材料单价中。

④ 框支承玻璃幕墙，按设计图示尺寸以框外围展开面积计算。与幕墙同种材质的窗所占面积不扣除。

⑤ 幕墙防火隔断，按设计图示尺寸以展开面积计算。

⑥ 幕墙防雷系统、金属成品装饰压条均按延长米计算。

⑦ 雨篷按设计图示尺寸以外围展开面积计算。有组织排水的排水沟槽按水平投影面积计算并入雨篷工程量内。

四、天棚工程

（一）定额说明

1. 天棚抹灰面层

① 本节定额凡注明了砂浆种类、配合比，如与设计规定不同时，可以换算，但定额的抹灰厚度不得调整。

② 带密肋小梁和每个井内面积在 $5m^2$ 以内的井字梁天棚抹灰，按每 $100m^2$ 增加 3.96 工日计算。

2. 平面、跌级、艺术造型天棚

① 本节定额龙骨的种类、间距、型号、规格和基层、面层材料的型号、规格是按常用材料和常用做法考虑的，如与设计要求不同时，材料可以调整，但人工、机械不变。

② 天棚面层在同一标高者为平面天棚或一级天棚。天棚面层不在同一标高，高差在 200mm 以上 400mm 以下，且满足以下条件者为跌级天棚：木龙骨、轻钢龙骨错台投影面积大于 18%或弧形、折形投影面积大于 12%；铝合金龙骨错台投影面积大于 13%或弧形、折形投影面积大于 10%。

天棚面层高差在 400mm 以上或超过三级的，按艺术造型天棚项目执行。

③ 轻钢龙骨、铝合金龙骨定额中为双层结构（即中、小龙骨紧贴大龙骨底面吊挂），如为单层结构时（大、中龙骨底面在同一水平上），人工乘以系数 0.85。

④ 吊筋安装，如在混凝土板上钻眼、挂筋者，按相应项目每 $100m^2$ 增加人工 3.4 工日；如在砖墙上打洞搁放骨架者，按相应天棚项目每 $100m^2$ 增加人工 1.4 工日；上人型天棚骨架吊筋为射钉者，每 $100m^2$ 应减去人工 0.25 工日，减少吊筋 3.8kg，钢板增加 27.6kg，射钉增加 585 个。

⑤ 跌级天棚其面层人工乘以系数 1.1。

⑥ 本定额中平面天棚和跌级天棚指一般直线型天棚，不包括灯光槽的制作安装。灯光槽制作安装应按本节相应子目执行。

⑦ 艺术造型天棚项目中已包括灯光槽的制作安装，不另计算。

⑧ 龙骨、基层、面层的防火处理，应按油漆、涂料章节相应子目执行。

⑨ 天棚检查孔的工料已包括在定额项目内，不另计算。

3. 采光棚

① 采光棚项目未考虑支承采光棚、水槽的受力结构，发生时另行计算。

② 采光棚透光材料有两个排水坡度的为二坡采光棚，两个排水坡度以上的为多边形组合采光棚。采光棚的底边为平面弧形的，每米弧长增加 0.5 工日。

（二）工程量计算规则

1. 天棚抹灰

① 天棚抹灰面积按设计图示尺寸以水平投影面积计算。不扣除间壁墙、垛、柱、附墙烟囱、检查口和管道所占的面积，带梁天棚，梁两侧抹灰面积，并入天棚面积内。

② 密肋梁和井字梁天棚抹灰面积，按展开面积计算。

③ 天棚抹灰如带有装饰线时，区别三道线以内或五道线以内按延长米计算，线角的道数以一个突出的棱角为一道线。

④ 檐口天棚的抹灰面积，并入相同的天棚抹灰工程量内计算。

⑤ 天棚中的折线、灯槽线、圆弧形线、拱形线等艺术形式的抹灰，按展开面积计算。

⑥ 楼梯底面抹灰，按楼梯水平投影面积（梯井宽超过 200mm 以上者，应扣除超过部分的投影面积）乘以系数 1.30 计算，套用相应的天棚抹灰定额。

⑦ 阳台底面抹灰按水平投影面积计算，并入相应天棚抹灰面积内。阳台如带悬臂梁者，其工程量乘系数 1.30。

⑧ 雨篷底面或顶面抹灰分别按水平投影面积计算，并入相应天棚抹灰面积内。雨篷顶面带反沿或反梁者，其工程量乘以系数 1.20；底面带悬臂梁者，其工程量乘以系数 1.20。

2. 平面、跌级、艺术造型天棚

① 各种吊顶天棚龙骨按主墙间净空面积计算，不扣除间壁墙、检查洞、附墙烟囱、柱、垛和管道所占面积。

② 天棚基层按展开面积计算。

③ 天棚装饰面层，按主墙间实铺面积计算，不扣除间壁墙、检查口、附墙烟囱、垛和管道所占面积，但应扣除单个 0.3m^2 以外的孔洞、独立柱、灯槽及与天棚相连的窗帘盒所占的面积。

④ 灯光槽按延长米计算。

⑤ 灯孔按设计图示数量计算。

3. 采光棚

① 成品采光棚工程量按成品组合后的外围投影面积计算，其余采光棚工程量均按展开面积计算。

② 采光棚的水槽按水平投影面积计算，并入采光棚工程量。

③ 采光廊架天棚安装按天棚展开面积计算。

4. 其他

① 网架按水平投影面积计算。

② 送（回）风口按设计图示数量计算。

③ 天棚石膏板缝嵌缝、贴绷带按延长米计算。

④ 石膏装饰：石膏装饰角线、平线工程量以延长米计算；石膏灯座花饰工程量以实际面积按个计算；石膏装饰配花，平面外型不规则的按外围矩形面积以个计算。

【例 6-31】 如图 6-65 所示，某客厅不上人型轻钢龙骨石膏板吊顶，龙骨间距为 450mm×450mm，试计算该天棚工程相应工程量。

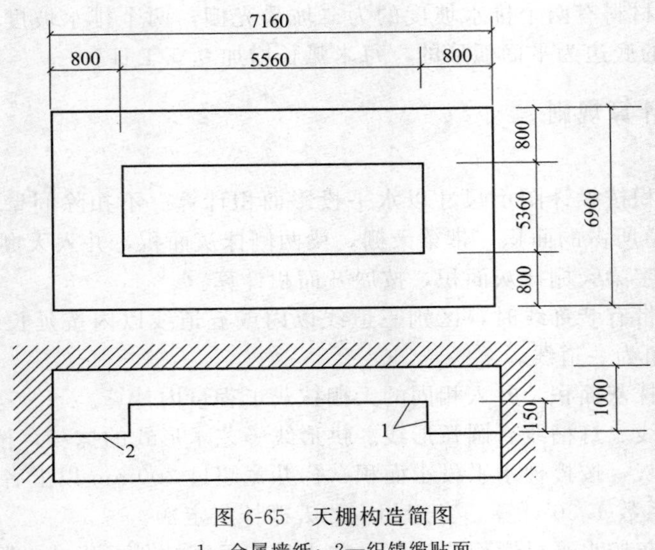

图 6-65 天棚构造简图

1—金属墙纸；2—织锦缎贴面

解 天棚龙骨工程量

按计算规则，工程量为主墙间净面积，即：6.96×7.16＝49.83(m^2)

顶棚面层工程量按实贴面积计算，由图可知

石膏板面层 S_1＝6.96×7.16＋(5.36＋5.56)×2×0.15＝53.11(m^2)

墙纸 S_2＝5.36×5.56＋(5.36＋5.56)×2×0.15＝33.08(m^2)

织锦缎 S_3＝6.96×7.16-5.36×5.56＝20.03(m^2)

五、门窗工程

（一）定额说明

1）本节定额普通木门窗、实木装饰门、铝合金门窗、铝合金卷闸门、不锈钢门窗、隔热断桥铝塑复合门窗、彩板组角钢门窗、塑钢门窗、塑料门窗、防盗装饰门窗、防火门窗等是按成品安装编制的，各成品包含的内容如下。

① 普通木门窗成品不含纱、玻璃及门锁。普通木门窗小五金费，均包括在定额内以“元”表示。实际与定额不同时，可以调整。

② 实木装饰门指工厂成品，包括五金配件和门锁。

③ 铝合金门窗、隔热断桥铝塑复合门窗、彩板组角钢门窗、塑钢门窗、塑料门窗成品，均包括玻璃及五金配件。

④ 门窗成品运输费用包含在成品价格内。

2）金属防盗栅（网）制作安装，适用于阳台、窗户。如单位面积含量超过 20%时，可以调整。

3）厂库房大门、特种门按门扇成品安装或门扇制作安装分列项目，具体说明如下。

① 各种大门门扇上所用铁件均已列入相应定额成品价中。除部分成品门附件外，其墙、柱、楼地面等部位的预埋铁件，按设计要求另行计算。

② 定额中的金属件已包括刷一遍防锈漆的工料。

③ 定额内的五金配件含量，可按实调整。定额中厂库房大门、特种门五金配件表按标准图用量计算，仅作备料参考。

④ 特种门中冷藏库门、冷藏冻结间门、保温门、变电间门、隔音门的制作与定额含量不同时，可以调整，其他工料不变。

⑤ 厂库房大门、特种门无论现场或附属加工厂制作，均执行本定额，现场外制作点至安装地点的运输，应另行计算。成品门场外运输的费用，应包含在成品价格内。

4）包门扇、门窗套、门窗筒子板、窗帘盒、窗台板等，如设计与定额不同时，饰面板材可以换算，定额含量不变。

5）包门框设计只包单边框时，按定额含量的60%计算；门扇贴饰面板项目，均未含装饰线条，如需装饰线条，另列项目计算。

6）本节木枋木种均已一、二类木种为准，如需采用三、四类木种时，按相应项目人工和机械乘以系数1.24。

7）定额中所注明的木材断面或厚度均以毛料为准。如设计图纸注明的断面或厚度为净料时，应增加刨光损耗；板、枋材一面刨光增加3mm；两面刨光增加5mm；圆木每立方米材积增加0.05m^3。

8）玻璃厚度、颜色、密封油膏、软填料，如设计与定额不同时，可以调整。

9）玻璃加工，均按平板玻璃考虑。如加工弧形玻璃、钢化玻璃、空心玻璃等，另行计算。

（二）工程量计算规则

（1）木门窗

普通木门、普通木窗、实木装饰门安装工程量按设计图示门窗洞口尺寸以面积计算。

（2）金属及其他门窗

① 铝合金门窗、不锈钢门窗、隔热断桥门窗、彩板组角钢门窗、塑钢门窗、塑料门窗、防盗装饰门窗、防火门窗安装均按设计图示门窗洞口尺寸以面积计算。

② 卷闸门、防火卷帘门安装按洞口高度增加600mm乘以门实际宽度以面积计算。卷闸门电动装置以套计算，小门安装以个计算。

③ 无框玻璃门安装按设计图示门洞口尺寸以面积计算。

④ 彩板组角钢门窗附框安装按延长米计算。

⑤ 金属防盗栅（网）制作安装按阳台、窗户洞口尺寸以面积计算。

⑥ 防火门楣包箱按展开面积计算。

⑦ 电子感应门及旋转门安装按樘计算。

⑧ 不锈钢电动伸缩门按樘计算。

（3）厂库房大门及特种门

厂库房大门安装和特种门制作安装工程量按设计图示门洞口尺寸以面积计算。百叶钢门的安装工程量按图示尺寸以重量计算，不扣除孔眼、切肢、切片、切角的重量。

（4）门窗附属

① 包门框及门窗套按展开面积计算。包门扇及木门扇镶贴饰面板按门扇垂直投影面积计算。

② 门窗贴脸按延长米计算。

③ 筒子板、窗台板按实铺面积计算。

④ 窗帘盒、窗帘轨、窗帘杆均按延长米计算。

⑤ 豪华拉手安装按付计算。

⑥ 门锁安装按把计算。

⑦ 闭门器按套计算。

(5) 其他

① 包橱窗框按橱窗洞口面积计算。

② 门、窗洞口安装玻璃按洞口面积计算。

③ 玻璃黑板按边框外围尺寸以垂直投影面积计算。

④ 玻璃加工：划圆孔、划线按面积计算，钻孔按个计算。

⑤ 铝合金踢脚板安装按实铺面积计算。

六、油漆、涂料、裱糊工程

(一) 定额说明

① 本节定额刷涂、刷油采用手工操作，喷塑、喷涂、喷油采用机械操作，操作方法不同时，不另调整。

② 本节定额油漆已综合浅、中、深各种颜色，颜色不同时，不另调整。

③ 本节定额在同一平面上的分色及门窗内外分色已综合考虑。如需做美术图案者，另行计算。

④ 定额规定的喷、涂、刷遍数，如与设计要求不同时，可按每增加一遍定额项目进行调整。

⑤ 由于涂料品种繁多，如采用品种不同时，材料可以换算，人工、机械不变。

⑥ 定额中的双层木门窗（单裁口）是指双层框扇，三层二玻一纱扇是指双层框三层扇。单层木门刷油是按双面刷油考虑的，如采用单面刷油，其定额含量乘以系数 0.49。木扶手油漆按不带托板考虑。

⑦ 单层钢门窗和其他金属面，如需涂刷第二遍防锈漆时，应按相应刷第一遍定额套用，人工乘以系数 0.74，材料、机械不变。

⑧ 其他金属面油漆适用于平台、栏杆、梯子、零星铁件等不属于钢结构构件的金属面。钢结构构件油漆套用安装定额第十二册金属结构刷油相应子目。

⑨ 喷塑（一塑三油）：底油、装饰漆、面油，其规格划分如下。

大压花：喷点压平、点面积在 $12cm^2$ 以上；

中压花：喷点压平、点面积在 $1.0\sim2cm^2$ 以内；

喷中点、幼喷：喷点面积在 $1.0cm^2$ 以下。

⑩ 拉毛面上喷、刷涂料时，除定额另有规定外，均按相应定额基价乘以系数 1.25 计算。

(二) 工程量计算规则

1) 木材面、金属面油漆的工程量分别乘以相应系数，按表 6-23～表 6-29 规定计算。

2) 天棚金属龙骨刷防火涂料按天棚投影面积计算。

3) 定额中的隔墙、护壁、柱、天棚木龙骨、木地板中木龙骨及木龙骨带毛地板，刷防

火涂料工程量计算规则如下。

① 隔墙、护壁木龙骨按其面层正立面投影面积计算。

② 柱木龙骨按其面层外围面积计算。

③ 天棚木龙骨按其水平投影面积计算。

4）隔墙、护壁、柱、天棚的面层及木地板刷防火涂料，执行其他木材面刷防火涂料子目。

5）木楼梯（不包括底面）油漆，按水平投影面积乘以系数 2.3，执行木地板相应子目。

表 6-23　执行木门定额项目工程量系数

项目名称	系数	工程量计算方法
单层木门	1.00	单面洞口面积
一玻一纱木门	1.36	
双层(单裁口)木门	2.00	
单层全玻门	0.83	
木百叶门	1.25	

表 6-24　执行木窗定额项目工程量系数

项目名称	系数	工程量计算方法
单层玻璃木窗	1.00	单面洞口面积
一玻一纱木窗	1.36	
双层(单裁口)木窗	2.00	
双层框三层(二玻一纱)木窗	2.60	
单层组合窗	0.83	
双层组合窗	1.13	
木百叶窗	1.50	

表 6-25　执行木扶手定额项目工程量系数

项目名称	系数	工程量计算方法
木扶手(不带托板)	1.00	延长米
木扶手(带托板)	2.60	
窗帘盒	2.04	
封檐板、顺水板	1.74	
挂衣板、黑板框、单独木线条 100mm 以外	0.52	
挂镜线、窗帘棍、单独木线条 100mm 以内	0.35	

表 6-26　其他木材面定额项目工程量系数

项目名称	系数	工程量计算方法
木天棚(木板、纤维板、胶合板)	1.00	长×宽
木护墙、木墙裙	1.00	
窗台板、筒子板、盖板、门窗套、踢脚线	1.00	
清水板条天棚、檐口	1.07	
木方格吊顶天棚	1.20	
吸音板墙面、天棚面	0.87	
暖气罩	1.28	
木间壁、木隔断	1.90	单面外围面积
玻璃间壁露明墙筋	1.65	
木栅栏、木栏杆带扶手	1.82	
衣柜、壁柜	1.00	按实刷展开面积
零星木装修	1.10	
梁、柱饰面	1.00	

表 6-27 抹灰面油漆、涂料、裱糊

项目名称	系数	工程量计算方法
混凝土楼梯底(板式)	1.15	水平投影面积
混凝土楼梯底(梁式)	1.00	展开面积
混凝土花格窗、栏杆花饰	1.82	单面外围面积
楼地面,天棚、墙、柱、梁面	1.00	展开面积

表 6-28 单层钢门窗工程量系数

项目名称	系数	工程量计算方法
单层钢门窗	1.00	洞口面积
双层(一玻一纱)钢门窗	1.48	
钢百叶门	2.74	
半截百页钢门	2.22	
满钢门或包铁皮门	1.63	
钢折叠门	2.30	
射线防护门	2.96	框(扇)外围面积
厂库房平开、推拉门	1.70	
铁丝网大门	0.81	
间壁	1.85	长×宽
平板屋面	0.74	斜长×宽
瓦垄板屋面	0.89	
排水、伸缩缝盖板	0.78	展开面积
吸气罩	1.63	水平投影面积

表 6-29 平板屋面涂刷磷化、锌黄底漆工程量系数

项目名称	系数	工程量计算方法
平板屋面	1.00	斜长×宽
瓦垄板屋面	1.20	
排水、伸缩缝盖板	1.05	展开面积
吸气罩	2.20	水平投影面积
包镀锌铁皮门	2.20	洞口面积

七、其他工程

(一) 定额说明

(1) 本节定额项目在实际施工中使用的材料品种、规格、用量与定额取定不同时，可以调整，但人工、机械不变。

(2) 本节定额中铁件已包括刷防锈漆一遍，如设计需涂刷油漆、防火涂料时，按油漆、涂料、裱糊工程相应子目执行。

(3) 货架、柜类定额中，未考虑面板拼花及饰面板上贴其他材料的花饰、造型艺术品。

(4) 招牌

① 平面招牌是指安装在门前的墙面上；箱体招牌、竖式标箱是指六面体固定在墙面上；沿雨篷、檐口或阳台走向的立式招牌，按平面招牌复杂项目执行。

② 一般招牌和矩形招牌是指正立面平整无凹凸面；复杂招牌和异形招牌是指正立面有凹凸造型。

③ 招牌的灯饰均不包括在定额内。

(5) 美术字安装

① 美术字均按成品安装固定考虑；美术字不分字体均执行本定额。

② 其他面指铝合金扣板面、钙塑板面等。

③ 电脑割字（或图形）不分大小、字形、简单和复杂形式，均执行本定额。

（6）装饰线条

① 木装饰线、石膏装饰线、石材装饰线条均按成品安装考虑。

② 石材装饰线条磨边、磨圆角均包括在成品单价中，不再另计。

③ 定额中石材磨边、磨斜边、磨半圆边及台面开孔子目均为现场磨制。

④ 装饰线条按墙面上直线安装考虑，如天棚安装直线形、圆弧形或其他图案者，按以下规定计算。

天棚面安装直线装饰线条，人工乘以系数1.34。

天棚面安装圆弧装饰线条，人工乘以系数1.6，材料乘以系数1.1。

墙面安装圆弧装饰线条，人工乘以系数1.2，材料乘以系数1.1。

装饰线条做艺术图案者，人工乘以系数1.8，材料乘系数1.1。

（7）壁画、国画、平面浮雕均含艺术创作、制作过程中的再创作、再修饰、制作成型、打磨、上色、安装等全部工序。聘请名专家设计制作，可由双方协商结算。

（8）扶手、栏杆、栏板

① 扶手、栏杆、栏板适用于楼梯、走廊、回廊及其他装饰性栏杆、栏板。

② 扶手、栏杆、栏板的材料规格、用量，其设计要求与定额不同时，可以调整。

（9）其他

① 罗马柱如设计为半片安装者，罗马柱含量乘以系数0.50，人工、材料不变。

② 暖气罩挂板式是指挂钩在暖气片上；平墙式是指凹入墙内；明式是指凸出墙面。半凹半凸式按明式定额子目执行。

（二）工程量计算规则

（1）货架、柜台

① 柜台、展台、酒吧台、酒吧吊柜、吧台背柜按延长米计算。

② 货架、附墙木壁柜、附墙矮柜、厨房矮柜均按正立面的高（包括脚的高度在内）乘以宽以面积计算。

③ 收银台、试衣间以个计算。

（2）家具是指独立的衣柜、书柜、酒柜等，不分柜子的类型，按不同部位以展开面积计算。

（3）招牌、灯箱

① 平面招牌基层按正立面面积计算，复杂形的凹凸造型部分亦不增减。

② 沿雨篷、檐口或阳台走向的立式招牌基层，按展开面积计算。

③ 箱体招牌和竖式标箱的基层，按外围体积计算。突出箱外的灯饰、店徽及其他艺术装潢等，均另行计算。

④ 灯箱的面层按展开面积计算。

⑤ 广告牌钢骨架以吨计算。

（4）美术字安装按字的最大外围矩形面积以个计算。

（5）压条、装饰线条均按延长米计算。

（6）壁画、国画、平面雕塑按图示尺寸，无边框分界时，以能包容该图形的最小矩形或多边形的面积计算。有边框分界时，按边框间面积计算。

(7) 栏杆、栏板、扶手

① 栏杆、栏板、扶手均按其中心线长度以延长米计算，计算扶手时不扣除弯头所占长度。

② 弯头按个计算。

(8) 其他

① 暖气罩（包括脚的高度在内）按边框外围尺寸垂直投影面积计算。

② 镜面玻璃安装以正立面面积计算。

③ 塑料镜箱、毛巾环、肥皂盒、金属帘子杆、浴缸拉手、毛巾杆安装以只或副计算。

④ 大理石洗漱台以台面投影面积计算（不扣除孔洞面积）。

⑤ 不锈钢旗杆以延长米计算。

⑥ 窗帘布制作与安装工程量以垂直投影面积计算。

八、装饰装修工程施工技术措施项目

（一）脚手架工程

1. 定额说明

① 本节脚手架中的钢管及配件（螺栓、底座、扣件）含量均以租赁形式表示，其他含量（脚手板等）以自有摊销形式表示。

② 建筑物檐高指建筑物自设计室外地面标高至檐口滴水标高。无组织排水的滴水标高为屋面板顶，有组织排水的滴水标高为天沟板底。建筑物层数指室外地面以上自然层（含2.2m设备管道层）。地下室和屋顶有围护结构的楼梯间、电梯间、水箱间、塔楼、望台等，只计算建筑面积，不计算檐高和层数。

③ 外脚手架和电动吊篮，仅适用于单独承包装饰装修，工作面高度在1.2m以上，需重新搭设脚手架的工程。

④ 装饰装修工程施工时，如发生本章未列的其他单项脚手架时，按结构册相关脚手架子目执行。

2. 工程量计算规则

(1) 外脚手架　装饰装修外脚手架，按外墙的外边线乘以墙高以面积计算。

(2) 里脚手架

① 内墙面装饰脚手架，均按内墙面垂直投影面积计算，不扣除门窗孔洞的面积。但已计算满堂脚手架的，不得再计算内墙里脚手架。

② 搭设3.6m以上钢管里脚手架时，按9m以内钢管里脚手架计算。

(3) 满堂脚手架

① 凡天棚操作高度超过3.6m需抹灰或刷油者，应按室内净面积计算满堂脚手架，不扣除垛、柱、附墙烟囱所占面积。满堂脚手架高度，单层以设计室外地面至天棚底为准，楼层以室内地面或楼面至天棚底（斜天棚或斜屋面板以平均高度计算）为准。

② 满堂脚手架的基本层操作高度按5.2m计算（即基本层高3.6m），每超过1.2m计算一个增加层。每层室内天棚高度超过5.2m，在0.6m以上时，按增加一层计算；在0.6m以内时，则舍去不计。

例如，建筑物室内天棚高9.2m，其增加层为：

(9.2－5.2)÷1.2＝3（增加层）余0.4m，则按3个增加层计算，余0.4m舍去不计。

（4）电动吊篮　外墙电动吊篮，按外墙装饰面尺寸以垂直投影面积计算。

（二）垂直运输工程

该节定额说明与工程量计算规则同建筑工程。

（三）成品保护工程

1. 定额说明

① 成品保护指对已做好的项目表面上覆盖保护层。

② 实际施工采用材料与定额所用材料不同时，不得换算。

③ 玻璃镜面、镭射玻璃的成品保护按大理石、花岗岩、木质墙面子目套用。

④ 实际施工中未覆盖保护层的，不应计算成品保护。

2. 工程量计算规则

① 成品保护按被保护的面积计算。

② 台阶、楼梯成品保护按水平投影面积计算。

小　结

工程量是指以物理计量单位或自然计量单位所表示的各分项工程或结构构件的实物数量。

工程量计算依据主要包括施工图纸、预算定额及《房屋建筑与装饰工程工程量计算规范》、施工组织设计等。

工程量计算的基本要求包括正确识读图纸、确定工程量计算顺序、熟悉定额及《房屋建筑与装饰工程工程量计算规范》的内容，应书写工整、规范，便于检查。

本章以湖北省的相关规定为依据，结合大量实例，具体介绍了土石方工程、地基处理与边坡支护工程、砌筑工程、混凝土及钢筋混凝土工程、木结构工程、金属结构工程、屋面及防水工程，保温、隔热、防腐工程，成品构件二次运输工程、构筑物工程、建筑工程施工技术措施项目、装饰装修工程的工程量计算规则和计算方法。

能力训练题

一、单项选择题

1.（造价员考试真题） 木结构分部工程中，按斜面积计算的项目是（　　）。

A. 屋面木基层　　B. 封檐板

C. 木楼梯　　D. 博风板

2.（2014年注册造价师考试真题改编） 某建筑工程挖土方工程量需要通过现场签证核定，已知用斗容量为1.5m^3的轮胎式装载机运土500车，则挖土工程量应为（　　）。

A. 501.92m^3　　B. 576.92m^3

C. 623.15m^3　　D. 750m^3

3. **(2014年注册造价师考试真题改编)** 根据2013年《湖北省房屋建筑与装饰工程消耗量定额及基价表》规定，关于现浇混凝土柱工程量计算，说法正确的是（ ）。

A. 有梁板下矩形独立柱工程量按柱设计截面积乘以自柱基底面至板面高度以体积计算

B. 无梁板矩形柱工程量按柱设计截面积乘以自楼板上表面至柱帽上表面高度以体积计算

C. 框架柱工程量按柱设计截面积乘以自柱基底面至柱顶面高度以体积计算

D. 构造柱按设计尺寸自柱底面至顶面全高以体积计算

4. **(2014年注册造价师考试真题改编)** 根据2013年《湖北省房屋建筑与装饰工程消耗量定额及基价表》规定，关于金属结构工程量计算，说法正确的是（ ）。

A. 钢管柱牛腿工程量单独列项计算

B. 钢网架成品安装按设计图示尺寸以质量计算

C. 金属结构工程量应扣除孔眼、切边质量

D. 金属结构工程量应增加铆钉、螺栓质量

5. **(2014年注册造价师考试真题改编)** 根据2013年《湖北省房屋建筑与装饰工程消耗量定额及基价表》规定，关于楼地面防水防潮工程量计算，说法正确的是（ ）。

A. 按主墙间净空面积计算　　B. 按实铺面积计算

C. 反边高度≤500mm部分不计算　　D. 反边高度>500mm部分计入楼地面防水

二、简答题

1. 计算工程量的作用是什么？

2. 计算工程量一般有哪些计量单位？

3. 分别列举采用m、m^2、m^3、kg为计量单位的各五个工程量的计算项目。

4. 计算工程量为什么应严格遵循计算规则？

5. 计算工程量一般有哪些顺序？

三、计算题

1. 某工程柱基详图如图6-66所示，混凝土垫层尺寸为900mm×800mm×300mm，土壤为二类土，试计算人工挖土基坑的工程量。

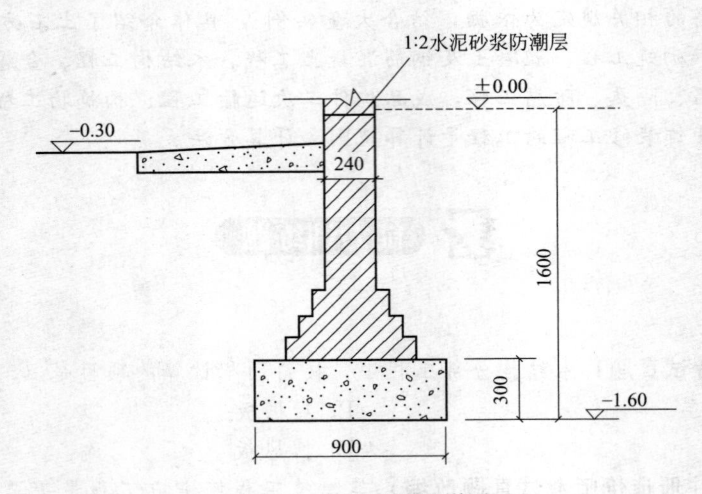

图6-66　某工程柱基详图

2. 某建筑物平面与立面如图6-67所示，试计算其场地平整与满堂脚手架的工程量。

3. 某建筑物如图6-68所示，M-1：1750mm×075mm；M-2：1000mm×400mm；C-1：

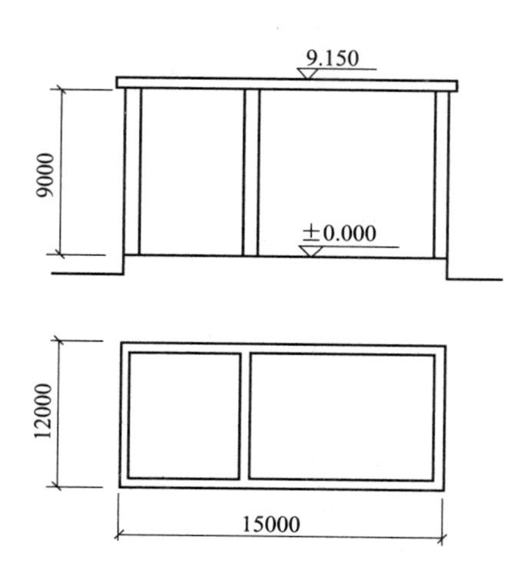

图 6-67　某建筑物示意图

2050mm×1550mm；C-2：2950mm×1550mm，试计算砌筑工量。

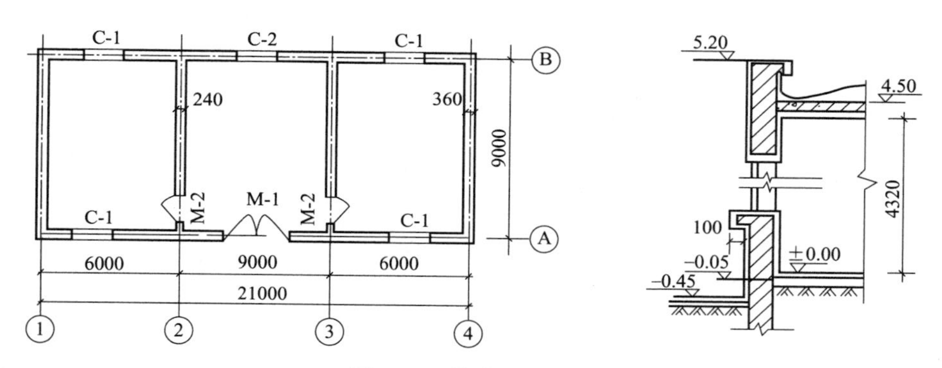

图 6-68　某砖墙示意图

4. 某工程中有 10 道钢筋混凝土现浇框架梁 KL1(2)，其尺寸配筋如图 6-69 所示，梁混凝土强度等级为 C25，现场搅拌机搅拌碎石最大粒径 20mm，正常室内环境使用，抗震等级为二级，试计算该 KL1(2) 的混凝土和钢筋工程量。

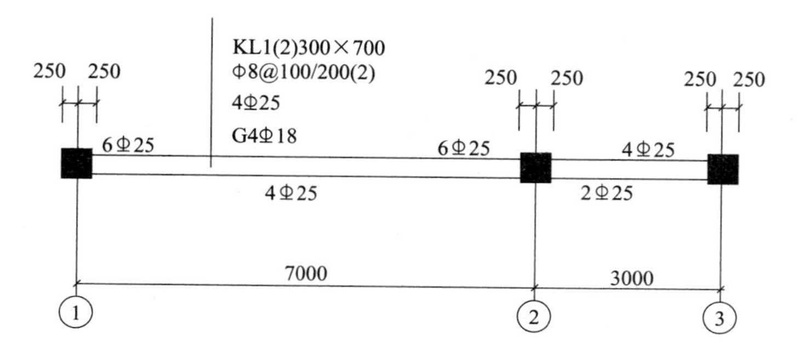

图 6-69　KL1 平法示意图

5. 图 6-70 为某工程底层平面图，已知地面为水磨石面层，踢脚线为 150mm 高水磨石，试计算楼地面工程的各项工程量。

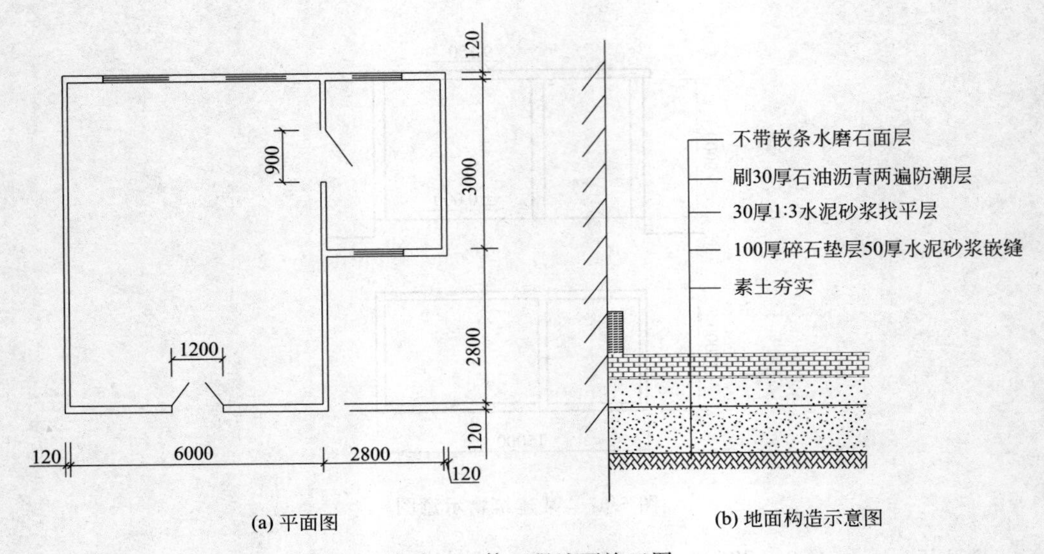

图 6-70　某工程地面施工图

第七章　建筑与装饰工程量清单计价

知识目标

- 了解工程量清单计价的相关概念
- 理解《房屋建筑与装饰工程工程量计算规范》(GB 50854—2013) 的内容
- 掌握工程量清单计价的编制方法

能力目标

- 能够依据《房屋建筑与装饰工程工程量计算规范》(GB 50854—2013) 准确计算清单工程量
- 能够进行工程量清单计价的编制

国家标准《房屋建筑与装饰工程工程量计算规范》(GB 50854—2013)(以下简称“计量规范”)列出了建筑与装饰工程的工程量清单项目及计算规则，是建筑与装饰工程工程量清单项目设置和计算清单工程量的依据。清单项目按“计量规范”规定的计量单位和工程量计算规则进行计算，计算结果为清单工程量；清单项目的综合单价按“计量规范”规定的项目特征采用定额组价来确定。

第一节　土石方工程清单计价

一、土石方工程清单工程量计算规则及举例

土石方工程的工程量清单分为 3 节共 14 个清单项目，即土方工程、石方工程及回填。

(一) 土方工程 (编码：010101)

1. 平整场地 (010101001)

工程量按设计图示尺寸以建筑物首层建筑面积计算。

建筑物场地厚度在±30cm 以内的挖、填、运、找平，按平整场地项目编码列项。

2. 挖土方

厚度>±30cm 的竖向布置挖土或山坡切土应按挖一般土方项目编码列项。

挖土应按自然地面测量标高至设计地坪标高的平均厚度确定。基础土方开挖深度应按基础垫层底表面标高至交付施工现场地标高确定，无交付施工场地标高时，应按自然地面标高确定。

沟槽、基坑、一般土方的划分为：底宽≤7m，底长>3倍底宽为沟槽；底长≤3倍底宽、底面积≤150m^2为基坑；超出上述范围则为一般土方。

土方体积应按挖掘前的天然密实体积计算。

(1) 挖一般土方（010101002） 工程量按设计图示尺寸以体积计算。

(2) 挖沟槽、基坑土方（010101003、010101004） 按设计图示尺寸以基础垫层底面积乘以挖土深度计算。

【例7-1】 某工程人工挖一独立钢筋混凝土基础基坑，其垫层长1.5m，宽为1.2m，挖土深度为2.4m，三类土，如图7-1所示。试计算工程量清单中挖基坑土方工程量，并编制该实体项目工程量清单。

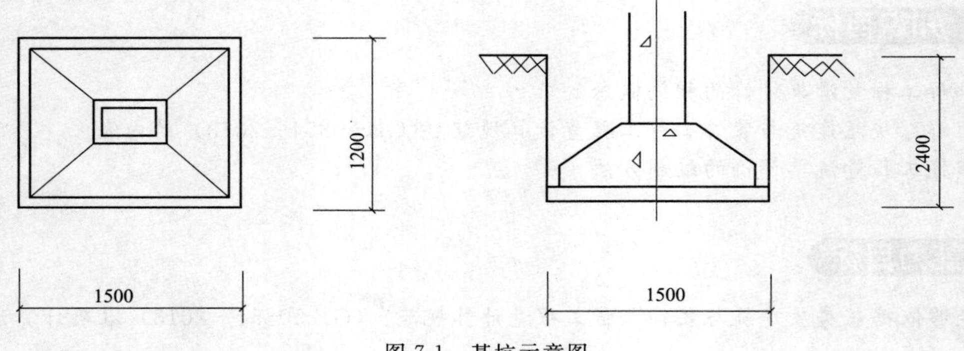

图7-1 基坑示意图

解 (1) 根据计算规则的要求，以垫层底面积计算乘以挖土深度计算其挖基坑土方工程量：

$$V=1.5\times1.2\times2.4=4.32(m^3)$$

(2) 编制工程量清单，见表7-1。

表7-1 分部分项工程量清单与计价

序号	项目编码	项目名称	项目特征描述	计量单位	工程数量	金额/元	
						综合单价	合价
1	010101004001	挖基坑土方	1. 土壤类别：三类土 2. 基础类型：独立基础 3. 垫层底面积：1.5m×1.2m 4. 挖土深度：2.4m	m^3	4.32		

(3) 冻土开挖（010101005） 按设计图示尺寸开挖面积乘厚度以体积计算。

(4) 挖淤泥、流砂（010101006） 按设计图示位置、界限以体积计算。

(5) 管沟土方（010101007） 按设计图示尺寸以管道中心线长度以m计量，也可按设计图示管底垫层面积乘以挖土深度以m^3计算。无管底垫层按管外径的水平投影面积乘以挖土深度计算。不扣除各类井的长度，井的土方并入。

（二）石方工程（编码：010102）（略）

（三）回填（编码：010103）

1. 回填方（010103001）

按设计图示尺寸以体积计算。

（1）场地回填　回填面积乘平均回填厚度。

（2）室内回填　主墙间面积乘回填厚度，不扣除间隔墙。

（3）基础回填　挖方体积减去自然地坪以下埋设的基础体积。（包括基础垫层及其他构筑物）。

2. 余方弃置（010103002）

按挖方清单项目工程量减利用回填方体积（正数）计算。

二、土石方工程清单综合单价的确定

1. 综合单价的确定方法

综合单价的确定是工程量清单计价的核心内容，确定方法常采用定额组价。首先应根据“计量规范”附录的清单项目设置表，分析其综合单价可组合的定额项目。

分部分项工程量清单应根据附录规定的项目编码、项目名称、项目特征、计量单位和工程量计算规则进行编制。其中项目特征是确定综合单价的前提，由于工程量清单的项目特征决定了工程实体的实质内容，必然直接决定了工程实体的自身价值。因此，工程量清单项目特征描述得准确与否，直接关系到工程量清单项目综合单价的准确确定。

在定额组价过程中，常将与清单项目相同的定额项目称为主体项目，其他参与组价的定额项目称为辅助项目。清单计价时，是辅助项目随主体项目计算，将不同工程内容的辅助项目组合在一起，计算出主体项目的综合单价。

2. 综合单价的计算步骤

① 核算清单工程量；

② 计算计价工程量；

③ 选套定额、确定人材机单价、计算人材机费用；

④ 确定费率，计算管理费、利润；

⑤ 计算风险费用；

⑥ 计算综合单价。

注：采用清单计价，工程量计算主要有两部分内容：一是核算工程量清单所提供的清单项目的清单工程量是否准确；二是计算每一个清单主体项目及所组合的辅助项目的计价工程量，以便分析综合单价。

【例 7-2】 某 11 层住宅楼工程，土质为三类土，基础为带形砖基础，垫层为 C15 混凝土垫层，垫层底宽为 1400mm，挖土深为 1800mm，基础总长为 220m。室外设计地坪以下基础的体积为 227m^3，垫层体积为 31m^3，如图 7-2 所示。请编制挖基础土方、基础土方回填的分部分项工程量清单并计算分部分项工程费。见表 7-2。

解　(1)计算清单工程量

① 挖沟槽土方(010101003001)

按照湖北省建设工程造价信息网中对挖沟槽土方清单工程量计算规则的说明，应将放坡及工作面增加的土方计入清单工程量中，查表可知，放坡系数 0.33，工作面增加 0.3m。

挖沟槽土方清单工程量 $V_1=[(1.4+2\times0.3)+(1.4+2\times0.3+2\times0.33\times1.8)]\times1.8\times220\times\frac{1}{2}$

$=1027.62(m^3)$

② 回填土方(010103001001)

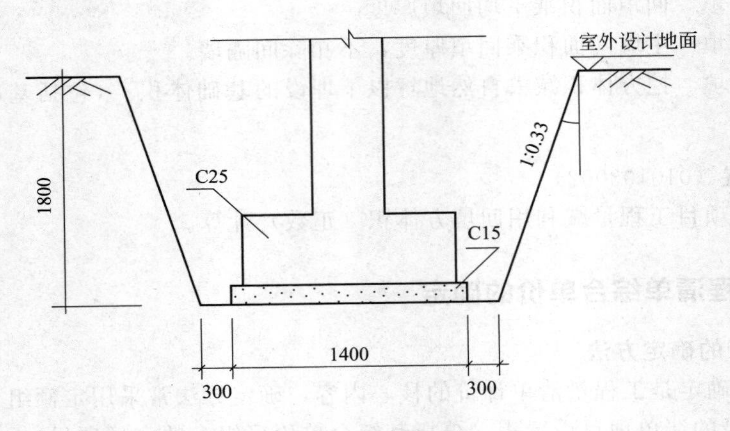

图 7-2 基础截面图

回填土方工程量 $V_2=1027.62-(227+31)=769.62(m^3)$

表 7-2 分部分项工程量清单与计价

序号	项目编码	项目名称	项目特征描述	计量单位	工程数量	金额/元	
						综合单价	合价
1	010101003001	挖沟槽土方	1. 土壤类别：三类土 2. 基础类型：独立基础 3. 垫层宽度：1.4m 4. 挖土深度：1.8m 5. 弃土运距：40m	m^3	1027.62		
2	010103001001	回填土方	1. 土质要求：原土 2. 夯填 3. 运输距离：5m 以内	m^3	769.62		

(2) 计算计价工程量

根据施工组织设计要求，采用人工挖土、双轮车运土。

① 根据清单的项目特征确定清单项目所组合的定额项目。

清单项目 010101003001 挖沟槽土方对应的定额项目：G1-144 人工挖沟槽（三类土、2m 以内)、G1-297 基底钎探、G1-219 双轮车运土 50m 内。

清单项目 010103001001 回填方对应的定额项目：G1-281 槽内填土夯实。

② 计算计价项目的工程量。

挖沟槽土方工程量定额与清单一致 $V_3=1027.62(m^3)$

基底钎探的工程量 $S=(1.4+0.3+0.3)\times220=440(m^2)$

回填土夯实与槽内填土夯实的工程量相等 $V_4=769.62(m^3)$

双轮车运土 50m 内的工程量 $V_5=V_3-V_4=1027.62-769.62=258(m^3)$

(3) 计算综合单价

人材机消耗量按《湖北省房屋建筑与装饰工程消耗量定额及基价表》(2013 版) 确定，查《湖北省建筑安装工程费用定额》(2013 版) 管理费为 7.6%，利润率为 4.96%，以人工费和施工机具使用费之和为基数计算，假设人材机市场单价等于预算单价。

分部分项工程量清单综合单价计算见表 7-3、表 7-4。

表 7-3 分部分项工程量清单综合单价计算（一）

项目编码	010101003001	项目名称		挖沟槽土方		计量单位		m³	数量	1027.62	
清单综合单价组成明细											
定额编号	定额名称	定额单位	数量	单价/元				合价/元			
				人工费	材料费	机械费	管理费和利润	人工费	材料费	机械费	管理费和利润
G1-144	G1-144 人工挖沟槽三类土、2m以内	100m³	10.274	3966.6	0	2.3	12.56%	40752.85	0	23.63	5121.53
G1-297	基底钎探	100m²	4.40	55.2	0	0	12.56%	242.88	0	0	30.51
G1-219	双轮车运土 50m 内	100m³	2.58	957.0	0	0	12.56%	2469.06	0	0	310.11
		小计						43464.79	0	23.63	5462.15
清单项目综合单价								47.63	单位	元/m³	

表 7-4 分部分项工程量清单综合单价计算（二）

项目编码	010103001001	项目名称		回填方		计量单位		m³	数量	769.62	
清单综合单价组成明细											
定额编号	定额名称	定额单位	数量	单价/元				合价/元			
				人工费	材料费	机械费	管理费和利润	人工费	材料费	机械费	管理费和利润
G1-281	槽内填土夯实	100m³	7.696	828.0	0	229.03	12.56%	6372.29	0	1762.61	1021.74
		小计						6372.29	0	1762.61	1021.74
清单项目综合单价								11.90	单位	元/m³	

（4）编制分部分项工程量清单与计价表 见表 7-5。

表 7-5 分部分项工程量清单与计价

序号	项目编码	项目名称	项目特征描述	计量单位	工程数量	金额/元	
						综合单价	合价
1	010101003001	挖沟槽土方	1. 土壤类别：三类土 2. 基础类型：独立基础 3. 垫层宽度：1.4m 4. 挖土深度：1.8m 5. 弃土运距：40m	m³	1027.62	47.63	48945.54
2	010103001001	回填方	1. 土质要求：原土 2. 夯填 3. 运输距离：5m 以内	m³	769.62	11.90	9158.48
			小计				58104.02

第二节 基坑与边坡支护工程清单计价

一、基坑与边坡支护工程清单工程量计算规则与举例

地基与边坡支护工程设置 2 节共 28 个清单项目，即地基处理、基坑与边坡支护。

(一) 地基处理（编码：010201）

1. 换填垫层（010201001）

按设计图示尺寸以体积计算。工作内容包括分层铺填；碾压、振密或夯实；材料运输。

地层情况按土壤和岩石分类表的规定，并根据岩土工程勘察报告按单位工程各地层所占比例（包括范围值）进行描述。对无法准确描述的地层情况，可注明由投标人根据岩土工程勘察报告自行决定报价。

2. 铺设土工合成材料（010201002）

按设计图示尺寸以面积计算。

3. 预压地基（010201003）、**强夯地基**（010201004）、**振冲密实**（不填料）（010201005）

按设计图示处理范围以面积计算。

4. 振冲桩（填料）（010201006）、**砂石桩**（010201007）

以米计量，按设计图示尺寸以桩长计算或者以立方米计量，按设计桩截面乘以桩长以体积计算。其中砂石桩的桩长包括桩尖。

5. 水泥粉煤灰碎石桩（CFG 桩）（010201008）

按设计图示尺寸以桩长（包括桩尖）计算。

6. 深层搅拌桩（010201009）、**粉喷桩**（010201010）

按设计图示尺寸以桩长计算。

7. 夯实水泥土桩（010201011）

按设计图示尺寸以桩长（包括桩尖）计算。

8. 高压喷射注浆桩（010201012）

按设计图示尺寸以桩长计算。

高压喷射注浆类型包括旋喷、摆喷、定喷，高压喷射注浆方法包括单管法、双重管法、三重管法。

【例 7-3】 某工程采用 42.5MPa 硅酸盐水泥粉喷桩，水泥掺量为桩体的 14%，桩长 9.00m，桩截面直径 1.00m，共 50 根，桩顶标高−1.80m，室外地坪标高−0.30m，请编制工程量清单。

解 粉喷桩工程量 $L=9.00\times50=450.00$(m)

分部分项工程量清单见表 7-6。

表 7-6 分部分项工程量清单

序号	项目编码	项目名称	项目特征描述	计量单位	工程数量
1	010201010001	粉喷桩	1. 桩长：9m 2. 粉体种类：硅酸盐水泥 3. 水泥掺量：14% 4. 水泥强度等级：42.5MPa	m	450.00

9. 石灰桩（010201013）、**灰土（土）挤密桩**（010201014）、**柱锤冲扩桩**（010201015）

按设计图示尺寸以桩长（包括桩尖）计算。

10. 注浆地基（010201016）

以米计量，按设计图示尺寸以钻孔深度计算；或者以立方米计量，按设计图示尺寸以加固体积计算。

11. 褥垫层（010201017）

以平方米计量，按设计图示尺寸以铺设面积计算；或者以立方米计量，按设计图示尺寸以体积计算。

（二）基坑与边坡支护（编码：010202）

1. 地下连续墙（010202001）

按设计图示墙中心线长乘以厚度乘以槽深以体积计算。

地下连续墙的钢筋网、锚杆支护、土钉支护的锚杆及钢筋网片等，应按“混凝土及钢筋混凝土工程”中的钢筋工程量清单项目编码列项。

2. 咬合灌注桩（010202002）、**圆木桩**（010202003）、**预制钢筋混凝土板桩**（010202004）

以米计量，按设计图示尺寸以桩长计算；或者以根计量，按设计图示数量计算。

3. 型钢桩（010202005）

以吨计量，按设计图示尺寸以“t”计算或者以根计量，按设计图示数量计算。

4. 钢板桩（010202006）

以吨计量，按设计图示尺寸以“t”计算或者以平方米计量，按设计图示墙中心线长乘以桩长以面积计算。

5. 锚杆（010202007）、**土钉**（010202008）

以米计量，按设计图示尺寸以钻孔深度计算或者以根计量，按设计图示数量计算。

6. 喷射混凝土、水泥砂浆（010202009）

按设计图示尺寸以面积计算。

7. 钢筋混凝土支撑（010202010）

按设计图示尺寸以体积计算。

8. 钢支撑（010202011）

按设计图示尺寸以“t”计算。

【例 7-4】 某工程地基施工组织设计中采用土钉支护，如图 7-3 所示。土钉深度为 2m，平均每平方米设一个，C25 混凝土喷射厚度为 80mm。请编制工程量清单。

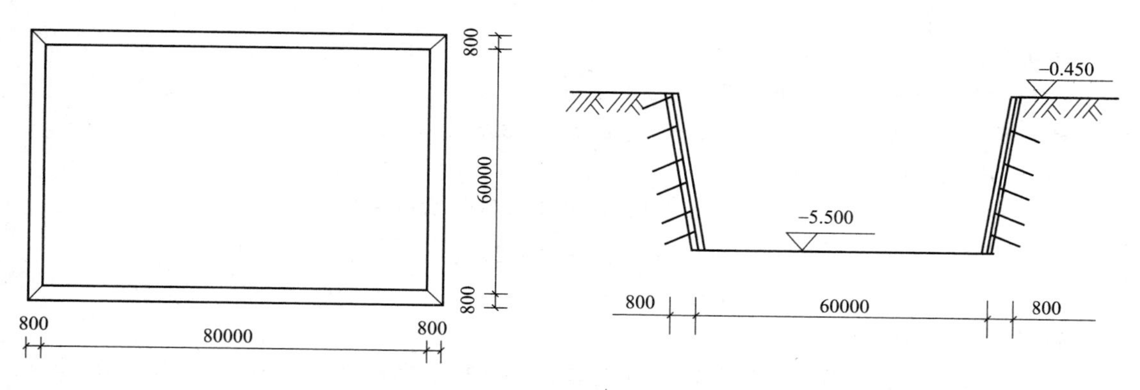

图 7-3 土钉支护示意图

解 土钉支护工程量 $S=(80.80+60.80)\times 2\times\sqrt{0.8^2+(5.5-0.45)^2}$

$$=1447.99(m^2)$$

土钉工程量＝1447.99÷1.00×2.00＝2895.98(m)

分部分项工程量清单见表 7-7。

表 7-7　分部分项工程量清单

序号	项目编码	项目名称	项目特征描述	计量单位	工程数量
1	010202008001	土钉支护	1. 土钉深度：2m； 2. 喷射厚度：80mm； 3. 混凝土强度等级：C25	m	2895.98
2	010202009001	喷射混凝土	1. 部位：边坡 2. 厚度：80mm 3. 混凝土强度等级：C25	m^2	1447.99

二、基坑与边坡支护工程综合单价的确定

【例 7-5】 结合［例 7-4］资料，试计算招标控制价中的土钉支护与喷射混凝土分部分项工程费。

解　(1) 编制工程量清单见表 7-7

(2) 计算综合单价

1) 根据清单的项目特征确定清单项目所组合的定额项目

① 清单项目 010202008001 土钉支护所对应的定额项目

G2-47 土钉钻孔、灌浆　定额基价：3722.57 元/100m

② 清单项目 010202009001 喷射混凝土所对应的定额项目

G2-50 喷射混凝土护坡（坡度 60°以上、厚度 50mm）

定额基价：6585.76 元/100m^2

C20 碎石混凝土 20mm（坍落度 30～50mm）275.86 元/m^3，用量 6.5m^3/100m，

C25 碎石混凝土 20mm（坍落度 30～50mm）295.12 元/m^3

G2-50 换算定额基价：6585.76＋6.5×(295.12－275.86)＝6710.95(元/100m^2)

材料费：1864.25＋6.5×(295.12－275.86)＝1989.44(元/100m^2)

G2-51 喷射混凝土护坡（坡度 60°以上、每增 10mm）

定额基价：764.57 元/100m^2

同理进行混凝土强度等级换算

G2-51 换算定额基价：764.57＋1.3×(295.12－275.86)＝789.61(元/100m^2)

材料费：368.82＋1.3×(295.12－275.86)＝393.86(元/100m^2)

2) 计算计价工程量

砂浆土钉（钻孔灌浆）工程量 L＝1447.99÷1.00×2.00＝2895.98 (m)

喷射混凝土护坡工程量 $S=(80.80+60.80)\times 2\times\sqrt{0.8^2+(5.5-0.45)^2}$

$$=1447.99(m^2)$$

3) 计算综合单价

人材机消耗量按《湖北省房屋建筑与装饰工程消耗量定额及基价表》(2013 版) 确定，查《湖北省建筑安装工程费用定额》(2013 版) 管理费为 23.84%，利润率为 18.17%，以人工费和施工机具使用费之和为基数计算，假设人材机市场单价等于预算单价。

分部分项工程量清单综合单价计算表见表 7-8、表 7-9。

表 7-8　分部分项工程量清单综合单价计算（一）

项目编码	010202008001		项目名称	土钉支护		计量单位	m	数量		2895.98	
清单综合单价组成明细											
定额编号	定额名称	定额单位	数量	单　价/元				合　价/元			
				人工费	材料费	机械费	管理费和利润	人工费	材料费	机械费	管理费和利润
G2-47	土钉钻孔、灌浆	100m	28.96	601.52	1238.42	1882.63	42.01%	17420.02	35864.64	54520.96	30222.41
		小计						17420.02	35864.64	54520.96	30222.41
清单项目综合单价								47.66	单位		元/m

表 7-9　分部分项工程量清单综合单价计算（二）

项目编码	010202009001		项目名称	喷射混凝土		计量单位	m^2	数量		1447.99	
清单综合单价组成明细											
定额编号	定额名称	定额单位	数量	单　价/元				合　价/元			
				人工费	材料费	机械费	管理费和利润	人工费	材料费	机械费	管理费和利润
G2-50 换	喷射混凝土护坡坡度 60°以上、厚度 50mm	$100m^2$	14.48	2411.88	1989.44	2309.63	42.01%	34924.02	28807.09	33443.44	28721.17
G2-51 换	喷射混凝土护坡坡度 60°以上、每增 10mm	$100m^2$	43.44	206.92	393.86	188.83	42.01%	8988.60	17109.28	8202.78	7222.10
		小计						43912.62	45916.37	41646.22	35943.27
清单项目综合单价								115.62	单位		元/m^2

（3）编制分部分项工程量清单与计价，如表 7-10 所示。

表 7-10　分部分项工程量清单与计价

序号	项目编码	项目名称	项目特征描述	计量单位	工程数量	金额/元	
						综合单价	合价
1	010202008001	土钉支护	1. 土钉深度:2m 2. 喷射厚度:80mm 3. 混凝土强度等级:C25	m	2895.98	47.66	138022.41
2	010202009001	喷射混凝土	1. 部位:边坡 2. 厚度:80mm 3. 混凝土强度等级:C25	m^2	1447.99	115.62	167416.60
		小计					305439.01

第三节　桩基工程清单计价

一、桩基工程清单工程量计算规则与举例

桩基工程设置 2 节共 11 个清单项目，即打桩和灌注桩。

（一）打桩（编码：010301）

1. 预制钢筋混凝土方桩（010301001）、**预制钢筋混凝土管桩**（010301002）

以米计量，按设计图示尺寸以桩长（包括桩尖）计算或者以根计量，按设计图示数量计算。

打桩项目包括成品桩购置费，如果用现场预制桩，应包括现场预制的所有费用。

打试验桩和打斜桩应按相应项目编码单独列项，并应在项目特征中注明试验桩或斜桩（斜率）。

2. 钢管桩（010301003）

以吨计量，按设计图示尺寸以质量计算或者以根计量，按设计图示数量计算。

3. 截（凿）桩头（010301004）

以立方米计量，按设计桩截面乘以桩头长度以体积计算或者以根计量，按设计图示数量计算。

【例 7-6】 某工程有预制钢筋混凝土方桩 220 根（含试桩 3 根），桩截面为 400mm×400mm，桩型为 3 段接桩，桩长 18m(6+6+6)，采用 4∟75×6 角钢焊接，土壤级别为二级土，桩身混凝土 C35，场外运输 12km，送桩深 2m，请编制此工程量清单。

解 预制钢筋混凝土方桩 $N_1=220-3=217$(根)

预制钢筋混凝土试桩 $N_2=3$(根)

因此工程量清单如表 7-11 所示。

表 7-11 分部分项工程量清单

序号	项目编码	项目名称	项目特征描述	计量单位	工程数量
1	010301001001	预制钢筋混凝土方桩	1. 土壤类别：二级土 2. 单桩长度：18m 3. 桩截面面积：400mm×400mm 4. 混凝土强度等级：C35 5. 运距：12km 6. 送桩：2m	根	217
2	010301001002	预制钢筋混凝土试桩	项目特征同工程桩	根	3

（二）灌注桩（编码：010302）

1. 泥浆护壁成孔灌注桩（010302001）、**沉管灌注桩**（010302002）、**干作业成孔灌注桩**（010302003）

工程量计算规则均有以下三种方式。

① 以米计量，按设计图示尺寸以桩长（包括桩尖）计算；

② 以立方米计量，按不同截面在桩上范围内以体积计算；

③ 以根计量，按设计图示数量计算。

桩基础的承载力检测、桩身完整性检测等费用按国家相关取费标准单独计算，不在本清单项目中。

2. 挖孔桩土（石）方（010302004）

按设计图示尺寸截面积乘以挖孔深度以立方米计算。

3. 人工挖孔灌注桩（010302005）

以立方米计量，按桩芯混凝土体积计算或者以根计量，按设计图示数量计算。

4. 钻孔压浆桩（010302006）

以米计量，按设计图示尺寸以桩长计算或者以根计量，按设计图示数量计算。

5. 桩底注浆（010302007）

按设计图示以注浆孔数计算。工作内容包括注浆导管制作、安装；浆液制作、运输、压浆。

【例 7-7】 某工程采用 C30 钻孔灌注桩 80 根，设计桩径 1200mm，要求桩穿越碎卵石层后进入强度为 $280kg/cm^2$ 的中等风化岩层 1.7m，桩底标高 −49.8m 桩顶设计标高 −4.8m，现场自然地坪标高为 −0.45m，设计规定加灌长度 1.5m；废弃泥浆要求外运 5km 处。试计算该桩基清单工程量并编列项目清单。

解 为简化工程实施过程工程量变化以后价格的调整，选定按“m”为计量单位。按设计要求和现场条件涉及的工程描述内容有：

桩长 45m，桩基根数 65 根，桩截面 ϕ1200，成孔方法为钻孔，混凝土强度等级 C30；桩顶、自然地坪标高、加灌长度及泥浆运输距离，其中设计穿过碎卵石层进入 $280kg/cm^2$ 的中等风化岩层，应考虑入岩因素及其工程量参数。

清单工程量 $L_1=80\times(49.8-4.8)=3600(m)$

项目清单见表 7-12。

表 7-12 分部分项工程量清单

序号	项目编码	项目名称	项目特征描述	计量单位	工程数量
1	010302001001	泥浆护壁成孔灌注桩	1. 土壤类别：软质岩 2. 空桩长度：4.35m 3. 桩长：45m 4. 桩径：1.2m 5. 混凝土强度等级：C30	m	3600

二、桩基工程综合单价的确定

【例 7-8】 按［例 7-6］提供的资料，假设人材机市场单价等于预算单价，计算预制混凝土桩的综合单价以及分部分项工程费。

解 （1）编制工程量清单（表 7-11）

（2）计算综合单价

① 清单项目 010301001001 预制钢筋混凝土方桩组合的定额项目有

G3-2 打预制混凝土方桩 25m 以内 定额基价：12603.53 元/$10m^3$

G3-6 送预制混凝土方桩 25m 以内 定额基价：1721.83 元/$10m^3$

G3-17 角钢电焊接桩 定额基价：9201.46 元/t

② 清单项目 010301001002 预制钢筋混凝土试桩组合的定额项目与工程桩相同，只是在计价时考虑试验桩的因素，按相应定额的打桩人工及机械乘以系数 1.5。

③ 计算计价工程量。

打预制混凝土方桩定额工程量 $V_1=18\times0.4\times0.4\times217=624.96(m^3)$

送桩工程量 $V_2=0.4\times0.4\times2\times217=69.44(m^3)$

接桩工程量查图集可知∟75×6 每个接头重量 6.905kg/m，共计 4×0.34×6.905×2×217=4075.61(kg)，合计 4.076t。

打预制混凝土试桩定额工程量 V_3=18×0.4×0.4×3=8.64(m^3)

送桩工程量 V_4=0.4×0.4×2×3=0.96(m^3)

接桩工程量查图集可知∟75×6 每个接头重量 6.905kg/m，共计 4×0.34×6.905×2×3=56.345 (kg)，合计 0.0563t。

④ 计算综合单价（表 7-13、表 7-14）。

表 7-13　分部分项工程量清单综合单价计算（一）

项目编码	010301001001	项目名称	预制钢筋混凝土方桩	计量单位	根	数量	217				
清单综合单价组成明细											
定额编号	定额名称	定额单位	数量	单价/元				合价/元			
				人工费	材料费	机械费	管理费和利润	人工费	材料费	机械费	管理费和利润
G3-2	打预制混凝土方桩 25m 以内	$10m^3$	62.50	571.00	10743.82	1288.71	42.01%	35687.5	671488.75	80544.38	48829.01
G3-6	送预制混凝土方桩 25m 以内	$10m^3$	6.944	616.48	11.4	1093.95	42.01%	4280.84	79.16	7596.39	4989.62
G3-17	角钢电焊接桩	t	4.076	2158.88	4825.9	2216.68	42.01%	8799.59	19670.37	9035.19	7492.39
	小计							48767.93	691238.3	97175.95	61311.02
清单项目综合单价								4140.52	单位	元/根	

表 7-14　分部分项工程量清单综合单价计算（二）

项目编码	010301001002	项目名称	预制钢筋混凝土试桩	计量单位	根	数量	3				
清单综合单价组成明细											
定额编号	定额名称	定额单位	数量	单价/元				合价/元			
				人工费	材料费	机械费	管理费和利润	人工费	材料费	机械费	管理费和利润
G3-2	打预制混凝土方桩 25m 以内	$10m^3$	0.864	856.5	10743.82	1933.07	42.01%	740.02	9282.66	1670.17	1012.52
G3-6	送预制混凝土方桩 25m 以内	$10m^3$	0.096	924.72	11.4	1640.93	42.01%	88.77	1.09	157.53	103.47
G3-17	角钢电焊接桩	t	0.0563	3238.32	4825.9	3325.02	42.01%	182.32	271.70	187.20	155.23
	小计							1011.11	9555.45	2014.90	1271.22
清单项目综合单价								4617.56	单位	元/根	

（3）编制分部分项工程量清单与计价（表 7-15）

表 7-15　分部分项工程量清单与计价

序号	项目编码	项目名称	项目特征描述	计量单位	工程数量	金额/元	
						综合单价	合价
1	010301001001	预制钢筋混凝土方桩	1. 土壤类别：二级土 2. 单桩长度：18m 3. 桩截面面积：400mm×400mm 4. 混凝土强度等级：C35 5. 运距：12km 6. 送桩：2m	根	217	4140.52	898492.84
2	010301001002	预制钢筋混凝土试桩	项目特征同工程桩	根	3	4617.56	13852.68
		小计					912345.52

第四节　砌筑工程清单计价

一、砌筑工程清单工程量计算规则与举例

砌筑工程清单项目设置 4 节共 27 个清单项目，即砖砌体、砌块砌体、石砌体、垫层。

（一）砖砌体（编码：010401）

1. 砖基础（010401001）

按设计图示尺寸以体积计算。

包括附墙垛基础宽出部分体积，扣除地梁（圈梁）、构造柱所占体积，不扣除基础大放脚 T 形接头处的重叠部分及嵌入基础内的钢筋、铁件、管道、基础砂浆防潮层和单个面积 $\leqslant 0.3m^2$ 的孔洞所占体积，靠墙暖气沟的挑檐不增加。

基础长度：外墙按外墙中心线，内墙按内墙净长线计算。

“砖基础”项目适用于各种类型砖基础：柱基础、墙基础、管道基础等。

砖基础与砖墙（柱）身划分：同定额规定。

【例 7-9】 如图 7-4 所示某工程 M7.5 水泥砂浆砌筑 MU15 水泥实心砖墙基（砖规格：240mm×115mm×53mm）。请编制该砖基础砌筑项目工程量清单（提示：砖砌体内无混凝土构件）。

解　该工程砖基础有两种截面规格，为避免工程局部变更引起整个砖基础报价调整的纠纷，应分别列项。工程量计算如下。

Ⅰ-Ⅰ截面：

砖基础高度 $H_1=1.2(m)$

砖基础长度 $L_1=7\times3-0.24+2\times(0.365-0.24)\times0.365\div0.24=21.14(m)$

其中：$(0.365-0.24)\times0.365\div0.24$ 为砖垛折加长度

大放脚截面：$S_1=n(n+1)ab=4\times(4+1)\times0.126\times0.0625=0.1575(m^2)$

砖基础工程量：$V_1=L(Hd+s)-V_0=21.14\times(1.2\times0.24+0.1575)$

$=9.42(m^3)$

垫层长度：$L=7\times3-0.8+2\times(0.365-0.24)\times0.365\div0.24=20.58(m)$

Ⅱ-Ⅱ截面：砖基础高度 $H_2=1.2(m)$ $L_2=(3.6+3.3)\times2=13.8(m)$

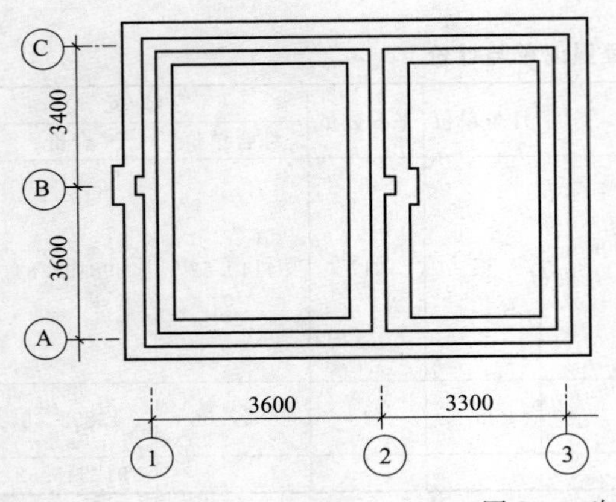

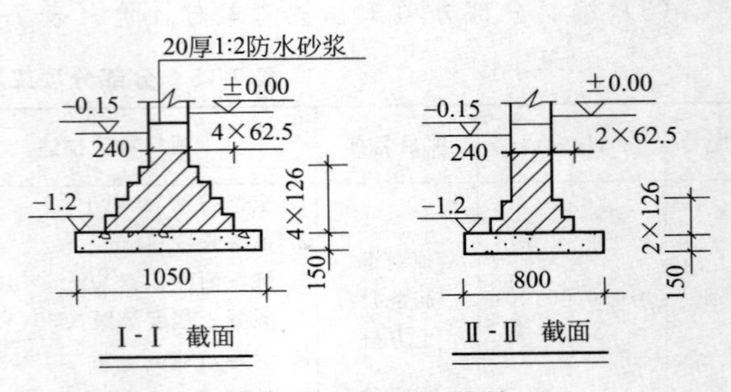

图 7-4 砖基础砌筑护示意图

大放脚截面：$S_2=2\times(2+1)\times0.126\times0.0625=0.0473(m^2)$

砖基础工程量：$V_2=13.8\times(1.2\times0.24+0.0473)=4.63(m^3)$

工程量清单见表 7-16。

表 7-16 分部分项工程量清单

序号	项目编码	项目名称	项目特征描述	计量单位	工程数量
1	010401001001	Ⅰ-Ⅰ砖墙基础	1. 砖品种:水泥实心标准砖 2. 基础类型:四层等高式大放脚 3. 基础深度:1.2m 4. 砂浆强度等级:M7.5 水泥砂浆 5. 防潮层:1:2 防水砂浆 20mm	m^3	9.42
2	010401001002	Ⅱ-Ⅱ砖墙基础	1. 砖品种:水泥实心标准砖 2. 基础类型:二层等高式大放脚 3. 基础深度:1.2m 4. 砂浆强度等级:M7.5 水泥砂浆 5. 防潮层:1:2 防水砂浆 20mm	m^3	4.63

2. 砖砌挖孔桩护壁（010401002）

按设计图示尺寸以立方米计算。

3. 实心砖墙（010401003）、**多孔砖墙**（010401004）、**空心砖墙**（010401005）

按设计图示尺寸以体积计算。

扣除门窗洞口、过人洞、空圈、嵌入墙内的钢筋混凝土柱、梁、圈梁、挑梁、过梁及凹进墙内的壁龛、管槽、暖气槽、消火栓箱所占体积，不扣除梁头、板头、檩头、垫木、木楞头、沿缘木、木砖、门窗走头、砖墙内加固钢筋、木筋、铁件、钢管及单个面积≤0.3m^2的孔洞所占的体积。凸出墙面的腰线、挑檐、压顶、窗台线、虎头砖、门窗套的体积亦不增加。凸出墙面的砖垛并入墙体体积内计算。

（1）墙长度　外墙按中心线、内墙按净长计算。

（2）墙高度

① 外墙：斜（坡）屋面无檐口天棚者算至屋面板底；有屋架且室内外均有天棚者算至屋架下弦底另加 200mm；无天棚者算至屋架下弦底另加 300mm，出檐宽度超过 600mm 时按实砌高度计算；与钢筋混凝土楼板隔层者算至板顶。平屋顶算至钢筋混凝土板底。

② 内墙：位于屋架下弦者，算至屋架下弦底；无屋架者算至天棚底另加 100mm；有钢筋混凝土楼板隔层者算至楼板顶；有框架梁时算至梁底。

③ 女儿墙：从屋面板上表面算至女儿墙顶面（如有混凝土压顶时算至压顶下表面）。

④ 内、外山墙：按其平均高度计算。

(3) 框架间墙　不分内外墙按墙体净尺寸以体积计算。

(4) 围墙　高度算至压顶上表面（如有混凝土压顶时算至压顶下表面），围墙柱并入围墙体积内。

砖砌体勾缝按楼地面工程中相关项目编码列项。

4. 空斗墙 (010401006)

按设计图示尺寸以空斗墙外形体积计算。墙角、内外墙交接处、门窗洞口立边、窗台砖、屋檐处的实砌部分体积并入空斗墙体积内。

空斗墙的窗间墙、窗台下、楼板下、梁头下等的实砌部分，按零星砌砖项目编码列项。

5. 空花墙 (010401007)

按设计图示尺寸以空花部分外形体积计算，不扣除空洞部分体积。

"空花墙"项目适用于各种类型的空花墙，使用混凝土花格砌筑的空花墙，实砌墙体与混凝土花格应分别计算，混凝土花格按混凝土及钢筋混凝土中预制构件相关项目编码列项。

6. 填充墙 (010401008)

按设计图示尺寸以填充墙外形体积计算。

7. 实心砖柱 (010401009)、**多孔砖柱** (010401010)

按设计图示尺寸以体积计算。扣除混凝土及钢筋混凝土梁垫、梁头所占体积。

8. 砖检查井 (010401011)

按设计图示数量计算。

9. 零星砌砖 (010401012)

① 以立方米计量，按设计图示尺寸截面积乘以长度计算。

② 以平方米计量，按设计图示尺寸水平投影面积计算。

③ 以米计量，按设计图示尺寸长度计算。

④ 以个计量，按设计图示数量计算。

注：台阶、台阶挡墙、梯带、锅台、炉灶、蹲台、池槽、池槽腿、砖胎模、花台、花池、楼梯栏板、阳台栏板、地垄墙、≤$0.3m^2$ 的孔洞填塞等，应按零星砌砖项目编码列项。砖砌锅台与炉灶可按外形尺寸以个计算，砖砌台阶可按水平投影面积以平方米计算，小便槽、地垄墙可按长度计算、其他工程按立方米计算。

10. 砖散水、地坪 (010401013)

按设计图示尺寸以面积计算。

11. 砖地沟、明沟 (010401014)

以米计量，按设计图示以中心线长度计算。

注：砖砌体内钢筋加固，应按混凝土及钢筋混凝土工程中相关项目编码列项。

【例 7-10】 某单层建筑物如图 7-5 所示，墙身用 M5 混合砂浆砌筑标准黏土砖，墙厚均为 370mm，混水砖墙。GZ370mm × 370mm 从基础到板顶，女儿墙处 GZ240mm × 240mm 到压顶底面，室内地面以上部分的构造柱工程量为 $3.52m^3$，门窗洞口上均采用砖平拱过梁，工程量为 1.25 m³。M-1：1500mm×2700mm，M-2：1000mm×2700mm，C-1：1800mm×1800mm。请编制砖墙工程量清单。

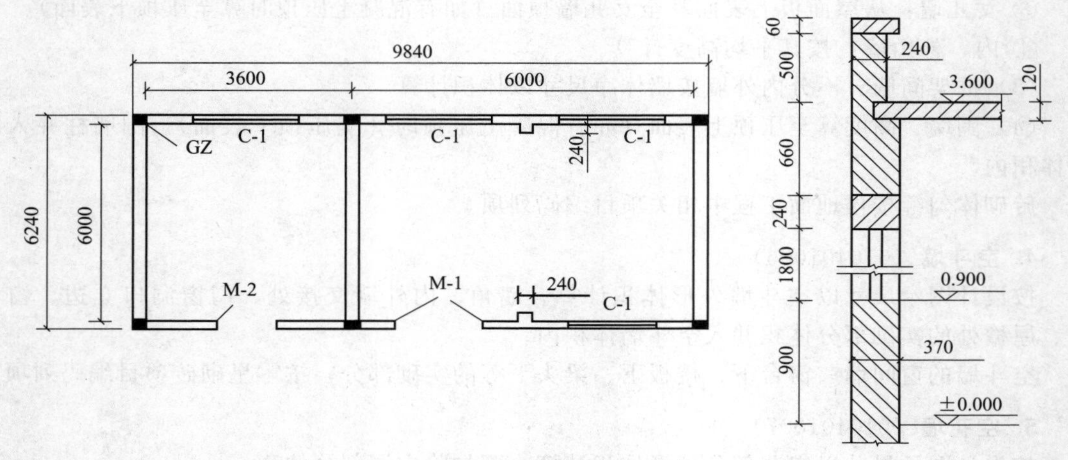

图 7-5　砖墙示意图

解　实心砖墙工程量清单的编制如下。

$L_{中}=(9.84-0.37+6.24-0.37)\times 2=30.68(\text{m})$

$L_{内}=6.24-0.37\times 2=5.50(\text{m})$

240 女儿墙 $L_{中}=(9.84-0.24+6.24-0.24)\times 2-0.24\times 6=29.76(\text{m})$

① 365 砖墙工程量 $V_2=[30.68\times(3.60-0.12)+5.5\times 3.6-1.50\times 2.70-1.00\times 2.70-1.80\times 1.80\times 4]\times 0.365+0.24\times 0.24\times 3.60\times 2-3.52-1.25=34.65\ (\text{m}^3)$

② 女儿墙工程量 $V_3=0.24\times(0.5+0.06+0.12)\times 29.76=4.86(\text{m}^3)$

工程量清单见表 7-17。

表 7-17　分部分项工程量清单

序号	项目编码	项目名称	项目特征描述	计量单位	工程数量
1	010401003001	实心砖墙	1. 砖品种：标准黏土砖 2. 墙体类型：双面混水墙 3. 墙体厚度：365mm 4. 砂浆强度等级：M5 混合砂浆	m³	34.65
2	010401003002	实心砖墙	1. 砖品种：标准黏土砖 2. 墙体类型：女儿墙 3. 墙体厚 2 度：240mm 4. 砂浆强度等级：M5 混合砂浆	m³	4.86

（二）砌块砌体（编码：010402）

1. 砌块墙（010402001）

按设计图示尺寸以体积计算。

扣除门窗洞口、过人洞、空圈、嵌入墙内的钢筋混凝土柱、梁、圈梁、挑梁、过梁及凹进墙内的壁龛、管槽、暖气槽、消火栓箱所占体积，不扣除梁头、板头、檩头、垫木、木楞头、沿缘木、木砖、门窗走头、砌块墙内加固钢筋、木筋、铁件、钢管及单个面积≤0.3m²

的孔洞所占的体积。凸出墙面的腰线、挑檐、压顶、窗台线、虎头砖、门窗套的体积亦不增加。凸出墙面的砖垛并入墙体体积内计算。

（1）墙长度　外墙按中心线、内墙按净长计算。

（2）墙高度

① 外墙：斜（坡）屋面无檐口天棚者算至屋面板底；有屋架且室内外均有天棚者算至屋架下弦底另加 200mm；无天棚者算至屋架下弦底另加 300mm，出檐宽度超过 600mm 时按实砌高度计算；与钢筋混凝土楼板隔层者算至板顶；平屋面算至钢筋混凝土板底。

② 内墙：位于屋架下弦者，算至屋架下弦底；无屋架者算至天棚底另加 100mm；有钢筋混凝土楼板隔层者算至楼板顶；有框架梁时算至梁底。

③ 女儿墙：从屋面板上表面算至女儿墙顶面（如有混凝土压顶时算至压顶下表面）。

④ 内、外山墙：按其平均高度计算。

（3）框架间墙　不分内、外墙按墙体净尺寸以体积计算。

（4）围墙　高度算至压顶上表面（如有混凝土压顶时算至压顶下表面），围墙柱并入围墙体积内。

2. 砌块柱（010402002）

按设计图示尺寸以体积计算。扣除混凝土及钢筋混凝土梁垫、梁头、板头所占体积。

注：① 砌体内加筋、墙体拉结的制作、安装，应按附录混凝土与钢筋混凝土工程中相关项目编码列项。

② 砌块排列应上、下错缝搭砌，如果搭错缝长度满足不了规定的压搭要求，应采取压砌钢筋网片的措施，具体构造要求按设计规定。若设计无规定时，应注明由投标人根据工程实际情况自行考虑。

③ 砌体垂直灰缝宽＞30mm 时，采用 C20 细石混凝土灌实。灌注的混凝土应按附录混凝土与钢筋混凝土工程相关项目编码列项。

（三）石砌体（编码：010403）（略）

（四）垫层（编码：010404）

垫层（010404001）

按设计图示尺寸以立方米计算。

注：除混凝土垫层应按混凝土与钢筋混凝土工程中相关项目编码列项外，没有包括垫层要求的清单项目应按本垫层项目编码列项。

二、砌筑工程综合单价的确定

【例 7-11】 按［例 7-10］提供资料，假设人材机市场单价等于预算单价，试计算实心砖墙的综合单价及分部分项工程费。

解　（1）编制工程量清单（表 7-17）

（2）计算综合单价

① 清单项目 010401003001 实心砖墙组合的定额项目

A1-8 M5 混合砂浆砌 3/2 砖厚混水砖墙　　定额基价：3242.49 元/10m^3

② 清单项目 010401003002 实心砖墙组合的定额项目

A1-7 M5 混合砂浆砌 1 砖厚混水砖墙

③ 计算计价项目的定额工程量

370mm 混合砖墙的工程量 $V=(30.68\times3.60+5.5\times3.6-1.50\times2.70-1.00\times2.70-1.80\times1.80\times4)\times0.365+0.24\times0.24\times3.60\times2-$

$$3.52-1.25$$
$$=35.99(m^3)$$

女儿墙工程量 $V_3=0.24\times(0.5+0.06)\times29.76=4.00(m^3)$

④ 计算综合单价（表 7-18、表 7-19）。

表 7-18 分部分项工程量清单综合单价计算（一）

项目编码	010401003001		项目名称	实心砖墙		计量单位		m^3		数量	34.65
清单综合单价组成明细											
定额编号	定额名称	定额单位	数量	单价/元				合价/元			
				人工费	材料费	机械费	管理费和利润	人工费	材料费	机械费	管理费和利润
A1-8	M5 混合砂浆砌 3/2 砖厚混水砖墙	$10m^3$	3.599	1213.00	1985.33	44.16	42.01%	4365.59	7145.2	158.93	1900.75
		小计						4365.59	7145.2	158.93	1900.75
清单项目综合单价								391.64	单位		元/m^3

表 7-19 分部分项工程量清单综合单价计算（二）

项目编码	010401003002		项目名称	实心砖墙		计量单位		m^3		数量	4.86
清单综合单价组成明细											
定额编号	定额名称	定额单位	数量	单价/元				合价/元			
				人工费	材料费	机械费	管理费和利润	人工费	材料费	机械费	管理费和利润
A1-7	M5 混合砂浆砌 1 砖厚混水砖墙	$10m^3$	0.4	1247.68	1965.20	41.95	42.01%	499.07	786.08	16.78	216.71
清单项目综合单价								312.48	单位		元/ m^3

(3) 编制分部分项工程量清单与计价（表 7-20）

表 7-20 分部分项工程量清单与计价

序号	项目编码	项目名称	项目特征描述	计量单位	工程数量	金额/元	
						综合单价	合价
1	010401003001	实心砖墙	1. 砖品种:标准黏土砖 2. 墙体类型:双面混水墙 3. 墙体厚度:365mm 4. 砂浆强度等级:M5 混合砂浆	m^3	34.65	391.64	13570.33
2	010401003002	实心砖墙	1. 砖品种:标准黏土砖 2. 墙体类型:女儿墙 3. 墙体厚度:240mm 4. 砂浆强度等级:M5 混合砂浆	m^3	4.86	312.48	1518.65
		小计					15088.98

第五节　混凝土及钢筋混凝土工程清单计价

一、混凝土及钢筋混凝土工程清单工程量计算规则与举例

混凝土及钢筋混凝土工程共 16 节，设置 76 个清单项目。

（一）现浇混凝土基础（编码：010501）

垫层（010501001）、**带形基础**（010501002）、**独立基础**（010501003）、**满堂基础**（010501004）、**桩承台基础**（010501005）、**设备基础**（010501006）

按设计图示尺寸以体积计算。不扣除构件内钢筋、预埋铁件和伸入承台基础的桩头所占体积。

注：① 有肋带形基础、无肋带形基础应按带形基础中相关项目列项，并注明肋高。

② 箱式满堂基础中柱、梁、墙、板按现浇混凝土柱、梁、墙、板相关项目分别编码列项；箱式满堂基础底板按现浇混凝土基础的满堂基础项目列项。

③ 框架式设备基础中柱、梁、墙、板分别按现浇混凝土柱、梁、墙、板相关项目编码列项；基础部分按现浇混凝土基础相关项目编码列项。

④ 如为毛石混凝土基础，项目特征应描述毛石所占比例。

【例 7-12】 根据图 7-6 所示为某工程 C30 带形钢筋混凝土基础平面图，请按断面 1—1 所示三种情况分别编制混凝土工程清单。

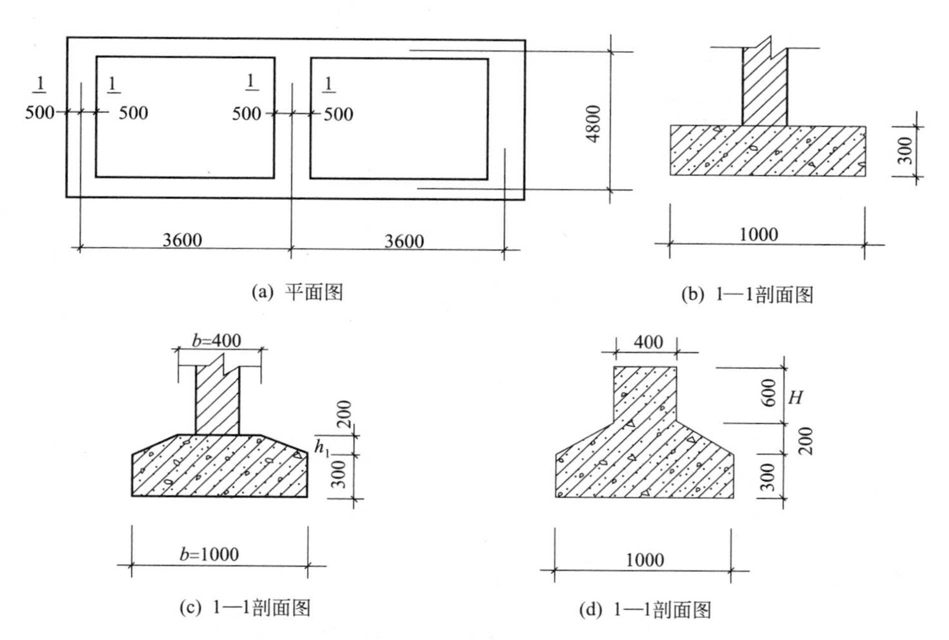

图 7-6　C30 带形钢筋混凝土基础示意图

解　（1）矩形断面，如图 7-6(b) 所示

外墙基长 $L_1=(7.2+4.8)\times2=24$(m)

内墙基长 $L_2=(4.8-1.0)=3.8$(m)

带基体积 $V_1=1.0\times0.3\times(24+3.8)=8.34$(m³)

（2）锥形断面，如图 7-6(c) 所示

外墙基体积：$V_2=\left[1.0\times0.3+\frac{(0.4+1.0)}{2}\times0.2\right]\times24=10.56(\text{m}^3)$

内墙基净长：$L_3=4.8-1=3.8$ (m)

内墙基净体积：$V_3=\left[1.0\times0.3+\frac{(0.4+1.0)}{2}\times0.2\right]\times3.8=1.672(\text{m}^3)$

内墙基搭接长：$L_d=\frac{1.0-0.4}{2}=0.3(\text{m})$

如图 7-7 所示，内墙基搭接体积公式：

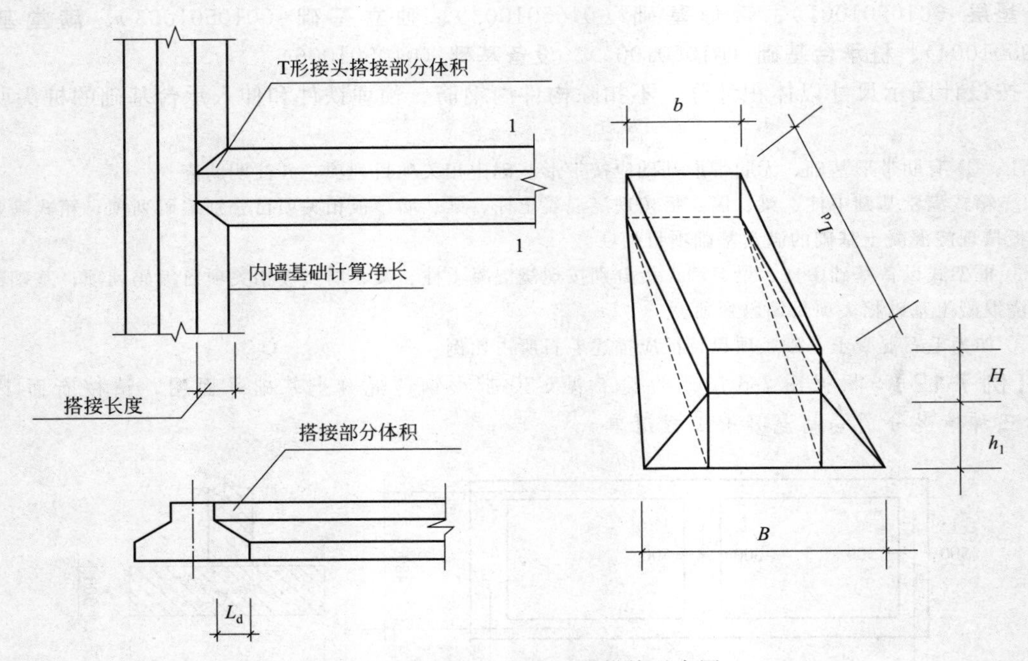

图 7-7　内墙带形基础 T 形搭接示意图

$$V_d=\frac{B+2b}{6}L_dh_1+bHL_d \tag{7-1}$$

式中　B——带形基础下部宽度；
　　b——带形基础上部宽度；
　　L_d——带形基础搭接长度；
　　h_1——带形基础搭接部分下层构件高度；
　　H——带形基础搭接部分上层构件高度。

图 7-6(c) 中，$H=0$　则 $V_d=\frac{1.0+0.4\times2}{6}\times0.2\times0.3\times2=0.036(\text{m}^3)$

带基体积：$V_4=V_2+V_3+V_d=8.88+1.406+0.036=10.32(\text{m}^3)$

(3) 有肋带基，如图 7-6(d) 所示

肋高与肋宽之比 600：400=1.5：1，按规定，此带基按有肋带基计算。

肋部分的体积为：$V_5=0.4\times0.6\times(24+3.8)=6.67(\text{m}^3)$

内墙基搭接体积：$V_d=\frac{1.0+0.4\times2}{6}\times0.2\times0.3\times2+0.4\times0.6\times0.3\times2=0.18(\text{m}^3)$

则有肋带基总体积 $V_6=V_2+V_3+V_5+V_d=8.88+1.406+6.67+0.18=17.14(\text{m}^3)$

工程量清单见表7-21。

表7-21 分部分项工程量清单

序号	项目编码	项目名称	项目特征描述	计量单位	工程数量
1	010501002001	带形基础	1. 混凝土类别:清水混凝土 2. 混凝土强度:C30	m^3	8.34
2	010501002002	无肋带形基础	1. 混凝土类别:清水混凝土 2. 混凝土强度:C30 3. 锥高:200mm	m^3	10.32
3	010501002003	有肋带形基础	1. 混凝土类别:清水混凝土 2. 混凝土强度:C30 3. 肋高:600mm	m^3	17.14

(二) 现浇混凝土柱 (编码:010502)

矩形柱 (010502001)、**构造柱** (010502002)、**异形柱** (010502003)

按设计图示尺寸以体积计算。不扣除构件内钢筋，预埋铁件所占体积。型钢混凝土柱扣除构件内型钢所占体积。

柱高:

① 有梁板的柱高，应自柱基上表面(或楼板上表面)至上一层楼板上表面之间的高度计算。

② 无梁板的柱高，应自柱基上表面(或楼板上表面)至柱帽下表面之间的高度计算。

③ 框架柱的柱高，应自柱基上表面至柱顶高度计算。

④ 构造柱按全高计算，嵌接墙体部分(马牙槎)并入柱身体积。

⑤ 依附柱上的牛腿和升板的柱帽，并入柱身体积计算。

注:混凝土类别指清水混凝土、彩色混凝土等，如在同一地区既使用预拌(商品)混凝土、又允许现场搅拌混凝土时，也应注明。

(三) 现浇混凝土梁 (编码:010503)

1. 基础梁 (010503001)、**矩形梁** (010503002)、**异形梁** (010503003)、**圈梁** (010503004)、**过梁** (010503005)

按设计图示尺寸以体积计算。

不扣除构件内钢筋、预埋铁件所占体积，伸入墙内的梁头、梁垫并入梁体积内。型钢混凝土梁扣除构件内型钢所占体积。

梁长:

① 梁与柱连接时，梁长算至柱侧面。

② 主梁与次梁连接时，次梁长算至主梁侧面。

2. 弧形、拱形梁 (010503006)

按设计图示尺寸以体积计算。不扣除构件内钢筋、预埋铁件所占体积，伸入墙内的梁头、梁垫并入梁体积内。

梁长:

① 梁与柱连接时，梁长算至柱侧面。

② 主梁与次梁连接时，次梁长算至主梁侧面。

【例7-13】 某工程C20混凝土浇筑的框架梁KL1如图7-8所示，KZ1柱断面为400mm×400mm，KZ2柱断面为300mm×300mm，柱高均为10.8m，请编制该框架梁示意图中框架柱及框架梁混凝土工程量清单。

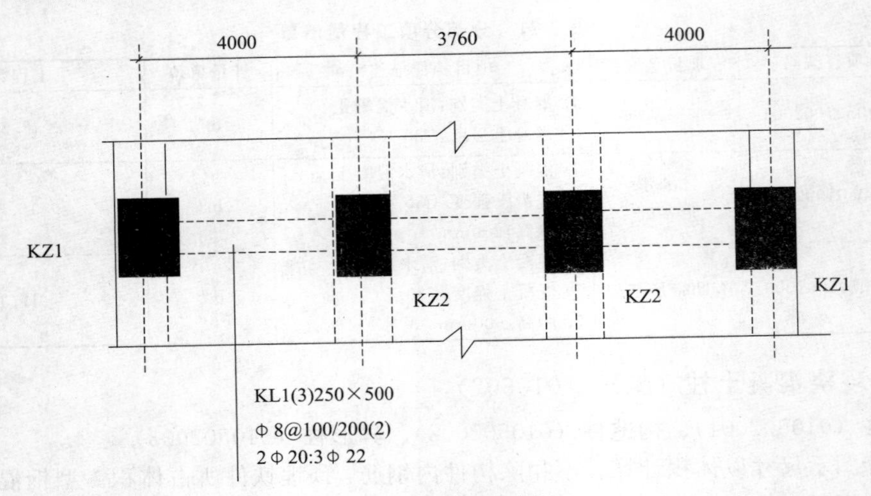

图 7-8 框架梁示意图

解 依据计算规则

框架柱清单工程量 $V_1=0.4\times0.4\times10.8\times2+0.3\times0.3\times10.8\times2=5.40(m^3)$

KL1 清单工程量 $V_2=0.25\times0.50\times(4\times2+3.76-0.4-0.3\times2)=1.35(m^3)$

工程量清单见表 7-22。

表 7-22 分部分项工程量清单

序号	项目编码	项目名称	项目特征描述	计量单位	工程数量
1	010502001001	现浇混凝土矩形柱	1. 混凝土类别:清水混凝土 2. 混凝土强度:C20	m^3	5.40
2	010503002001	现浇混凝土矩形梁	1. 混凝土类别:清水混凝土 2. 混凝土强度:C20	m^3	1.35

(四) 现浇混凝土墙（编码：010504）

直形墙（010504001）、**弧形墙**（010504002）、**短肢剪力墙**（010504003）、**挡土墙**（010504004）

按设计图示尺寸以体积计算。不扣除构件内钢筋、预埋铁件所占体积，扣除门窗洞口及单个面积>0.3m^2 的孔洞所占体积，墙垛及突出墙面部分并入墙体体积计算内。

注：短肢剪力墙是截面厚度不大于 300mm，各肢截面高度与厚度之比的最大值大于 4 但不大于 8 的剪力墙；各肢截面高度与厚度之比的最大值不大于 4 的剪力墙按柱项目编码列项。

(五) 现浇混凝土板（编码：010505）

1. 有梁板（010505001）、**无梁板**（010505002）、**平板**（010505003）、**拱板**（010505004）、**薄壳板**（010505005）、**栏板**（010505006）

按设计图示尺寸以体积计算，不扣除构件内钢筋、预埋铁件及单个面积≤0.3m^2 的柱、垛以及孔洞所占体积。压形钢板混凝土楼板扣除构件内压形钢板所占体积。有梁板（包括主、次梁与板）按梁、板体积之和计算，无梁板按板和柱帽体积之和计算，各类板伸入墙内的板头并入板体积内，薄壳板的肋、基梁并入薄壳体积内计算。

2. 天沟（檐沟）、**挑檐板**（010505007）

按设计图示尺寸以体积计算。

3. 雨篷、悬挑板、阳台板（010505008）

按设计图示尺寸以墙外部分体积计算。包括伸出墙外的牛腿和雨篷反挑檐的体积。

4. 空心板（010505010）

按设计图示尺寸以体积计算。空心板（GBF 高强薄壁蜂巢芯板等）应扣除空心部分体积。

5. 其他板（010505009）

按设计图示尺寸以体积计算。

注：现浇挑檐、天沟板、雨篷、阳台与板（包括屋面板、楼板）连接时，以外墙外边线为分界线；与圈梁（包括其他梁）连接时，以梁外边线为分界线。外边线以外为挑檐、天沟、雨篷或阳台。

【例 7-14】 计算如图 7-9 所示挑檐天沟混凝土工程量，混凝土强度等级为 C20。

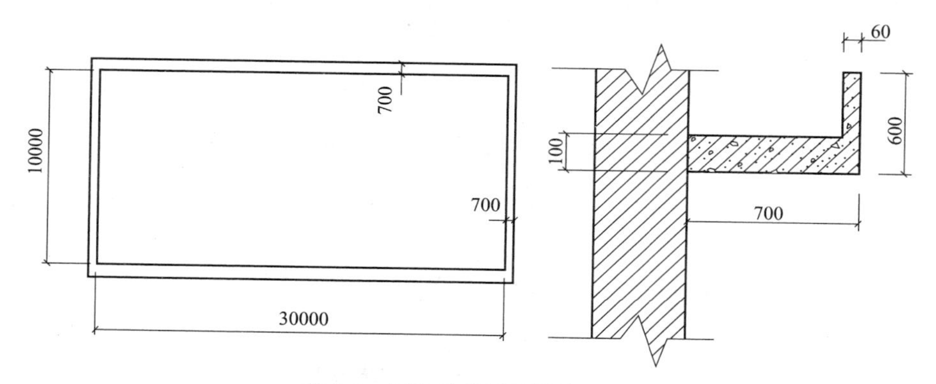

图 7-9 屋面示意图及挑檐剖面

请编制工程量清单。

解 （1）挑檐混凝土工程量

挑檐混凝土水平部分工程量

$$V_1=[(30+0.7\times2)\times(10+0.7\times2)-30\times10]\times0.1=5.80(m^3)$$

天沟壁混凝土工程量

$$V_2=[(30+0.7\times2)\times(10+0.7\times2)-(31.4-0.12)\times(11.4-0.12)]\times(0.6-0.1)=2.56(m^3)$$

挑檐天沟混凝土工程量 $V_3=5.80+2.56=8.36(m^3)$

（2）编制分部分项工程量清单（表 7-23）

表 7-23 分部分项工程量清单

序号	项目编码	项目名称	项目特征描述	计量单位	工程数量
1	010505007001	挑檐天沟	1. 混凝土类别:清水混凝土 2. 混凝土强度:C20	m^3	8.36

（六）现浇混凝土楼梯（编码：010506）

直形楼梯（010506001）、**弧形楼梯**（010506002）

以平方米计量，按设计图示尺寸以水平投影面积计算。不扣除宽度≤500mm 的楼梯井，伸入墙内部分不计算。以立方米计量，按设计图示尺寸以体积计算。

注：整体楼梯（包括直形楼梯、弧形楼梯）水平投影面积包括休息平台、平台梁、斜梁和楼梯的连接梁。当整体楼梯与现浇楼板无梯梁连接时，以楼梯的最后一个踏步边缘加 300mm 为界。

【例 7-15】 图 7-10 为板式楼梯，C25 钢筋混凝土，计算该楼梯清单工程量并编制工程量清单。

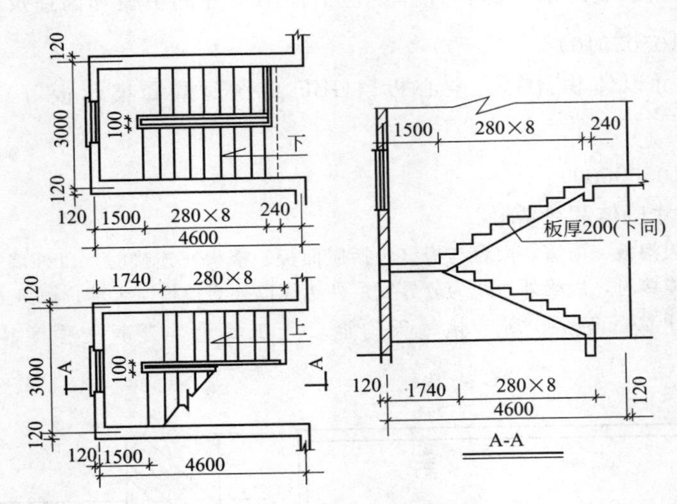

图 7-10 楼梯平面、剖面图

解 因休息平台外为墙体，按墙内净面积计算，（不包括嵌入墙内的平台梁），楼梯井宽度小于 500mm，不予扣除。

$$S=(1.5-0.12+0.28\times 8+0.24)\times(3.0-0.24)=10.65(m^2)$$

工程量清单见表 7-24。

表 7-24 分部分项工程量清单

序号	项目编码	项目名称	项目特征描述	计量单位	工程数量
1	010506001001	直形楼梯	1. 混凝土类别：清水混凝土 2. 混凝土强度：C25	m^2	10.65

（七）现浇混凝土其他构件（编码：010507）

1. 散水、坡道（010507001）、**室外地坪**（010507002）

按设计图示尺寸以水平投影面积计算。不扣除单个≤0.3m^2 的孔洞所占面积。

2. 电缆沟、地沟（010507003）

按设计图示以中心线长计算。

3. 台阶（010507004）

① 以平方米计量，按设计图示尺寸水平投影面积计算。

② 以立方米计量，按设计图示尺寸以体积计算。

4. 扶手、压顶（010507005）

① 以米计量，按设计图示的延长米计算。

② 以立方米计量，按设计图示尺寸以体积计算。

5. 化粪池、检查井（010507006）、**其他构件**（010507007）

按设计图示尺寸以体积计算；或以座计量，按设计图示数量计算。

注：① 现浇混凝土小型池槽、垫块、门框等，应按其他构件项目编码列项。
② 架空式混凝土台阶，按现浇楼梯计算。

（八）后浇带（编码：010508）

后浇带（010508001）

按设计图示尺寸以体积计算。

（九）预制混凝土柱（编码：010509）

矩形柱（010509001）、**异形柱**（010509002）

① 以立方米计量，按设计图示尺寸以体积计算。不扣除构件内钢筋、预埋铁件所占体积。

② 以根计量，按设计图示尺寸以数量计算。以根计量，必须描述单件体积。

【例 7-16】 某单层工业厂房，预制钢筋混凝土工字形柱，单根体积 $1.709m^3$，共 14 根。矩形抗风柱截面为 600mm×400mm，柱高 10.8m，共 4 根，采用 C30 混凝土。试计算预制混凝土柱的清单工程量。

解　依据计算规则，工字形柱 $V_1=1.709\times14=23.93$（m^3）

矩形柱 $V_2=0.6\times0.4\times10.8\times4=10.37$（$m^3$）

（十）预制混凝土梁（编码：0105010）

矩形梁（010510001）、**异形梁**（010510002）、**过梁**（010510003）、**拱形梁**（010510004）、**鱼腹式吊车梁**（010510005）、**其他梁**（010510006）

① 以立方米计量，按设计图示尺寸以体积计算。

② 以根计量，按设计图示尺寸以数量计算，但必须描述单件体积。

（十一）钢筋工程（编码：010515）

1. 现浇构件钢筋（010515001）、**预制构件钢筋**（010515002）、**钢筋网片**（010515003）、**钢筋笼**（010515004）

按设计图示钢筋（网）长度（面积）乘单位理论质量计算。

2. 先张法预应力钢筋（010515005）

按设计图示钢筋长度乘单位理论质量计算。

3. 支撑钢筋（铁马）（010515009）

按钢筋长度乘单位理论质量计算。

注：① 现浇构件中伸出构件的锚固钢筋应并入钢筋工程量内。除设计（包括规范规定）标明的搭接外，其他施工搭接不计算工程量，在综合单价中综合考虑。

② 现浇构件中固定位置的支撑钢筋、双层钢筋用的“铁马”在编制工程量清单时，其工程数量可为暂估量，结算时按现场签证数量计算。

（十二）螺栓、铁件（编码：010516）

1. 螺栓（010516001）、**预埋铁件**（010516002）

按设计图示尺寸以质量计算。

2. 机械连接（010516003）

按数量计算。

注：编制工程量清单时，其工程数量可为暂估量，实际工程量按现场签证数量计算。

二、混凝土及钢筋混凝土工程综合单价的确定

【例 7-17】 根据［例 7-13］所提供的资料，管理费费率和利润率之和为 42.01%，假定人材机市场单价与预算单价相等，试计算现浇混凝土梁柱综合单价。

解 (1) 编制工程量清单

① 列出清单项目

010502001001 现浇混凝土矩形柱 KZ1 400×400

010502001002 现浇混凝土矩形柱 KZ2 300×300

010503002001 现浇混凝土矩形梁

② 工程量计算

清单计算规则与定额计算规则一致。

(2) 计算综合单价

① 根据清单的项目特征确定清单项目所组合的定额项目

清单项目 010502001001 现浇混凝土矩形柱对应的定额项目 A2-17 现场搅拌现浇矩形柱 C20 混凝土。

清单项目 010503002001 现浇混凝土矩形梁对应的定额项目 A2-23 现场搅拌现浇矩形梁 C20 混凝土。

② 计算综合单价（表 7-25、表 7-26）

表 7-25 分部分项工程量清单综合单价计算（一）

项目编码	010502001001		项目名称	现浇混凝土矩形柱		计量单位	m³		数量		5.40
清单综合单价组成明细											
定额编号	定额名称	定额单位	数量	单价/元				合价/元			
				人工费	材料费	机械费	管理费和利润	人工费	材料费	机械费	管理费和利润
A2-17	现浇混凝土矩形柱	10m³	0.54	1263.88	2688.55	102.78	42.01%	682.50	1451.82	55.50	310.03
		小计						682.50	1451.82	55.50	310.03
清单项目综合单价								462.93		单位	元/m³

表 7-26 分部分项工程量清单综合单价计算（二）

项目编码	010503002001		项目名称	现浇混凝土矩形梁		计量单位	m³		数量		1.35
清单综合单价组成明细											
定额编号	定额名称	定额单位	数量	单价/元				合价/元			
				人工费	材料费	机械费	管理费和利润	人工费	材料费	机械费	管理费和利润
A2-23	现浇混凝土矩形梁	10m³	0.135	1043.72	2697.51	102.78	42.01%	140.90	364.16	13.88	65.02
		小计						140.90	364.16	13.88	65.02
清单项目综合单价								432.56		单位	元/m³

（3）编制分部分项工程量清单与计价（表 7-27）

表 7-27 分部分项工程量清单与计价

序号	项目编码	项目名称	项目特征描述	计量单位	工程数量	金额/元	
						综合单价	合价
1	010502001001	现浇混凝土矩形柱	1. 混凝土类别：清水混凝土 2. 混凝土强度：C20	m^3	5.40	462.93	2499.82
2	010503002001	现浇混凝土矩形梁	1. 混凝土类别：清水混凝土 2. 混凝土强度：C20	m^3	1.36	432.56	588.28
		小计					3088.10

第六节 金属结构工程清单计价

一、金属结构工程清单工程量计算规则与举例

金属结构工程共设置 7 节 31 个清单项目，即钢网架，钢屋架、钢托架、钢桁架、钢桥架，钢柱，钢梁，钢板楼板、墙板，钢构件，金属制品。

（一）钢网架（编码：010601）

钢网架（010601001）

按设计图示尺寸以质量计算。不扣除孔眼的质量，焊条、铆钉、螺栓等不另增加质量。

（二）钢屋架、钢托架、钢桁架、钢桥架（编码：010602）

1. 钢屋架（010602001）

以榀计量，按设计图示数量计算；以吨计量，按设计图示尺寸以质量计算。不扣除孔眼的质量，焊条、铆钉、螺栓等不另增加质量。

2. 钢托架（010602002）、**钢桁架**（010602003）、**钢桥架**（010602004）

按设计图示尺寸以质量计算。不扣除孔眼的质量，焊条、铆钉、螺栓等不另增加质量。

【例 7-18】 某工程钢屋架如图 7-11 所示，由金属构件厂加工，场外运输 5km，现场拼装，采用汽车吊装跨外安装，安装高度为 10m，请编制工程量清单。

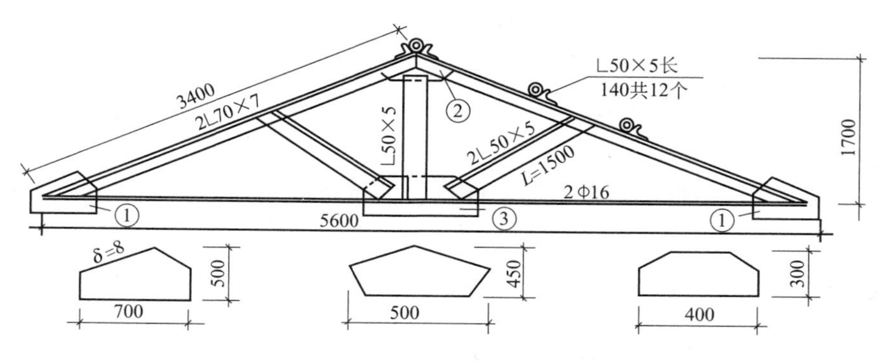

图 7-11 钢屋架示意图

解 上弦重量 $W_1=3.4\times2\times2\times7.398=100.61(kg)$

下弦重量 $W_2=5.6\times2\times1.58=17.7(kg)$

立杆重量 $W_3=1.7\times3.77=6.41(kg)$

斜撑重量 $W_4=1.5\times2\times2\times3.77=22.62(kg)$

① 号连接板重量 $W_5=0.7\times0.5\times2\times62.80=43.96(kg)$

② 号连接板重量 $W_6=0.5\times0.45\times62.8=14.13(kg)$

③ 号连接板重量 $W_7=0.4\times0.3\times62.8=7.54(kg)$

檩托重量 $W_8=0.14\times12\times3.77=6.33(kg)$

屋架工程量

$$W=100.61+17.70+6.41+22.62+43.96+14.13+7.54+6.33=219.30(kg)$$

工程量清单见表 7-28。

表 7-28 分部分项工程量清单

序号	项目编码	项目名称	项目特征描述	计量单位	工程数量
1	010602001001	钢屋架	1. 屋架类型：一般钢屋架 2. 钢材品种、规格：不同规格角钢 3. 屋架跨度：5.6m 4. 安装高度：10m	t	0.219

(三) 钢柱 (编码：010603)

1. 实腹钢柱 (010603001)、**空腹钢柱** (010603002)

按设计图示尺寸以质量计算。不扣除孔眼的质量，焊条、铆钉、螺栓等不另增加质量，依附在钢柱上的牛腿及悬臂梁等并入钢柱工程量内。

2. 钢管柱 (010603003)

按设计图示尺寸以质量计算。不扣除孔眼的质量，焊条、铆钉、螺栓等不另增加质量，钢管柱上的节点板、加强环、内衬管、牛腿等并入钢管柱工程量内。

(四) 钢梁 (编码：010604)

钢梁 (010604001)、**钢吊车梁** (010604002)

按设计图示尺寸以质量计算。不扣除孔眼的质量，焊条、铆钉、螺栓等不另增加质量，制动梁、制动板、制动桁架、车挡并入钢吊车梁工程量内。

(五) 钢板楼板、墙板 (编码：010605)

1. 钢板楼板 (010605001)

按设计图示尺寸以铺设水平投影面积计算。不扣除单个面积≤0.3m² 柱、垛及孔洞所占面积。

2. 钢板墙板 (010605002)

按设计图示尺寸以铺挂展开面积计算。不扣除单个面积≤0.3m² 的梁、孔洞所占面积，包角、包边、窗台泛水等不另加面积按设计图示尺寸以铺挂展开面积计算。不扣除单个面积≤0.3m² 的梁、孔洞所占面积，包角、包边、窗台泛水等不另加面积。

【例 7-19】 某金属构件如图 7-12 所示，底边长 1520mm，顶边长 1360mm，另一边长

800mm，底边垂直最大宽度为 840mm，该钢板厚度为 60mm，试计算该钢板清单工程量。

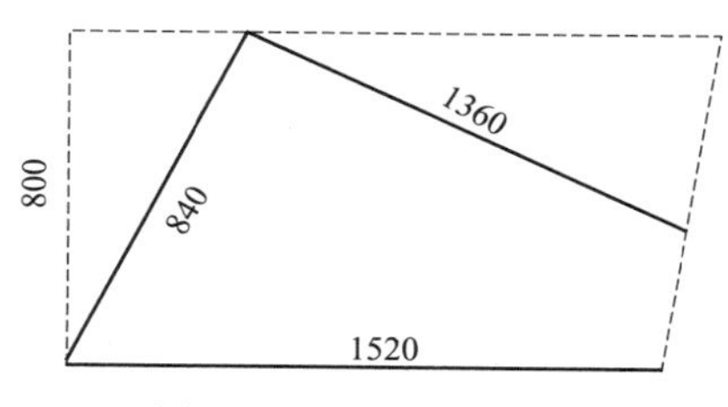

图 7-12 金属构件尺寸

解 以最大长度与其最大宽度之积求得：

钢板面积 $S=1.52\times0.84=1.277$（m^2）

钢板重量 $W=1.277\times0.06\times7.85$（钢板理论重量）$=0.601$（t）

（六）钢构件（编码：010606）（略）

（七）金属制品（编码：010607）

1. 成品空调金属百叶护栏（010607001）、**成品栅栏**（010607002）

按设计图示尺寸以框外围展开面积计算。

2. 成品雨篷（010607003）

① 以米计量，按设计图示接触边以米计算。

② 以平方米计量，按设计图示尺寸以展开面积计算。

3. 金属网栏（010607004）

按设计图示尺寸以框外围展开面积计算。

4. 砌块墙钢丝网加固（010607005）、**后浇带金属网**（010607006）

按设计图示尺寸以面积计算。

注：型钢混凝土柱、梁、板浇筑钢筋混凝土，其混凝土和钢筋应按“计量规范”附录中混凝土及钢筋混凝土工程中相关项目编码列项。

二、金属结构工程综合单价的确定

【例 7-20】 如[例 7-18] 所示屋架，假定人材机市场单价与预算单价相等，试计算综合单价。

解 （1）编制工程量清单

① 列出清单项目

010602001001 钢屋架

② 工程量计算

清单计算规则与定额计算规则一致。

（2）计算综合单价

① 根据清单的项目特征确定清单项目所组合的定额项目

清单项目 010602001001 钢屋架对应的定额项目：

A4-50 钢屋架拼装汽车吊 10m 以内

A4-57 钢屋架安装汽车吊 10t 以内

② 计算综合单价（表 7-29）

表 7-29　分部分项工程量清单综合单价计算

项目编码	010602001001	项目名称	钢屋架	计量单位	t	数量	0.219

清单综合单价组成明细											
定额编号	定额名称	定额单位	数量	单价/元				合价/元			
				人工费	材料费	机械费	管理费和利润	人工费	材料费	机械费	管理费和利润
A4-50	钢屋架拼装汽车吊 10m 以内	t	0.219	155.64	120.26	383.07	42.01%	34.09	26.34	83.89	49.56
A4-57	钢屋架安装汽车吊 10t 以内	t	0.219	338.96	6661.70	620.48	42.01%	74.23	1458.91	135.89	88.27
		小计						108.32	1485.25	219.78	137.83
清单项目综合单价								8909.50	单位		元/t

(3) 编制分部分项工程量清单与计价（表 7-30）

表 7-30　分部分项工程量清单与计价

序号	项目编码	项目名称	项目特征描述	计量单位	工程数量	金额/元	
						综合单价	合价
1	010602001001	钢屋架	1. 屋架类型：一般钢屋架 2. 钢材品种、规格：不同规格角钢 3. 屋架跨度：5.6m 4. 安装高度：10m	t	0.219	8909.50	1951.18
		小计					1951.18

第七节　木结构工程

木结构工程共 3 节 8 个清单项目，包括木屋架、木构件、屋面木基层。

一、木结构工程清单工程量计算规则与举例

(一) 木屋架（编码：010701）

1. 木屋架（010701001）

① 以榀计量，按设计图示数量计算。

② 以立方米计量，按设计图示的规格尺寸以体积计算。

注：屋架的跨度应以上、下弦中心线两交点之间的距离计算。带气楼的屋架和马尾、折角以及正交部分的半屋架，按相关屋架项目编码列项。

2. 钢木屋架（010701002）

以榀计量，按设计图示数量计算。

【例 7-21】　某工程有 5 榀 6m 跨度杉圆木单面刨光普通人字屋架，上弦圆木直径为 14cm，下弦圆木直径为 17cm，斜撑圆木直径为 10cm，直拉杆用圆钢制作，防火涂料两遍。如图 7-13 所示，请编制工程量清单。

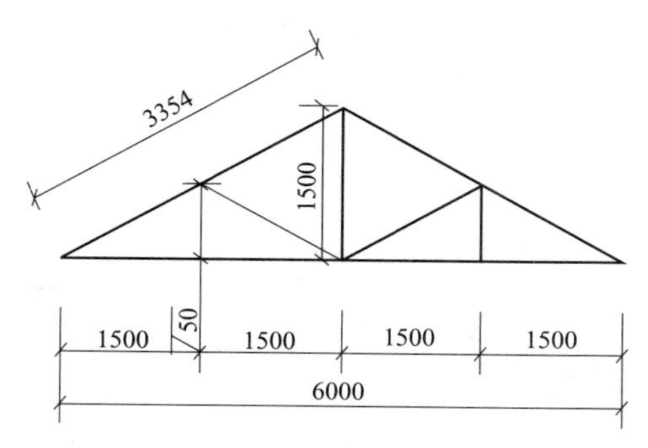

图 7-13 6m 跨度杉圆木普通木屋架轴线图

解 工程量清单见表 7-31。

表 7-31 分部分项工程量清单

序号	项目编码	项目名称	项目特征描述	计量单位	工程数量
1	010701001001	木屋架	1. 跨度:6m 2. 材料品种:杉圆木 3. 刨光要求:单面刨光 4. 规格:上弦 ϕ140,下弦 ϕ170,斜撑 ϕ100	榀	5

(二) 木构件 (编码: 010702)

1. 木柱 (010702001)、**木梁** (010702002)

按设计图示尺寸以体积计算。

2. 木檩 (010702003)

① 以立方米计量，按设计图示尺寸以体积计算。

② 以米计量，按设计图示尺寸以长度计算。

3. 木楼梯 (010702004)

按设计图示尺寸以水平投影面积计算。不扣除宽度≤300mm 的楼梯井，伸入墙内部分不计算。

注：木楼梯的栏杆 (栏板)、扶手，应按“计量规范”附录中其他装饰工程的相关项目编码列项。

4. 其他木构件 (010702005)

① 以立方米计量，按设计图示尺寸以体积计算。

② 以米计量，按设计图示尺寸以长度计算。以米计量，项目特征必须描述构件规格尺寸。

(三) 屋面木基层 (编码: 010703)

屋面木基层 (010703001)

按设计图示尺寸以斜面积计算。不扣除房上烟囱、风帽底座、风道、小气窗、斜沟等所占面积。小气窗的出檐部分不增加面积。

【例 7-22】 某住宅内直形双跑松木楼梯 2 处。要求单面刨光，刷防腐油漆，每处楼梯水平投影面积 6.21m^2，楼梯栏杆长 8.67m，硬木扶手。请编制该木楼梯工程量清单。

解 清单工程量 $S=6.21\times2=12.42(m^2)$

工程量清单见表 7-32。

表 7-32 分部分项工程量清单

序号	项目编码	项目名称	项目特征描述	计量单位	工程数量
1	010702004001	木楼梯	1. 楼梯形式:直形双跑 2. 木材种类:松木 3. 刨光要求:单面刨光 4. 防护材料种类:刷防腐油漆	m^2	12.42

二、木结构工程综合单价的确定

【例 7-23】 根据［例 7-21］所提供的资料，假定人材机市场单价与预算单价相等，试计算该木屋架的综合单价。

解 根据原木材积表，检尺径自 4～12cm 的小径原木材积由式（7-2）确定

$$V=0.7854L(D+0.45L+0.2)^2/10000 \tag{7-2}$$

检尺径自 14cm 以上的原木材积由式（7-3）确定

$$V=0.7854L[D+0.5L+0.005L^2+0.000125L(14-L)^2(D-10)]^2/10000 \tag{7-3}$$

式中 V——材积，m^3；

L——检尺长，m；

D——检尺径，cm。

(1) 木屋架制作安装工程量共 5 榀，每一榀竣工木料体积为：

上弦体积 $V_1=0.7854\times3.354\times[14+0.5\times3.354+0.5\times3.354^2+0.000125\times3.354\times(14-3.354)^2\times(14-10)]^2\div10000\times2=0.243(m^3)$

下弦体积 $V_2=0.7854\times6\times[17+0.5\times6+0.5\times6^2+0.000125\times3.354\times(14-6)^2\times(17-10)]^2\div10000=0.687(m^3)$

斜撑体积 $V_3=0.7854\times1.677\times(10+0.45\times1.677+0.2)^2\div10000\times2=0.032\ (m^3)$

每榀木屋架竣工木料体积 $V=0.243+0.687+0.032=0.962(m^3)$

5 榀木屋架竣工木料体积 $V_{总}=0.962\times5=4.81(m^3)$

(2) 木结构“刷油漆”，按“计量规范”附录油漆、涂料、裱糊工程相应编码列项。

综合单价见表 7-33。

表 7-33 分部分项工程量清单综合单价计算

项目编码	010701001001	项目名称	木屋架	计量单位	榀	数量	5				
清单综合单价组成明细											
定额编号	定额名称	定额单位	数量	单价/元				合价/元			
				人工费	材料费	机械费	管理费和利润	人工费	材料费	机械费	管理费和利润
A3-1	圆木屋架跨度 10m 以内	m^3	4.81	629.24	3428.42	0	42.01%	3026.64	16490.7	0	1271.49
		小计						3026.64	16490.7	0	1271.49
清单项目综合单价								4157.77	单位		元/榀

第八节 门窗工程清单计价

门窗工程共 10 节 55 个清单项目，包括木门，金属门，金属卷帘（闸）门，厂库房大门、特种门，其他门，木窗，金属窗，门窗套，窗台板，窗帘、窗帘盒、轨。

一、门窗工程清单工程量计算规则与举例

（一）木门（编码：010801）

1. 木质门（010801001）、**木质门带套**（010801002）、**木质连窗门**（010801003）、**木质防火门**（010801004）、**木门框**（010801005）

以樘计量，按设计图示数量计算或以平方米计量，按设计图示洞口尺寸以面积计算。

2. 门锁安装（010801006）

按设计图示数量以"个"或"套"计算。

注：① 木质门应区分镶板木门、企口木板门、实木装饰门、胶合板门、夹板装饰门、木纱门、全玻门（带木质扇框）、木质半玻门（带木质扇框）等项目，分别编码列项。

② 木门五金应包括：折页、插销、门碰珠、弓背拉手、搭机、木螺钉、弹簧折页（自动门）、管子拉手（自由门、地弹门）、地弹簧（地弹门）、角铁、门轧头（地弹门、自由门）等。

③ 木质门带套计量按洞口尺寸以面积计算，不包括门套的面积。

④ 以樘计量，项目特征必须描述洞口尺寸，以平方米计量，项目特征可不描述洞口尺寸。

⑤ 单独制作安装木门框按木门框项目编码列项。

【例 7-24】 已知某建筑物的 M-1 为无纱镶板门，规格为 900mm×2700mm，共 10 樘，全部安装球形执手锁，请编制木门工程量清单。

解 010801001001 无纱镶板木门 10 樘

010801006001 门锁安装 10 个

分部分项工程工程量清单见表 7-34。

表 7-34 分部分项工程量清单

序号	项目编码	项目名称	项目特征描述	计量单位	工程数量
1	010801001001	无纱镶板木门	门代号及洞口尺寸：M-1，900mm×2700mm	樘	10
2	010801006001	门锁安装	门锁：球形执手锁	个	10

（二）金属门（编码：010802）

金属（塑钢）门（010802001）、彩板门（010802002）、钢质防火门（010802003）、防盗门（010802004）

以樘计量，按设计图示数量计算或以平方米计量，按设计图示洞口尺寸以面积计算。

（三）金属卷帘（闸）门（编码：010803）

金属卷帘（闸）门（010803001）、防火卷帘（闸）门（010803002）

以樘计量，按设计图示数量计算或以平方米计量，按设计图示洞口尺寸以面积计算。

（四）厂库房大门、特种门（编码：010804）

1. 木板大门（010804001）、**钢木大门**（010804002）、**全钢板大门**（010804003）、**金属格栅门**（010804005）、**特种门**（010804007）

以樘计量，按设计图示数量计算或以平方米计量，按设计图示洞口尺寸以面积计算。

2. 防护铁丝门（010804004）、**钢质花饰大门**（010804006）

以樘计量，按设计图示数量计算或以平方米计量，按设计图示门框或扇以面积计算。

（五）其他门（编码：010805）

平开电子感应门（010805001）、旋转门（010805002）、电子对讲门（010805003）、电动伸缩门（010805004）、全玻自由门（010805005）、镜面不锈钢饰面门（010805006）

以樘计量，按设计图示数量计算或以平方米计量，按设计图示洞口尺寸以面积计算。

（六）木窗（编码：010806）

1. 木质窗（010806001）、**木质成品窗**（010806004）

以樘计量，按设计图示数量计算或以平方米计量，按设计图示洞口尺寸以面积计算。

2. 木橱窗（010806002）、**木飘（凸）窗**（010806003）

以樘计量，按设计图示数量计算或以平方米计量，按设计图示尺寸以框外围展开面积计算。

（七）金属窗（编码：010807）

1. 金属（塑钢、断桥）窗（010807001）、**金属防火窗**（010807002）、**金属百叶窗**（010807003）、**金属纱窗**（010807004）、**金属格栅窗**（010807005）

工程量计算规则有以下两种。

① 以樘计量，按设计图示数量计算。

② 以平方米计量，按设计图示洞口尺寸以面积计算。

2. 金属（塑钢、断桥）橱窗（010807006）、**金属（塑钢、断桥）飘（凸）窗**（010807007）

以樘计量，按设计图示数量计算或以平方米计量，按设计图示尺寸以框外围展开面积计算。

3. 彩板窗（010807008）

以平方米计量，按设计图示洞口尺寸或框外围以面积计算。

（八）门窗套（编码：010808）

1. 木门窗套（010808001）、**木筒子板**（010808002）、**饰面夹板筒子板**（010808003）、**金属门窗套**（010808004）、**石材门窗套**（010808005）、**成品木门窗套**（010808007）

以樘计量，按设计图示数量计算或以平方米计量，按设计图示尺寸以展开面积计算，也可以米计量，按设计图示中心以延长米计算。

2. 门窗木贴脸（010808006）

以樘计量，按设计图示数量计算或以米计量，按设计图示尺寸以延长米计算。

（九）窗台板（编码：010809）

木窗台板（010809001）、铝塑窗台板（010809002）、金属窗台板（010809003）、石材窗台板（010809004）

按设计图示尺寸以展开面积计算。

（十）窗帘、窗帘盒、轨（编码：010810）

1. 窗帘（杆）（010810001）

以米计量，按设计图示尺寸以长度计算或以平方米计量，按图示尺寸以展开面积计算。

2. 木窗帘盒（010810002）、**饰面夹板、塑料窗帘盒**（010810003）、**铝合金窗帘盒**（010810004）、**窗帘轨**（010810005）

按设计图示尺寸以长度计算。

二、门窗工程综合单价的确定

【例 7-25】 根据［例 7-24］所提供的资料，假定人材机市场单价与预算单价相等，试计算该无纱镶板木门的综合单价。

解 木门定额工程量 $S=0.9\times2.7\times10=24.3$（$m^2$）

套用定额 A17-7 单扇无亮无纱木门框扇安装

查《湖北省建筑安装工程费用定额》（2013 版）可知，管理费费率为 13.47%，利润率为 15.80%，以人工费和施工机具使用费之和为基数计算。

见表 7-35。

表 7-35 分部分项工程量清单综合单价计算

项目编码	010801001001		项目名称		无纱镶板木门		计量单位		樘	数量	10
清单综合单价组成明细											
定额编号	定额名称	定额单位	数量	单价/元				合价/元			
				人工费	材料费	机械费	管理费和利润	人工费	材料费	机械费	管理费和利润
A17-7	单扇无亮无纱木门框扇安装	$100m^2$	0.243	2348.72	55635.68	1.76	29.27%	570.74	13519.47	0.43	167.18
		小计						570.74	13519.47	0.43	167.18
清单项目综合单价								1425.78	单位		元/樘

第九节 屋面及防水工程清单计价

木结构工程共 4 节 21 个清单项目，包括瓦、型材及其他屋面，屋面防水及其他，墙面防水、防潮，楼（地）面防水、防潮。

一、屋面及防水工程清单工程量计算规则与举例

（一）瓦、型材及其他屋面（编码：010901）

1. 瓦屋面（010901001）、**型材屋面**（010901002）

按设计图示尺寸以斜面积计算。不扣除房上烟囱、风帽底座、风道、小气窗、斜沟等所占面积。小气窗的出檐部分不增加面积。

2. 阳光板屋面（010901003）、**玻璃钢屋面**（010901004）

按设计图示尺寸以斜面积计算。不扣除屋面面积≤$0.3m^2$ 孔洞所占面积。

3. 膜结构屋面（010901005）

按设计图示尺寸以需要覆盖的水平投影面积计算。

注：型材屋面、阳光板屋面、玻璃钢屋面的柱、梁、屋架，按“计量规范”附录中金属结构工程、木结构工程中相关项目编码列项。

【例 7-26】 某屋面如图 7-14 所示，砖墙上圆檩木、20mm 厚平口杉木屋面板单面刨光、油毡一层、上有 36×8@500 顺水条、25×25 挂瓦条盖黏土平瓦，屋面坡度为 $B/2A=1/4$，请编制工程量清单。

解 屋面坡度 $B/2A=1/4$，查屋面坡度系数表，可知 $C=1.118$

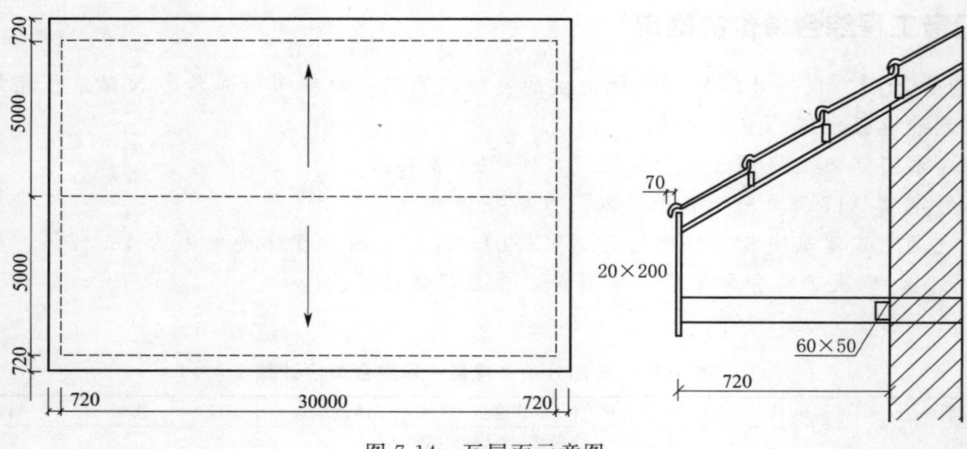

图 7-14　瓦屋面示意图

也可按公式计算 $C=\sqrt{0.5^2+1^2}=1.118$

则黏土平瓦屋面工程量计算：$S=(30+0.72\times2)\times(5\times2+0.72\times2)\times1.118=366.97(m^2)$

见表 7-36。

表 7-36　分部分项工程量清单

序号	项目编码	项目名称	项目特征描述	计量单位	工程数量
1	010901001001	瓦屋面	1. 瓦品种：黏土平瓦 2. 油毡屋面板木基层	m^2	366.97

（二）屋面防水及其他（编码：010902）

1. 屋面卷材防水（010902001）、**屋面涂膜防水**（010902002）

按设计图示尺寸以面积计算。

① 斜屋顶（不包括平屋顶找坡）按斜面积计算，平屋顶按水平投影面积计算。

② 不扣除房上烟囱、风帽底座、风道、屋面小气窗和斜沟所占面积。

③ 屋面的女儿墙、伸缩缝和天窗等处的弯起部分，并入屋面工程量内。

2. 屋面刚性层（010902003）

按设计图示尺寸以面积计算。不扣除房上烟囱、风帽底座、风道等所占面积。

注：① 屋面刚性层无钢筋，其钢筋项目特征不必描述。

② 屋面找平层按“计量规范”附录中楼地面装饰工程“平面砂浆找平层”项目编码列项。

③ 屋面防水搭接及附加层用量不另行计算，在综合单价中考虑。

④屋面保温找坡层按“计量规范”附录中保温、隔热、防腐工程“保温隔热屋面”项目编码列项。

3. 屋面排水管（010902004）

按设计图示尺寸以长度计算。如设计未标注尺寸，以檐口至设计室外散水上表面垂直距离计算。

4. 屋面排（透）气管（010902005）

按设计图示尺寸以长度计算。

5. 屋面（廊、阳台）吐水管（010902006）

按设计图示数量计算。

6. 屋面天沟、檐沟（010902007）

按设计图示尺寸以展开面积计算。

7. 屋面变形缝（010902008）

按设计图示以长度计算。

【例 7-27】 某工程屋面如图 7-15 所示，设计为：水泥珍珠岩块保温层最薄处 80mm 厚，1∶3 水泥砂浆找平层 20mm 厚，三元乙丙橡胶卷材防水层（满铺），女儿墙四周弯起高度为 300mm，请编制屋面防水工程量清单。

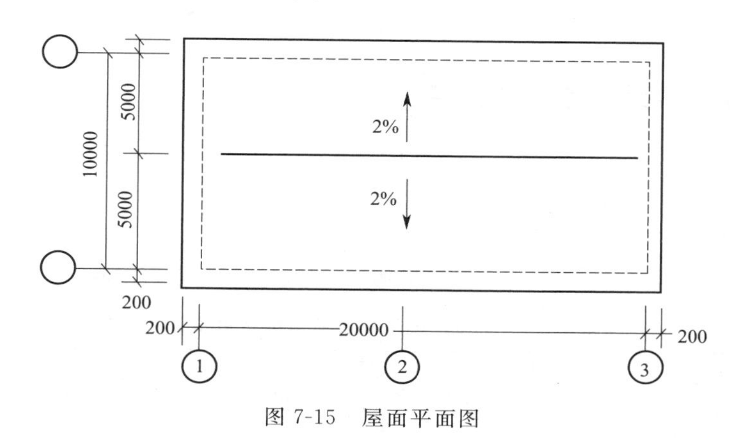

图 7-15 屋面平面图

解 屋面卷材防水清单工程量 $S=20\times10+0.3\times(20+10)\times2=218(\text{m}^2)$

工程量清单见表 7-37。

表 7-37 分部分项工程量清单

序号	项目编码	项目名称	项目特征描述	计量单位	工程数量
1	010902001001	屋面卷材防水	1. 卷材品种：三元乙丙橡胶卷材 2. 防水层做法：满铺	m^2	218

（三）墙面防水、防潮（编码：010903）

1. 墙面卷材防水（010903001）、**墙面涂膜防水**（010903002）、**墙面砂浆防水**（010903003）、**墙面变形缝**（010903004）

按设计图示尺寸以面积计算。

2. 墙面变形缝（010903004）

按设计图示以长度计算。

注：① 墙面变形缝，若做双面，工程量乘系数 2。

② 墙面找平层按墙、柱面装饰与隔断工程“立面砂浆找平层”项目编码列项。

③ 墙面防水搭接及附加层用量不另行计算，在综合单价中考虑。

（四）楼（地）面防水、防潮（编码：010904）

1. 楼（地）面卷材防水（010904001）、**楼（地）面涂膜防水**（010904002）、**楼（地）面砂浆防水**（010904003）

按设计图示尺寸以面积计算。

① 楼（地）面防水：按主墙间净空面积计算，扣除凸出地面的构筑物、设备基础等所

占面积，不扣除间壁墙及单个面积≤0.3m² 柱、垛、烟囱和孔洞所占面积。

② 楼（地）面防水反边高度≤300mm 算作地面防水，反边高度>300mm 算作墙面防水。

2. 楼（地）面变形缝（010904004）

按设计图示以长度计算。

注：① 楼（地）面防水找平层按“计量规范”附录中楼地面装饰工程“平面砂浆找平层”项目编码列项。

② 楼（地）面防水搭接及附加层用量不另行计算，在综合单价中考虑。

二、屋面及防水工程综合单价的确定

【例 7-28】 根据［例 7-27］所提供的资料，假定人材机市场单价与预算单价相等，试计算该屋面卷材防水工程的综合单价。

解 卷材防水定额工程量＝218（m²）

套用定额 A5-42 三元乙丙橡胶卷材防水满铺，综合单价见表 7-38。

表 7-38 分部分项工程量清单综合单价计算

<table>
<tr><td>项目编码</td><td colspan="2">010902001001</td><td colspan="2">项目名称</td><td colspan="2">屋面卷材防水</td><td colspan="2">计量单位</td><td>m²</td><td>数量</td><td>218</td></tr>
<tr><td colspan="12">清单综合单价组成明细</td></tr>
<tr><td rowspan="2">定额编号</td><td rowspan="2">定额名称</td><td rowspan="2">定额单位</td><td rowspan="2">数量</td><td colspan="4">单价/元</td><td colspan="4">合价/元</td></tr>
<tr><td>人工费</td><td>材料费</td><td>机械费</td><td>管理费和利润</td><td>人工费</td><td>材料费</td><td>机械费</td><td>管理费和利润</td></tr>
<tr><td>A5-42</td><td>三元乙丙橡胶卷材防水满铺</td><td>100m³</td><td>2.18</td><td>730.16</td><td>5311.92</td><td>0</td><td>42.01%</td><td>1591.75</td><td>11580.0</td><td>0</td><td>668.69</td></tr>
<tr><td colspan="8">小计</td><td>1591.75</td><td>11580.0</td><td>0</td><td>668.69</td></tr>
<tr><td colspan="8">清单项目综合单价</td><td>63.49</td><td>单位</td><td colspan="2">元/m²</td></tr>
</table>

第十节 保温、隔热、防腐工程清单计价

保温、隔热、防腐工程共 3 节 16 个清单项目，包括保温、隔热，防腐面层，其他防腐。

一、保温、隔热、防腐工程清单工程量计算规则与举例

（一）保温、隔热（编码：011001）

1. 保温隔热屋面（011001001）

按设计图示尺寸以面积计算。扣除面积>0.3m² 孔洞及占位面积。

2. 保温隔热天棚（011001002）

按设计图示尺寸以面积计算。扣除面积>0.3m² 上柱、垛、孔洞所占面积。柱帽保温隔热应并入天棚保温隔热工程量内。

3. 保温隔热墙面（011001003）

按设计图示尺寸以面积计算。扣除门窗洞口以及面积>0.3m² 梁、孔洞所占面积；门窗洞口侧壁需作保温时，并入保温墙体工程量内。

4. 保温柱、梁（011001004）

适用于不与墙、天棚相连的独立柱、梁，按设计图示尺寸以面积计算。

① 柱按设计图示柱断面保温层中心线展开长度乘保温层高度以面积计算，扣除面积>$0.3m^2$ 梁所占面积。

② 梁按设计图示梁断面保温层中心线展开长度乘保温层长度以面积计算。

5. 保温隔热楼地面（011001005）

按设计图示尺寸以面积计算。扣除面积>$0.3m^2$ 柱、垛、孔洞所占面积。

6. 其他保温隔热（011001006）

按设计图示尺寸以展开面积计算。扣除面积>$0.3m^2$ 孔洞及占位面积。池槽保温隔热应按其他保温隔热项目编码列项。

注：保温隔热装饰面层，按“计量规范”附录中相关项目编码列项；仅做找平层按“计量规范”附录中“平面砂浆找平层”或“立面砂浆找平层”项目编码列项。

（二）防腐面层（编码：011002）

1. 防腐混凝土面层（011002001）、**防腐砂浆面层**（011002002）、**防腐胶泥面层**（011002003）、**玻璃钢防腐面层**（011002004）、聚氯乙烯板面层（011002005）、块料防腐面层（011002006）

按设计图示尺寸以面积计算。

① 平面防腐：扣除凸出地面的构筑物、设备基础等以及面积>$0.3m^2$ 孔洞、柱、垛所占面积。

② 立面防腐：扣除门、窗、洞口以及面积>$0.3m^2$ 孔洞、梁所占面积，门、窗、洞口侧壁、垛突出部分按展开面积并入墙面积内。

2. 池、槽块料防腐面层（011002007）

按设计图示尺寸以展开面积计算。

注：防腐踢脚线，应按“计量规范”附录楼地面装饰工程中“踢脚线”项目编码列项。

（三）其他防腐（编码：011003）

1. 隔离层（011003001）

按设计图示尺寸以面积计算。

① 平面防腐：扣除凸出地面的构筑物、设备基础等以及面积>$0.3m^2$ 孔洞、柱、垛所占面积。

② 立面防腐：扣除门、窗、洞口以及面积>$0.3m^2$ 孔洞、梁所占面积，门、窗、洞口侧壁、垛突出部分按展开面积并入墙面积内。

2. 砌筑沥青浸渍砖（011003002）

按设计图示尺寸以体积计算。

3. 防腐涂料（011003003）

按设计图示尺寸以面积计算。

① 平面防腐：扣除凸出地面的构筑物、设备基础等以及面积>$0.3m^2$ 孔洞、柱、垛所占面积。

② 立面防腐：扣除门、窗、洞口以及面积>$0.3m^2$ 孔洞、梁所占面积，门、窗、洞口

侧壁、垛突出部分按展开面积并入墙面积内。

【例 7-29】 依据［例 7-27］所提供的资料，请编制保温隔热工程量清单。

解 保温隔热工程清单工程量 $S=20\times10=200$（m^2）

工程量清单见表 7-39。

表 7-39 分部分项工程量清单

序号	项目编码	项目名称	项目特征描述	计量单位	工程数量
1	011001001001	保温隔热屋面	1. 保温隔热材料：水泥珍珠岩块 2. 保温层厚度：80mm	m^2	200

二、保温、隔热、防腐工程综合单价的确定

【例 7-30】 根据［例 7-29］保温隔热屋面的工程量清单，假定人材机市场单价与预算单价相等，试计算该工程量清单中的综合单价。

解 屋面保温层平均厚度 $h_{平}=h+a\%\times A\div2=0.08+2\%\times5\div2=0.13(m)$

保温隔热的定额工程量 $V=20\times10\times0.13=26(m^3)$

综合单价见表 7-40。

表 7-40 分部分项工程量清单综合单价计算

项目编码	011001001001		项目名称	保温隔热屋面		计量单位		m^2	数量	200	
清单综合单价组成明细											
定额编号	定额名称	定额单位	数量	单价/元				合价/元			
				人工费	材料费	机械费	管理费和利润	人工费	材料费	机械费	管理费和利润
A6-5	水泥珍珠岩块屋面保温	$10m^3$	2.6	444.44	3324.88	0	42.01%	1155.54	8644.69	0	485.44
		小计						1155.54	8644.69	0	485.44
清单项目综合单价								51.43	单位		元/m^2

第十一节 装饰装修工程清单计价

一、楼地面工程清单工程量计算规则

楼地面工程共 8 节 40 个清单项目，包括整体面层及找平层、块料面层、橡塑面层、其他材料面层、踢脚线、楼梯面层、台阶装饰、零星装饰项目。

（一）整体面层及找平层（编码：011101）

1. 水泥砂浆楼地面（011101001）、**现浇水磨石楼地面**（011101002）、**细石混凝土楼地面**（011101003）、**菱苦土楼地面**（011101004）、**自流坪楼地面**（011101005）

按设计图示尺寸以面积计算。扣除凸出地面构筑物、设备基础、室内管道、地沟等所占面积，不扣除间壁墙及≤$0.3m^2$ 柱、垛、附墙烟囱及孔洞所占面积。门洞、空圈、暖气包槽、壁龛的开口部分不增加面积。

2. 平面砂浆找平层（011101006）

按设计图示尺寸以面积计算。

注：① 平面砂浆找平层只适用于仅做找平层的平面抹灰。

② 楼地面混凝土垫层另按“计量规范”附录混凝土及钢筋混凝土工程中垫层项目编码列项，除混凝土外的其他材料垫层按“计量规范”附录砌筑工程中垫层项目编码列项。

（二）块料面层（编码：011102）

石材楼地面（011102001）、碎石材楼地面（011102002）、块料楼地面（011102003）

按设计图示尺寸以面积计算。门洞、空圈、暖气包槽、壁龛的开口部分并入相应的工程量内。

（三）橡塑面层（编码：011103）

橡胶板楼地面（011103001）、橡胶板卷材楼地面（011103002）、塑料板楼地面（011103003）、塑料卷材楼地面（011103004）

按设计图示尺寸以面积计算。门洞、空圈、暖气包槽、壁龛的开口部分并入相应的工程量内。

注：如涉及找平层，另按“计量规范”附录本节中找平层项目编码列项。

（四）其他材料面层（编码：011104）

地毯楼地面（011104001）、竹木地板（011104002）、金属复合地板（011104003）、防静电活动地板（011104004）

按设计图示尺寸以面积计算。门洞、空圈、暖气包槽、壁龛的开口部分并入相应的工程量内。

（五）踢脚线（编码：011105）

水泥砂浆踢脚线（011105001）、石材踢脚线（011105002）、块料踢脚线（011105003）、塑料板踢脚线（011105004）、木质踢脚线（011105005）、金属踢脚线（011105006）、防静电踢脚线（011105007）

① 按设计图示长度乘高度以面积计算。

② 按延长米计算。

（六）楼梯面层（编码：011106）

石材楼梯面层（011106001）、块料楼梯面层（011106002）、拼碎块料面层（011106003）、水泥砂浆楼梯面层（011106004）、现浇水磨石楼梯面层（011106005）、地毯楼梯面层（011106006）、木板楼梯面层（011106007）、橡胶板楼梯面层（011106008）、塑料板楼梯面层（011106009）

按设计图示尺寸以楼梯（包括踏步、休息平台及≤500mm的楼梯井）水平投影面积计算。楼梯与楼地面相连时，算至梯口梁内侧边沿；无梯口梁者，算至最上一层踏步边沿加300mm。

（七）台阶装饰（编码：011107）

石材台阶面（011107001）、块料台阶面（011107002）、拼碎块料台阶面（011107003）、水泥砂浆台阶面（011107004）、现浇水磨石台阶面（011107005）、剁假石台阶面（011107006）

按设计图示尺寸以台阶（包括最上层踏步边沿加300mm）水平投影面积计算。

(八) 零星装饰项目(编码:011108)

石材零星项目(011108001)、拼碎石材零星项目(011108002)、块料零星项目(011108003)、水泥砂浆零星项目(011108004)

按设计图示尺寸以面积计算。

注:楼梯、台阶牵边和侧面镶贴块料面层,≤0.5m² 的少量分散的楼地面镶贴块料面层,应按零星装饰项目执行。

【例 7-31】 某建筑平面如图 7-16 所示,墙厚 240mm,室内铺设 500mm×500mm 中国红大理石,20 厚白水泥黏结层,假定人材机市场单价与预算单价相等,试编制楼地面工程工程量清单并计算综合单价。

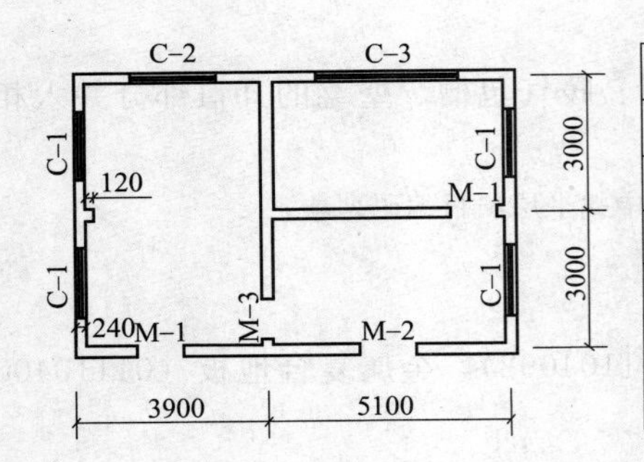

门窗表	
M-1	1000mm×2000mm
M-2	1200mm×2000mm
M-3	900mm×2400mm
C-1	1500mm×1500mm
C-2	1800mm×1500mm
C-3	3000mm×1500mm

图 7-16 某工程平面及剖面图

解 (1) 大理石楼地面定额工程量=地面工程量+门洞口部分的工程

$S=(3.9-0.24)\times(3+3-0.24)+(5.1-0.24)\times(3-0.24)\times2+(1\times2+1.2+0.9)\times0.24$

$=21.08+26.83+0.98=48.89(\mathrm{m}^2)$

(2) 大理石楼地面清单工程量等于定额工程量(表 7-41)

表 7-41 分部分项工程量清单

序号	项目编码	项目名称	项目特征描述	计量单位	工程数量
1	011102001001	石材楼地面	1. 结合层:20 厚白水泥 2. 面层:中国红大理石 3. 规格:500mm×500mm	m²	48.89

(3) 计算综合单价(表 7-42)

表 7-42 分部分项工程量清单综合单价计算

项目编码	011102001001		项目名称		石材楼地面		计量单位		m²	数量	48.89
清单综合单价组成明细											
定额编号	定额名称	定额单位	数量	单价/元				合价/元			
				人工费	材料费	机械费	管理费和利润	人工费	材料费	机械费	管理费和利润
A13-64	大理石楼地面单色周长 3200mm 以内	100m²	0.49	2027.76	11415.71	57.41	29.27%	993.60	5593.70	28.13	299.06
小计								993.60	5593.70	28.13	299.06
清单项目综合单价								141.43		单位	元/m²

二、墙、柱面装饰与隔断、幕墙工程清单工程量计算规则

墙、柱面装饰与隔断、幕墙工程共10节35个清单项目，包括墙面抹灰、柱（梁）面抹灰、零星抹灰、墙面块料面层、柱（梁）面镶贴块料、镶贴零星块料、墙饰面、柱（梁）饰面、幕墙工程、隔断。

（一）墙面抹灰（编码：011201）

墙面一般抹灰（011201001）、墙面装饰抹灰（011201002）、墙面勾缝（011201003）、立面砂浆找平层（011201004）

按设计图示尺寸以面积计算。扣除墙裙、门窗洞口及单个＞0.3m^2的孔洞面积，不扣除踢脚线、挂镜线和墙与构件交接处的面积，门窗洞口和孔洞的侧壁及顶面不增加面积。附墙柱、梁、垛、烟囱侧壁并入相应的墙面面积内。

1）外墙抹灰面积按外墙垂直投影面积计算。

2）外墙裙抹灰面积按其长度乘以高度计算。

3）内墙抹灰面积按主墙间的净长乘以高度计算。

① 无墙裙的，高度按室内楼地面至天棚底面计算。

② 有墙裙的，高度按墙裙顶至天棚底面计算。

③ 有吊顶天棚抹灰，高度算至天棚底。

4）内墙裙抹灰面按内墙净长乘以高度计算。

注：① 立面砂浆找平项目适用于仅做找平层的立面抹灰。

② 抹石灰砂浆、水泥砂浆、混合砂浆、聚合物水泥砂浆、麻刀石灰浆、石膏灰浆等按墙面一般抹灰列项，水刷石、斩假石、干粘石、假面砖等按墙面装饰抹灰列项。

③ 飘窗凸出外墙面增加的抹灰并入外墙工程量内。

④ 有吊顶天棚的内墙面抹灰，抹至吊顶以上部分在综合单价中考虑。

（二）柱（梁）面抹灰（编码：011202）

1. 柱、梁面一般抹灰（011202001）、**柱、梁面装饰抹灰**（011202002）、**柱、梁面砂浆找平**（011202003）

① 柱面抹灰：按设计图示柱断面周长乘高度以面积计算。

② 梁面抹灰：按设计图示梁断面周长乘长度以面积计算。

2. 柱、梁面勾缝（011202004）

按设计图示柱断面周长乘高度以面积计算。

注：① 砂浆找平项目适用于仅做找平层的柱（梁）面抹灰。

② 柱（梁）面抹石灰砂浆、水泥砂浆、混合砂浆、聚合物水泥砂浆、麻刀石灰浆、石膏灰浆等按柱（梁）面一般抹灰编码列项；柱（梁）面水刷石、斩假石、干粘石、假面砖等按柱（梁）面装饰抹灰编码列项。

（三）零星抹灰（编码：011203）

零星项目一般抹灰（011203001）、零星项目装饰抹灰（011203002）、零星项目砂浆找平（011203003）

按设计图示尺寸以面积计算。

注：① 零星项目抹石灰砂浆、水泥砂浆、混合砂浆、聚合物水泥砂浆、麻刀石灰浆、石膏灰浆等按零星项目一般抹灰编码列项，水刷石、斩假石、干粘石、假面砖等按零星项目装饰抹灰编码列项。

② 墙、柱（梁）面≤0.5m^2的少量分散的抹灰按零星抹灰项目编码列项。

（四）墙面块料面层（编码：011204）

1. 石材墙面（011204001）、**拼碎石材墙面**（011204002）、**块料墙面**（011204003）

按镶贴表面积计算。

2. 干挂石材钢骨架（011204004）

按设计图示以质量计算。

（五）柱（梁）面镶贴块料（编码：011205）

石材柱面（011205001）、块料柱面（011205002）、拼碎块柱面（011205003）、石材梁面（011205004）、块料梁面（011205005）

按镶贴表面积计算。

注：柱梁面干挂石材的钢骨架按干挂石材钢骨架项目编码列项。

（六）镶贴零星块料（编码：011206）

石材零星项目（011206001）、块料零星项目（011206002）、拼碎块零星项目（011206003）

按镶贴表面积计算。

注：①零星项目干挂石材的钢骨架按表干挂石材钢骨架项目编码列项。

②墙柱面≤0.5m^2 的少量分散的镶贴块料面层应按零星项目执行。

（七）墙饰面（编码：011207）

1. 墙面装饰板（011207001）

按设计图示墙净长乘净高以面积计算。扣除门窗洞口及单个＞0.3m^2 的孔洞所占面积。

2. 墙面装饰浮雕（011207002）

按设计图示尺寸以面积计算。

（八）柱（梁）饰面（编码：011208）

1. 柱（梁）面装饰（011208001）

按设计图示饰面外围尺寸以面积计算。柱帽、柱墩并入相应柱饰面工程量内。

2. 成品装饰柱（011208002）

① 以根计量，按设计数量计算；

② 以米计量，按设计长度计算。

（九）幕墙工程（编码：011209）

1. 带骨架幕墙（011209001）

按设计图示框外围尺寸以面积计算。与幕墙同种材质的窗所占面积不扣除。

2. 全玻（无框玻璃）幕墙（011209002）

按设计图示尺寸以面积计算。带肋全玻幕墙按展开面积计算。

注：幕墙钢骨架按干挂石材钢骨架项目编码列项。

（十）隔断（编码：011210）

1. 木隔断（011210001）、**金属隔断**（011210002）

按设计图示框外围尺寸以面积计算。不扣除单个≤0.3m² 的孔洞所占面积；浴厕门的材质与隔断相同时，门的面积并入隔断面积内。

2. 玻璃隔断（011210003）、**塑料隔断**（011210004）

按设计图示框外围尺寸以面积计算。不扣除单个≤0.3m² 的孔洞所占面积。

3. 成品隔断（011210005）

① 按设计图示框外围尺寸以面积计算。

② 按设计间的数量以间计算。

4. 其他隔断（011210006）

按设计图示框外围尺寸以面积计算。不扣除单个≤0.3m²的孔洞所占面积。

【例 7-32】 某工程如图 7-17 所示，内墙面抹 1∶2 水泥砂浆底，1∶3 石灰砂浆找平层（2mm），石灰砂浆面层（18mm），共 20mm 厚。内墙裙采用 1∶3 水泥砂浆打底（20mm），1∶2 水泥砂浆面层（5mm），假定人材机市场单价与预算单价相等，试计算内墙面抹灰工程清单工程量及综合单价。

M：1000mm×2700mm 共 3 个

C：1500mm×1800mm 共 4 个

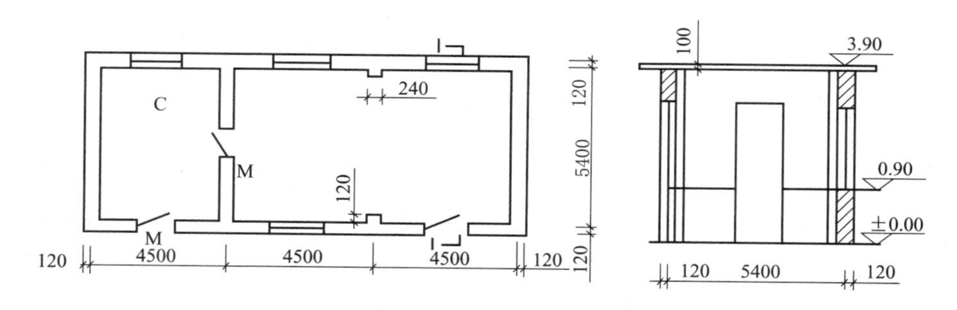

图 7-17 某工程平面及剖面图

解 （1）计算定额计价工程量

① 内墙面抹灰工程量 $S_1=[(4.50\times3-0.24\times2+0.12\times2)\times2+(5.40-0.24)\times4]\times(3.90-0.10-0.90)-1.00\times(2.70-0.90)\times4-1.50\times1.80\times4$

$=118.76(m^2)$

套用定额 A14-5 石灰砂浆砖墙面抹灰三遍（16mm+2mm 厚）

套用定额 A14-57 抹灰层石灰砂浆 1∶2.5 换 1∶3 每增 1mm 厚

其中 A14-57 材料费：18.3－0.11×(166.05－157.73) ＝17.38(元/100m²)

② 内墙裙工程量 $S_2=[(4.50\times3-0.24\times2+0.12\times2)\times2+(5.40-0.24)\times4-1.00\times4]\times0.90$

$=38.84\ (m^2)$

套用 A14-21 砖墙裙抹（15mm+5mm）厚水泥砂浆

套用 A14-58 抹灰层 1∶3 水泥砂浆每增 1mm 厚

（2）清单工程量同定额工程量（表 7-43）

表 7-43 分部分项工程量清单

序号	项目编码	项目名称	项目特征描述	计量单位	工程数量
1	011201001001	内墙面一般抹灰	1. 墙体类型：砖墙面 2. 材料种类、配合比、厚度：1∶2 水泥砂浆底，1∶3 石灰砂浆找平层，麻刀石灰浆面层，共 20mm 厚	m^2	118.76
2	011201001002	内墙面一般抹灰	1. 墙体类型：砖墙裙 2. 材料种类、配合比、厚度：1∶3 水泥砂浆打底（19 厚），1∶2.5 水泥砂浆面层（6 厚）	m^2	38.84

（3）计算综合单价

查《湖北省建筑安装工程费用定额》（2013 版）可知，管理费费率为 13.47%，利润率为 15.80%，以人工费和施工机具使用费之和为基数计算。综合单价分别见表 7-44、表 7-45。

表 7-44 分部分项工程量清单综合单价计算（一）

项目编码	011201001001	项目名称	内墙面一般抹灰	计量单位	m^2	数量	118.76

定额编号	定额名称	定额单位	数量	单价/元				合价/元			
				人工费	材料费	机械费	管理费和利润	人工费	材料费	机械费	管理费和利润
A14-5	石灰砂浆砖墙面抹灰三遍	$100m^2$	1.19	1277.72	332.82	37.54	29.27%	1520.49	396.06	44.67	458.12
A14-57 换	1∶3 石灰砂浆每增 1mm 厚	$100m^2$	2.38	28.36	17.38	2.21	29.27%	67.50	41.36	5.26	21.30
		小计						1587.98	437.42	49.93	479.42
清单项目综合单价								21.51		单位	元/m^2

表 7-45 分部分项工程量清单综合单价计算（二）

项目编码	011201001002	项目名称	内墙面一般抹灰	计量单位	m^2	数量	38.84

定额编号	定额名称	定额单位	数量	单价/元				合价/元			
				人工费	材料费	机械费	管理费和利润	人工费	材料费	机械费	管理费和利润
A14-21	砖墙裙抹 15mm＋5mm 厚水泥砂浆	$100m^2$	0.39	1237.76	730.58	43.06	29.27%	482.73	284.93	16.79	146.21
A14-58	1∶3 水泥砂浆每增 1mm 厚	$100m^2$	1.95	30.80	35.63	2.21	29.27%	60.06	69.48	4.31	18.84
		小计						542.79	354.40	21.10	165.05
清单项目综合单价								27.89		单位	元/m^2

【例 7-33】 某办公楼正立面做明框玻璃幕墙，长度 26m，高度 18.2m。与幕墙同材质窗 12 个，洞口尺寸为 900mm×900mm。请编制幕墙工程量清单。

解 清单工程量 $S=26\times18.2=473.20$（m^2），见表 7-46。

表 7-46 分部分项工程量清单

序号	项目编码	项目名称	项目特征描述	计量单位	工程数量
1	011209001001	带骨架幕墙	1. 骨架材料种类、规格：不锈钢型钢 2. 面层形式、材料种类：明框、镀膜玻璃	m^2	473.2

三、天棚工程清单工程量计算规则

天棚工程共 4 节 10 个清单项目，包括天棚抹灰、天棚吊顶、采光天棚工程、天棚其他装饰。

（一）天棚抹灰（编码：011301）

天棚抹灰（011301001）

按设计图示尺寸以水平投影面积计算。不扣除间壁墙、垛、柱、附墙烟囱、检查口和管道所占的面积，带梁天棚、梁两侧抹灰面积并入天棚面积内，板式楼梯底面抹灰按斜面积计算，锯齿形楼梯底板抹灰按展开面积计算。

（二）天棚吊顶（编码：011302）

1. 吊顶天棚（011302001）

按设计图示尺寸以水平投影面积计算。天棚面中的灯槽及跌级、锯齿形、吊挂式、藻井式天棚面积不展开计算。不扣除间壁墙、检查口、附墙烟囱、柱垛和管道所占面积，扣除单个$>0.3m^2$的孔洞、独立柱及与天棚相连的窗帘盒所占的面积。

2. 格栅吊顶（011302002）、**吊筒吊顶**（011302003）、**藤条造型悬挂吊顶**（011302004）、**织物软雕吊顶**（011302005）、**装饰网架吊顶**（011302006）

按设计图示尺寸以水平投影面积计算。

（三）采光天棚工程（编码：011303）

采光天棚（011303001）

按框外围展开面积计算。

注：采光天棚骨架不包括在本节内，应单独按“计量规范”附录金属结构工程中相关项目编码列项。

（四）天棚其他装饰（编码：011304）

1. 灯带（011304001）

按设计图示尺寸以框外围面积计算。

2. 送风口、回风口（011304002）

按设计图示数量计算。

四、油漆、涂料、裱糊工程清单工程量计算规则

油漆、涂料、裱糊工程共 8 节 36 个清单项目，包括门油漆，窗油漆，木扶手及其他板条、线条油漆，木材面油漆，金属面油漆，抹灰面油漆，喷刷涂料，裱糊。

（一）门油漆（编码：011401）

木门油漆（011401001）、金属门油漆（011401002）

① 以樘计量，按设计图示数量计量。

② 以平方米计量，按设计图示洞口尺寸以面积计算以樘计量，按设计图示数量计量。

注：① 木门油漆应区分木大门、单层木门、双层（一玻一纱）木门、双层（单裁口）木门、全玻自由门、半玻自由门、装饰门及有框门或无框门等项目，分别编码列项。

② 金属门油漆应区分平开门、推拉门、钢制防火门列项。

③ 以平方米计量，项目特征可不必描述洞口尺寸。

（二）窗油漆（编码：011402）

木窗油漆（011402001）、金属窗油漆（011402002）

① 以樘计量，按设计图示数量计量。

② 以平方米计量，按设计图示洞口尺寸以面积计算。

注：① 木窗油漆应区分单层木门、双层（一玻一纱）木窗、双层框扇（单裁口）木窗、双层框三层（二玻一纱）木窗、单层组合窗、双层组合窗、木百叶窗、木推拉窗等项目，分别编码列项。

② 金属窗油漆应区分平开窗、推拉窗、固定窗、组合窗、金属隔栅窗分别列项。

（三）木扶手及其他板条、线条油漆（编码：011403）

木扶手油漆（011403001）、窗帘盒油漆（011403002）、封檐板、顺水板油漆（011403003）、挂衣板、黑板框油漆（011403004）、挂镜线、窗棍、单独木线油漆（011403005）

按设计图示尺寸以长度计算。

注：木扶手应区分带托板与不带托板，分别编码列项，若是木栏杆代扶手，木扶手不应单独列项，应包含在木栏杆油漆中。

（四）木材面油漆（编码：011404）

1. 木护墙、木墙裙油漆（011404001）、**窗台板、筒子板、盖板、门窗套、踢脚线油漆**（011404002）、**清水板条天棚、檐口油漆**（011404003）、**木方格吊顶天棚油漆**（011404004）、**吸音板墙面、天棚面油漆**（011404005）、**暖气罩油漆**（011404006）、**其他木材面油漆**（011404007）

按设计图示尺寸以面积计算。

2. 木间壁、木隔断油漆（011404008）、**玻璃间壁露明墙筋油漆**（011404009）、**木栅栏、木栏杆**（**带扶手**）**油漆**（011404010）

按设计图示尺寸以单面外围面积计算。

3. 衣柜、壁柜油漆（011404011）、**梁柱饰面油漆**（011404012）、**零星木装修油漆**（011404013）

按设计图示尺寸以油漆部分展开面积计算。

4. 木地板油漆（011404014）、**木地板烫硬蜡面**（011404015）

按设计图示尺寸以面积计算。空洞、空圈、暖气包槽、壁龛的开口部分并入相应的工程量内。

（五）金属面油漆（编码：011405）

金属面油漆（011405001）
① 以 t 计量，按设计图示尺寸以质量计算。
②以 m^2 计量，按设计展开面积计算。

（六）抹灰面油漆（编码：011406）

1. 抹灰面油漆（011406001）
按设计图示尺寸以面积计算。

2. 抹灰线条油漆（011406002）
按设计图示尺寸以长度计算。

3. 满刮腻子（011406003）
按设计图示尺寸以面积计算。

（七）喷刷涂料（编码：011407）

1. 墙面喷刷涂料（011407001）、**天棚喷刷涂料**（011407002）
按设计图示尺寸以面积计算。

2. 空花格、栏杆刷涂料（011407003）
按设计图示尺寸以单面外围面积计算。

3. 线条刷涂料（011407004）
按设计图示尺寸以长度计算。

4. 金属构件刷防火涂料（011407005）
① 以 t 计量，按设计图示尺寸以质量计算。
② 以 m^2 计量，按设计展开面积计算。

5. 木材构件喷刷防火涂料（011407006）
① 以 m^2 计量，按设计图示尺寸以面积计算。
② 以 m^3 计量，按设计结构尺寸以体积计算。
注：喷刷封面涂料部位要注明内墙或外墙。

（八）裱糊（编码：011408）

墙纸裱糊（011408001）、织锦缎裱糊（011408002）
按设计图示尺寸以面积计算。

五、其他装饰工程清单工程量计算规则

其他装饰工程共 8 节 62 个清单项目，包括柜类、货架，压条装饰线，扶手、栏杆、栏板装饰，暖气罩，浴厕配件，雨篷、旗杆，招牌、灯箱，美术字。

（一）柜类、货架（编码：011501）

柜台（011501001）、酒柜（011501002）、衣柜（011501003）、存包柜（011501004）、鞋柜（011501005）、书柜（011501006）、厨房壁柜（011501007）、木壁柜（011501008）、厨房低柜（011501009）、厨房吊柜（0115010010）、矮柜（0115010011）、吧台背柜（0115010012）、酒吧

吊柜（011501013）、酒吧台（011501014）、展台（011501015）、收银台（011501016）、试衣间（011501017）、货架（011501018）、书架（011501019）、服务台（011501020）

① 以个计量，按设计图示数量计量。

② 以米计量，按设计图示尺寸以延长米计算。

③ 以立方米计量，按设计图示尺寸以体积计算。

（二）压条装饰线（编码：011502）

金属装饰线（011502001）、木质装饰线（011502002）、石材装饰线（011502003）、石膏装饰线（011502004）、镜面玻璃线（011502005）、铝塑装饰线（011502006）、塑料装饰线（011502007）、GRC 装饰线条（011502008）

按设计图示尺寸以长度计算。

（三）扶手、栏杆、栏板装饰（编码：011503）

金属扶手、栏杆、栏板（011503001）、硬木扶手、栏杆、栏板（011503002）、塑料扶手、栏杆、栏板（011503003）、GRC 栏杆、扶手（011503004）、金属靠墙扶手（011503005）、硬木靠墙扶手（011503006）、塑料靠墙扶手（011503007）、玻璃栏板（011503008）

按设计图示以扶手中心线长度（包括弯头长度）计算。

（四）暖气罩（编码：011504）

饰面板暖气罩（011504001）、塑料板暖气罩（011504002）、金属暖气罩（011504003）

按设计图示尺寸以垂直投影面积（不展开）计算。

（五）浴厕配件（编码：011505）

1. 洗漱台（011505001）

① 按设计图示尺寸以台面外接矩形面积计算。不扣除孔洞、挖弯、削角所占面积，挡板、吊沿板面积并入台面面积内。

② 按设计图示数量计算。

2. 晒衣架（011505002）、**帘子杆**（011505003）、**浴缸拉手**（011505004）、**卫生间扶手**（011505005）、**毛巾杆**（011505006）、**毛巾环**（011505007）、**卫生纸盒**（011505008）、**肥皂盒**（011505009）

按设计图示数量计算。

3. 镜面玻璃（011505010）

按设计图示尺寸以边框外围面积计算。

4. 镜箱（011505011）

按设计图示数量计算。

（六）雨篷、旗杆（编码：011506）

1. 雨篷吊挂饰面（011506001）

按设计图示尺寸以水平投影面积计算。

2. 金属旗杆（011506002）

按设计图示数量计算。

3. 玻璃雨篷（011506003）

按设计图示尺寸以水平投影面积计算。

（七）招牌、灯箱（编码：011507）

1. 平面、箱式招牌（011507001）

按设计图示尺寸以正立面边框外围面积计算。复杂形的凸凹造型部分不增加面积。

2. 竖式标箱（011507002）、**灯箱**（011507003）、**信报箱**（011507004）

按设计图示数量计算。

（八）美术字（编码：011508）

泡沫塑料字（011508001）、有机玻璃字（011508002）、木质字（011508003）、金属字（011508004）、吸塑字（011508005）

按设计图示数量计算。

第十二节 措施项目

措施项目是与实体项目相对应的，是为完成工程项目的施工，发生于工程施工前和施工过程中技术、生活、安全等方面的非工程实体项目。《房屋建筑与装饰工程工程量计算规范》（GB 50854—2013）附录S措施项目分为脚手架工程、混凝土及钢筋混凝土模板及支架（撑）、垂直运输、超高施工增加、大型机械设备进出场及安拆、施工排水及降水、安全文明施工及其他措施项目等7节内容。

按照《建设工程工程量清单计价规范》的规定，工程措施项目包括单价措施项目和总价措施项目。

一、单价措施项目

工程量清单中以单价计价的项目，即根据合同工程图纸（含设计变更）和相关工程现行国家计量规范规定的工程量计算规则进行计量，与已标价工程量清单相应综合单价进行价款计算的项目。包括脚手架工程、混凝土模板及支架（撑）、垂直运输、超高施工增加、大型机械设备进出场及安拆、施工排水及降水。

单价措施项目应依据招标文件和招标工程量清单，按分部分项工程项目的方式采用综合单价计价，计算出单价措施项目的综合单价，再乘以单价措施项目的工程量，即等于单价措施项目费。

（一）脚手架工程（编码：011701）

1. 综合脚手架（011701001）

按建筑面积计算。

2. 外脚手架（011701002）、**里脚手架**（011701003）

按所服务对象的垂直投影面积计算。

3. 悬空脚手架（011701004）

按搭设的水平投影面积计算。

4. 挑脚手架（011701005）

按搭设长度乘以搭设层数以延长米计算。

5. 满堂脚手架（011701006）

按搭设的水平投影面积计算。

6. 整体提升架（011701007）

按所服务对象的垂直投影面积计算。

7. 外装饰吊篮（011701008）

按所服务对象的垂直投影面积计算。

注：① 使用综合脚手架时，不再使用外脚手架、里脚手架等单项脚手架；综合脚手架适用于能够按“建筑面积计算规则”计算建筑面积的建筑工程脚手架，不适用于房屋加层、构筑物及附属工程脚手架。

② 同一建筑物有不同檐高时，按建筑物竖向切面分别按不同檐高编列清单项目。

（二）混凝土模板及支架（撑）（011702）

1. 基础（011702001）、**矩形柱**（011702002）、**构造柱**（011702003）、**异形柱**（011702004）、**基础梁**（011702005）、**矩形梁**（011702006）、**异形梁**（011702007）、**圈梁**（011702008）、**过梁**（011702009）、**弧形、拱形梁**（011702010）、**直形墙**（011702011）、**弧形墙**（011702012）、**短肢剪力墙、电梯井壁**（011702013）、**有梁板**（011702014）、**无梁板**（011702015）、**平板**（011702016）、**拱板**（011702017）、**薄壳板**（011702018）、**空心板**（011702019）、**其它板**（011702020）、**栏板**（011702021）

按模板与现浇混凝土构件的接触面积计算。

① 现浇钢筋混凝土墙、板单孔面积≤0.3m^2的孔洞不予扣除，洞侧壁模板亦不增加；单孔面积>0.3m^2时应予扣除，洞侧壁模板面积并入墙、板工程量内计算。

② 现浇框架分别按梁、板、柱有关规定计算；附墙柱、暗梁、暗柱并入墙内工程量内计算。

③ 柱、梁、墙、板相互连接重叠部分，均不计算模板面积。

④ 构造柱按图示外露部分计算模板面积。

2. 天沟、檐沟（011702022）

按模板与现浇混凝土构件的接触面积计算

3. 雨篷、悬挑板、阳台板（011702023）

按图示外挑部分尺寸的水平投影面积计算，挑出墙外的悬臂梁及板边不另计算。

4. 楼梯（011702024）

按楼梯（包括休息平台、平台梁、斜梁和楼层板的连接梁）的水平投影面积计算，不扣除宽度≤500mm的楼梯井所占面积，楼梯踏步、踏步板、平台梁等侧面模板不另计算，伸入墙内部分亦不增加。

5. 其它现浇构件（011702025）

按模板与现浇混凝土构件的接触面积计算。

6. 电缆沟、地沟（011702026）

按模板与电缆沟、地沟接触的面积计算。

7. 台阶（011702027）

按图示台阶水平投影面积计算，台阶端头两侧不另计算模板面积。架空式混凝土台阶，按现浇楼梯计算。

8. 扶手（011702028）

按模板与扶手的接触面积计算。

9. 散水（011702029）

按模板与散水的接触面积计算。

10. 后浇带（011702030）

按模板与后浇带的接触面积计算。

11. 化粪池（011702031）、**检查井**（011702032）

按模板与混凝土接触面积。

注：此混凝土模板及支撑（架）项目，只适用于以平方米计量，按模板与混凝土构件的接触面积计算，以“平方米”计量，模板及支撑（支架）不再单列，按混凝土及钢筋混凝土实体项目执行，综合单价中应包含模板及支架。

（三）垂直运输（编码：011703）

垂直运输（011703001）

（1）按建筑面积计算。

（2）按施工工期日历天数以天计算。

注：① 建筑物的檐口高度是指设计室外地坪至檐口滴水的高度（平屋顶系指屋面板底高度），突出主体建筑物屋顶的电梯机房、楼梯出口间、水箱间、瞭望塔、排烟机房等不计入檐口高度。

② 同一建筑物有不同檐高时，按建筑物的不同檐高做纵向分割，分别计算建筑面积，以不同檐高分别编码列项。

（四）超高施工增加（编码：011704）

超高施工增加（011704001）

按建筑物超高部分的建筑面积。

注：单层建筑物檐口高度超过20m，多层建筑物超过6层时，可按超高部分的建筑面积计算超高施工增加。计算层数时，地下室不计入层数。

（五）大型机械设备进出场及安拆（编码：011705）

大型机械设备进出场及安拆（011705001）

按使用机械设备的数量计算。

（六）施工排水及降水（编码：011706）

1. 成井（011706001）

按设计图示尺寸以钻孔深度计算。

2. 排水、降水（011706002）

按排、降水日历天数计算。

二、总价措施项目

工程量清单中以总价计价的项目，即此类项目在相关工程现行国家计量规范中无工程量计算规则，以总价（或计算基础乘费率）计算的项目。包括安全文明施工（011707001）、夜间施工（011707002）、非夜间施工照明（011707003）、二次搬运（011707004）、冬雨季施工（011707005）、地上、地下设施、建筑物的临时保护设施（011707006）、已完工程及设备保护（011707007）。

总价措施项目费，在招标控制价中应根据拟定的招标文件和常规施工方案按规范规定计价；在投标报价中就根据招标文件及投标时拟定的施工组织设计或施工方案自主确定。

小结

国家标准《房屋建筑与装饰工程工程量计算规范》（GB 50854—2013）（简称“计量规范”）列出了建筑与装饰工程的工程量清单项目及计算规则，是建筑与装饰工程工程量清单项目设置和计算清单工程量的依据。

本章结合大量实例，具体介绍了土石方工程、基坑与边坡支护工程、桩基工程、砌筑工程、混凝土及钢筋混凝土工程、金属结构工程、木结构工程、门窗工程、屋面及防水工程、保温隔热防腐工程、装饰装修工程、措施项目的清单工程量计算规则、综合单价的组价方法等内容。

能力训练题

一、选择题

1. （2013年注册造价师考试真题） 综合脚手架的项目特征必须描述（　　）。

A. 建筑面积　　B. 檐口高度

C. 场内外材料搬运　　D. 脚手架的木质

2. （2013年注册造价师考试真题） 根据《房屋建筑与装饰工程工程量计算规范》（GB 50854—2013），当土方开挖长≤3倍底宽，且底面积≥150m^2，开挖尝试为0.8m时，清单项目应列为（　　）。

A. 平整场地　　B. 挖一般土方

C. 挖沟槽土方　　D. 挖基坑土方

3. （2012年注册造价师考试真题改编） 根据《房屋建筑与装饰工程工程量计算规范》（GB 50854—2013），下列工程量计算的说法，正确的是（　　）。

A. 混凝土桩只能按根数计算

B. 喷粉桩按设计图示尺寸以桩长（包括桩尖）计算

C. 地下连续墙按长度计算

D. 锚杆支护按支护土体体积计算

4. （2012年注册造价师考试真题改编） 根据《房屋建筑与装饰工程工程量计算规范》（GB 50854—2013），关于金属结构工程工程量计算的说法，错误的是（　　）。

A. 不扣除孔眼、切边、切肢的质量，焊条、铆钉、螺栓等质量不另增加

B. 钢管柱上牛腿的质量不增加

C. 压型钢板墙板，按设计图示尺寸以铺挂面积计算

D. 金属网按设计图示尺寸以面积计算

5. （2012年注册造价师考试真题改编） 根据《房屋建筑与装饰工程工程量计算规范》(GB 50854—2013)，关于屋面及防水工程工程量计算的说法，正确的是（　　）。

A. 瓦屋面、型材屋面按设计图示尺寸以水平投影面积计算

B. 屋面涂膜防水中，女儿墙的弯起部分不增加面积

C. 屋面排水管按设计图示尺寸以长度计算

D. 变形缝防水、防潮按面积计算

6. （2012年注册造价师考试真题改编） 根据《房屋建筑与装饰工程工程量计算规范》(GB 50854—2013)，关于楼梯梯面装饰工程量计算的说法，正确的是（　　）。

A. 按设计图示尺寸以楼梯（不含楼梯井）水平投影面积计算

B. 按设计图示尺寸以楼梯梯段斜面积计算

C. 楼梯与楼地面连接时，算至梯口梁外侧边沿

D. 无梯口梁者，算至最上一层踏步边沿加300mm

7. （2012年注册造价师考试真题改编） 根据《房屋建筑与装饰工程工程量计算规范》(GB 50854—2013)，关于装饰装修工程量计算的说法，正确的是（　　）。

A. 石材墙面按图示尺寸面积计算

B. 墙面装饰抹灰工程量应扣除踢脚线所占面积

C. 干挂石材钢骨架按设计图示尺寸以质量计算

D. 装饰板墙面按设计图示面积计算，不扣除门窗洞口所占面积

8. （2009年注册造价师考试真题改编） 根据《房屋建筑与装饰工程工程量计算规范》(GB 50854—2013)，有关分项工程工程量的计算，正确的有（　　）。

A. 预制混凝土楼梯按设计图示尺寸以体积计算

B. 灰土挤密桩按设计图示尺寸以桩长（包括桩尖）计算

C. 石材勒脚按设计图示尺寸以面积计算

D. 保温隔热墙按设计图示尺寸以面积计算

E. 砖地沟按设计图示尺寸以面积计算

9. （2012年注册造价师考试真题改编） 根据《房屋建筑与装饰工程工程量计算规范》(GB 50854—2013)，关于混凝土工程量计算的说法，正确的有（　　）。

A. 框架柱的柱高按自柱基上表面至上一层楼板上表面之间的高度计算

B. 依附柱上的牛腿及升板的柱帽，并入柱身体积内计算

C. 现浇混凝土无梁板按板和柱帽的体积之和计算

D. 预制混凝土楼梯按水平投影面积计算

E. 预制混凝土沟盖板、井盖板、井圈按设计图示尺寸以体积计算

10. （2009年注册造价师考试真题改编） 根据《房屋建筑与装饰工程工程量计算规范》(GB 50854—2013)，装饰装修工程中按设计图示尺寸以面积计算工程量的有（　　）。

A. 线条刷涂料　　B. 金属扶手带栏杆、栏板　　C. 全玻璃幕墙

D. 干挂石材钢骨架　　E. 织锦缎裱糊

二、简答题

1. 简述分部分项工程量清单综合单价的确定过程及方法。

2. 简述综合单价的概念及组价过程。

3. 简述项目特征描述应遵循的原则。

三、计算题

1. 计算图 7-18 柱间支撑制作清单工程量。

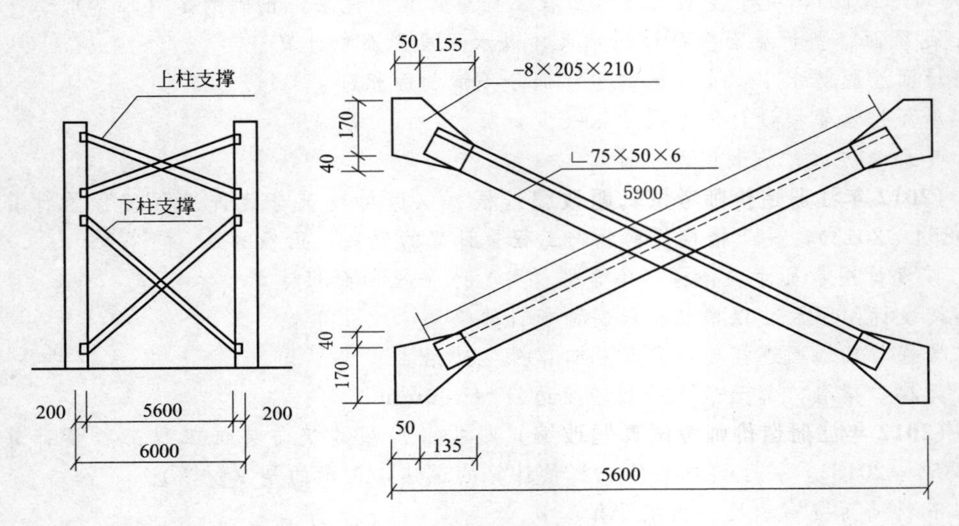

图 7-18 钢结构示意图

2. 某二层砖混结构宿舍楼，首层平面如图 7-19 所示，已知内外墙厚度均为 240mm，二层以上平面图除 M-2 的位置为 C-2 外，其他均与首层平面图相同，层高均为 3.00m，楼板厚度为 130mm，女儿墙顶标高为 6.6m，室外地坪为−0.45m。

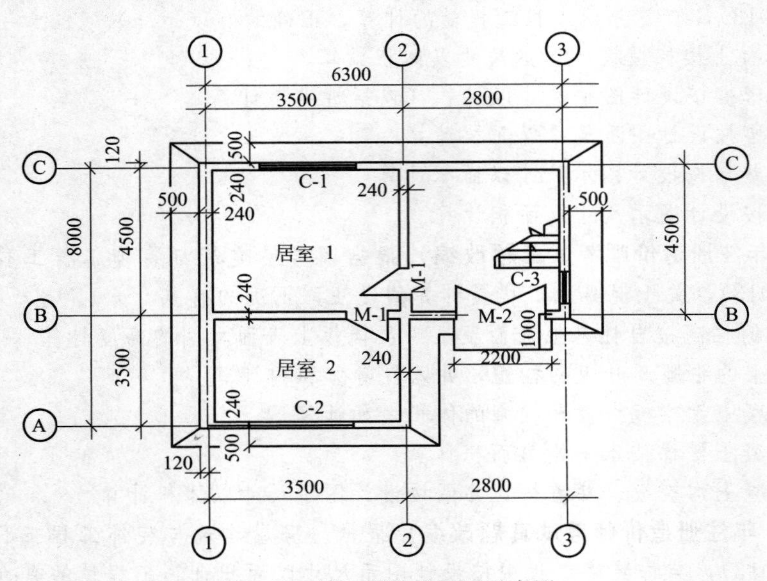

图 7-19 某砖混结构平面示意图

(1) 地面做法：60mm 厚 C10 垫层、20mm 厚 1∶3 水泥砂浆找平层、20mm 厚 1∶2 水泥砂浆面层、20 厚 150mm 高水泥砂浆踢脚线。

(2) 二层楼面做法：20mm 厚 1∶2 水泥砂浆面层、20mm 厚 150mm 高水泥砂浆踢脚线。

（3）楼梯井宽度为400mm，楼梯面层为1∶2水泥砂浆楼梯踢脚线为20mm厚150mm高水泥砂浆。

（4）台阶做法：80mm厚3∶7灰土垫层、100mm厚C10混凝土垫层、30mm厚1∶3水泥砂浆黏结层、20mm厚芝麻白花岗石面层。

（5）门窗洞口尺寸及材料见表7-47，外墙为水泥砂浆抹灰，内墙为混合砂浆抹灰。

（6）居室做600mm×600mm，钙塑板吊顶，采用U形轻钢龙骨。楼梯间天棚有混合砂浆抹灰（板式楼梯斜面积为9.5m^2，其水平投影面积为8.6m^2）。

要求：根据已知条件，编制装饰装修工程量清单，并求出综合单价。

表7-47　门窗洞口尺寸及材料表

门窗编号	尺寸/mm×mm	材　　料	门窗编号	尺寸/mm×mm	材　　料
C-1	1800×1800	铝合金窗	M-1	900×2100	铝合金窗
C-2	1750×1800	铝合金窗	M-2	2000×2400	铝合金窗
C-3	1200×1200	铝合金窗			

3. 如图7-20所示，某建筑物条形基础，图示尺寸为轴线尺寸，内外墙均为240mm，轴线居中，M5.0水泥砂浆砌筑，请编制工程量清单并计算相应分部分项工程综合单价。

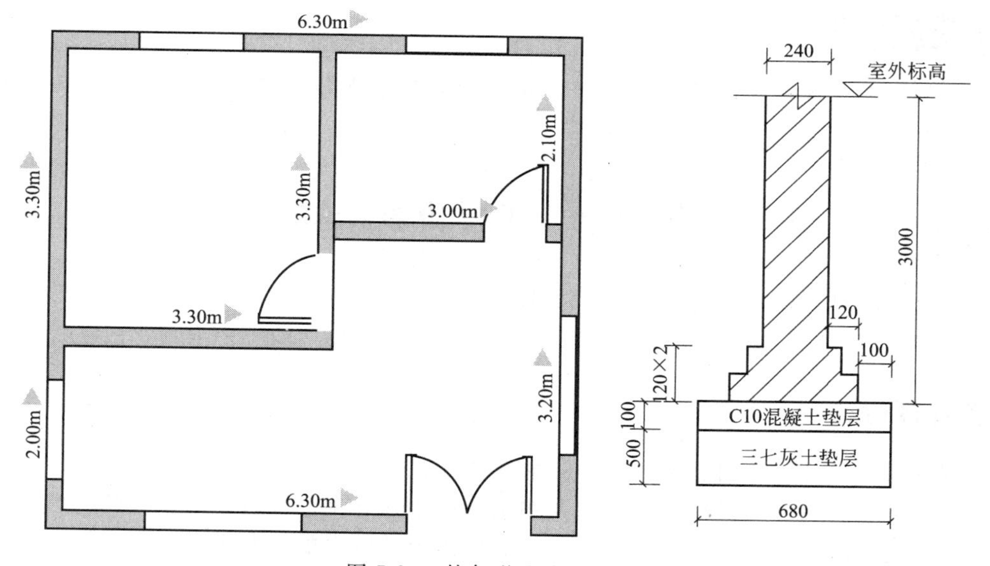

图7-20　某条形基础示意图

4. 实验楼工程屋面使用SBS高聚物改性沥青防水，工程构造做法及工程量如下：

（1）铺贴陶瓷地砖面层，120m^2；

（2）SBS高聚物改性沥青防水满铺，上翻250mm，平面及上翻共150m^2；

（3）1∶2水泥砂浆找平层在填充材料上厚20mm，120m^2；

（4）1∶10水泥珍珠岩保温层厚100mm，120m^2；

（5）1∶2水泥砂浆找平层厚20mm，120m^2；

（6）C25钢筋混凝土楼板。

要求：①编制该实验楼工程屋面卷材防水工程、保温隔热工程的工程量清单计价表；②编制相应分部分项工程量清单综合单价分析表。

第八章　工程价款结算与竣工决算

知识目标

- 了解工程预付款、竣工结算及竣工决算的概念；合同价款期中支付的方式
- 理解合同价款调整的内容
- 掌握工程预付款起扣点的计算方法，合同价款期中支付及工程竣工结算的计价方法

能力目标

- 能够处理工程预付款的支付与扣回、合同价款期中支付及工程竣工结算，能够根据合同约定调整合同价

第一节　工程价款结算

工程价款结算是指发承包双方按照施工合同的约定，对已经完成的合格工程的合同价款的计算、调整和确认，包括工程预付款、合同价款期中支付、竣工结算与支付。

一、工程预付款

工程预付款又称为预付备料款，是指为解决承包人施工前期资金紧张的困难，在建设工程施工合同订立之后，由发包人按照合同约定，在正式开工前预付给承包人的工程款，它是承包人进行施工准备和购买工程材料、结构件所需流动资金的主要来源。承包人应将预付款专用于合同工程。

1. 工程预付款的数额

实行工程预付款的工程项目，数额、起扣点等相关事宜由发承包双方在施工合同中约定，一般根据施工工期、建安工作量、主要材料和构件占建筑安装工程费的比例、材料储备期、承包方式等因素综合确定。

原则上包工包料工程的预付款的支付比例不得低于签约合同价（扣除暂列金额）的10%，不宜高于签约合同价（扣除暂列金额）的30%。

施工企业常年应储备的备料款限额，可按下列公式计算：

$$备料款限额=\frac{年度承包工程总价\times主要材料所占比重}{年度施工日历天数}\times材料储备天数 \tag{8-1}$$

2. 工程预付款的支付

承包人应在签订合同或向发包人提供与预付款等额的预付款保函后向发包人提交预付款支付申请。

发包人应在收到支付申请的 7 天内进行核实，向承包人发出预付款支付证书，并在签发支付证书后的 7 天内向承包人支付预付款。

发包人没有按合同约定按时支付预付款的，承包人可催告发包人支付；发包人在预付款期满后的 7 天内仍未支付的，承包人可在付款期满后的第 8 天起暂停施工。发包人应承担由此增加的费用和延误的工期，并应向承包人支付合理利润。

3. 工程预付款的扣回

承包人从发包人取得的工程预付款属于预付性质，随着工程的进展，已支付的工程预付款应从每一个支付期应支付给承包人的工程进度款中扣回，直到扣回的金额达到合同约定的预付款金额为止。扣款方法主要有以下两种。

(1) 按施工合同约定扣款　实行预付款的工程，发承包双方根据工程性质和材料供应情况，在签订合同时确定预付款的扣款方法，一般是在承包商完成工程价款达到合同总价的一定比例之后，便向发包方还款，发包人从每次应支付的金额中扣回工程预付款，发包人至少在合同规定的完工期前将工程预付款的总计金额扣回。

在实际工作中，有些工程工期较短，造价低，就无需分期扣回，有些工程工期较长，如跨年度工程，预计次年承包工程价值大于或相当于当年承包工程价值时，可以不扣回当年的工程预付款；如小于当年承包工程价值时，应按实际承包工程价值进行调整，在当年扣回部分工程预付款，并将未扣回部分转入次年，直到竣工年度，再按上述办法扣回。

(2) 工程预付款起扣点计算法　从未完施工工程所需主要材料及构件的价值相当于工程预付款数额时起扣，此后每次结算工程价款时，按材料所占比重抵扣工程价款，竣工前全部扣完。其计算公式如下：

$$T=P-\frac{M}{N} \tag{8-2}$$

式中　T——起扣点（即工程预付款开始抵扣时）的工程价值，即起扣点的累计完成工程金额；

P——承包工程合同总额；

M——工程预付款总额；

N——主要材料及构件所占比重。

当已完工程价值未达到起扣点时，每一个支付周期应按照应签证的工程款支付，当已完工程价值超过开始扣回工程预付款时的工程价值时，应从每次结算工程价款中陆续扣回工程预付款，每次应扣回的数额按下列方法计算。

第一次应扣回工程预付款式=(累计已完工程价值—开始扣回工程预付款时的工程价值) × 主要材料比重　(8-3)

以后每次应扣回工程预付款＝每次结算的已完工程价值×主要材料比重　(8-4)

【例 8-1】 **(2010 注册造价工程师考试真题改编)** 已知某工程承包价款总额为 6000 万元，其主要材料及构件所占比重为 60%，预付款总金额为工程价款总额的 20%，计算该工程预付款起扣点。

解　$M=6000\times20\%=1200$(万元)

$$T=P-\frac{M}{N}=6000-\frac{1200}{60\%}=4000(\text{万元})$$

二、安全文明施工费

鉴于安全文明施工的措施具有前瞻性，必须在施工前予以保证，因此，发包人应在工程开工后的28天内预付不低于当年施工进度计划的安全文明施工总额的60%，其余部分应按照提前安排的原则进行分解，并应与进度款同期支付。

安全文明施工费的使用应依据财政部、国家安全生产监督管理总局印发的《企业安全生产费用提取和使用管理办法》(财企［2012］16号)、原建设部办公厅印发的《建筑工程安全防护、文明施工措施费用及使用管理规定》(建办［2005］89号）等规定。

发包人没有按照支付安全文明施工费的，承包人可催告发包人支付；发包人在付款期满后的7天内仍未支付的，若发生安全事故，发包人应承担相应责任。

三、合同价款期中支付

进度款是指在合同工程施工过程中，发包人按照合同约定对付款周期内承包人完成的合同价款给予支付的款项，也是合同价款期中结算支付。由于建设工程通常具有投资额大、施工期长等特点，因此当承包人完成了一定阶段的工程量后，发承包双方应按照合同约定的时间、程序和方法，根据工程计量结果，办理期中价款结算，支付进度款。

(一) 支付方式

进度款支付周期应与合同约定的工程计量周期一致，工程量的正确计量是发包人向承包人支付工程进度款的前提与依据，计量与付款周期可以采用以下两种方式。

1. 按月结算与支付

即实行按月支付进度款，竣工后结算的办法。合同工期限在两个年度以上的工程，在年终进行工程盘点，办理年度结算。

2. 分段结算与支付

即当年开工、当年不能竣工的工程按照工程形象进度，划分不同阶段支付工程进度款。当采用分段结算方式时，应在合同中约定具体的工程分段划分，付款周期应与计量周期一致。

进度款的支付比例按照合同约定，按期中结算价款总额计，不低于60%，不高于90%。

(二) 计价方法

1. 已完工程价款结算

已标价工程量清单中的单价项目，承包人应按工程计量确认的工程量与综合单价计算；综合单价发生调整的，以发承包双方确认调整的综合单价计算进度款。

已标价工程量清单中的总价项目，承包人应按合同中约定的进度款支付分解，分别列入进度款支付申请中的安全文明施工费和本周期应支付的总价项目的金额中。

2. 结算价款的调整

发包人提供的甲供料金额，应按照发包人签约提供的单价和数量从进度款支付中扣除，列入本周期应扣减的金额中。

承包人现场签证和得到发包人确认的索赔金额应列入本周期应增加的金额中。

(三) 支付时间

① 发包人应在收到承包人进度款支付申请后的14天内，根据计量结果和合同约定对申

请内容予以核实，确认后向承包人出具进度款支付证书。若发承包双方对部分清单项目的计量结果出现争议，发包人应对无争议部分的工程计量结果向承包人出具进度款支付证书。

② 发包人应在签发进度款支付证书后的14天内，按照支付证书列明的金额向承包人支付进度款。

③ 若发包人逾期未签发进度款支付证书，则视为承包人提交的进度款支付申请已被发包人认可，承包人可向发包人发出催告付款的通知。发包人应在收到通知后的14天内，按照承包人支付申请的金额向承包人支付进度款。

④ 发包人未按照规定支付进度款的，承包人可催告发包人支付，并有权获得延迟支付的利息；发包人在付款期满后的7天内仍未支付的，承包人可在付款期满后的第8天起暂停施工。发包人应承担由此增加的费用和延误的工期，向承包人支付合理利润，并应承担违约责任。

四、竣工结算与支付

竣工结算价是指发承包双方依据国家有关法律、法规和标准规定，按照合同约定确定的，包括在履行合同过程中按合同约定进行的合同价款调整，是承包人按合同约定完成了全部承包工作后，发包人应付给承包人的合同总金额。

工程完工后，发承包双方必须在合同约定时间内办理工程竣工结算。竣工结算应由承包人或受其委托具有相应资质的工程造价咨询人编制，并应由发包人或受其委托具有相应资质的工程造价咨询人核对。

（一）工程竣工结算

1. 编制依据

①《建设工程工程量清单计价规范》；

② 工程合同；

③ 发承包双方实施过程中已确认的工程量及其结算的合同价款；

④ 发承包双方实施过程中已确认调整后追加（减）的合同价款；

⑤ 建设工程设计文件及相关资料；

⑥ 投标文件；

⑦ 其他依据。

2. 计价方法

1）分部分项工程和措施项目中的单价项目应依据发承包双方确认的工程量与已标价工程量清单的综合单价计算；发生调整的，应以发承包双方确认调整的综合单价计算。

2）措施项目中的总价项目应依据已标价工程量清单的项目和金额计算；发生调整的，应以发承包双方确认调整的金额计算，其中安全文明施工费必须按照国家或省级、行业建设主管部门的规定计算。

3）其他项目应按下列规定计价。

① 计日工应按发包人实际签证确认的事项计算；

② 暂估价应按《建设工程工程量清单计价规范》（GB 50500—2013）的相关规定计算；

③ 总承包服务费应依据已标价工程量清单金额计算；发生调整的，应以发承包双方确认调整的金额计算；

④ 索赔费用应依据发承包双方确认的索赔事项和金额计算；

⑤ 现场签证费用应依据发承包双方签证资料确认的金额计算；

⑥ 暂列金额应减去合同价款调整（包括索赔、现场签证）金额计算，如有余额归发包人。

4）规费和税金应按按国家或省级、行业建设主管部门的规定计算。规费中的工程排污费应按工程所在地环境保护部门规定的标准缴纳后按实列入。

5）发承包双方在合同工程实施过程中已经确认的工程计量结果和合同价款，在竣工结算办理中应直接进入结算。

一般公式为：

竣工结算工程价款＝合同价款＋合同价款调整金额－预付及已结算工程价款－质量保证（保修）金 (8-5)

（二）竣工结算款支付

1. 申请内容

承包人应根据竣工结算文件向发包人提交竣工结算款支付申请，申请应包括以下内容。

① 竣工结算合同价款总额；

② 累计已实际支付的合同价款；

③ 应预留的质量保证金；

④ 实际应支付的竣工结算款金额。

2. 支付时间

① 发包人应在收到承包人提交竣工结算款支付申请后 7 天内予以核实，向承包人签发竣工结算支付证书。

② 发包人签发竣工结算支付证书后的 14 天内，应按照竣工结算支付证书列明的金额向承包人支付结算款。

③ 发包人在收到承包人提交的竣工结算款支付申请后 7 天内不予核实，不向承包人签发竣工结算支付证书的，视为承包人的竣工结算款支付申请已被发包人认可；发包人应在收到承包人提交的竣工结算款支付申请 7 天后的 14 天内，按照承包人提交的竣工结算款支付申请列明的金额向承包人支付结算款。

④ 发包人未按照合同支付竣工结算款的，承包人可催告发包人支付，并有权获得延迟支付的利息。发包人在竣工结算支付证书签发后或者在收到承包人提交的竣工结算款支付申请 7 天后的 56 天内仍未支付的，除法律另有规定外，承包人可与发包人协商将该工程折价，也可直接向人民法院申请将该工程依法拍卖。承包人应就该工程折价或拍卖的价款优先受偿。

（三）质量保证金

建设工程竣工结算后，发包人应按照合同约定及时向承包人支付工程结算价款并预留保证金，全部或者部分使用政府投资的建设项目，按工程价款结算总额 5%左右的比例预留保证金，社会投资项目采用预留保证金方式的，预留保证金的比例可参照执行。

承包人未按照合同约定履行属于自身责任的工程缺陷修复义务的，发包人有权从质量保证金中扣除用于缺陷修复的各项支出。经查验，工程缺陷属于发包人原因造成的，应由发包人承担查验和缺陷修复的费用。

缺陷责任期是指承包人对已交付使用的合同工程承担合同约定的缺陷修复责任的期限。在合同约定的缺陷责任期终止后，发包人应按照规定，将剩余的质量保证金返还给承包人。

（四）最终结清

缺陷责任期终止后，承包人应按照合同约定向发包人提交最终结清支付申请，发包人对最终结清支付申请有异议的，有权要求承包人进行修正和提供补充资料。承包人修正后，应再次向发包人提交修正后的最终结清支付申请。

最终结清时，承包人被预留的质量保证金不足以抵减发包人工程缺陷修复费用的，承包人应承担不足部分的补偿责任。

【例 8-2】 某建设单位（甲方）与施工单位（乙方）签订了某建设工程承包合同，具体内容如下。

① 合同总额为 1600 万元，合同工期为六个月，主要材料及构件金额占工程造价的 60%，工程预付款额度为合同价款总额的 25%；

② 工程预付款应从未施工工程尚需的主要材料及构件价值相当于工程预付款起扣，从每次结算工程价款中按主要材料和构件所占比重抵扣，竣工前全部扣清；

③ 工程质量保证金为承包合同价的 5%，从每月的工程进度款中按 5%比例扣留，保修期满后，扣除已发生的费用后，将剩余的质量保证金返还给承包人；

④ 甲方提供的材料和设备款应在发生当月的工程价款中扣回；

⑤ 主要材料与构件差价按照市场价格在 6 月份按 10%调增。

该建设工程各月实际完成情况见表 8-1。

表 8-1　工程结算数据

月份	1 月	2 月	3 月	4 月	5 月	6 月
实际完成产值/万元	220	365	430	350	150	85
甲供材料设备价值/万元	20	10	33	18	9	5

试计算：

(1) 该工程预付款及起扣点；

(2) 该工程 1～5 月每月已完成的工程价款及实际应支付的工程价款；

(3) 该工程在 6 月份办理竣工结算的价款金额。

解　(1)该工程预付款＝1600×25%＝400(万元)

起扣点金额：$T=P-\dfrac{M}{N}=1600-\dfrac{400}{60\%}=933$(万元)

截止到 3 月份累计实际完成产值为：

220＋365＋430＝1015(万元)＞933(万元)

则 3 月份为工程预付款起扣时间。

(2)该工程每月实际应支付的工程价款计算如下：

实际应支付的工程价款＝实际完成产值－本月进度款中所扣质保金－甲供材料设备价值

① 1 月份已完成工程价款：220 万元

1 月份应扣质保金：220×5%＝11(万元)

1 月份实际应支付的工程价款：220－11－20＝189(万元)

② 2 月份已完成工程价款：365 万元

2 月份应扣质保金：365×5%＝18(万元)

2 月份实际应支付的工程价款：365－18－10＝337(万元)

③ 3 月份已完成工程价款：430 万元

3月份应扣质保金：430×5%＝22（万元）

3月份应扣的工程预付款金额：（1015－933）×60%＝49（万元）

3月份实际应支付的工程价款：430－22－49－33＝326（万元）

④ 4月份已完成工程价款：350万元

4月份应扣质保金：350×5%＝18（万元）

4月份应扣的工程预付款金额：350×60%＝210（万元）

4月份实际应支付的工程价款：350－18－210－18＝104（万元）

⑤ 5月份已完成工程价款：150万元

5月份应扣质保金：150×5%＝8（万元）

5月份应扣的工程预付款金额：150×60%＝90（万元）

5月份实际应支付的工程价款：150－8－90－9＝43（万元）

累计已完成工程价款：220＋365＋430＋350＋150＝1515（万元）

（3）该工程竣工结算价款金额

竣工结算工程价款

＝合同价款＋合同价款调整金额－预付及已结算工程价款－质量保证（保修）金

＝（1600－1515）×（1－5%）－（1600－1515）×60%－5＋1600×60%×10%＝121（万元）

第二节　合同价款调整

合同价款调整是指在合同价款调整因素出现后，发承包双方根据合同约定，对合同价款进行变动的提出、计算和确认。当下列事项（但不限于）发生，发承包双方应当按照合同约定调整合同价款。

一、法律法规变化

招标工程以投标截止前28天、非招标工程以合同签订前28天为基准日，其后因国家的法律、法规、规章和政策发生变化引起工程造价增减变化的，发承包双方应按照省级或行业建设主管部门或其授权的工程造价管理机构据此发布的规定调整合同价款。

因承包人原因导致工期延误的，如按相应规定的调整时间，在合同工程原定竣工时间之后，合同价款调增的不予调整，合同价款调减的予以调整。

二、工程变更类

（一）工程变更

工程变更是指合同工程实施过程中由发包人提出或由承包人提出经发包人批准的合同工程任何一项工作的增、减、取消或施工工艺、顺序、时间的改变；设计图纸的修改；施工条件的改变；招标工程量清单的错、漏从而引起合同条件的改变或工程量的增减变化。

因工程变更引起已标价工程量清单项目或其工程数量发生变化时，应按照下列规定调整。

1. 已标价工程量清单项目变更

① 已标价工程量清单中有适用于变更工程项目的，应采用该项目的单价；但当工程变更导致该清单项目的工程数量发生变化，且工程量偏差超过15%时，该应予以调整，当工

程量增加15%以上时，增加部分的工程量的综合单价应予以调低；当工程量减少15%以上时，减少后剩余部分的工程量的综合单价应予以调高。

② 已标价工程量清单中没有适用但有类似于变更工程项目的，可在合理范围内参照类似项目的单价。

③ 已标价工程量清单中没有适用也没有类似于变更工程项目的，应由承包人根据变更工程资料、计量规则和计价办法、工程造价管理机构发布的信息价格和承包人报价浮动率提出变更工程项目的价，并应报发包人确认后调整。承包人报价浮动率可按下列公式计算。

$$\text{招标工程：承包人报价浮动率 } L=(1-\text{中标价}/\text{招标控制价})\times 100\% \tag{8-6}$$

$$\text{非招标工程：承包人报价浮动率 } L=(1-\text{报价}/\text{施工图预算})\times 100\% \tag{8-7}$$

④ 已标价工程量清单中没有适用也没有类似于变更工程项目，且工程造价管理机构发布的信息价格缺价的，应由承包人根据变更工程资料、计量规则、计价办法和通过市场调查等取得有合法依据的市场价格提出变更工程项目的单价，并应报发包人确认后调整。

【例8-3】 某工程招标控制价为8413949元，中标人的投标报价为7972282元，承包人报价浮动率为多少？施工过程中，屋面防水采用PE高分子防水卷材（1.5mm），清单项目中无类似项目，工程造价管理机构发布有该卷材单价为18元/m^2，该项目综合单价如何确定？

解 (1)承包人报价浮动率：

$$\begin{aligned} L &=(1-\text{中标价}/\text{招标控制价})\times 100\% \\ &=(1-7972282/8413949)\times 100\% \\ &=(1-0.9475)\times 100\% \\ &=5.25\% \end{aligned}$$

(2)查项目所在地该项目定额人工费为3.78元，除卷材外的其他材料费为0.65元，管理费和利润为1.13元。

$$\begin{aligned} \text{该项目综合单价} &=(3.78+18+0.65+1.13)\times(1-5.25\%) \\ &=23.56\times 94.75\% \\ &=22.32\ (\text{元}) \end{aligned}$$

由上式可知，发承包双方可按22.32元协商确定该项目综合单价。

2. 措施项目变更

工程变更引起施工方案改变并使措施项目发生变化时，承包人提出调整措施项目费的，应事先将拟实施的方案提交发包人确认，并应详细说明与原方案措施项目相比的变化情况。拟实施的方案经发承包双方确认后执行，并应按照下列规定调整措施项目费。

① 安全文明施工费应按照实际发生变化的措施项目按国家或省级、行业建设主管部门的规定计算。

② 采用单价计算的措施项目费，应按照实际发生变化的措施项目，按工程量清单项目变更调整的规定确定单价。

③ 按总价（或系数）计算的措施项目费，按照实际发生变化的措施项目调整，但应考虑承包人报价浮动因素，即调整金额按照实际调整金额乘以相应的承包人报价浮动率计算。如果承包人未事先将拟实施的方案提交给发包人确认，则应视为工程变更不引起措施项目费的调整或承包人放弃调整措施项目费的权利。

当发包人提出的工程变更因非承包人原因删减了合同中的某项原定工作或工程，致使承包人发生的费用或（和）得到的收益不能被包括在其他已支付或应支付的项目中，也未被包含在任何替代的工作或工程中时，承包人有权提出并应得到合理的费用及利润补偿。

（二）项目特征不符

发包人在招标工程量清单中对项目特征的描述，应被认为是准确的和全面的，并且与实际施工要求相符合。承包人应按照发包人提供的招标工程量清单，根据项目特征描述的内容及有关要求实施合同工程，直到项目被改变为止。

承包人应按照发包人提供的设计图纸实施合同工程，若在合同履行期间出现设计图纸（含设计变更）与招标工程量清单任一项目的特征描述不符，且该变化引起该项目工程造价增减变化的，应按实际施工的项目特征，按相关规定重新确定相应工程量清单项目的综合单价，并调整合同价款。

（三）工程量清单缺项

合同履行期间，由于招标工程量清单中缺项，新增分部分项工程清单项目的，应重新按规定确定单价，并调整合同同价款。

新增分部分项工程清单项目后，引起措施项目发生变化的，应按照规定在承包人提交的实施方案被发包人批准后调整合同价款。

由于招标工程量清单中措施项目缺项，承包人应将新增措施项目实施方案提交发包人批准后，按照规定调整合同价款。

（四）工程量偏差

工程量偏差是指承包人按照合同工程的图纸（含经发包人批准由承包人提供的图纸）实施，按照现行国家计量规范规定的工程量计算规则计算得到的完成合同工程项目应予计量的工程量与相应的招标工程量清单项目列出的工程量之间出现的量差。

合同履行期间，当应予计算的实际工程量与招标工程量清单出现偏差，且符合规定时，发承包双方应调整合同价款。

对于任一招标工程量清单项目，当工程量偏差超过15%时，可进行调整。当工程量增加15%以上时，增加部分的工程量的综合单价应予调低；当工程量减少15%以上时，减少后剩余部分的工程量的综合单价应予调高。

当工程量出现变化，且该变化引起相关措施项目相应发生变化时，按系数或单一总价方式计价的，工程量增加的措施项目费调增，工程量减少的措施项目费调减。

调整公式可参考如下。

① 当 $$Q_1>1.15Q_0\text{时},S=1.15Q_0\times P_0+(Q_1-1.15Q_0)\times P_1 \quad (8\text{-}8)$$

② 当 $$Q_1<0.85Q_0\text{时},S=Q_1\times P_1 \quad (8\text{-}9)$$

式中 S——调整后的某一分部分项工程费结算价；

Q_1——最终完成的工程量；

Q_0——招标工程量清单中列出的工程量；

P_1——按照最终完成工程量重新调整后的综合单价；

P_0——承包人在工程量清单中填报的综合单价。

采用上述公式的关键是确定新的综合单价，即 P_1。确定的方法：一是发承包双方协商确定，二是与招标控制价相联系，当工程量偏差项目出现承包人在工程量清单中填报的综合单价与发包人招标控制价相应清单项目的综合单价偏差超过15%时，工程量偏差项目综合单价的调整可参考以下公式。

③ 当 $P_0<P_2\times(1-L)\times(1-15\%)$ 时，该类项目的综合单价：

$$P_1按照 P_2\times(1-L)\times(1-15\%)调整 \quad (8\text{-}10)$$

④ 当 $P_0>P_2\times(1+15\%)$ 时，该类项目的综合单价：

$$P_1按照 P_2\times(1+15\%)调整 \quad (8\text{-}11)$$

⑤ 当 $P_0>P_2\times(1-L)\times(1-15\%)$或 $P_0<P_2\times(1+15\%)$时，可不调整。

式中 P_0——承包人在工程量清单中填报的综合单价；

P_2——发包人招标控制价相应项目的综合单价；

L——承包人报价浮动率。

【例 8-4】 某工程项目招标工程量清单数量为 1520m³，施工中由于设计变更调增为 1824m³，增加 20%，该项目招标控制价综合单价为 350 元，投标报价为 406 元，应如何调整？

解 406÷350=1.16，偏差为 16%，

根据式(8-10)

$$P_1=350\times(1+15\%)=402.50(元)$$

由于 406 元>402.5 元，因此，该项目变更后的单价应调整为 402.50 元。

根据式(8-7)

$$\begin{aligned}S&=1.15\times1520\times406+(1824-1.15\times1500)\times402.50\\&=709608+76\times402.50\\&=740198(元)\end{aligned}$$

【例 8-5】 某工程项目招标工程量清单数量为 1520m³，施工中由于设计变更减为 1216m³，减少 20%，该项目招标控制价为 350 元，投标报价为 287 元，该工程投标报价下浮率为 6%，应如何调整？

解 287÷350=82%，偏差为 18%，

根据式(8-9)

$$P_1=P_2\times(1-6\%)\times(1-15\%)=279.65(元)$$

由于 287 元>279.65 元，则该项目变更后的综合单价可不予调整

根据式(8-8)

$$S=1216\times287=348992(元)$$

（五）计日工

发包人通知承包人以计日工方式实施的零星工作，承包人应予执行。采用计日工计价的任何一项变更工作，在该项变更的实施过程中，承包人应按合同约定提交下列报表和有关凭证送发包人复核。

① 工作名称、内容和数量；

② 投入该工作所有人员的姓名、工种、级别和耗用工时；

③ 投入该工作的材料名称、类别和数量；

④ 投入该工作的施工设备型号、台数和耗用台时；

⑤ 发包人要求提交的其他资料和凭证。

任一计日工项目持续进行时，承包人应在该项工作实施结束后的 24 小时内向发包人提交有计日工记录汇总的现场签证报告一式三份。发包人在收到承包人提交现场签证报告后的 2 天内予以确认并将其中一份返还给承包人，作为计日工计价和支付的依据。发包人逾期未确认也未提出修改意见的，应视为承包人提交的现场签证报告已被发包人认可。

任一计日工项目实施结束后，承包人应按照确认的计日工现场签证报告核实该类项目的工程

数量，并应根据核实的工程数量和承包人已标价工程量清单中的计日工单价计算，提出应付价款；已标价工程量清单中没有该类计日工单价的，由发承包双方按规定商定计日工单价计算。

每个支付期末，承包人应按照规定向发包人提交本期间所有计日工记录的签证汇总表，并应说明本期间自己认为有权得到的计日工金额，调整合同价款，列入进度款支付。

三、物价变化类

（一）物价变化

1. 一般规定

合同履行期间，因人工、材料、工程设备、机械台班价格波动影响合同价款时，应根据合同约定，按相应方法调整合同价款。

承包人采购材料和工程设备的，应在合同中约定主要材料、工程设备价格变化的范围或幅度；当没有约定，且材料、工程设备单价变化超过5%时，超过部分的价格应按照相应方法计算调整材料、工程设备费。

如《湖北省建设工程人工、材料、机械价格管理办法》中规定当变化幅度超过±5%（含±5%）时，变化幅度以内的风险由承包人承担或受益，超过部分由发包人承担或受益。

当投标报价与投标时市场价不同时，计算材料涨幅以投标报价与投标时市场价中较高的价格为基准价；计算材料跌幅应以投标报价与市场价中较低的价格为基准价。

【例 8-6】 某工程招标投标期间，20MnSi 热轧螺纹钢筋Φ28 市场价 3900 元/t，招标控制价风险系数为1%。

(1) 承包人投标报价为 3800 元/t，合同履行期间，实际采购价为 4212 元/t；

(2) 承包人投标报价为 3800 元/ t，合同履行期间，实际采购价为 4095 元/t；

(3) 承包人投标报价为 4000 元/ t，合同履行期间，实际采购价为 4280 元/t。

问：以上三种情况如何调整材料价格？

解 (1)招投标时，投标报价低于市场价，扣除风险系数 1%后，剩余超出 5%的部分由发包人承担。

承包人投标报价为 3800 元/t，合同履行期间，实际采购价为 4212 元/t，市场价格波动幅度＝4212÷3900－1＝1.08－1＝8%

发包人应承担钢材价＝3900×(8%－1%－5%)＝78(元/t)

调整后钢材结算价＝3800＋78＝3878(元/t)

(2)招投标时，投标报价低于市场价，扣除风险系数 1%后，剩余 5%以内的部分由承包人承担，发包人不需承担涨价费用。

承包人投标报价为 3800 元/t，合同履行期间，实际采购价为 4095 元/t，市场价格波动幅度＝4095÷3900－1＝1.05－1＝5%

因 5%－1%＝4%＜5%，钢材结算价为 3800 元/t 不变。

(3)招投标时，投标报价高于市场价，扣除风险系数 1%后，剩余超出 5%的部分由发包人承担。

承包人投标报价为 4000 元/t，合同履行期间，实际采购价为 4280 元/t，市场价格波动幅度＝4280÷4000－1＝1.07－1＝7%

发包人应承担钢材价＝4000×(7%－1%－5%)＝40(元/t)

调整后钢材结算价＝4000＋40＝4040(元/t)

2. 工期延误时价格调整

发生合同工程工期延误的，应按照下列规定确定合同履行期的价格调整。

① 因非承包人原因导致工期延误的，计划进度日期后续工程的价格，应采用计划进度日期与实际进度日期两者的较高者。

② 因承包人原因导致工期延误的，计划进度日期后续工程的价格，应采用计划进度日期与实际进度日期两者的较低者。

发包人供应材料和工程设备的，不适用规定，应由发包人按照实际变化调整，列入合同工程的工程造价内。

（二）暂估价

发包人在招标工程量清单中给定暂估价的材料、工程设备属于依法必须招标的，应由发承包双方以招标的方式选择供应商，确定价格，并应以此为依据取代暂估价，调整合同价款。

发包人在招标工程量清单中给定暂估价的材料、工程设备不属于依法必须招标的，应由承包人按照合同约定采购，经发包人确认单价后取代暂估价，调整合同价款。

发包人在工程量清单中给定暂估价的专业工程不属于依法必须招标的，应按照相应规定确定专业工程价款，并应以此为依据取代专业工程暂估价，调整合同价款。

发包人在招标工程量清单中给定暂估价的专业工程，依法必须招标的，应当由发承包双方依法组织招标选择专业分包人，并接受有管辖权的建设工程招标投标管理机构的监督，还应符合下列要求。

① 除合同另有约定外，承包人不参加投标的专业工程发包招标，应由承包人作为招标人，但拟定的招标文件、评标工作、评标结果应报送发包人批准。与组织招标工作有关的费用应当被认为已经包括在承包人的签约合同价（投标总报价）中。

② 承包人参加投标的专业工程发包招标，应由发包人作为招标人，与组织招标工作有关的费用由发包人承担。同等条件下，应优先选择承包人中标。

③ 应以专业工程发包中标价为依据取代专业工程暂估价，调整合同价款。

四、工程索赔类

（一）不可抗力

不可抗力是指发承包双方在工程合同签订时不能预见的，对其发生的后果不能避免，并且不能克服的自然灾害和社会性突发事件。因不可抗力事件导致的人员伤亡、财产损失及其费用增加，发承包双方应按下列原则分别承担并调整合同价款和工期。

① 合同工程本身的损害、因工程损害导致第三方人员伤亡和财产损失以及运至施工场地用于施工的材料和待安装的设备的损害，应由发包人承担；

② 发包人、承包人人员伤亡应由其所在单位负责，并应承担相应费用；

③ 承包人的施工机械设备损坏及停工损失，应由承包人承担；

④ 停工期间，承包人应发包人要求留在施工场地的必要的管理人员及保卫人员的费用应由发包人承担；

⑤ 工程所需清理、修复费用，应由发包人承担。

不可抗力解除后复工的，若不能按期竣工，应合理延长工期。发包人要求赶工的，赶工费用应由发包人承担。

因不可抗力解除合同的，应合同解除的价款结算与支付的规定办理。

【例 8-7】（2007 年注册造价工程师考试真题改编） 某施工合同在履行过程中，先后在不同时间发生了如下事件：因业主对隐蔽工程复检而导致某关键工作停工 2d，隐蔽工程复检合格；因异常恶劣天气导致工程全面停工 3d；因季节大雨导致工程全面停工 4d。试计算承包商可索赔的工期。

解 该工程涉及共同延误的工期赔偿，由于业主对隐蔽工程复检而导致某关键工程停工 2d，隐蔽工程复检合格，可索赔工期 2d；因异常恶劣天气导致工程全面停工 3d，隐蔽工程复检合格，可索赔工期 3d；因季节性大雨导致工程全面停工，属于有经验的承包人应当预见的施工条件，不可以索赔。

所以，总计可索赔工期 2＋3＝5(d)。

（二）提前竣工（赶工补偿）

提前竣工费是指承包人应发包人的要求而采取加快工程进度措施，使合同工程工期缩短，由此产生的应由发包人支付的费用。发包人应依据相关工程的工期定额合理计算工期，压缩的工期天数不得超过定额工期的 20%，超过者，应在招标文件中明示增加赶工费用。

发包人要求合同工程提前竣工的，应征得承包人同意后与承包人商定采取加快工程进度的措施，并应修订合同工程进度计划。发包人应承担承包人由此增加的提前竣工（赶工补偿）费用。

发承包双方应在合同中约定提前竣工每日历天应补偿额度，此项费用应作为增加合同价款列入竣工结算文件中，应与结算款一并支付。

（三）误期赔偿

误期赔偿费是指承包人未按照合同工程的计划施工，导致实际工期超过合同工期（包括经发包人批准的延长工期），承包人应向发包人赔偿损失的费用。合同工程发生误期，承包人应赔偿发包人由此造成的损失，并应按照合同约定向发包人支付误期赔偿费。即使承包人支付误期赔偿费，也不能免除承包人按照合同约定应承担的任何责任和应履行的任何义务。

发承包双方应在合同中约定误期赔偿费，并应明确每日历天应赔额度。误期赔偿费应列入竣工结算文件中，并应在结算款中扣除。

在工程竣工之前，合同工程内的某单项（位）工程已通过了竣工验收，且该单项（位）工程接收证书中表明的竣工日期并未延误，而是合同工程的其他部分产生了工期延误时，误期赔偿费应按照已颁发工程接收证书的单项（位）工程造价占合同价款的比例幅度予以扣减。

（四）索赔

索赔是指在工程合同履行过程中，合同当事人一方因非己方的原因而遭受损失，按合同约定或法律法规规定应由对方承包责任，从而向对方提出补偿的要求。当合同一方向另一方提出索赔时，应有正当的索赔理由和有效证据，并应符合合同的相关约定。

（1）承包人提出索赔　根据合同约定，承包人认为非承包人原因发生的事件造成了承包人的损失，应向发包人提出索赔。

承包人要求赔偿时，可以选择下列一项或几项方式获得赔偿。

① 延长工期；

② 发包人支付实际发生的额外费用；

③ 要求发包人支付合理的预期利润；

④ 要求发包人按合同的约定支付违约金。

当承包人的费用索赔与工期索赔要求相关联时，发包人在做出费用索赔的批准决定时，应结合工程延期，综合做出费用赔偿和工程延期的决定。

发承包双方在按合同约定办理了竣工结算后，应被认为承包人已无权再提出竣工结算前所发生的任何索赔。承包人在提交的最终结清申请中，只限于提出竣工结算后的索赔，提出索赔的期限应自发承包双方最终结清时终止。

（2）发包人提出索赔　根据合同约定，发包人认为由于承包人的原因造成发包人的损失，宜按承包人索赔的程序进行索赔。

发包人要求赔偿时，可以选择下列一项或几项方式获得赔偿。

① 延长质量缺陷修复期限；

② 要求承包人支付实际发生的额外费用；

③ 要求承包人按合同的约定支付违约金。

承包人应付给发包人的索赔金额可从拟支付给承包人的合同价款中扣除，或由承包人以其他方式支付给发包人。

【例 8-8】（2013 年注册造价工程师考试真题改编） 某施工现场有塔式起重机 1 台，由施工企业租得，台班单价 5000 元/台班，租赁费为 2000 元/台班，人工工资为 80 元/工日，窝工补贴为 25 元/工日，以人工费和机械费合计为计算基础的综合费率为 30%，在施工过程中发生了如下事件：监理人对已经覆盖的隐藏工程要求重新检查且检查结果合格，配合用工 10 工日，塔式起重机 1 台班，试计算施工企业可向业主索赔的费用。

解　由于监理工程师对已覆盖的隐蔽工程要求重新检查且检查结果合格，则承包人对工期、费用及利润均可以得到补偿。

$$可补偿的费用=(10\times80+5000)\times(1+30\%)=7540(元)$$

五、其他类

（一）现场签证

现场签证是指发包人现场代表（或其授权的监理人、工程造价咨询人）与承包人现场代表就施工过程中涉及的责任事件所作的签认证明。承包人应发包人要求完成合同以外的零星项目、非承包人责任事件等工作的，发包人应及时以书面形式向承包人发出指令，并应提供所需的相关资料；承包人在收到指令后，应及时向发包人提出现场签证要求。

承包人应在收到发包人指令后的 7 天内向发包人提交现场签证报告，发包人应在收到现场签证报告后的 48 小时内对报告内容进行核实，予以确认或提出修改意见。发包人在收到承包人现场签报告后的 48 小时内未确认也未提出修改意见的，应视为承包人提交的现场签证报告已被发包人认可。

现场签证的工作如已有相应的计日工单价，现场签证中应列明完成该类项目所需的人工、材料、工程设备和施工机械台班的数量。如现场签证的工作没有相应的计日工单价，应在现场签证报告中列明完成该签证工作所需的人工、材料设备和施工机械台班的数量及单价。

合同工程发生现场签证事项，未经发包人签证确认，承包人便擅自施工的，除非征得发包人书面同意，否则发生的费用应由承包人承担。

现场签证工作完成后的 7 天内，承包人应按照现场签证内容计算价款，报送发包人确认后，作为增加合同价款，与进度款同期支付。

在施工过程中，当发现合同工程内容因场地条件、地质水文、发包人要求等不一致时，承包人应提供所需的相关资料，并提交发包人签证认可，作为合同价款调整的依据。

（二）暂列金额

已签约合同价中的暂列金额应由发包人掌握使用。发包人按照相应规定支付后，暂列金额余额应归发包人所有。

第三节 竣工决算

一、竣工决算概述

1. 竣工决算概念

竣工决算是指建设项目竣工验收合格后，项目单位编制的综合反映竣工项目从筹建开始到项目竣工交付使用为止的全部建设费用、建设成果和财务情况的总结性文件，是竣工验收报告的重要组成部分。

竣工决算是建设工程经济效益的全面反映，是项目法人核定建设工程各类新增资产价值、办理建设项目交付使用的依据。

2. 竣工决策与竣工结算的区别

竣工决算不同于竣工结算，它们之间的区别见表8-2。

表8-2 工程竣工结算和工程竣工决算

区别项目	工程竣工结算	工程竣工决算
编制单位及其部门	承包方的造价管理部门	建设单位的财务部门
编制阶段	施工阶段(工程竣工验收阶段)	竣工验收阶段
编制对象	单位工程或单项工程	建设项目
内容	承包方承包施工的建筑安装工程的全部费用,它反映承包方完成的施工产值	建设工程从筹建开始到竣工交付使用为止的全部建设费用,它反映建设工程的投资效益
性质和作用	1. 承包方与发包方办理工程价款最终结算的依据 2. 双方签订的建筑安装工程承包合同终结的凭证 3. 业主编制竣工决算的主要资料	1. 业主办理交付、验收、动用新增各类资产的依据 2. 竣工验收报告的重要组成部分

3. 竣工决算的作用

① 建设项目竣工决算是综合、全面地反映竣工项目建设成果及财务情况的总结性文件，它采用货币指标、实物数量、建设工期和各种技术经济指标综合、全面地反映建设项目自开始建设到竣工为止的全部建设成果和财物状况。

② 建设项目竣工决算是办理交付使用资产的依据，也是竣工验收报告的重要组成部分。

③ 通过竣工决算与概算、预算的对比分析，考核投资控制的工作成效，总结经验教训，积累技术经济方面的基础资料，提高未来建设工程的投资效益。

二、竣工决算编制依据

① 经批准的可行性研究报告、投资估算书、初步设计或扩大初步设计，修正总概算及其批复文件；

② 经批准的施工图设计及其施工图预算书；

③ 设计交底或图纸会审会议纪要；

④ 设计变更记录、施工记录或施工签证及其他施工发生的费用记录；

⑤ 招标控制价、承包合同、工程结算等有关资料；

⑥ 竣工图及各种竣工验收资料；

⑦ 历年基建计划、历年财务决算及批复文件；

⑧ 设备、材料调价文件和调价记录；

⑨ 有关财务核算制度、办法和其他有关资料。

三、竣工决算组成

竣工决算是建设项目从筹建到竣工交付使用为止所发生的全部建设费用。为了全面反映建设工程经济效益，竣工决算由竣工财务决算说明书、竣工财务决算报表、竣工工程平面示意图、工程造价比较分析四部分组成。前两个部分又称之为建设项目竣工财务决算，是竣工决算的核心部分。

1. 竣工决算说明书

有时也称竣工决算报告情况说明书，是竣工决算报告的重要组成部分，主要反映竣工工程建设成果和经验，是对竣工决算报表进行分析和补充说明的文件，是全面考核分析工程投资与造价的书面总结。

2. 竣工财务决算报表

根据财政部印发的有关规定和通知，工程项目竣工决算报表应按大、中型建设项目和小型项目分别编制。建设项目竣工决算报表包括：建设项目概况表、建设项目竣工财务决算表、建设项目交付使用资产总表、建设项目交付使用资产明细表。见表 8-3～表 8-6。

表 8-3　建设项目概况表

<table>
<tr><td>建设项目(单项工程)名称</td><td colspan="2"></td><td>建设地址</td><td colspan="2"></td><td rowspan="9">基建支出</td><td>项　　目</td><td>概算</td><td>实际</td><td>备注</td></tr>
<tr><td>主要设计单位</td><td colspan="2"></td><td>主要施工企业</td><td colspan="2"></td><td>建筑安装工程</td><td></td><td></td><td></td></tr>
<tr><td rowspan="2">占地面积</td><td>计划</td><td>实际</td><td rowspan="2">总投资/万元</td><td>计划</td><td>实际</td><td>设备、工具、器具</td><td></td><td></td><td></td></tr>
<tr><td></td><td></td><td></td><td></td><td>待摊投资</td><td></td><td></td><td></td></tr>
<tr><td rowspan="2">新增生产能力</td><td colspan="3">能力(效益)名称</td><td>设计</td><td>实际</td><td>其中：建设单位管理费</td><td></td><td></td><td></td></tr>
<tr><td colspan="3"></td><td></td><td></td><td>其他投资</td><td></td><td></td><td></td></tr>
<tr><td rowspan="3">建设起止时间</td><td>设计</td><td colspan="4">从　年　月开工至　年　月竣工</td><td>待核销基建支出</td><td></td><td></td><td></td></tr>
<tr><td rowspan="2">实际</td><td colspan="4" rowspan="2">从　年　月开工至　年　月竣工</td><td>非经营项目转出投资</td><td></td><td></td><td></td></tr>
<tr><td>合　　计</td><td></td><td></td><td></td></tr>
<tr><td>设计概算批准文号</td><td colspan="10"></td></tr>
<tr><td rowspan="3">完成主要工程量</td><td colspan="5">建筑面积/m²</td><td colspan="5">设备(台、套、t)</td></tr>
<tr><td colspan="3">设计</td><td colspan="2">实际</td><td colspan="3">设计</td><td colspan="2">实际</td></tr>
<tr><td colspan="3"></td><td colspan="2"></td><td colspan="3"></td><td colspan="2"></td></tr>
<tr><td rowspan="2">收尾工程</td><td colspan="3">工程内容</td><td colspan="2">已完成投资额</td><td colspan="3">尚需投资额</td><td colspan="2">完成时间</td></tr>
<tr><td colspan="3"></td><td colspan="2"></td><td colspan="3"></td><td colspan="2"></td></tr>
</table>

表 8-4 建设项目竣工财务决算表 单位：元

资金来源	金额	资金占用	金额
一、基建拨款		一、基本建设支出	
1. 预算拨款		1. 交付使用资产	
2. 基建基金拨款		2. 在建工程	
其中：国债专项资金拨款		3. 待核销基建支出	
3. 专项建设基金拨款		4. 非经营项目转出投资	
4. 进口设备转账拨款		二、应收生产单位投资借款	
5. 器材转账拨款		三、拨付所属投资借款	
6. 煤代油专用基金拨款		四、器材	
7. 自筹资金拨款		其中：待处理器材损失	
8. 其他拨款		五、货币资金	
二、项目资本		六、预付及应收款	
1. 国家资本		七、有价证券	
2. 法人资金		八、固定资产	
3. 个人资本		固定资产原价	
4. 外商资本		减：累计折旧	
三、项目资本公积		固定资产净值	
四、基建借款		固定资产清理	
其中：国债转贷		待处理固定资产损失	
五、上级拨入投资借款			
六、企业债券资金			
七、待冲基建支出			
八、应付款			
九、未交款			
1. 未交税金			
2. 其他未交款			
十、上级拨入资金			
十一、留成收入			
合　计		合　计	

表 8-5 建设项目交付使用资产总表

序号(1)	单项工程项目名称(2)	总计(3)	固定资产				流动资产(8)	无形资产(9)	其他资产(10)
			建安工程(4)	设备(5)	其他(6)	合计(7)			

交付单位：　　负责人：　　　　　　　　接收单位：　　负责人：

盖　　章：　　年　　月　　日　　　　　盖　　章：　　年　　月　　日

表 8-6 建设项目交付使用资产明细表

单项工程项目名称	建筑工程			设备、工具、器具、家具						流动资产		无形资产		其他资产	
	结构	面积/m²	价值/元	名称	规格型号	单位	数量	价值/元	设备安装费/元	名称	价值/元	名称	价值/元	名称	价值/元

3. 建设工程竣工图

建设工程竣工图是真实地记录各种地上、地下建筑物、构筑物等情况的技术文件，是工程进行交工验收、维护改建和扩建的依据，是国家的重要技术档案。其具体要求如下：

① 凡按图样竣工没有变动的，由施工单位在原施工图上加盖"竣工图"标志后，即作为竣工图。

② 凡在施工过程中，虽有一般性设计变更，但能将原施工图加以修改补充作为竣工图的，可不重新绘制，由施工单位负责在用施工图（必须是新蓝图）上注明修改的部分，并附以设计变更通知单和施工说明，加盖"竣工图"标志后，即作为竣工图。

③ 凡结构形式改变、施工工艺改变、平面布置改变、项目改变以及有其他重大改变，不宜在原施工图上修改、补充时，应重新绘制改变后的竣工图。施工单位负责在新的施工图上加盖"竣工图"标志，并附有有关记录和说明，作为竣工图。

④ 为了满足竣工验收和竣工决算需要，还应绘制反映竣工工程全部内容的过程设计平面示意图。

4. 工程造价比较分析

在分析时，可先对比整个项目的总概算，然后将建筑安装工程费、设备工器具费和其他工程费用逐一与竣工决算表中所提供的实际数据和相关资料及批准的概算、预算指标、实际的工程造价进行对比分析，以确定竣工项目总造价是节约还是超支，并在对比的基础上，总结先进经验，找出节约和超支的内容和原因，提出改进措施。在实际工作中，应主要分析以下内容。

① 主要实物工程量。对于实物工程量出入比较大的情况，必须查明原因。

② 主要材料消耗量。考核主要材料消耗量，要按照竣工决算表中所列明的三大材料实际超概算的消耗量，查明是在工程的哪个环节超出量最大，再进一步查明超耗的原因。

③ 考核建设单位管理费的支出。即把竣工决算报表中所列的建设单位管理费与概算所列的建设单位管理费数额进行比较，依据规定查明是否多列或少列的费用项目，确定其节约超支的数额，并查明原因。

工程价款结算是指发承包双方按照施工合同的约定，对已经完成的合格的合同价款的计算、调整和确认，包括工程预付款、合同价款期中支付、竣工结算与支付。

工程预付款又称为预付备料款，是指为解决承包人施工前期资金紧张的困难，在建设工程施工合同订立之后，由发包人按照合同约定，在正式开工前预付给承包人的工程款，它是承包人进行施工准备和购买工程材料、结构件所需流动资金的主要来源。

由于建设工程通常具有投资额大、施工期长等特点，因此当承包人完成了一定阶段的工程量后，发承包双方应按照合同约定的时间、程序和方法，根据工程计量结果，办理期中价款结算，支付进度款。支付方式包括按月结算与支付、分段结算与支付。

工程完工后，发承包双方必须在合同约定时间内办理工程竣工结算。竣工结算应由承包人或受其委托具有相应资质的工程造价咨询人编制，并应由发包人或受其委托具有相应资质的工程造价咨询人核对。

当法律法规变化、工程变更、物价变化、出现应索赔的事件及现场发生签证时，发承包双方应当按照合同约定调整合同价款。

竣工决算是指建设项目竣工验收合格后，项目单位编制的综合反映竣工项目从筹建开始到项目竣工交付使用为止的全部建设费用、建设成果和财务情况的总结性文件，是竣工验收报告的重要组成部分。竣工决算由竣工财务决算说明书、竣工财务决算报表、竣工工程平面示意图、工程造价比较分析四部分组成。前两个部分又称之为建设项目竣工财务决算，是竣工决算的核心部分。

能力训练题

一、单项选择题

1. (2010年注册造价师考试真题) 根据财政部《关于进一步加强中央基本建设项目竣工财务决算工作通知》(财办建［2008］91号)，对于先审核后审批的建设项目，建设单位应在项目竣工后（　　）内完成竣工财务决算编制工作。

A. 2个月　　B. 3个月

C. 75天　　D. 100天

2. (2010年注册造价师考试真题) 按照国务院《建设工程质量管理条例》的规定，对于有防水要求的卫生间的防渗漏保修期限为（　　）年。

A. 2　　B. 3

C. 5　　D. 10

3. (2012年注册造价师考试真题) 根据《标准施工招标文件》中的合同条款，关于合理补偿承包人索赔的说法，正确的是（　　）。

A. 承包人遇到不利物质条件可进行利润索赔

B. 发生不可抗力事件通常只能进行工期索赔

C. 异常恶劣天气导致的停工通常可以进行费用索赔

D. 发包人原因引起的暂停施工只能进行工期索赔

4. (2013年注册造价师考试真题) 根据《建设项目工程总承包合同（示范文本）》，下列关于预付款支付和抵扣的说法，正确的是（　　）。

A. 合同约定预付款保函的，发包人应在合同生效后支付预付款

B. 合同未约定预付款保函的，发包人应在合同生效后10日内支付预付款

C. 预付款抵扣方式和比例，应在合同通用条款中规定

D. 预付款抵扣完后，发包人无需向承包人退还预付款保函

5. (2013年注册造价师考试真题) 由于发包人原因导致工期延误的，对于计划进度日期后续施工的工程，在使用价格调整公式时，现行价格指数应采用（　　）。

A. 计划进度日期的价格指数　　B. 实际进度日期的价格指数

C. A和B中较低者　　D. A和B中较高者

6. (2013年注册造价师考试真题) 根据规定，因工程量偏差引起的可以调整措施项目费的前提是（　　）。

A. 合同工程量偏差超过15%

B. 合同工程量偏差超过15%，且引起措施项目相应变化

C. 措施项目工程量超过10%

D. 措施项目工程量超过10%，且引起施工方案发生变化

7.（2013年注册造价师考试真题）在用起扣点计算法扣回预付款时，起扣点计算公式为 $T=P-M/N$，则式中 N 是指（　　）。

A. 工程预付款总额　　B. 工程合同总额

C. 主要材料及构件所占比重　　D. 累计完成工程金额

8.（2013年注册造价师考试真题）下列资料中，不属于竣工验收报告附有文件的是（　　）。

A. 工程竣工验收备案表　　B. 施工许可证

C. 施工图设计文件审查意见　　D. 施工单位签署的工程质量保修书

二、简答题

1. 什么是工程价款结算？它包括哪些内容？

2. 什么是工程预付款？如何支付与扣回？

3. 合同价款期中支付有哪些方式？如何计算价款？

4. 什么是工程竣工结算？编制依据包括哪些内容？如何计算竣工结算工程价款？

5. 如何进行合同价款的调整？

6. 什么是竣工决算？它包括哪些内容？它与竣工结算有何区别？

三、计算题

1.（2013年注册造价师考试真题改编）某施工现场有塔吊1台，由施工企业租得，台班单价5000元/台班，租赁费为2000元/台班。人工工资为80元/工日，窝工补贴25元/工日，以人工费和机械费合计为计算基础的综合费率为30%，在施工过程中发生了如下事件：监理人对已经覆盖的隐蔽工程要求重新检查且检查结果合格，配合用工10工日，塔吊1台班，试计算施工企业可向业主索赔的费用。

2. 某工程合同价款为600万元，于2013年6月签订合同并开工，2014年8月竣工。合同约定按工程造价指数调整法对工程价款进行动态结算。根据当地造价站公布的造价指数，此类工程2013年6月和2014年8月的造价指数分别为113.16和117.82，试计算此工程价差调整额。

第一章
一、单项选择题　1. B　2. A　3. B　4. B　5. B　6. D
第二章（略）
第三章
一、单项选择题　1. B　2. A　3. A　4. D　5. C　6. C　7. B　8. D
三、计算题　1. 224. 28 元/t　2. 60. 40 元/台班
第四章
一、选择题　1. D　2. B　3. D　4. C　5. C　6. D　7. A　8. AD
三、计算题　2. 872. 85 元/m^3
第五章
一、单项选择题　1. D　2. A　3. C　4. D　5. A　6. D　7. C　8. A　9. B　10. D
二、多项选择题　1. DE　2. CDE　3. ABE　4. AB　5. BDE
第六章
一、单项选择题　1. A　2. B　3. D　4. B　5. A
第七章
一、选择题　1. B　2. B　3. B　4. B　5. C　6. D　7. C　8. ABD　9. BCE　10. CE
第八章
一、单项选择题　1. B　2. C　3. B　4. B　5. D　6. B　7. C　8. A
三、计算题　1. 7540 元　2. 24. 71 万元

参 考 文 献

[1] 住房和城乡建设部．建设工程工程量清单计价规范（GB 50500—2013）．北京：中国计划出版社，2013.

[2] 住房和城乡建设部．房屋建筑与装饰工程工程量计算规范（GB 50854—2013）．北京：中国计划出版社，2013.

[3] 规范编制组．2013 建设工程计价计量规范辅导．北京：中国计划出版社，2013.

[4] 全国造价工程师执业资格考试培训教材编审委员会．建设工程造价管理．北京：中国计划出版社，2013.

[5] 全国造价工程师执业资格考试培训教材编审委员会．建设工程计价．2014 年修订．北京：中国计划出版社，2014.

[6] 湖北省建设工程标准定额管理总站．湖北省房屋建筑与装饰工程消耗量定额及基价表（装饰．装修）．武汉：长江出版社，2013.

[7] 湖北省建设工程标准定额管理总站．湖北省房屋建筑与装饰工程消耗量定额及基价表（结构．屋面）．武汉：长江出版社，2013.

[8] 湖北省建设工程标准定额管理总站．湖北省建筑安装工程费用定额（2013 版）．武汉：长江出版社，2013.

[9] 住房和城乡建设部．建筑工程建筑面积计算规范（GB/T 50353—2013）．北京：中国计划出版社，2014.

[10] 住房和城乡建设部．建筑工程施工质量验收统一标准（GB 50300—2013）．北京：中国建筑工业出版社，2014.

[11] 卜良桃．工程造价专业基础与实务．北京：中国建筑工业出版社，2010.

[12] 刘富勤，程瑶．建筑工程概预算．武汉：武汉理工大学出版社，2014.

[13] 湖北省建设工程标准定额管理总站．湖北省建设工程计价定额编制说明（2013 版）．武汉：长江出版社，2013.

[14] 贾莲英．建筑工程计量与计价．第 2 版．北京：化学工业出版社，2014.

[15] 彭波．G101 平法钢筋计算精讲．北京：中国电力出版社，2014.

[16] 陈金洪，郭建．工程估价．武汉：武汉理工大学出版社，2011.

[17] 湖北省建设工程标准定额管理总站．工程计量与计价．武汉：长江出版社，2013.

附　　录

××地产有限责任公司
××住宅楼工程
施工图设计

××市××设计研究院

××××年××月

建筑设计总说明

1　设计依据

1.1　已经规划部分批准的本工程建设用地规划图(或规划要求)、红线图。

1.2　经批准的工程设计任务书、初步设计或方案设计文件、建设方的意见。

1.3　建设单位关于本工程设计任务书。

1.4　国家及地方现行的有关规范、规定及标准。

1.5　双方签订的《建设工程设计合同》。

2　项目概况

2.1　建设名称:××住宅楼工程

2.2　建设地点:××市

2.3　建设单位:××地产有限责任公司

2.4　使用功能:住宅楼

2.5　建筑工程等级:二级

2.6　设计使用年限:50 年

2.7　建筑面积:总建筑面积 1368.9m^2,首层建筑面积 154.3m^2,标准层户型面积为 C 型:75m^2

2.8　建筑层数:地上 3 层;建筑高度:8.4m

2.9　防火设计建筑分类:2 类,耐火等级:2 级

2.10　层面防水等级:Ⅲ级

2.11　主要结构类型:框架

3　设计标高和标注说明

3.1　本工程相对标高±0.090 相当于场地绝对标高,见总图。

3.2　本工程图纸除标高和总平面图尺寸以米为单位外,其余尺寸均以毫米为单位。

3.3　本工程图纸建筑图标注的标高(除注明者外)外结构面标高。

4　工程做法和室内外装修

4.1　室外工程

4.1.1　散水:采用 03J930-1/2 散水宽度 800。

4.1.2　汽车坡道:采用 02J003-17/31。

4.1.3　台阶:饰面砖面层,采用 03J930-115/19。

4.1.4　花池:饰面砖面层,采用 03J930-115/19。

4.1.5　花池:饰面砖面层。

4.2　墙体工程

120 混凝土空心砌块,用于内墙处

200 混凝土空心砌块,用于内墙处

240 蒸压加气混凝土砌块

4.2.1　墙体留洞及封堵

钢筋混凝土墙上的留洞见结施和设备图;砌筑墙预留洞见建施和设备图;预留洞的封堵:混凝土墙留洞的封堵见结施,其余砌筑墙留洞待管道设备安装完毕后,用 C20 细石混凝土填实;变形缝处双墙留洞的封堵,应在双墙分别增设套管,套管与穿墙管之间嵌堵防水胶,防火墙上留洞的封堵为非燃烧材料,所有室内竖井外壁均于管道安装后砌筑,楼板处用与楼板相同耐火等级的材料封实。

4.2.2　厨房卫生间墙体根部应预先浇筑 150 高,与墙同厚的 C5 素混凝土坎。

4.2.3　外墙保温构造作法采用加气混凝土砌块自保温,具体构造作法参见 03J104,砌块墙体上线批专用防水界面剂(外墙界面剂),防水界面剂分两次施工,第一次施工完成表面干固后进行第二次施工,总厚度 2.5～3.5mm 梁柱交接部位贴 200 宽以上热镀锌钢丝网片,再刷聚合物砂浆找平,总厚度不超过 20mm,外饰面见立面图。

4.3　屋面工程

4.3.1　本工程的屋面防水等级为Ⅲ级,防水层合理使用年限为 10 年,做法为:

平屋面:

1. 40 厚 C20 细石混凝土,内配 ϕ6@250 双向网片
2. 3 厚高聚物改性沥青防水卷材
3. 20 厚 1∶3 水泥砂浆找平层
4. 50 厚挤塑聚苯板
5. 轻骨料混凝土,最薄处 30 厚
6. 120 厚现浇钢筋混凝土层面板
7. 10 厚石灰,水泥,砂,砂浆

坡屋面:

1. 块瓦
2. 挂瓦条
3. 顺水条
4. 40 厚细石混凝土层(配 ϕ6@500×500 钢筋网)
5. 50 厚挤塑聚苯板
6. 3mm 厚 SBS 改性沥青防水卷材防水层
7. 20 厚 1∶3 水泥砂浆找平层
8. 120 厚现浇钢筋混凝土层面板

4.3.2　所有与屋面交接的砌体墙均做150高C20混凝土泛水。
4.3.3　屋面排水组织见屋面平面图，外排雨斗、雨水管采用UPVC管，除图中另有注明者外，雨水管的公称直径均为*DN*100。
4.3.4　高屋面雨水排至低屋面时，应在雨水管下方屋面嵌设400×400×40细石混凝土水，簸箕翻边高200，内配双向5ϕ4。
4.3.5　出屋面管道或泛水以下穿墙管，安装后用细石混凝土封严，管根四周与找平层及刚性防水层之间留凹槽嵌填密封材料，且管道周围的找平层加大排水坡度并增设柔性防水附加层与防水层固定密封。水落口周围500直径范围内坡度不小于5%。
4.3.6　如图中未注明，以下各部分节点索引如下：
UPVC屋面落水管及水落口做法详见12J201
屋面分隔缝做法详见12J201第A15页。
女儿墙泛水：12J201第A13页。
4.4　门窗工程
4.4.1　门窗玻璃的选用应遵照《建筑玻璃应用技术规程》和《建筑安全玻璃管理规定》(发改运行[2002]2116号)地方主管部门的有关规定。
4.4.2　以玻璃作为建筑材料的下列部位必须使用安全玻璃。
(1)面积大于1.5平方米的窗玻璃或玻璃底边高最终装修面小于500mm的落地窗；
(2)公共建筑物的出入口，门厅等部位；
(3)易遭受撞击冲击而造成人体伤害的其他部位，指《建筑玻璃应用技术规程》JGJ113和《玻璃幕墙工程技术规范》JGJ102所指的部位。
4.4.3　本工程建筑外门窗抗风压性能分级为5级，水密性能分级为5级，隔声性能分级为5级，气密性能分级为3级，保温性能分级为7级。
4.4.4　门窗立面均表示洞口尺寸，门窗加工尺寸要按照装修面厚度由承包商予以调整。
4.4.5　门窗选料、颜色、玻璃见“门窗表”附注，门窗五金件要求为一般配置。
4.4.6　门窗立樘位置除注明者外均立墙中(除注明外内门门垛均为60)。
4.4.7　门窗预埋在墙或柱内的木、铁构件，应做防腐、防锈处理。
4.4.8　所有门窗洞口尺寸应按现场实测尺寸定制，门窗数量按实际数量为准。
4.4.9　本工程外墙玻璃门窗未注明均为塑料中空玻璃窗(6+9+6)，传热系数应小于3.6W/(m^2·K)；色彩另定(玻璃种类应符合上几条规定)。
4.4.10　铝合金窗所用连接件及固定件，除不锈钢外均应经防腐处理，连接时需在与铝材接触处加设塑料或橡胶垫片。
4.4.11　防火墙和公共走廊疏散用的平开防火门应设闭门器，双扇平开防火门安装闭门器和顺序器，常开防火门须安装信号控制关闭和反馈装置。
4.4.12　普通房间门为装饰内门，特殊库房、特殊办公用房门及户门为防盗对讲门，具体选用均由建设单位自定。
4.4.13　住宅室内所有门：如户内壁柜门、储藏柜门、室内户门等推拉门、平开门[仅预留门洞(木门做门框)]，均由用户二次装修时统一制作，木门形式及洞口尺寸见门窗表。
4.4.14　住宅外窗开启扇纱扇由用户自理。
4.5　外装修工程
4.5.1　外装修材料颜色须通过样品和施工样板由甲方与设计院共同选定。
4.5.2　承包商进行二次设计轻钢结构、装饰物等，经确认后，向我院提供预埋件的设置要求。
4.5.3　外装修选用的各项材料其材质、规格、颜色等，均由施工单位提供样板，经建设单位和我院确认后进行封样，并据此验收。
4.5.4　外立面材料详见立面图，图中所有线条应粉出滴水线。
4.6　内装修工程
4.6.1　内装修工程执行《建筑内部装修设计防火规范》(GB 5022)，楼地面部分执行《建筑地面设计规范》(GB 50037)；一般装修见“室内装修做法表”。
4.6.2　楼地面构造交接处和地坪高度变化处，除图中另有注明者外均位于齐平门扇开启面处。
4.6.3　凡设有地漏房间应做防水涂层，沿墙面高出楼地面200，图中未注明整个房间做坡度者均在地漏周围1m范围内做1%～2%坡度坡向地漏；有水房间的楼地面应低于相邻房间≥30mm。

<table>
<tr><td colspan="4" rowspan="2">××市××设计研究院</td><td>建设单位</td><td colspan="2">××地产有限责任公司</td></tr>
<tr><td>工程名称</td><td colspan="2">××住宅楼工程</td></tr>
<tr><td>审定</td><td></td><td>校对</td><td></td><td rowspan="3">建筑设计说明</td><td>设计号</td><td></td></tr>
<tr><td>审核</td><td></td><td>设计</td><td></td><td>日期</td><td></td></tr>
<tr><td>工程负责人</td><td></td><td>方案设计</td><td></td><td>图　号</td><td>建施-01</td></tr>
</table>

4.6.4　凡管道穿过此类房间地面时，须预埋套管，高出楼地面 50，套管周边 200 范围涂 1.5 厚 JS 防水涂料加强层；地漏周围，穿地面或墙面防水层管道及预埋件周围与找平层之间预留宽 10、深 7 的凹槽，并嵌填密封材料。

4.6.5　室内混合砂浆粉刷墙柱及门洞口阳角处均做每侧 50 宽 2000 高 20 厚 1∶2 水泥砂浆护角。

4.7　油漆涂料工程

4.7.1　室内装修所采用的油漆涂料见“室内装修做法表”。

4.7.2　楼梯、平台、护窗钢栏杆选用黑色调和漆，做法为一底二度（钢构件除锈后先刷红丹防锈漆）。

4.7.3　室内外各项露明金属件的油漆为刷防锈漆 2 道后再做同室内外部位相同颜色的漆；各项油漆均由施工单位制作样板，经确认后进行封样，并据此进行验收。

4.8　其它施工中注意事项

4.8.1　卫生洁具、厨房台板由用户自理，本施工图上所示洁具、厨房台板仅为示意；门窗、建筑配件等，本图所标注的各种留洞与预埋件应与各工种密切配合后，确认无误方可施工。

4.8.2　厨房、卫生间、浴室、阳台、外廊等地面结构板降低值均为 30mm，地面均做 22 坡度，并坡向地漏或排水口。

4.8.3　预埋木砖及贴邻墙体的木质面均做防腐处理，露明铁件均做防锈处理。

4.8.4　单元楼梯栏杆、阳台栏杆、凸窗及落地窗栏杆、扶手必须有防儿童攀登的措施，楼梯斜梯段栏杆扶手高度 900，栏杆水平段长度超过 500 时高度为 1050，楼梯栏杆竖向杆件净间距不得大于 110，阳台及上人屋面栏杆从可踏脚面开始净高不小于 1100，并应有防止儿童攀登的措施。

预埋件做法详见 99SJ403 第 74 页节点 2。

4.8.5　楼梯间楼梯扶手采用柳按木，楼梯栏杆采用方管。

4.8.6　楼板留洞的封堵：待设备管线安装完毕后，用 C20 细石混凝土封堵密实。

4.8.7　所有管道及施工洞待设备安装完毕后均应以不燃材料来堵实。

4.8.8　所有露明吊挂、支撑钢杆件、预埋铁等铁件均需镀锌或刷防锈漆两道。

4.8.9　图中所示栏杆由建设单位自定，所有上人屋顶栏板高度不足 1100 高时加设不锈钢栏杆，窗台高度不足 900 高时内设不锈钢护栏。

4.8.10　阳台栏杆为不锈钢玻璃护栏，由专业厂家二次设计。

4.8.11　所有金属制品露明部分用红丹（防锈漆）打底，面刷调和漆二度，除注明外，颜色同所在墙面颜色。不露明的金属制品仅刷红丹二度，所有金属制品刷底漆前应先除锈。

4.8.12　本工程所标建筑色彩选用《常用建筑色（02J503—1）》或《建筑色（协 93J801）》。

4.8.13　本工种室内装修需要二次装修者另行委托设计，二次装修必须符合消防安全要求，同时不能影响结构安全和损害水电设施。

4.8.14　各种装修材料的质量、颜色、规格尺寸等均应选好样品，经建设单位和设计单位协商认可后，才能订货、施工。

4.8.15　土建施工过程中应与水、电、暖通、空调等工种密切配合，避免后凿。若发现有矛盾，应及时与设计单位协商解决。

4.8.16　凡要安装设备的地方，待设备到货后，应与设计图纸核对，相符后才可施工；若不相符，应及时与设计单位协商解决。

甲方或施工单位若发现图纸疑问，请及时向设计方提出共同协商解决。

本说明及图纸未详尽处应严格按国家现行有关建筑安装工程施工及验收规范执行。

5. 消防设计

5.1　本建筑消防设计依据《建筑设计防火规范》（GB 50016—2006 版）。

5.2　本建筑地面上 3 层，屋面标高 11.485m，属二类建筑，耐火等级为二级。

5.3　本建筑塔楼设开敞楼梯间。

5.4　消防间距及消防通道见总平面图。

6. 节能设计

6.1　本工程节能设计根据《夏热冬冷地区居住建筑节能设计标准》（JGJ 134—2010）编制，具体内容参见《夏热冬冷地区居住建筑节能设计一览表》和《夏热冬冷地区公共建筑节能设计审查简表》以及节能计算报告书。

6.2　本工程所处城市××市。

6.3　本工程建筑面积为 1368.9m^2，地上层数为 3 层。

6.4　本地区采暖期热工计算有关参数

6.4.1　设计建筑全年耗电量：23.98kWh/m^2；

6.4.2　参考建筑全年耗电量：24.13kWh/m^2；

6.4.3　室内计算温度：夏季全天为 26℃，冬季全天为 20℃

6.4.4　采暖为空调时，换气次数为 1.0 次/h。

6.5　外墙保温构造作法

第 1 层：JZ-C 保温砂浆 A 型，厚度 3mm；

第 2 层：JZ-C 保温砂浆 B 型，厚度 40mm；

第 3 层：专用界面处理剂，厚度 1mm；

第 4 层：蒸压加气混凝土，厚度 240mm；

第 5 层：石灰、水泥、砂、砂浆，厚度 20mm。

6.6　屋顶保温构造作法见 4.3.1，屋面工程的说明，保温层为 50 厚挤塑聚苯板。

6.7　外窗采用塑料单框中空玻璃窗（6＋9＋6），气密性能分级为 4 级。

6.8　楼面构造作法

1. 15 厚 1∶2 水泥砂浆刮糙
2. JZ-C 保温砂浆 A 型，厚度 3mm
3. JZ-C 保温砂浆 B 型，厚度 20mm
4. 钢筋混凝土，厚度 110mm
5. 水泥砂浆，厚度 20mm

6.9 户门类型：单元门、入户门选用金属保温防盗门，$K \leqslant 3.0$。

6.10 热桥柱/热桥梁做法

第 1 层：JZ-C 保温砂浆 A 型，厚度 3mm；

第 2 层：JZ-C 保温砂浆 B 型，厚度 40mm；

第 3 层：钢筋混凝土，厚度 240mm；

第 4 层：石灰、水泥、砂、砂浆，厚度 20mm。

6.11 防潮地面做法

1. 20 厚水泥砂浆　2. 环保型防水涂料　3. 20 厚水泥砂浆
4. 80 厚 C15 混凝土　5. 素土夯实

7. 本工程节能设计目标为节能 50%

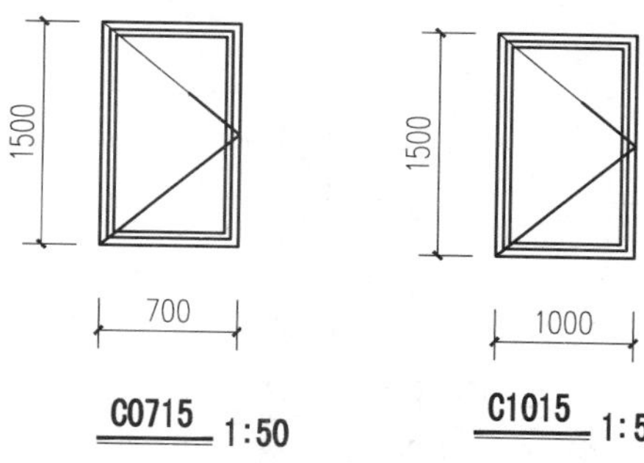

C0715 1:50　C1015 1:50

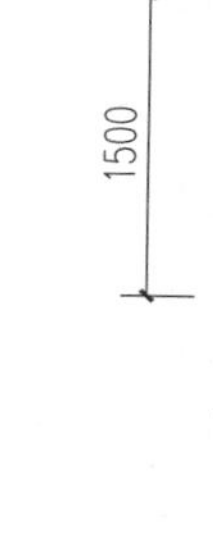

C1215 1:50

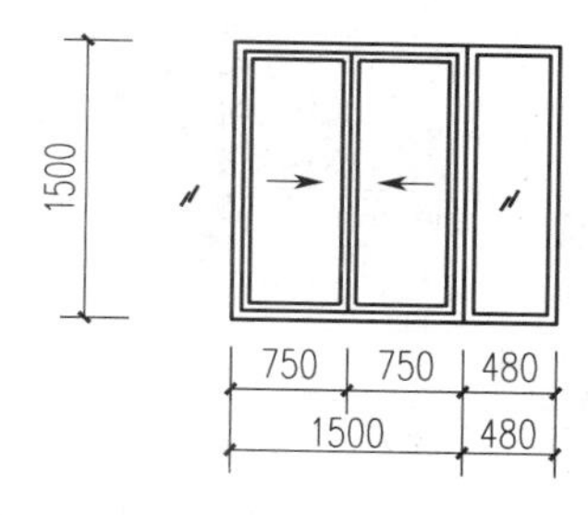

TC1515 1:50

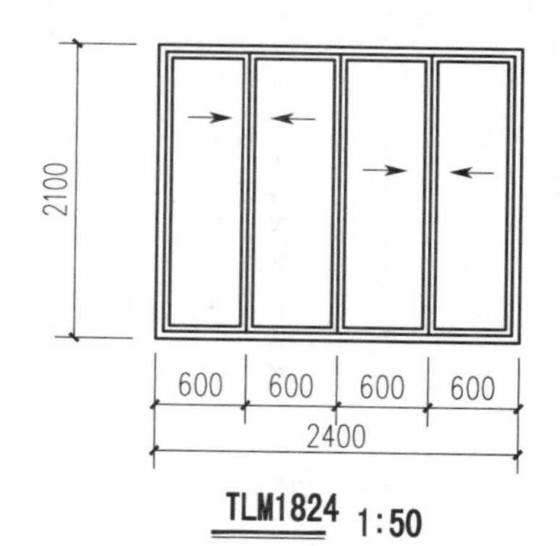

TLM1824 1:50

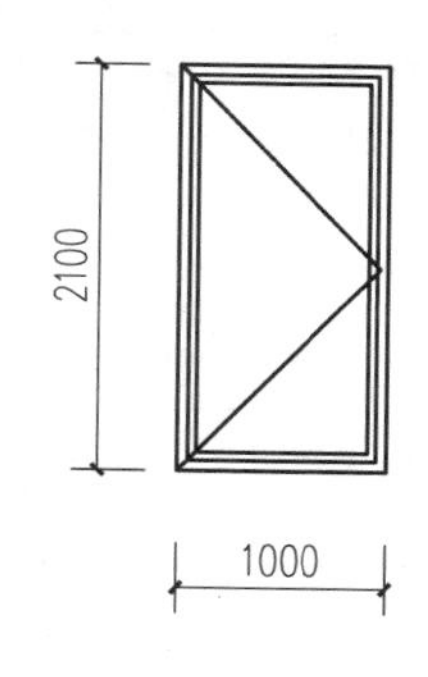

M1021 1:50

××市××设计研究院				建设单位	××地产有限责任公司	
				工程名称	××住宅楼工程	
审定		校对		建筑设计说明 门窗大样	设计号	
审核		设计			日期	
工程负责人		方案设计			图　号	建施-02

夏热冬冷地区居住建筑节能设计一览表

序号	1#楼		标准限值 $K/[W/(m^2 \cdot K)]$	设计计算及选用							是否符合标准 是	否
1	体形系数		条式≤0.35,点式≤0.4	1～6层☑ 七层及以上□ 体形系数,条式____,点式0.45							□	☑
2	窗墙面积比			计算窗墙比及相应指标限值			设计选用及可达到指标				□	□
		$C_m \leqslant 0.25$	各向,$K \leqslant 4.0$	朝向	C_m	K限值	框料	玻璃品种、厚度和中空尺寸	SW	设计K值	—	—
		$0.25 < C_m \leqslant 0.3$	南向 $K \leqslant 4.7$,北东西向 $K \leqslant 3.2$	东	0.25	4.0	塑料	6平板+9A+6平板	0.80	2.8	☑	□
		$0.3 < C_m \leqslant 0.35$	各向 $K \leqslant 3.2$	南	0.45	2.5	塑料	6平板+9A+6平板	0.80 (0.50)	2.8	□	☑
		$0.35 < C_m \leqslant 0.45$	南北东西向有遮阳,$K \leqslant 2.5$;东西向无遮阳不允许	西	0.25	4.0	塑料	6平板+9A+6平板	0.80 (0.50)	2.8	☑	□
		$0.45 < C_m \leqslant 0.5$	南北向 $K \leqslant 2.5$,其它方向不允许	北	0.35	3.2	塑料	6平板+9A+6平板	0.80	2.8	☑	□
3	外门窗气密性等级		1～6层级,$q_1 \leqslant 2.5$,$q_2 \leqslant 7.5$;七层及以上四级 $q_1 \leqslant 1.5$,$q_2 \leqslant 4.5$	1～6层 4 级,七层及以上____级							☑	□
4	屋顶		$K \leqslant 1.0$,$D \geqslant 3.0$;$K \leqslant 0.8$,$D \geqslant 2.5$	平屋顶:保温隔热材料挤塑聚苯板,厚度50mm,K0.53,D3.34							☑	□
				坡屋顶:保温隔热材料挤塑聚苯板,厚度50mm,K0.55,D2.63							□	□
5	外墙(包括敞开式楼梯间三面墙)		$K \leqslant 1.5$,$D \geqslant 3.0$,$K \leqslant 1.0$,$D \geqslant 2.5$	外保温 ☑ 自保温 □内保温 □保温材料 无机活性保温砂浆,厚度40mm,K0.78,D5.08 主墙体材料蒸压加气混凝土,厚度200(240)mm							☑	□
6	分户墙(包括敞开式楼梯间三面墙)		$K \leqslant 2.0$	保温材料 自保温,厚度____mm,K0.82;主墙体材料蒸汽加气混凝土,厚度240							☑	□
7	楼板	层间楼板	$K \leqslant 2.0$	板上保湿 □ 板下保湿 □ 材料____,厚度____mm,K____							□	☑
		底层自然通风的架空楼板	$K \leqslant 1.5$	板上保湿 □ 板下保湿 □ 材料____,厚度____mm,K____							□	□
8	户门(包括阳台不透明部分)		$K \leqslant 3.0$	钢防盗保温门 ☑ 木质防火防盗保温门 □		底层入口		防盗保温对讲 ☑			☑	□
9	其它	朝向	南偏东≤15度	权衡标准	软件名称	天正节能软件		版本	8.2	是否达到节能目标	☑	□
		外墙饰面	深色□ 浅色☑		能耗指标 kWH/m^2	设计建筑			49.74			
		屋顶面层	深色□ 浅色☑ 绿化种植□			参照建筑			53.99			

注:1. 表中 C_m 为某一朝向平均窗墙面积比;K 为传热系数$[W/(m^2 \cdot K)]$;K_m 包括结构性热桥在内的平均传热系数;D 为热惰性指标;q_1 为每米缝长空气渗漏$[m^3/(m \cdot h)]$;q_2 为单位面积空气渗漏$[m^3/(m^2 \cdot h)]$。

2. 表中□处采用打"√"方式填写,其余均应逐一填入相应的设计计算选用的数据;中空玻璃栏应填入空气层厚度,例如6+9+6,9为空气层厚度。

门窗表

类型	设计编号	洞口尺寸/mm×mm	数量 1	2	3	合计	备注
门	M0821	800×2100	6	6	6	18	木门
	M0921	900×2100	18	18	18	54	木门
	M1021	1000×2100	6	6	6	18	木门
	M1221	1200×2100	6	6	6	18	木门
	M1521	1500×2100	3			3	防盗门
	TLM1824	1800×2400	6	6	6	18	塑料单框中空玻璃门
窗	C0715	660×1500	3	3	3	9	塑料单框中空玻璃窗
	C1015	1000×1500	6	6	6	18	塑料单框中空玻璃窗
	C1215	1200×1500	9	9	9	27	塑料单框中空玻璃窗
	C1515	1500×1500			6	6	塑料单框中空玻璃窗
凸窗	TC1515	1500×1500	12	12	6	28	塑料单框中空玻璃窗

说明:1. 窗台低于900(外临阳台者除外),应设从可踏面算起900高护窗栏杆,护窗栏杆均采用不锈钢,栏杆内空<110,安装于窗内侧。

2. 本工程门窗均采用铝合金中空玻璃窗(5+9A+5)。

3. 门窗制作安装前必须到现场校核方可制作安装。

4. 门窗制作安装必须按有关规范规定执行。

5. 所有卫生间的窗均采用磨砂玻璃。

6. 除特别注明者外,门窗编号命名规则为

C 18 09

09——门窗的高度为900

18——门窗的宽度为1800

C——窗,TC表示凸窗(图中未说明尺寸的凸窗均外凸600),HC表示弧顶窗,LTC表示楼梯窗;M表示门窗,TM表示推拉门,DYM表示单元门,FM表示防火门

室内装修一览表

房间＼部位	地面作法	楼面作法	墙柱面作法	顶棚作法
楼梯间 楼梯	8厚防滑地砖(规格业主自定)铺实拍平,水泥浆擦缝 3厚水泥胶结合层 20厚1:3水泥砂浆找平 素水泥浆结合层一道,内掺3% 108胶	（同地面作法上部）	内墙乳胶漆两道 刮白水泥腻子二遍 8厚1:2水泥砂浆面 12厚1:3水泥砂浆底 素水泥浆结合层一道,内掺3% 108胶 混凝土与砖墙连接处钉钢丝网(宽度200)	内墙乳胶漆两道 刮白水泥腻子二遍 3厚1:2.5水泥砂浆找平 5厚1:3水泥砂浆打底 素水泥浆结合层一道,内掺3% 108胶 混凝土结构基层打磨、修补平整
	80厚C15混凝土垫层 100厚碎石垫层 素土夯实	钢筋混凝土现浇楼板		
卫生间 厨房	20厚1:3水泥砂浆拉毛 1.5厚聚合物水泥基防水涂料,四周上翻200高(卫生间外墙处刷至板底) 刷基层处理剂一遍 最薄处20厚1:3水泥砂浆,向地漏找坡 素水泥浆结合层一道,内掺3% 108胶	（同地面作法上部）	素水泥浆二道 15厚1:3水泥砂浆打底抹平(掺聚丙烯纤维,每立方米砂浆0.8kg) 素水泥浆结合层一道,内掺3% 108胶 混凝土与砖墙连接处钉钢丝网(宽度200)	刮白水泥腻子二遍批白 3厚1:2.5水泥砂浆找平 5厚1:3水泥砂浆打底 素水泥浆结合层一道,内掺3% 108胶 混凝土结构基层打磨、修补平整
	80厚C15混凝土垫层 100厚碎石垫层 素土夯实	钢筋混凝土现浇楼板		
餐厅 客厅 卧室	20厚1:3水泥砂浆拉毛 素水泥浆结合层一道,内掺3% 108胶	（同地面作法上部）	8厚1:2水泥沙浆面 12厚1:3水泥砂浆底 素水泥浆结合层一道,内掺3% 108胶 混凝土与砖墙连接处钉钢丝网(宽度200)	刮白水泥腻子二遍批白 3厚1:2.5水泥砂浆找平 5厚1:3水泥砂浆打底 素水泥浆结合层一道,内掺3% 108胶 混凝土结构基层打磨、修补平整
	80厚C15混凝土垫层 100厚碎石垫层 素土夯实	钢筋混凝土现浇楼板		
阳台	最薄处20厚1:3水泥砂浆,向地漏找坡 素水泥浆结合层一道,内掺3% 108胶 钢筋混凝土现浇楼板	（同左）	同外墙	外墙乳胶漆两道 刮白水泥腻子二遍 3厚1:2.5水泥砂浆找平 5厚1:3水泥砂浆打底 素水泥浆结合层一道,内掺3% 108胶 混凝土结构基层打磨、修补平整

注:1. 卫生间、厨房防水加强措施:在墙根部预先浇筑150高C10素混凝土与墙同宽,穿楼板套管高出楼面50,套管周边200范围涂1.5厚JS防水涂料加强层。

2. 露台地面做法同平屋面。

3. 管道井内壁随砌随用原浆抹光。

××市××设计研究院				建设单位	××地产有限责任公司	
				工程名称	××住宅楼工程	
审定		校对		室内装修一览表 夏热冬冷地区居住 建筑节能设计一览表	设计号	
审核		设计			日期	
工程负责人		方案设计			图　号	建施-03

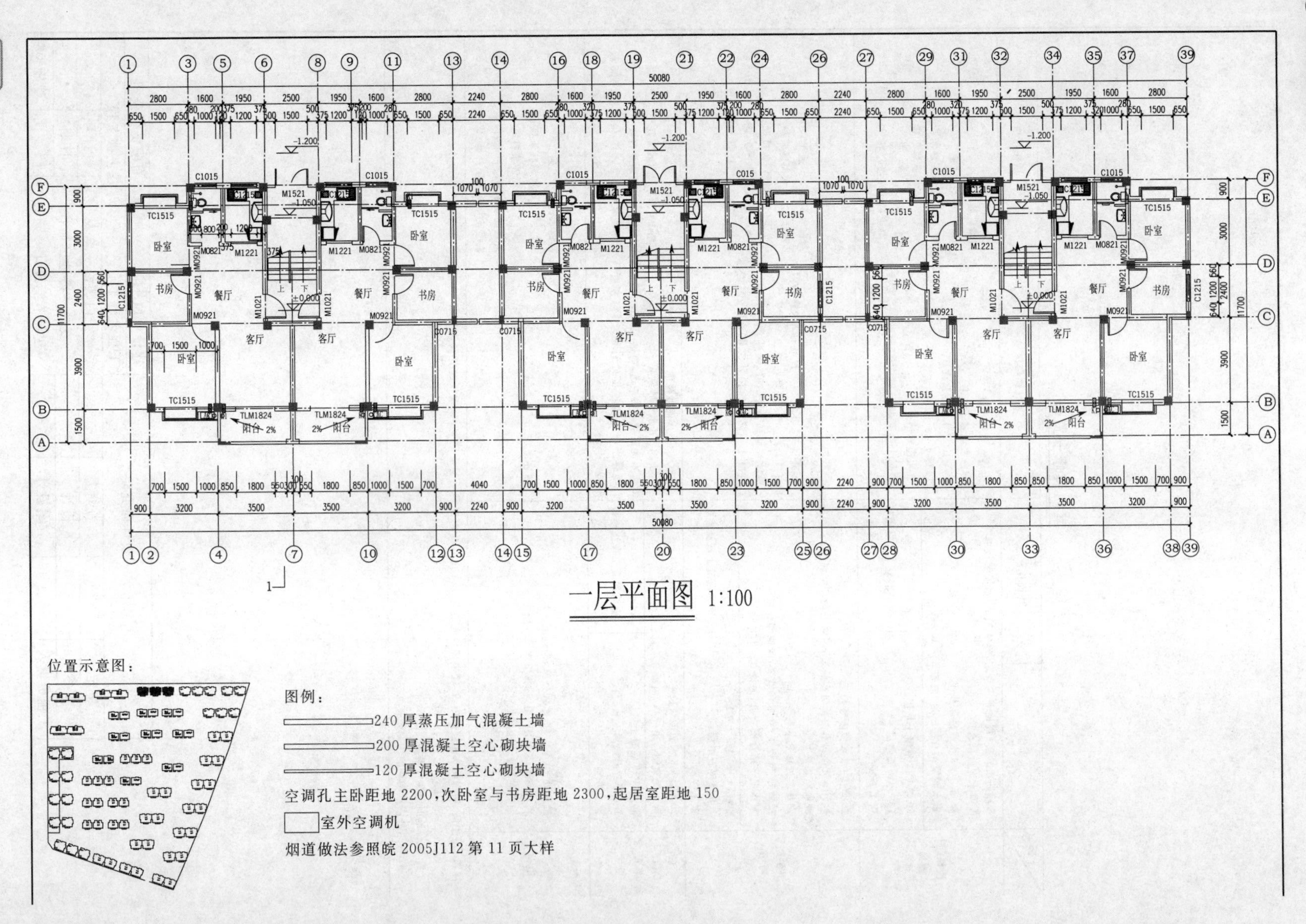
卧室
书房
餐厅
客厅
阳台
50080
11700
一层平面图 1:100
位置示意图：
图例：
240厚蒸压加气混凝土墙
200厚混凝土空心砌块墙
120厚混凝土空心砌块墙
空调孔主卧距地2200,次卧室与书房距地2300,起居室距地150
室外空调机
烟道做法参照皖2005J112第11页大样

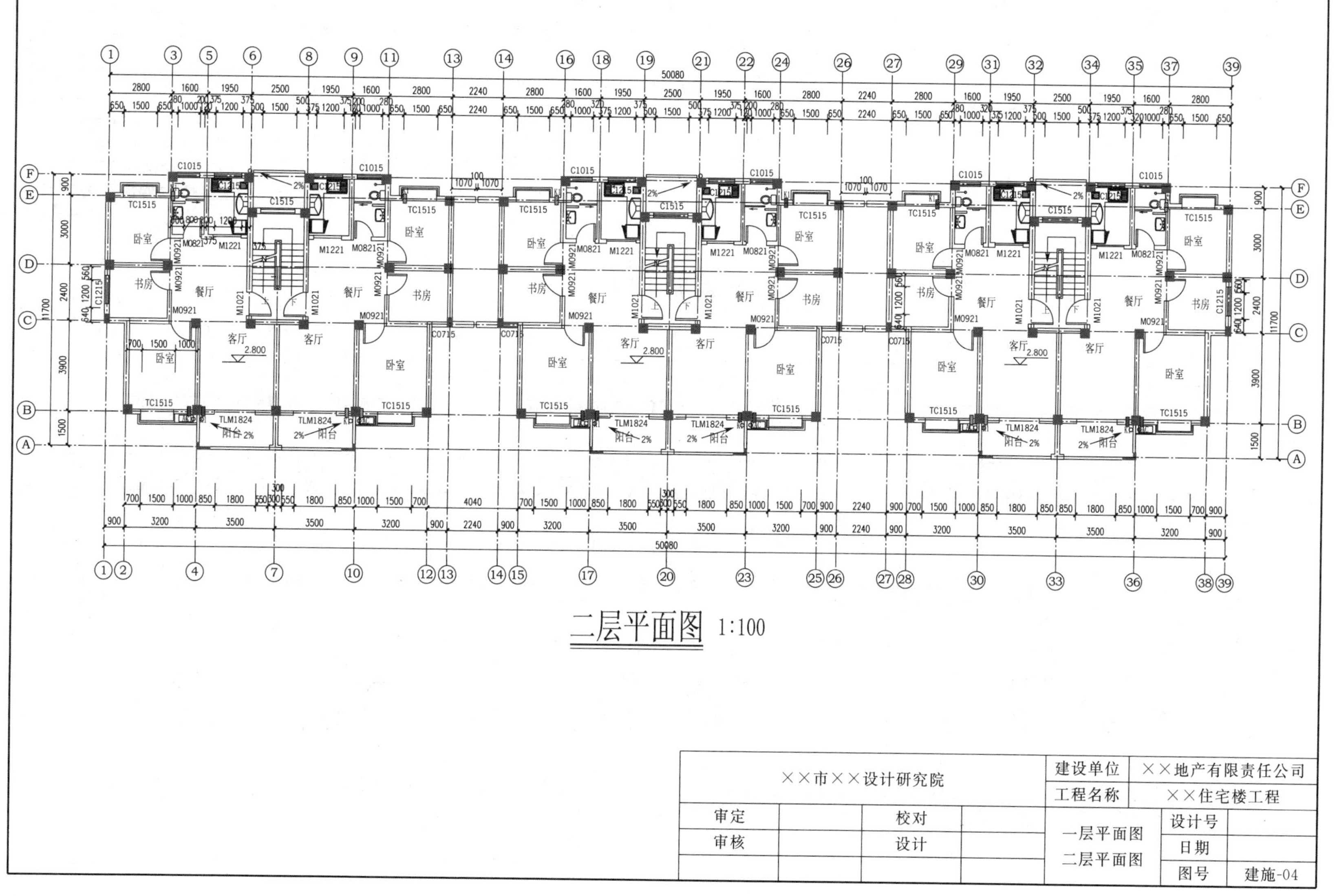

二层平面图 1:100
××市××设计研究院
审定
审核
校对
设计
建设单位
××地产有限责任公司
工程名称
××住宅楼工程
一层平面图
二层平面图
设计号
日期
图号
建施-04

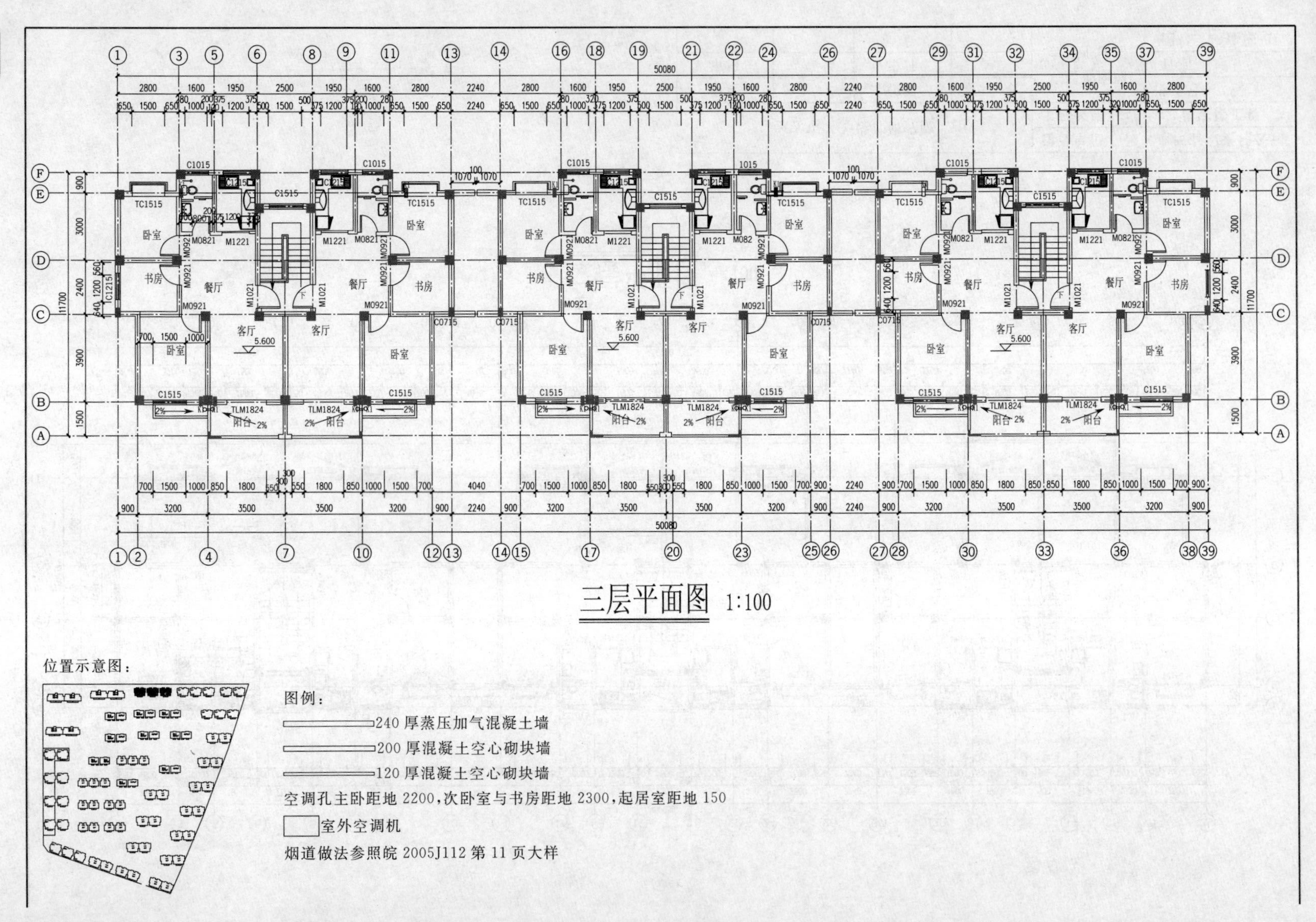
三层平面图 1:100
位置示意图：
图例：
240 厚蒸压加气混凝土墙
200 厚混凝土空心砌块墙
120 厚混凝土空心砌块墙
空调孔主卧距地 2200，次卧室与书房距地 2300，起居室距地 150
室外空调机
烟道做法参照皖 2005J112 第 11 页大样
50080
11700
卧室
书房
餐厅
客厅
阳台
5.600
TC1515
C1015
C1515
C0715
C1215
M0921
M0821
M1221
M1021
TLM1824

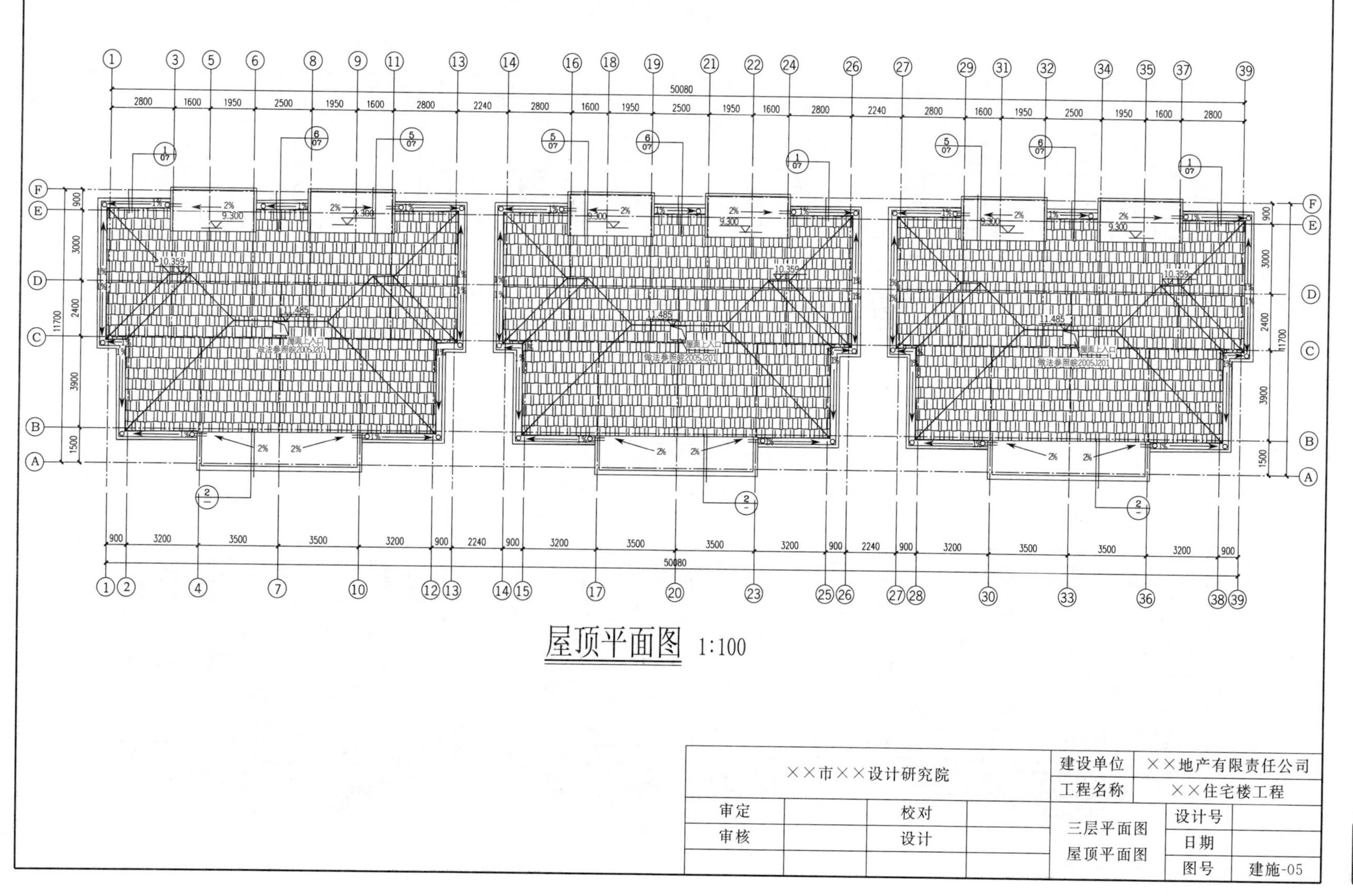
屋顶平面图 1:100
××市××设计研究院
建设单位
××地产有限责任公司
工程名称
××住宅楼工程
审定
审核
校对
设计
三层平面图
屋顶平面图
设计号
日期
图号
建施-05
屋面上入口
做法参照皖2005J201
10.359
11.485
9.300
50080
11700

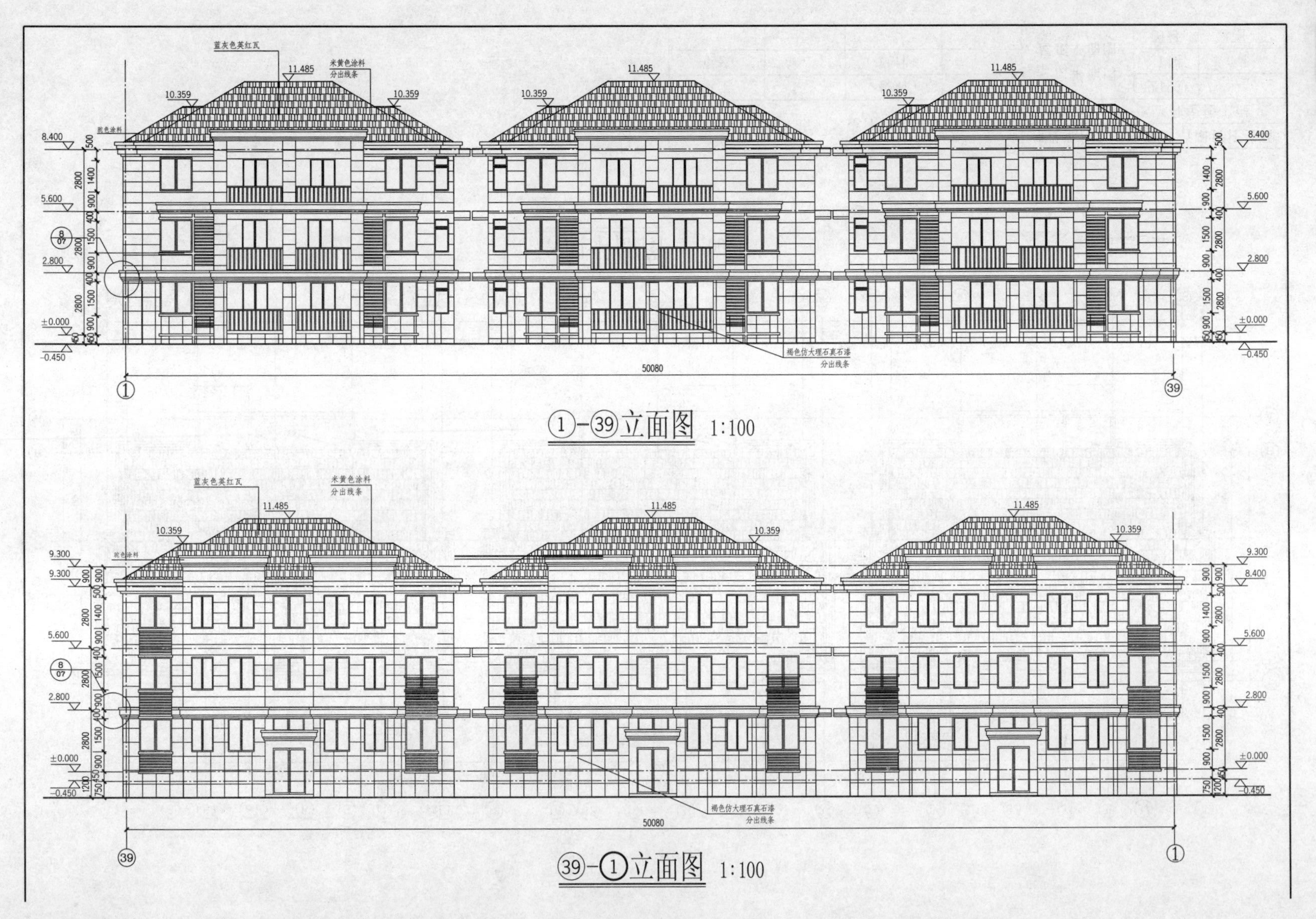

①-㊴立面图 1:100

㊴-①立面图 1:100

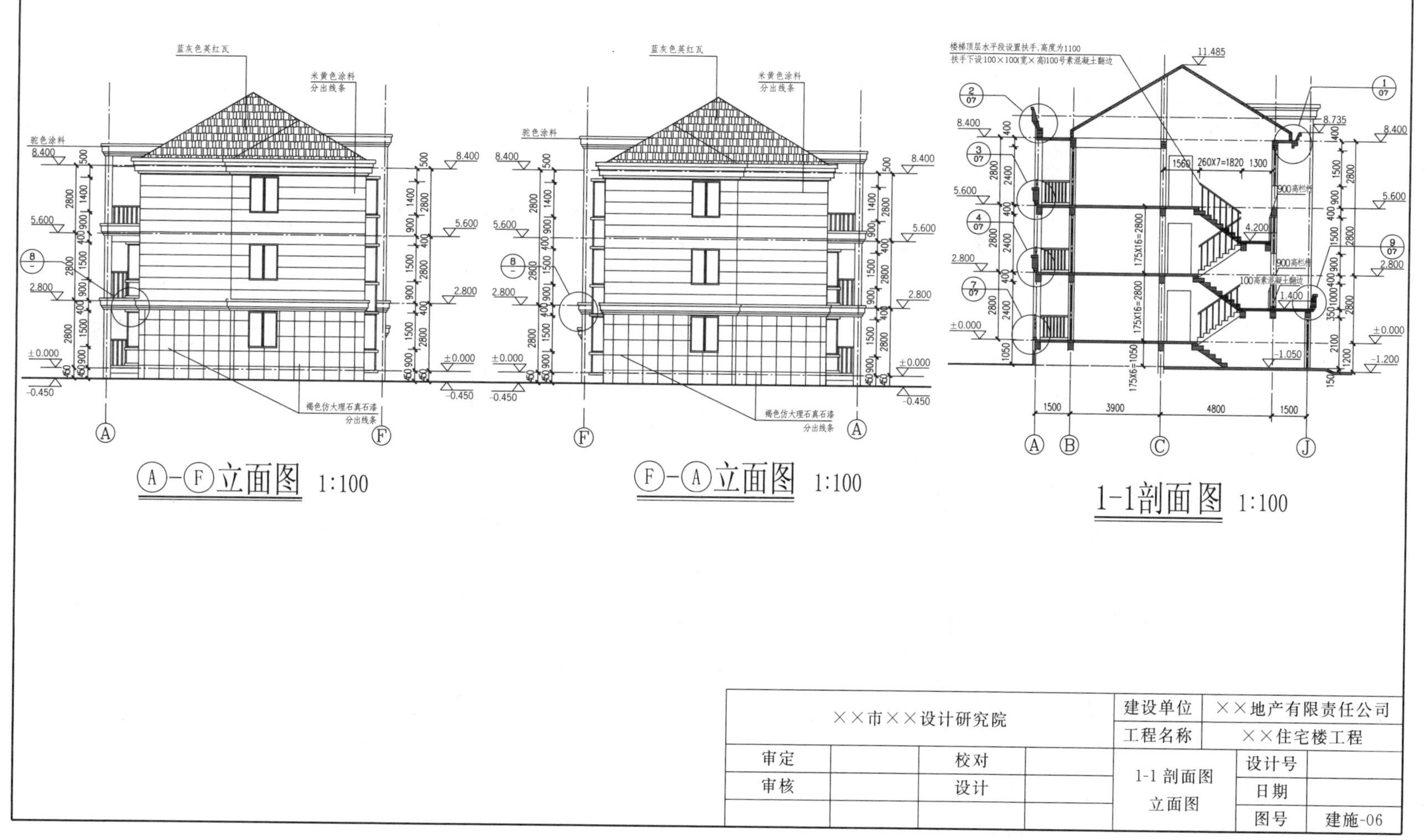

蓝灰色英红瓦
米黄色涂料
分出线条
驼色涂料
褐色仿大理石真石漆
分出线条
A-F立面图 1:100
F-A立面图 1:100
楼梯顶层水平段设置扶手,高度为1100
扶手下设100×100(宽×高)100号素混凝土翻边
1-1剖面图 1:100
××市××设计研究院
建设单位
××地产有限责任公司
工程名称
××住宅楼工程
审定
校对
审核
设计
1-1 剖面图
立面图
设计号
日期
图号
建施-06

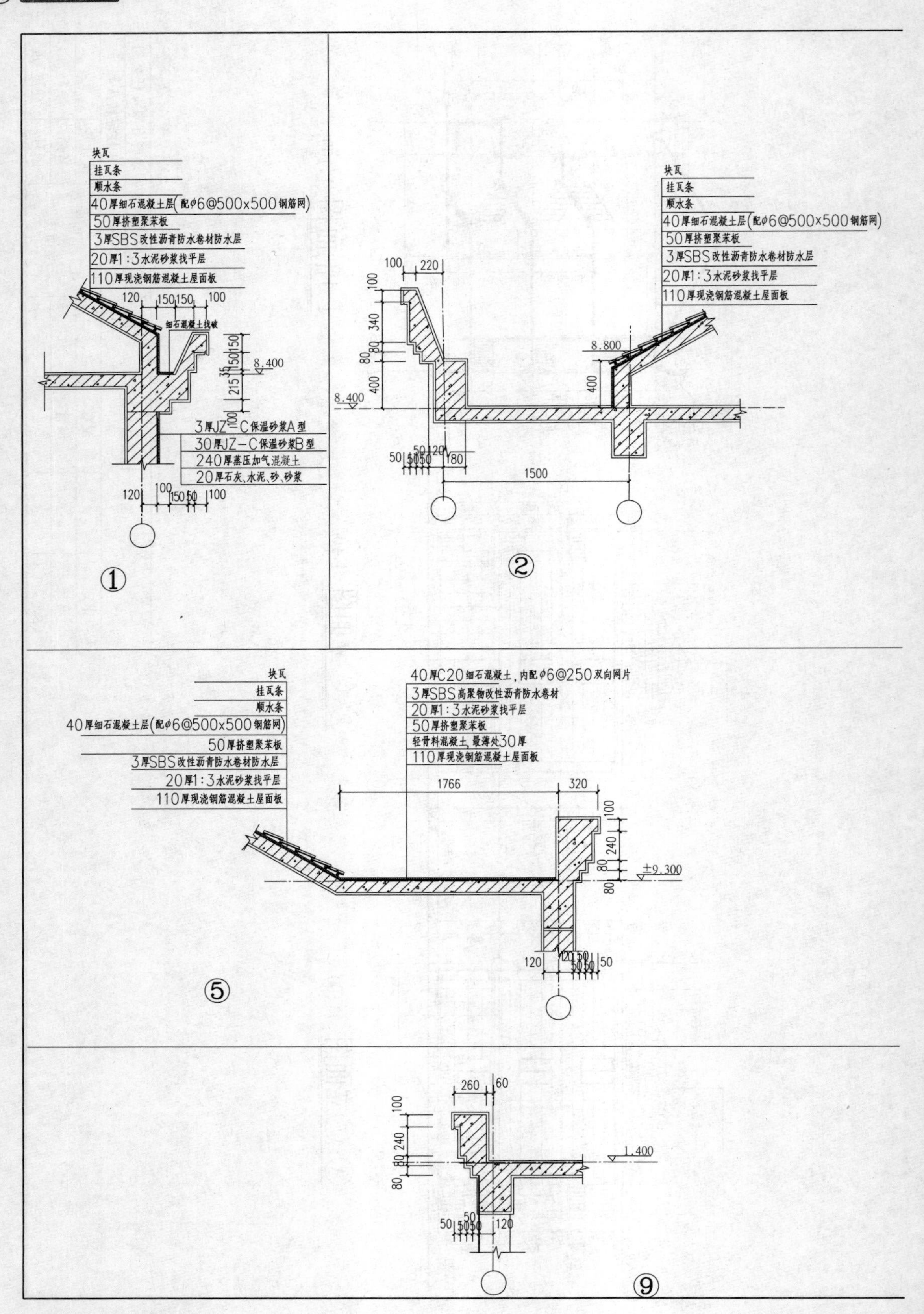

块瓦
挂瓦条
顺水条
40厚细石混凝土层(配φ6@500x500钢筋网)
50厚挤塑聚苯板
3厚SBS改性沥青防水卷材防水层
20厚1:3水泥砂浆找平层
110厚现浇钢筋混凝土屋面板
细石混凝土找坡
8.400
3厚JZ-C保温砂浆A型
30厚JZ-C保温砂浆B型
240厚蒸压加气混凝土
20厚石灰、水泥、砂、砂浆
①
8.800
1500
②
40厚C20细石混凝土,内配φ6@250双向网片
3厚SBS高聚物改性沥青防水卷材
20厚1:3水泥砂浆找平层
50厚挤塑聚苯板
轻骨料混凝土,最薄处30厚
110厚现浇钢筋混凝土屋面板
1766
320
±9.300
⑤
1.400
⑨

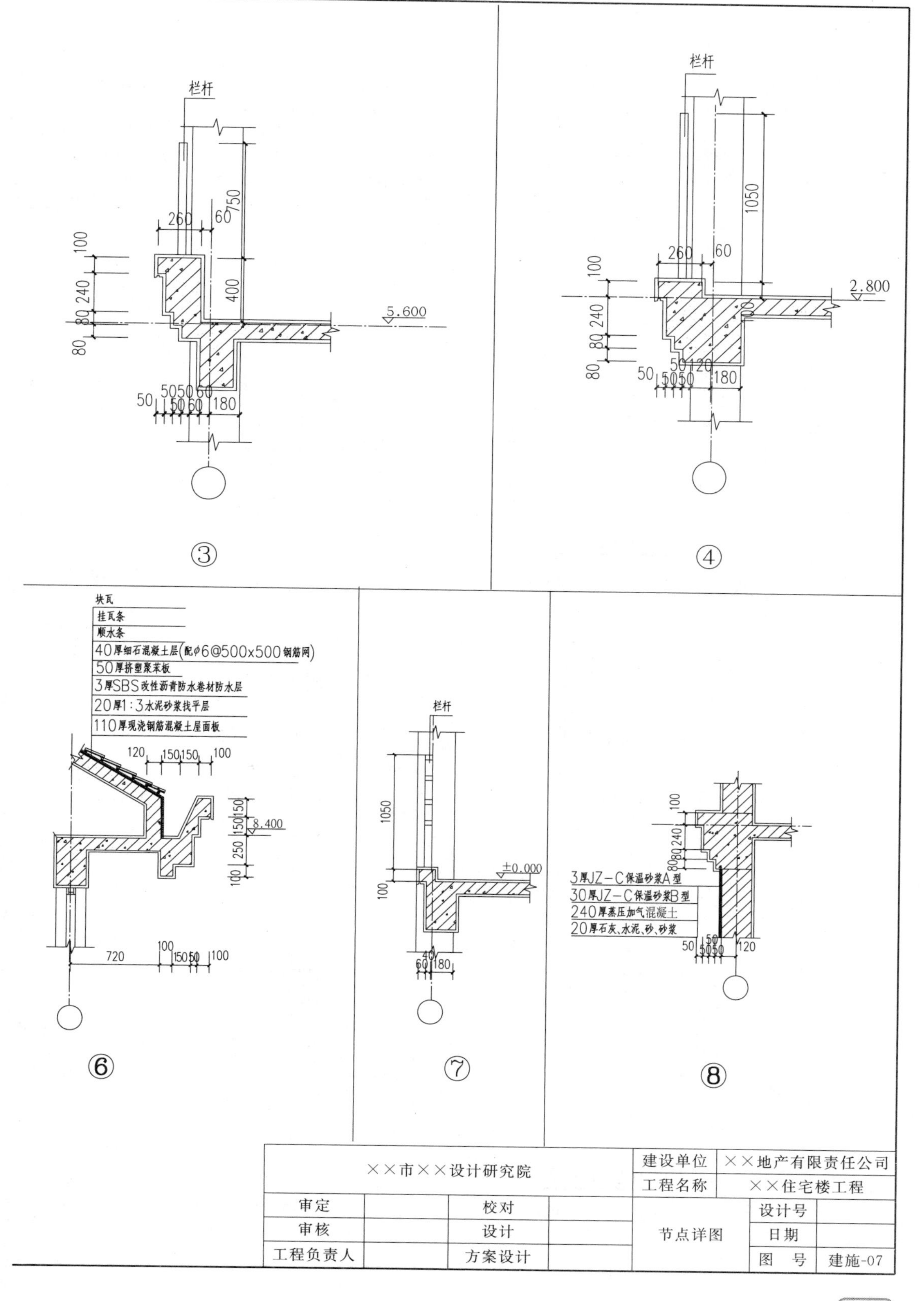

××市××设计研究院				建设单位	××地产有限责任公司
				工程名称	××住宅楼工程
审定		校对		节点详图	设计号	
审核		设计			日期	
工程负责人		方案设计			图　号	建施-07

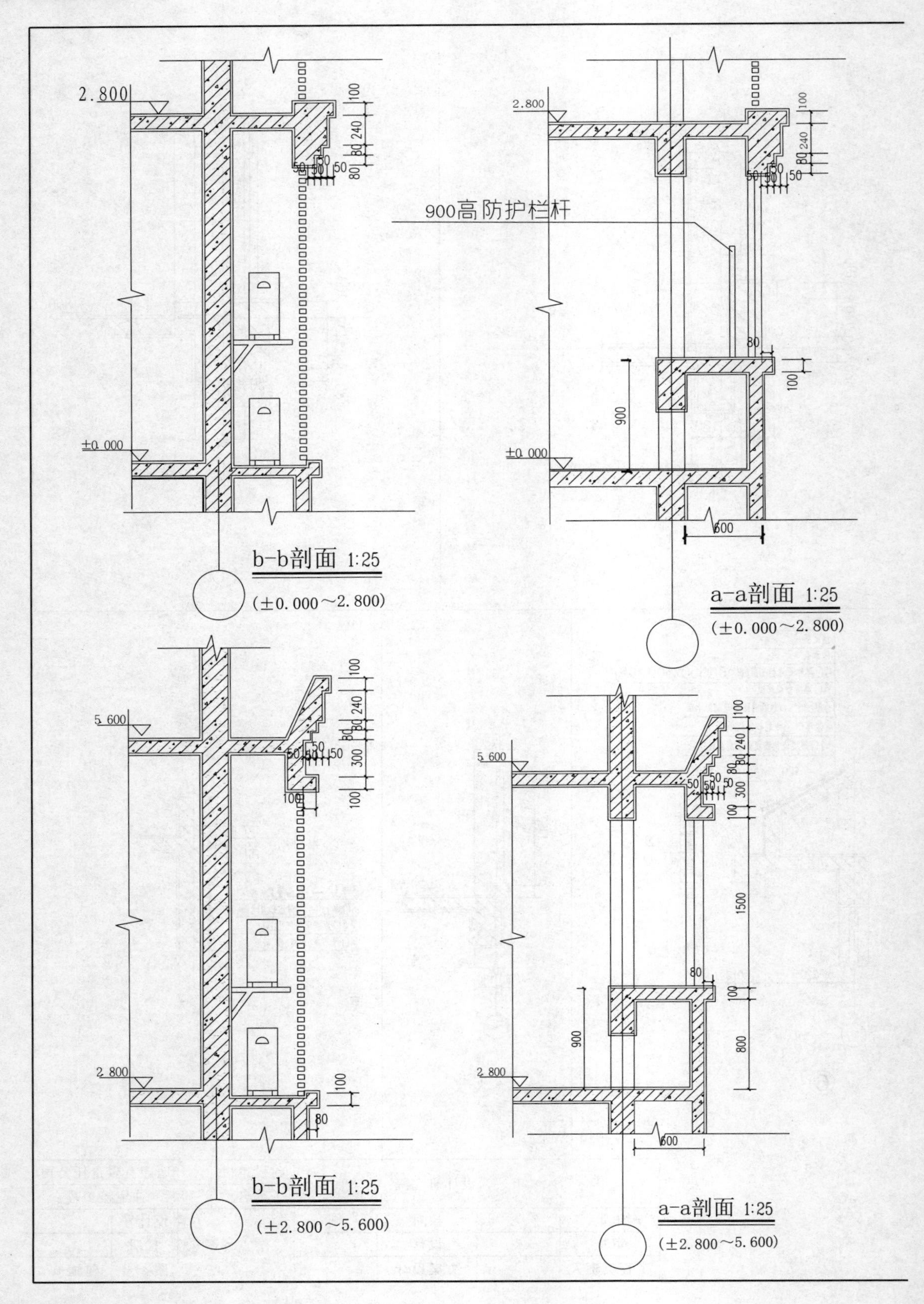
2.800
±0.000
b-b剖面 1:25
(±0.000～2.800)
2.800
900高防护栏杆
900
±0.000
600
a-a剖面 1:25
(±0.000～2.800)
5.600
2.800
b-b剖面 1:25
(±2.800～5.600)
5.600
1500
900
800
2.800
600
a-a剖面 1:25
(±2.800～5.600)

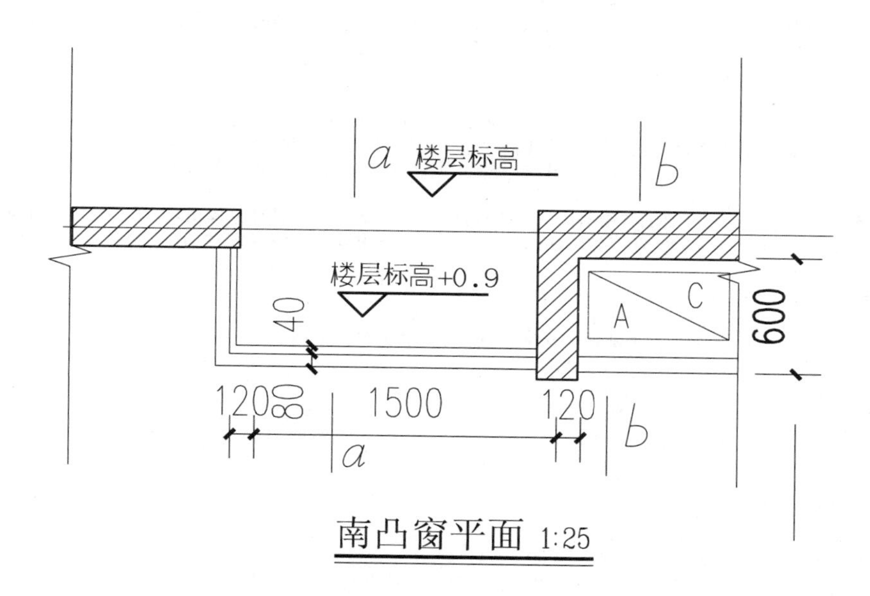

南凸窗平面 1:25

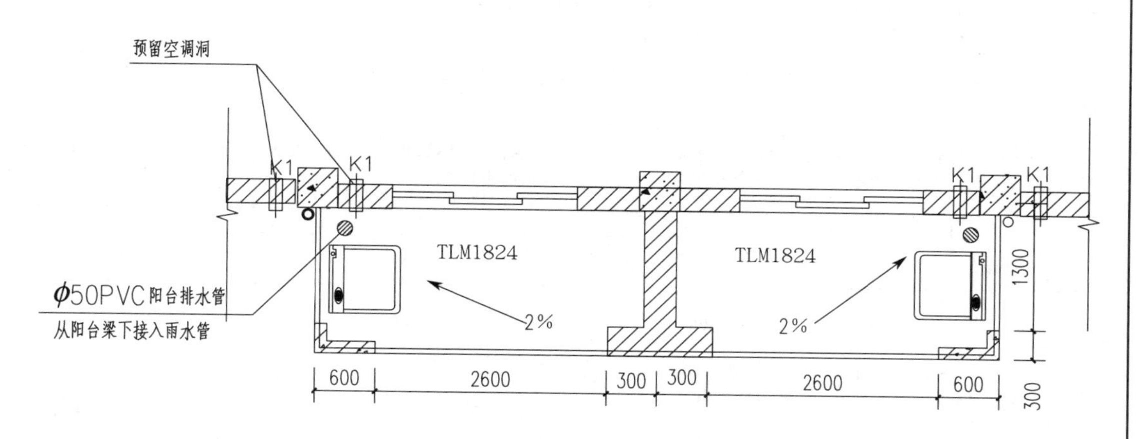

阳台平面图 1:50

××市××设计研究院				建设单位	××地产有限责任公司
				工程名称	××住宅楼工程
审定		校对		凸窗大样	设计号	
审核		设计			日期	
工程负责人		方案设计			图 号	建施-08

结构设计总说明

一、工程概况和总则

1. 本工程为三层民用住宅项目。
2. 本工程±0.000 建筑标高相当于(黄海高程)绝对标高为 15.20m(具体详建筑图)。
3. 本工程建筑结构安全等级二级;基础设计等级为丙级。
4. 本工程设计合理使用年限为五十年;未经技术鉴定或设计许可,不得改变结构用途和使用环境。
5. 计量单位(除注明外):1)长度:mm;2)角度:度;3)标高:m;4)强度:N/mm^2。
6. 凡结构施工图中说明与本总说明不一致时,以施工图中的说明为准;本总说明未详尽处,请遵照现行国家有关规范与规程规定施工。
7. 在施工过程中,如遇图纸不清、地质不良(与设计不符)或与其它专业图纸不一致等问题时,请及时与我院联系进行处理。
8. 对施工图设计需作变更或修改时,应征得我院同意并办理设计变更或修改手续,不得随意变更或修改。
9. 本套结构施工图采用平面整体表示方法制图,制图规则及结构构造详见国家标准图集《混凝土结构施工图平面整体表示方法制图规则和构造详图》11 G 101—1(修正版)。
10. 建设过程中有关各方如发现图纸有错漏碰缺或不便施工之处,请及时向设计方提出,以便共同协商解决。
11. 每层施工时,必须配合建筑、水、电等各工种设计图纸及工艺要求预留孔洞或埋件,且必须会同各工种有关人员仔细检查核实后方可浇筑混凝土。

二、设计依据

1. 本工程施工图按方案设计批文进行设计。
2. 采用中华人民共和国现行国家标准规范和规程进行设计,主要有:

《建筑工程抗震设防分类标准》(GB 50223—2008)
《建筑结构可靠度设计统一标准》(GB 50068—2001)
《建筑结构荷载规范》(GB 50009—2012)
《混凝土结构设计规范》(GB 50010—2010)
《建筑地基基础设计规范》(GB 50007—2011)
《建筑桩基技术规范》(JGJ 94—2008)
《建筑抗震设计规范》(GB 50011—2010)
《建筑结构制图标准》(GB/T 50105—2010)
《建筑工程设计文件编制深度的规定》建质[2008]216 号

3. 本工程基础根据铜陵市规划勘察设计研究院提供的《岩土工程勘察报告》采用人工挖孔桩基础

三、结构体系、抗震设防及结构计算程序

1. 本工程主体结构为框架结构。
2. 本工程为丙类抗震设防;本地区设防烈度为 6 度,设计地震分组第一组;设计基本地震加速度值为 0.05g,特征周期 T_g=0.35 秒,场地类别为Ⅱ类,属地震一般地段。
3. 本工程框架抗震等级为四级。
4. 本工程结构计算所采用的程序为 PKPM CAD—SATWE 软件,编制单位为中国建筑科学研究院,版本为 2008 年新规范版。

四、结构设计荷载

1. 楼面和屋面活荷载:按《建筑结构荷载规范》(GB 50009—2012)取值,具体数值(标准值)如表一所示(kN/m^2),楼层房间应按照建筑图中注明内容使用,未经设计单位同意,不得任意更改使用用途。

表一

位置	标准层					各层	屋面层	
使用功能	客厅	卧室	厨房	卫生间	阳台	楼梯	上人屋面	不上人屋面
标准值	2.0	2.0	2.5	4.0	2.5	3.5	2.0	0.7

2. 基本雪压 $0.40kN/m^2$;基本风压:$0.40kN/m^2$(50 年重现值);地面粗糙度 B 类。

五、基础部分

1. 本工程采用人工挖孔桩,详见有关结构施工图。
2. 基础内预埋插筋的数量、型式、位置与底层柱配筋相同。

六、钢筋混凝土部分

1. 混凝土强度等级,除施工图另有注明者外,垫层 C10;二次后浇构造柱压顶 C20;其余梁板柱混凝土强度均为 C25。
2. 钢筋级别 Φ:HPB300 级,Φ:HRB335 级,ΦHRB400 级;钢筋抗拉强度实测值与屈服强度的比值不小于 1.25,且钢筋的屈服强度实测值与强度标准值的比值不应大于 1.3;且钢筋在最大拉力下的总伸长实测值不应小于 9%。
3. 受力预埋件的锚筋应采用 HPB300 级(Ⅰ级),HRB335 级(Ⅱ级)或 HRB400 级(Ⅲ级)钢筋,严禁采用冷加工钢筋,吊钩应采用 HPB300(Ⅰ级)钢筋制作,严禁使用冷加工钢筋。
4. 施工中任何钢筋的替换,均应经设计单位同意后,方可替换。
5. 本工程所处的环境类别和结构混凝土的耐久性要求:

一类环境:室内正常环境;二 a 类环境:室内潮湿环境,卫生间,露天环境和与无侵蚀性的水或土壤直接接触的环境。

一类环境时:要求水灰比≤0.65,水泥用量≥$225kg/m^3$,氯离子含量≤1.0%;二 a 类环境时:要求水灰比≤0.60,水泥用量≥$250kg/m^3$,氯离子含量≤0.3%,碱含量≤$3.0kg/m^3$。

6. 纵向受拉钢筋的最小锚固长度 L_a 和抗震锚固长度 L_{aE} 及搭接长度(L_l,L_{lE}),保护层最小厚度见 03G329—1 第 6、7 页,所有锚固长度均应≥250mm;HPB300 钢筋(Φ 级钢筋)两端必须加弯钩。
7. 同一构件中相邻纵向受力钢筋的绑扎搭接接头宜相互错开。钢筋绑扎搭接接头连接区段的长度为 1.3 倍搭接长度,即 $1.3L_{lE}$,凡搭接接头中点位于该连接区段长度内的搭接接头均属于同一连接区段。位于同一连接区段内的受拉钢筋搭接接头面积百分率:对梁类、板类及墙类构件:≤25%[见图一(a)],对柱类构件:≤50%[见图一(b)]。

8. 在纵向受力钢筋搭接接头范围内应配置箍筋，其直径不应小于搭接钢筋较大直径的 0.25 倍。当钢筋受拉时箍筋间距不应大于搭接钢筋较小直径的 5 倍，且不应大于 100mm；当钢筋受压时，箍筋间距不应大于搭接钢筋较小直径的 10 倍，且不应大于 200mm。当受压钢筋直径 $d>25$mm 时，尚应在搭接接头两个端面外 100mm 范围内各设置两个箍筋。

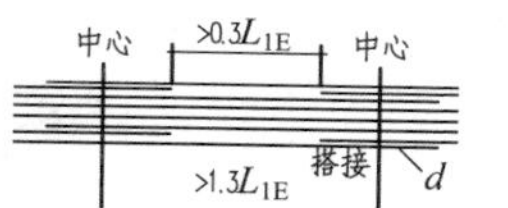

图一(a) 受力钢筋搭接接头面积百分率 25%

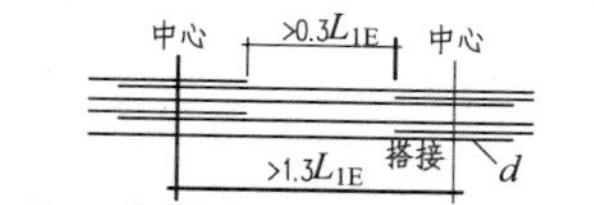

图一(b) 受力钢筋搭接接头面积百分率 50%

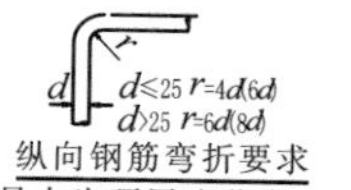

纵向钢筋弯折要求

（括号内为顶层边节点要求）

9. 纵向受力钢筋机械连接接头宜相互错开。钢筋机械连接接头连接区段内的长度为 $35d$（d 为纵向受力钢筋的较大直径），凡接头中点位于该连接区段长度内的机械连接接头均属于同一连接区段，当受力较大处设置机械连接接头时；位于同一连接区段内的受拉钢筋接头面积百分率：≤50%[见图一(c)]，纵向受压钢筋的接头面积百分率可不受限制。机械连接的接头性能应符合《钢筋机械连接通用技术规程》(JGJ 107—96)的 A 级接头性能；机械连接优先采用钢筋直螺纹套筒接头。（本工程 $d\geqslant22$ 的钢筋采用直螺纹套筒接头）。

10. 纵向受力钢筋的焊接接头应相互错开。钢筋焊接接头连接区段的长度为 $35d$（d 为纵向受力钢筋的较大直径）且不小于 500mm，凡接头中点位于该连接区段长度内的焊接接头均属于同一连接区段。位于同一连接区段内的受力钢筋的焊接接头面积百分率对纵向受拉钢筋接头≤50%[见图一(d)]，纵向受压钢筋的接头面积百分率可不受限制。

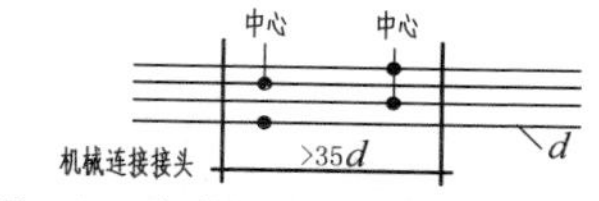

图一(c) 机械连接接头面积百分率 50%

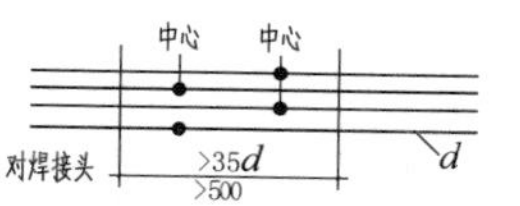

图一(d) 焊接接头面积百分率 50%

11. 所有外露铁件均应除锈涂红丹两道，刷防锈漆两度（颜色另定）。

12. 焊条：电弧焊所采用的焊条，其性能应符合现行国家标准《碳钢焊条》(GB 5117)或《低合金钢焊条》(GB 5118)的规定，其型号应根据设计确定，若设计无规定时，可按表二选用（当不同强度钢材连接时，可采用与低强度钢材相适应的焊接材料并按《钢筋焊接及验收规程》(JGJ 18—2003)执行。

13. 板构造要求

(1)所有板配筋图及栏板大样图中，未注明的分布钢筋采用 Φ6@200。

(2)梁顶左右侧板高差≤30，板顶负筋可不断开稍弯折，也可断开各自锚入梁内 $30d$，如高差>30，则须分开锚固，如图二所示；楼梯平台，阳台栏板水平筋均锚入根部柱内 250。

表二 钢筋电弧焊焊条型号

钢筋级别	电弧焊接头型式			
	帮条焊 搭接焊	坡口焊 熔槽帮条焊 预埋件穿孔塞焊	窄间隙焊	钢筋与钢板搭接焊 预埋件 T 形角焊
Φ	E4303	E4303	E4316 E4315	E4303
Φ	E4303	E5003	E5016 E5015	E4303
Φ	E5003	E5503	E6016 E6015	—

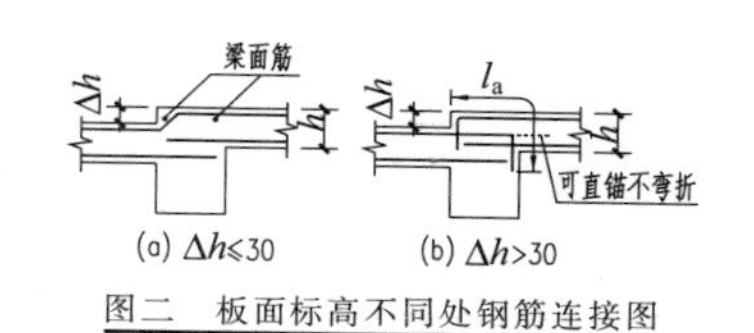

图二 板面标高不同处钢筋连接图

(3)现浇钢筋混凝土楼板底钢筋不得在跨中搭接，板面钢筋不得在支座搭接，边支座处板面筋锚固如图三所示。对于配有双层钢筋的楼板均加支撑不小于 Φ12 的钢筋，其型式如⎍，以保证上下钢筋位置准确，支撑筋每平方米一根。

(4)板中预埋管应设在上下排钢筋之间，若预埋管上面无钢筋时，则须沿管长方向加设钢筋网，见图四。

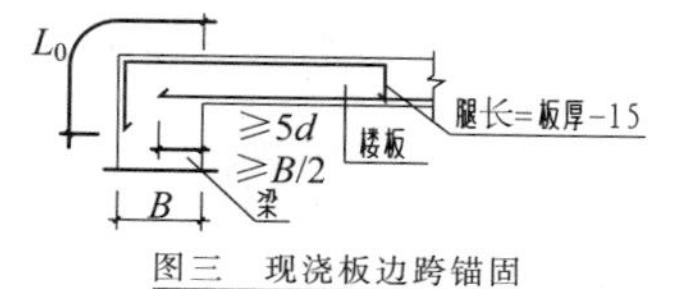

图三 现浇板边跨锚固

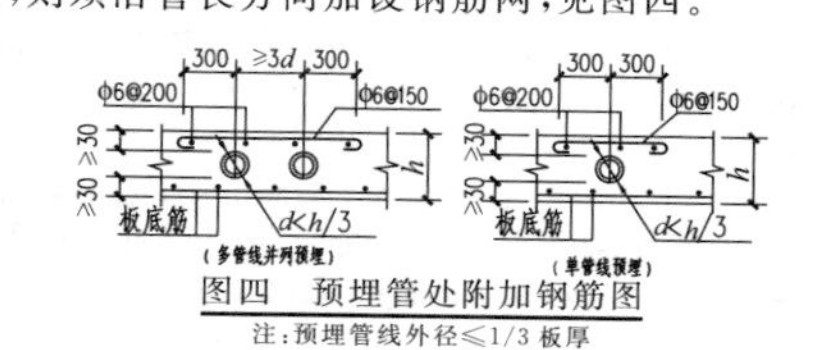

图四 预埋管处附加钢筋图

注：预埋管线外径≤1/3 板厚

(5)水电管道井（位置详建筑图）的楼板待管道安装好后浇灌，板上开孔大样见图五。

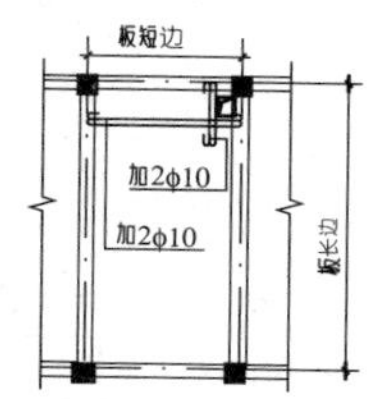

图五 楼层烟道及排气孔洞口边板内附加筋

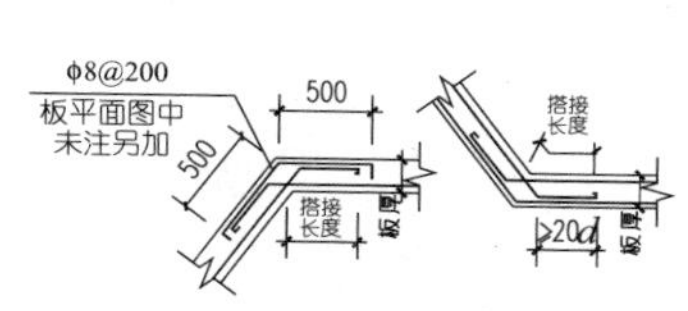

折线板配筋示意图

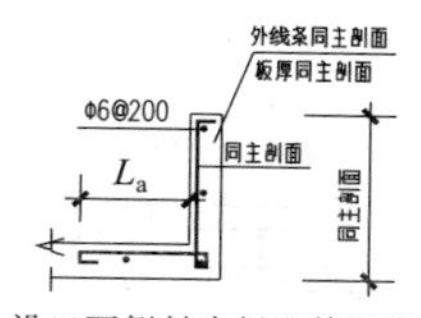

沿口两侧封头板配筋示意

(6)现浇混凝土板中板底钢筋除特别注明者外短跨钢筋均置于长跨钢筋之下，相邻跨板底钢筋相同者可以拉通，外墙转角处应设 7Φ10 放射形钢筋，长度不小于板短跨的 1/3，且不小于 1500mm。

(7)檐口长度每超过 12m，设 20 宽竖缝，内设橡胶止水带，油膏塞缝，见图六。

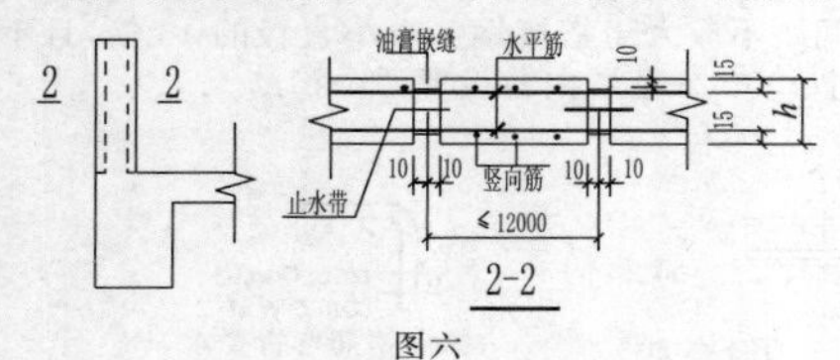

图六

悬挑板阳角附加筋做法

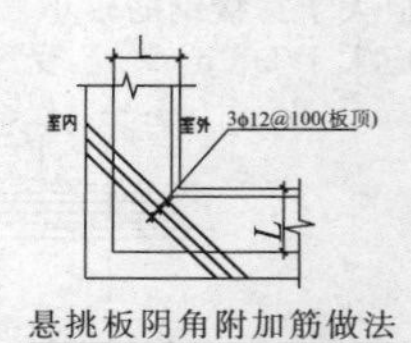

悬挑板阴角附加筋做法

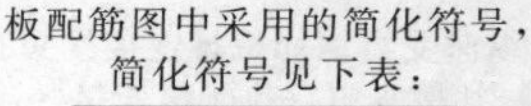

板配筋图中采用的简化符号，简化符号见下表：

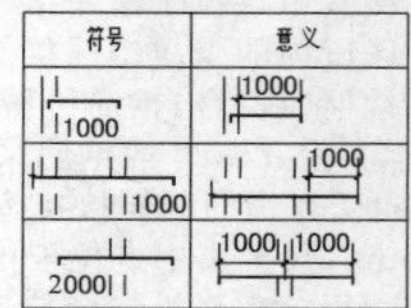

符号	意义
1000	1000
1000	1000
2000	1000 1000

梁柱相交时箍筋起始位置

注：为便于施工，梁在柱内的箍筋在现场可用两个半套箍搭接或焊接

主次梁相交处钢筋布置

14. 框架梁、柱、墙的构造要求

(1)本工程框架梁、柱制图规则及标准构造大样选用《混凝土结构施工图平面整体表示方法制图规则和构造详图》(11G101-1)。

(2)11G101—1 是施工人员必须与平法施工图配套使用的正式设计文件，有关构件说明如下：

框架柱(KZ)平面设计图例详该图集第 7～11 页说明，大样详第 36～41 页相应抗震等级要求；

基础梁(JL)平面设计图例详该图集第 22～32 页说明；

次梁(L)平面设计图例详该图集第 22～32 页说明，大样详第 65～66 页。

(3)梁柱箍筋型式见 11G101—1 第 35 页，梁柱主筋在一条线时如图七处理。

(4)当梁的腹板高度 h_w≥450 时按图集 11G101—1 第 63 页设置构造腰筋，梁侧向构造纵筋为Φ 12。

(5)当封口梁高度大于悬挑梁高度时，封口梁主筋在悬挑梁内锚固见图八，挑梁与封口梁端部钢筋互锚；混凝土强度达到 70%后方可拆模和浇筑上层混凝土，但所有钢筋混凝土悬挑构件(挑梁、板及曲梁)待混凝土达到 100%设计强度后方允许拆除模板及支撑。

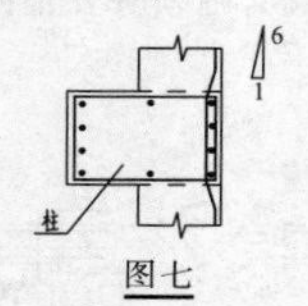

图七

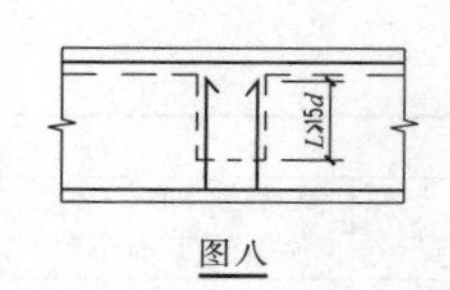

图八

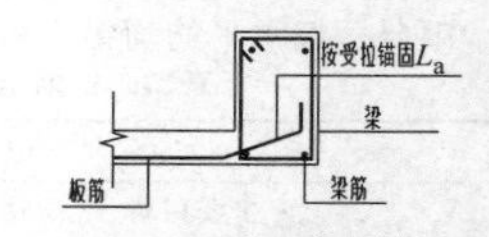

梁板底平齐时，板底配筋示意图

(6)梁计算所需抗扭纵筋(图中以 N 作为前缀)应锚入支座内 L_{aE}(L_a)

(7)梁、板下部有构造柱时，在与构造柱对应位置的梁、板下部预埋构造柱钢筋。

(8)梁内跨度＞4.0m，模板按跨度 0.2%起拱，悬臂构件按跨度的 0.5%起拱、跨度≥2m 时起拱值为 0.3%，且起拱高度不小于 20。

(9)梁高≥500mm 时，可在梁跨中开不大于 φ 150 的洞，在具体设计中未说明做法时，洞的位置应在梁跨中的 1/3 范围内，梁高的中间 1/3 范围内，洞边及洞上下的配筋见图九，所有预埋套管纵向穿梁时按图十做法。

(10)梁内钢筋若采用绑扎接头，则纵向钢筋搭接长度范围内箍筋间距加密为@100。

(11)11G101—1 第 66 页各类梁的悬挑端配筋构造按图十一变更执行。对于悬挑梁支座处的负弯矩筋，即梁上部钢筋应全部拉通到挑梁端头。

(12)对于窗宽≥3000 的窗台，增设压梁，梁高 180，宽与墙等宽，内配 4Φ 12，φ 8@200。压梁纵筋锚入柱内≥360。

(13)门窗顶过梁(钢筋混凝土框架梁不能代替过梁处)选用皖 2003G301；遇柱现浇，此时过梁上部主筋按下部选用。

凡过梁一端支承在柱或剪力墙时应预留插筋，见图十二。

240 墙：净跨 1800 以下选 GLxx-2A，净跨 1800～2400 选 GLxx-3A，190 墙：净跨 1000 以下选 GLxx-5A，净跨 1000～1500 选 GLxx-6A，120 墙：净跨 1200 以下选 GLxx-9A，净跨 1200～1500 选 GLxx-10A。

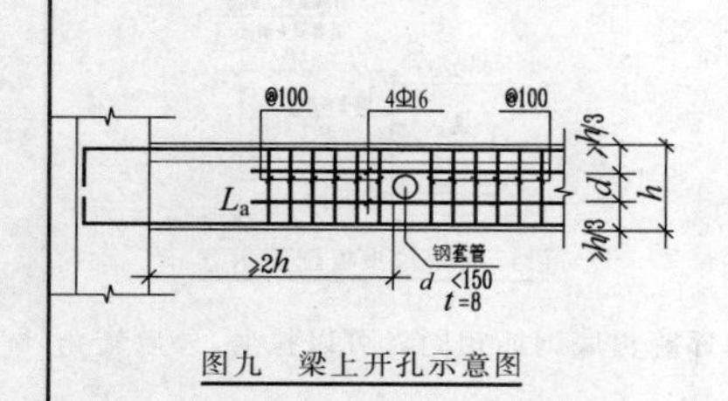

图九　梁上开孔示意图

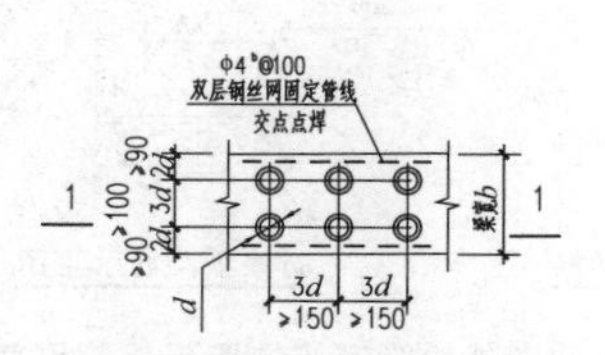

图十　梁内竖向埋管间距平面图

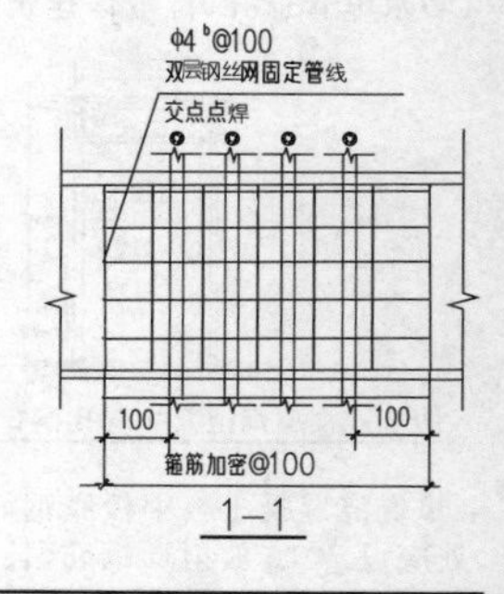

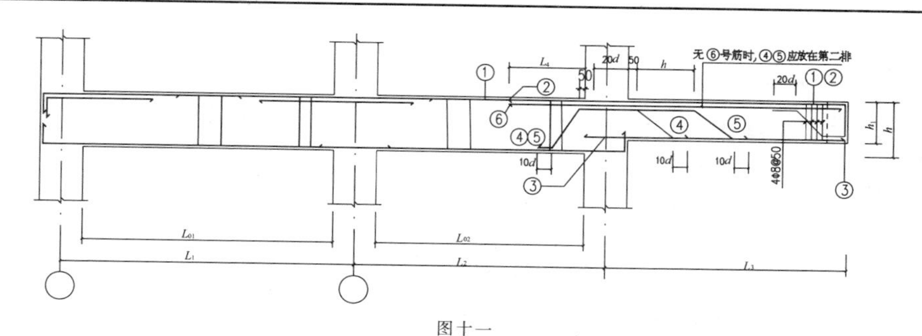

图十一

当 L_3<1500 时无⑤号筋，④号筋为 2ϕ⑭当 1500<L_3<2000 时，④、⑤号筋各为 2ϕ14；当 L_3>2000 时，④、⑤号筋各为 2ϕ20

注：L_4 取 $L_{02}/3$ 和 $1.2L_3$ 两者长度的较大值。

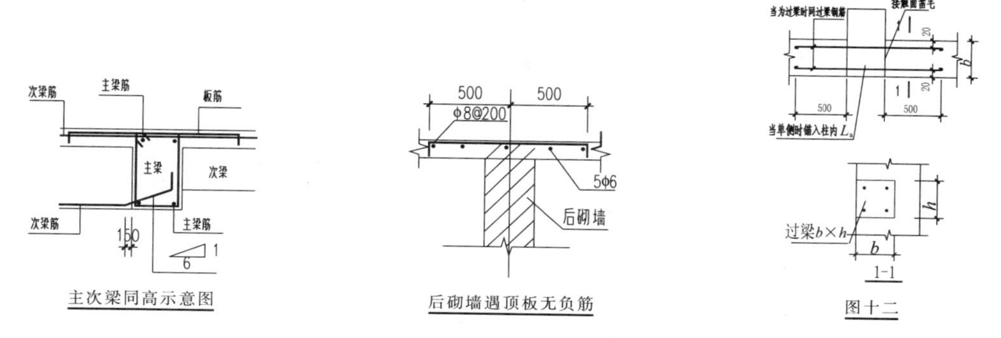

主次梁同高示意图　　后砌墙遇顶板无负筋　　图十二

七、框架填充墙（墙体厚度见建筑图）

(1)墙体材料详见建筑物。

(2)外墙在两种不同材料交接处应采用钢丝网抹灰或耐碱玻璃网布加强带处理，加强带与各基体的搭接宽度不小于 150mm。

(3)室外地坪以下墙采用 MU10 实心混凝土砌块。

(4)①墙体所采用的非承重混凝土空心砌块容重应小于 12kN/m^3；

②墙体所采用的非承重蒸压加气混凝土保温砌块强度等级为优等品 A5.0，砌体干密度为 B06(容重小于 6kN/m^3)，室外地坪以上墙体均用 M5 专用砂浆砌筑。

(5)①框架混凝土空心砌块填充墙构造见国标《砌体填充墙》(06 SG614—1)；

②墙体所采用非承重蒸压加气混凝土保温砌块强度等级为优等品 A5.0，外墙混凝土梁柱等冷热桥部分，需增加保温，做法按国标 03J104 第 12、13 页执行。

(6)所用填充墙砌块强度等级要求 MU≥MU3.5，所有砌块墙砌筑所用砂浆强度等级均不低于 M5.0。

(7)填充墙应沿框架柱全高每隔 500～600 设 2ϕ6 拉筋，拉筋沿墙全长贯通。墙长大于 5m 时，墙顶与梁宜有拉结，墙高超过 4m 时，墙体半高宜设置与柱连接且沿墙全长贯通的钢筋混凝土水平系梁。楼梯间和人流通道的填充墙，尚应采用 ϕ4@200 钢丝网 1∶3 水泥砂浆面层双面粉，ϕ6@600 钢筋穿墙挂网。

(8)钢筋混凝土构造柱与填充墙连接见(06SG614—1)第 24 页。

所有构造柱在各层楼面上下 500 及室内地坪上下 500 范围内箍筋加密为@100。墙体与 GZ 相接时应预留马牙槎，且应先砌墙，后浇柱。构造柱的纵筋锚入框架梁、柱内 35d，构造柱遇窗断开，砌体填充墙应设间距不大于 4m 的构造柱(GZ1)，位置以满足墙长及避开设备管线、门窗洞口定。

(9)卫生间同其余房间交界墙下，室外屋面同室内交界墙下均设同墙宽 200 高 C20 混凝土后浇(梁已上翻的除外，遇门取消)。

××市××设计研究院				建设单位	××地产有限责任公司	
				工程名称	××住宅楼工程	
审定		校对		结构设计总说明	设计号	
审核		设计			日期	
工程负责人		方案设计			图　号	结施-01

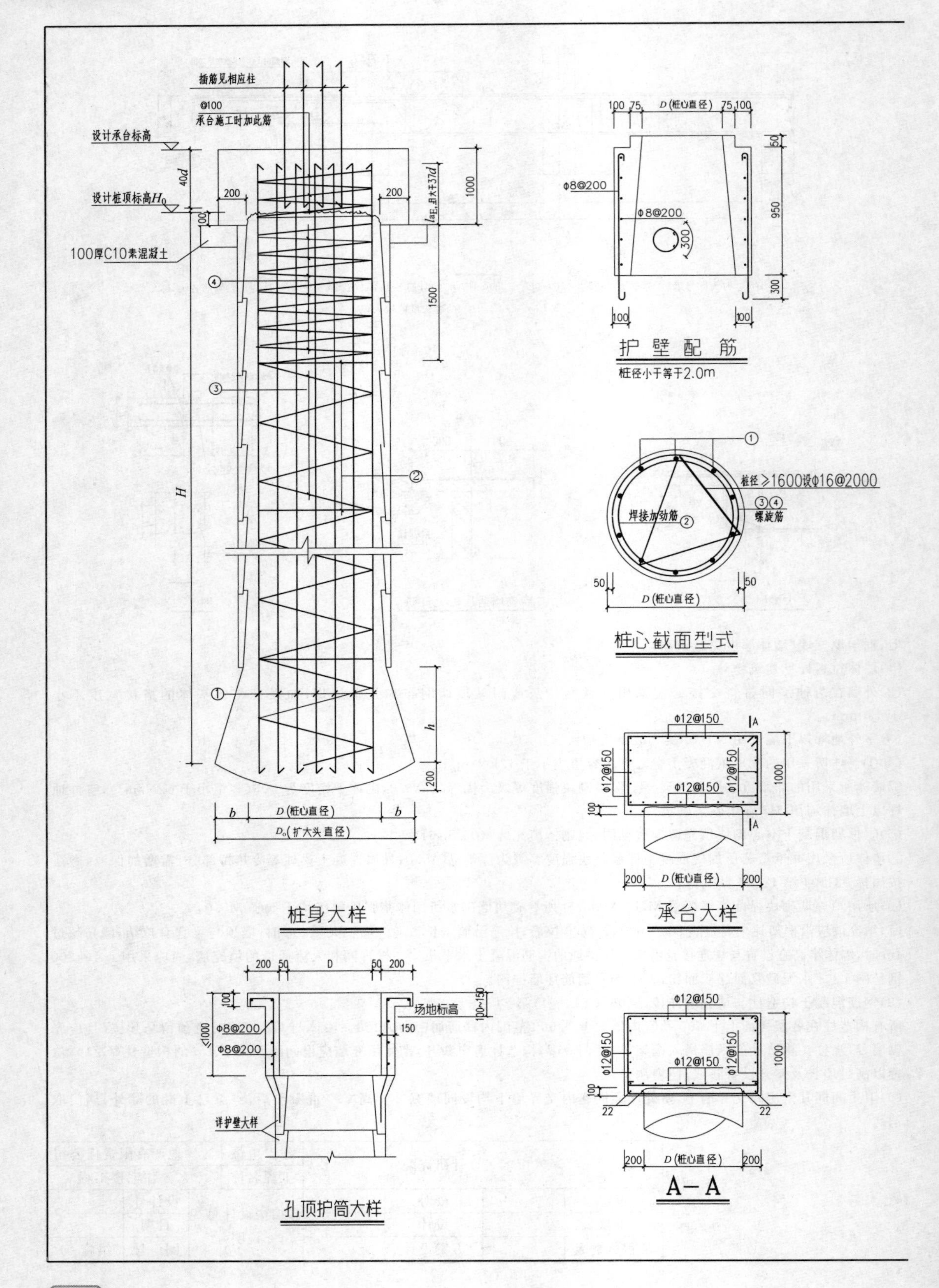

桩身大样

护壁配筋

桩心截面型式

承台大样

A-A

孔顶护筒大样

桩基施工说明

一、一般说明

1. 本工程桩基参照××市规划勘察设计院提供的《岩土工程勘察报告》进行设计，采用人工挖孔混凝土灌注桩，本工程为非嵌岩桩，桩基基础设计等级为丙级。
2. 本工程图注尺寸除标高以米计外，其余均以毫米为单位。
3. 本工程±0.000相当于绝对标高15.20，桩位放样应按建筑总图和基础平面图要求复核无误后统一进行施放。
4. 桩端支承土层：本次设计桩端支承土层按第(5)层强一中风化页岩夹灰岩，桩端土端阻力特征值为$q=2250\text{kPa}$；桩端应全截面进入持力层第(5)层不小于$2D$(桩径)。应保证桩长大于6000，且大于$3D_0$。相邻两桩桩底高差不能大于其水平间距。
5. 桩挖至设计标高后，应根据钻探部门要求进行钎探，确保桩端下$3d$或5m深度范围内应无空洞、破碎带、软弱夹层等不良地质条件，并应在桩底下$5d$深度范围内无岩体临空面。
6. 钎探位置及孔数由钻探部门现场定。

二、成孔

采用的桩径见桩表。

三、护壁施工

1. 护壁的混凝土强度等级为C30，钢筋为HPB300级，往下施工时以每节为一个施工循环(即挖好每节土后接着浇灌一节护壁)，一般土层中每节高度为1000，若遇特殊土质时下挖速度应视护壁的安全情况而定。
2. 为保证桩的垂直度，要求每浇灌三节护壁须校正桩的中心位置及垂直度一次。
3. 桩孔如穿越粉砂层、淤泥层等不良土层，必要时可采用钢护筒。

四、钢筋笼制作及安装

1. 纵向钢筋用HRB335级，接头优先采用焊接，如采用搭接，接口必须按规范要求错开，水平钢筋(横向加劲筋②及螺旋钢筋③④)用HPB300级，纵横钢筋交接处应焊牢。
2. 钢筋笼外侧须加混凝土垫块，或采用其它有效措施，以确保钢筋笼保护层厚度。
3. 桩钢筋的混凝土保护层厚度为50。

五、桩心混凝土浇灌

1. 混凝土强度等级为C25，另加水泥用量9%的低碱混凝土膨胀机剂。
2. 桩挖孔至孔底设计标高或持力层时，应先作钎探和处理，然后即通知甲方会同勘察设计及有关质检人员共同鉴定，认为符合要求后迅速扩大桩头，清理孔底，及时验收，随即浇灌混凝土，封底混凝土最小高度为200。

六、承台施工

1. 承台混凝土强度等级为C25，承台钢筋的混凝土保护层厚度为40。
2. 承台基坑回填前，应排除含水量较高的浮土及建筑垃圾，填土应分层夯实，对称进行。压实系数不应小于0.94。
3. 承台周围回填土应采用素土或灰土。级配砂石分层夯实，或原坑浇注混凝土承台，承台底做100厚C10素混凝土垫层。
4. 承台拉梁底做100厚C10素混凝土，垫层宽=梁宽+2×100mm。梁侧为120宽砖模，承台下做100厚C10素混凝土。

七、施工容许偏差

1. 桩心直径D为±50。
2. 桩中心位移偏差为50。
3. 垂直度偏差为0.5%。

八、施工安全措施

1. 若桩净距$<2D$或2.5m，应采用间隔开挖，即浇筑完一排后再开挖相邻桩，相邻排桩跳挖的最小间距不得小于4.5m。
2. 施工过程中应对人员上下、井内出土、井内通风、井口围栏、紧急救生、井下照明、井下通信联络等方面有可靠安全保证，如发现异常情况，应停止作业，并通知甲方及时处理。
3. 根据地质条件考虑安全作业区，一般在相邻5米范围内有桩正在浇灌混凝土或有桩孔蓄深水时，不得下井作业。

九、质量检查

1. 施工单位必须对每根桩作好一切施工记录，并按规定留混凝土试件做试压实验，上列资料必须准备完整提交有关部门检查验收。
2. 施工完成后的工程桩应全部进行桩身质量检验。
3. 施工完成后的工程桩应进行竖向承载力检验，地基基础设计等级为甲级、乙级或复杂地质条件下的工程桩竖向承载力的检验宜采用静载荷试验，检验桩数不得少于同条件下总桩数的1%，且不得少于3根。大直径嵌岩桩的承载力可根据终孔时桩端持力层岩性报告结合桩身质量检验报告核验。

十、基坑回填要求

为满足基础嵌固要求，本工程基础施工完毕应及时回填，要求分层回填，每层200～300厚至设计室外地坪，回填土要求：回填土应分层夯实(每250高)，夯实后的干容量不小于18kN/m，回填土有机物含量不超过35%，压实系数>0.94。

十一、挖孔桩施工中需要降水，应对周边环境进行监测。

十二、除上述要求外，施工时应遵守国家及地方现行有关施工检验和验收规范规定的要求。

桩　　表

桩编号	桩顶设计标高	桩尺寸		桩端扩大头尺寸			桩配筋				单桩承载力特征值	备注
		D	H	D_0	b	h	①	②	③	④		
WKZ1	−2.500见平面	900	≥6000且以实际尺寸为准	900	0	0	12Φ16	2@2000	@200	Φ10@100	1400kN	对照地勘报告：桩长在6～9m相邻两桩桩底高差不能大于其水平间距
WKZ2	−2.500见平面	1200	≥6000且以实际尺寸为准	1200	0	0	16Φ18	2@2000	@200	Φ10@100	2530kN	
WKZ3	−2.500见平面	1400	≥6000且以实际尺寸为准	1400	0	0	18Φ20	2@2000	@200	Φ10@100	3400kN	

<table>
<tr><td colspan="4" rowspan="2">××市××设计研究院</td><td>建设单位</td><td colspan="2">××地产有限责任公司</td></tr>
<tr><td>工程名称</td><td colspan="2">××住宅楼工程</td></tr>
<tr><td>审定</td><td></td><td>校对</td><td></td><td rowspan="3">桩基施工总说明及大样</td><td>设计号</td><td></td></tr>
<tr><td>审核</td><td></td><td>设计</td><td></td><td>日期</td><td></td></tr>
<tr><td>工程负责人</td><td></td><td>方案设计</td><td></td><td>图　号</td><td>结施-02</td></tr>
</table>

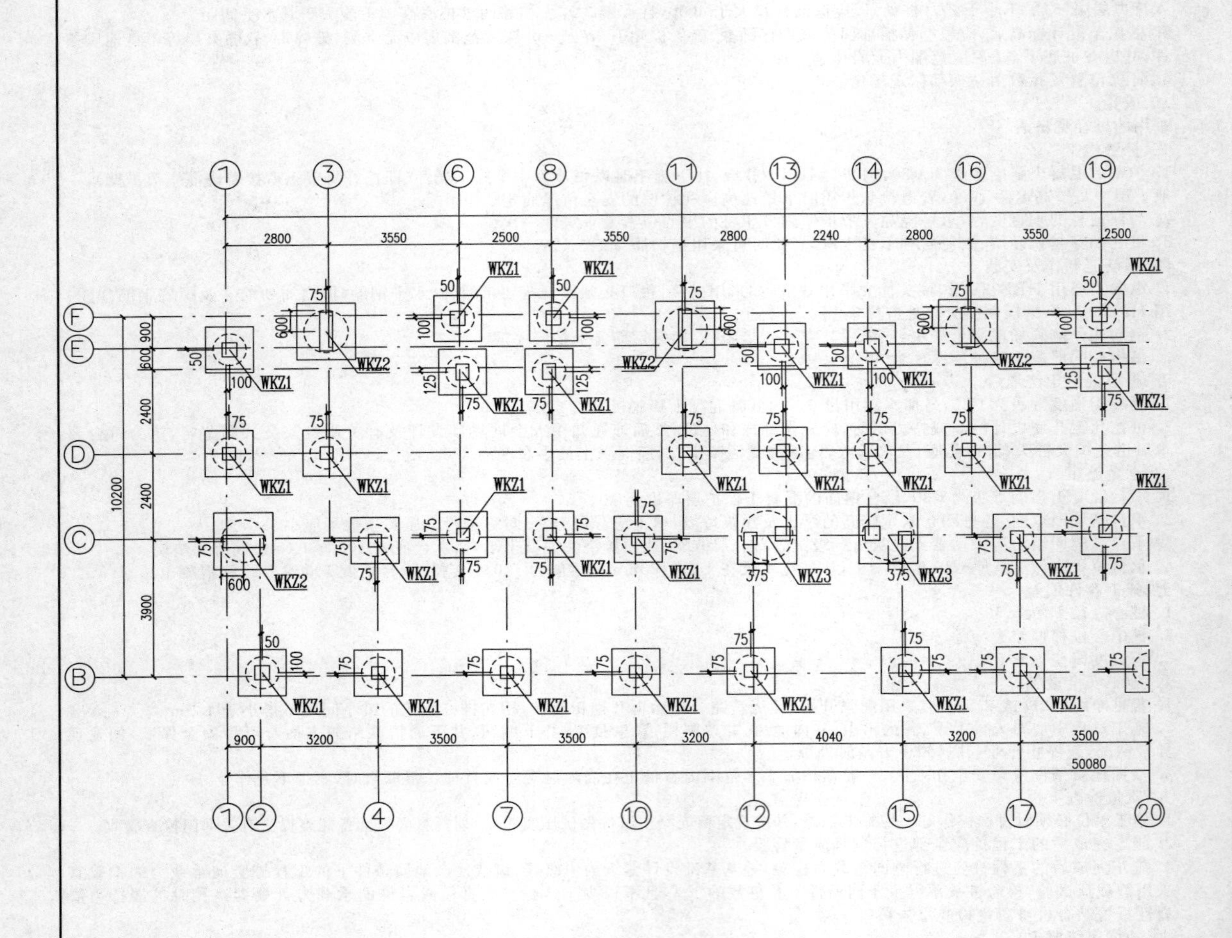
WKZ1
WKZ2
WKZ3
2800
3550
2500
2240
3200
3500
4040
900
600
2400
3900
10200
50080

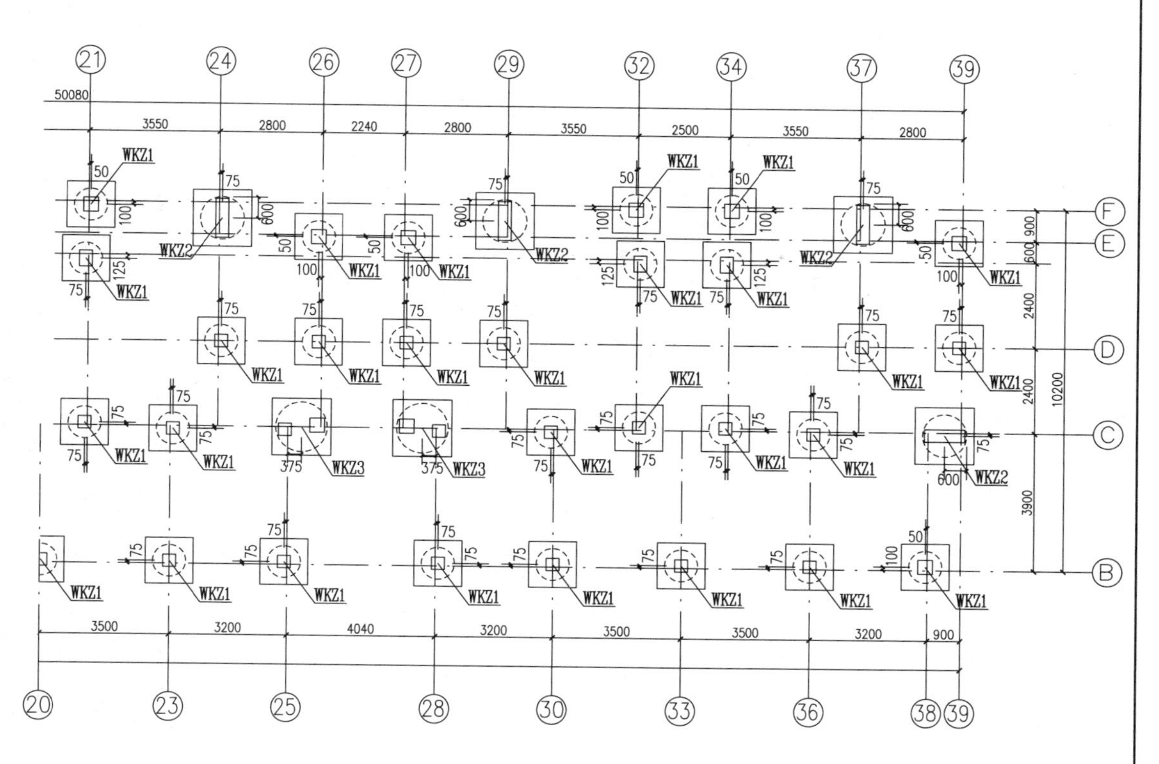

挖孔桩桩位定位平面图 1∶100

注：1. 未注明桩偏位情况均以轴线居中计；

2. 未注明桩顶标高以桩身大样为准；

3. 未注明桩顶标高均为－2.500；未注明承台顶标高均为－1.500。

××市××设计研究院				建设单位	××地产有限责任公司	
				工程名称	××住宅楼工程	
审定		校对		挖孔桩桩位定位平面图	设计号	
审核		设计			日期	
工程负责人		方案设计			图　号	结施-03

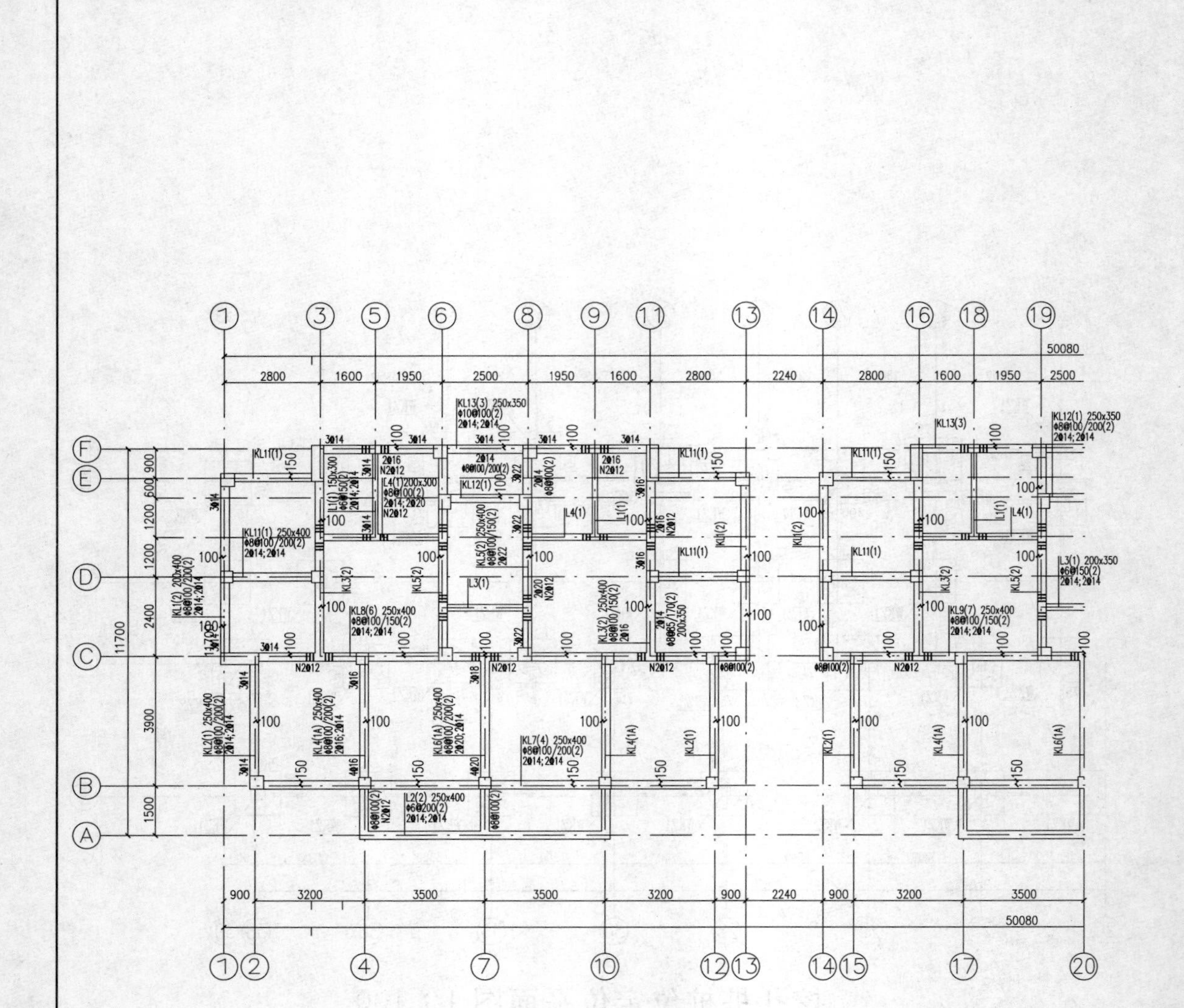

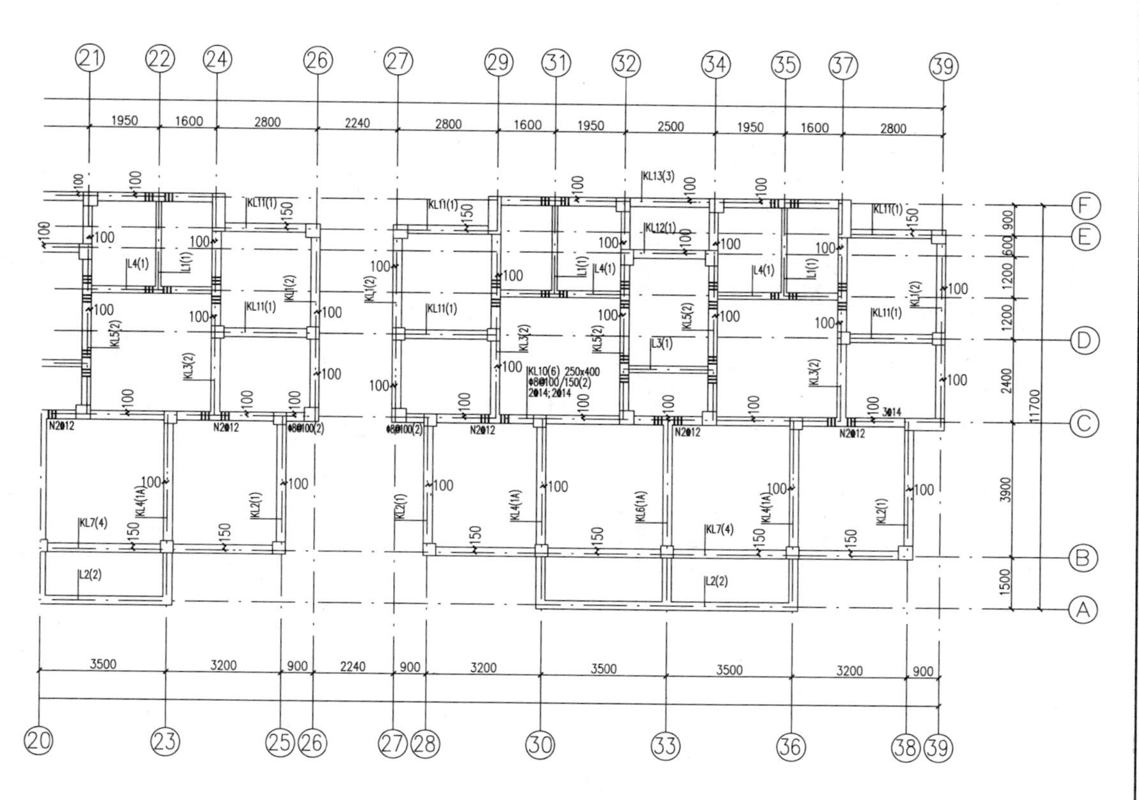

基础拉梁配筋图

注：1. 未注明梁底标高均同基础顶标高；

2. 主次梁交接处附加箍筋大小同主梁箍筋，每边三根；

3. 所有梁未注明偏位者均以轴线居中。

××市××设计研究院				建设单位	××地产有限责任公司	
				工程名称	××住宅楼工程	
审定		校对		基础拉梁配筋图	设计号	
审核		设计			日期	
工程负责人		方案设计			图　号	结施-04

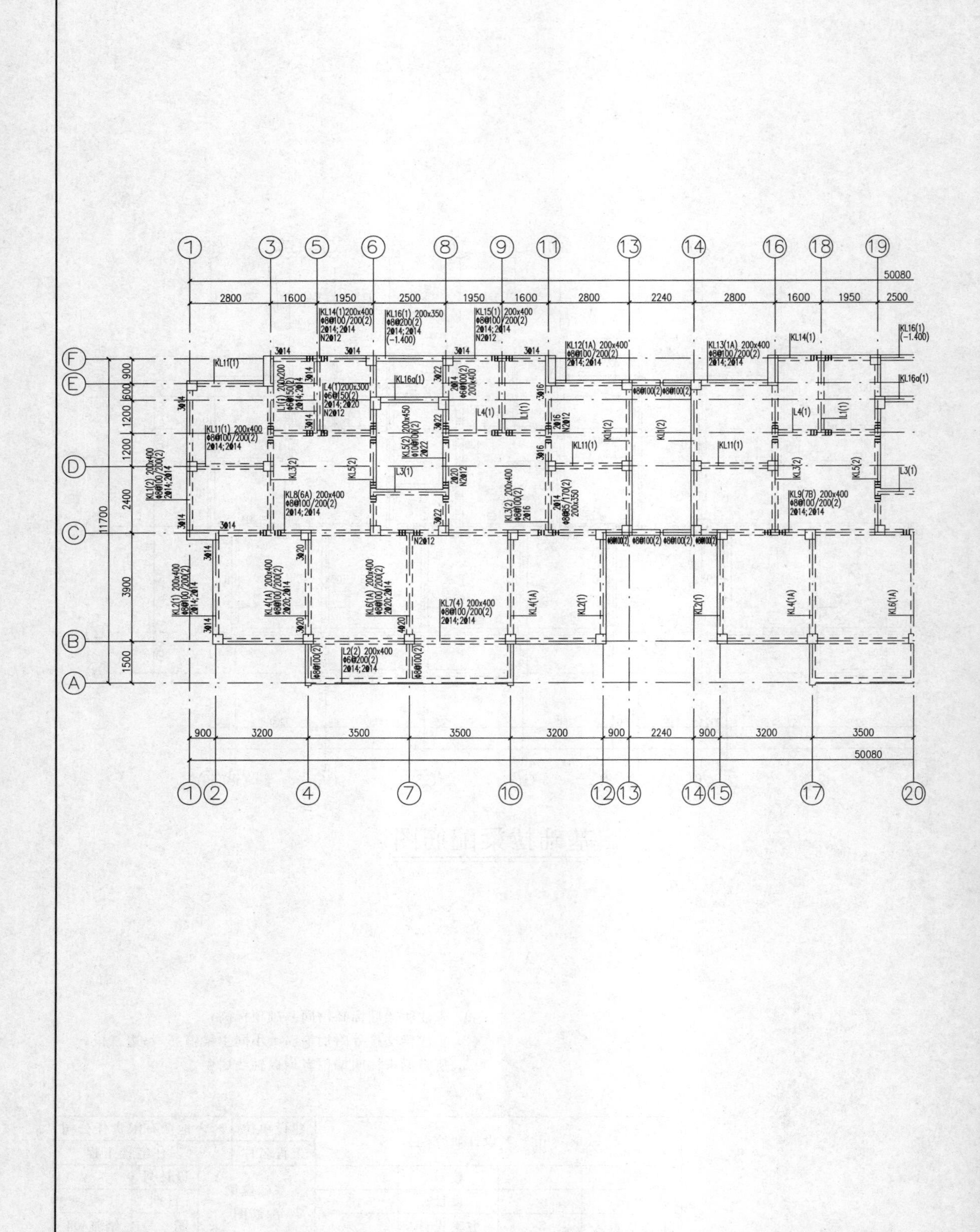

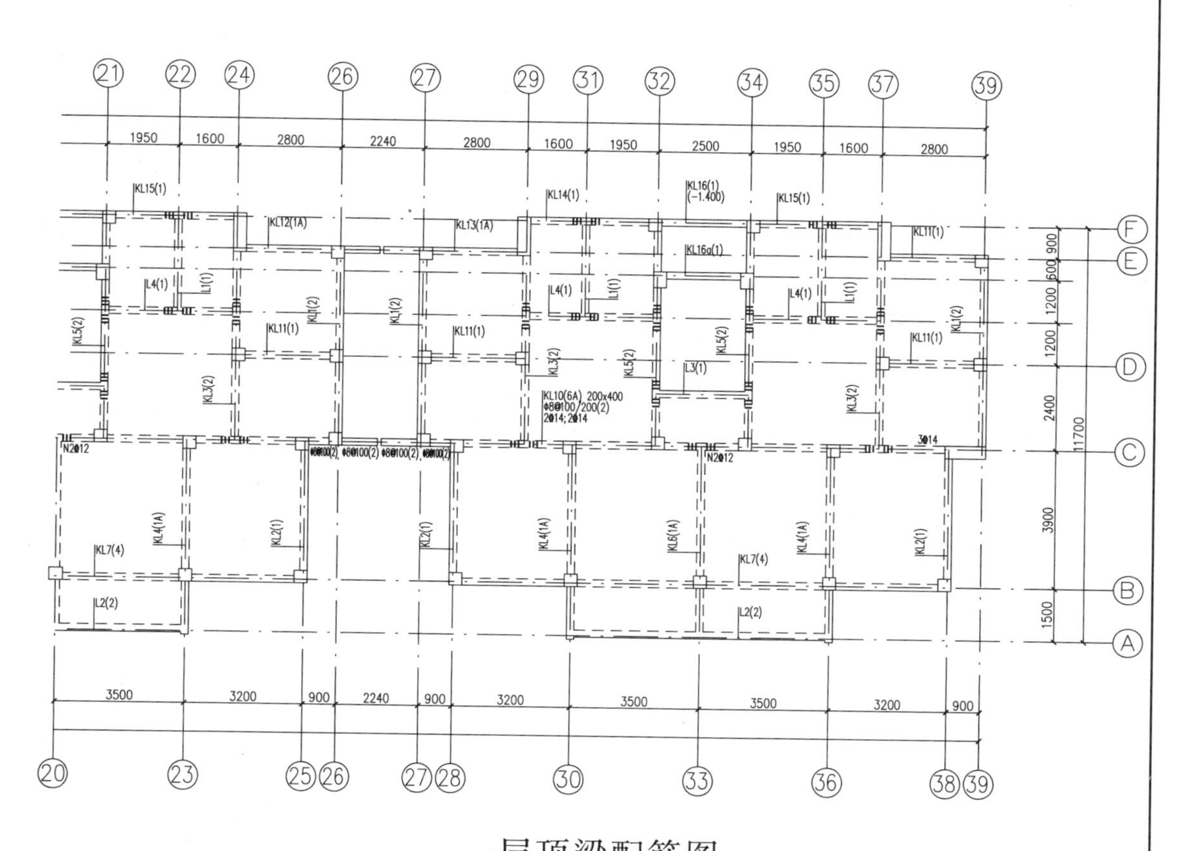

一层顶梁配筋图

注：1. 未注明梁顶标高均同板顶标高；

2. 主次梁交接处附加箍筋大小同主梁箍筋，每边三根；

3. 所有梁未注明偏位者均以轴线居中；

4. KL16a 配筋同 KL16 且在楼梯休息平台处增设一道，梁顶标高 1.370。

××市××设计研究院				建设单位	××地产有限责任公司	
				工程名称	××住宅楼工程	
审定		校对		一层顶梁配筋图	设计号	
审核		设计			日期	
工程负责人		方案设计			图　号	结施-05

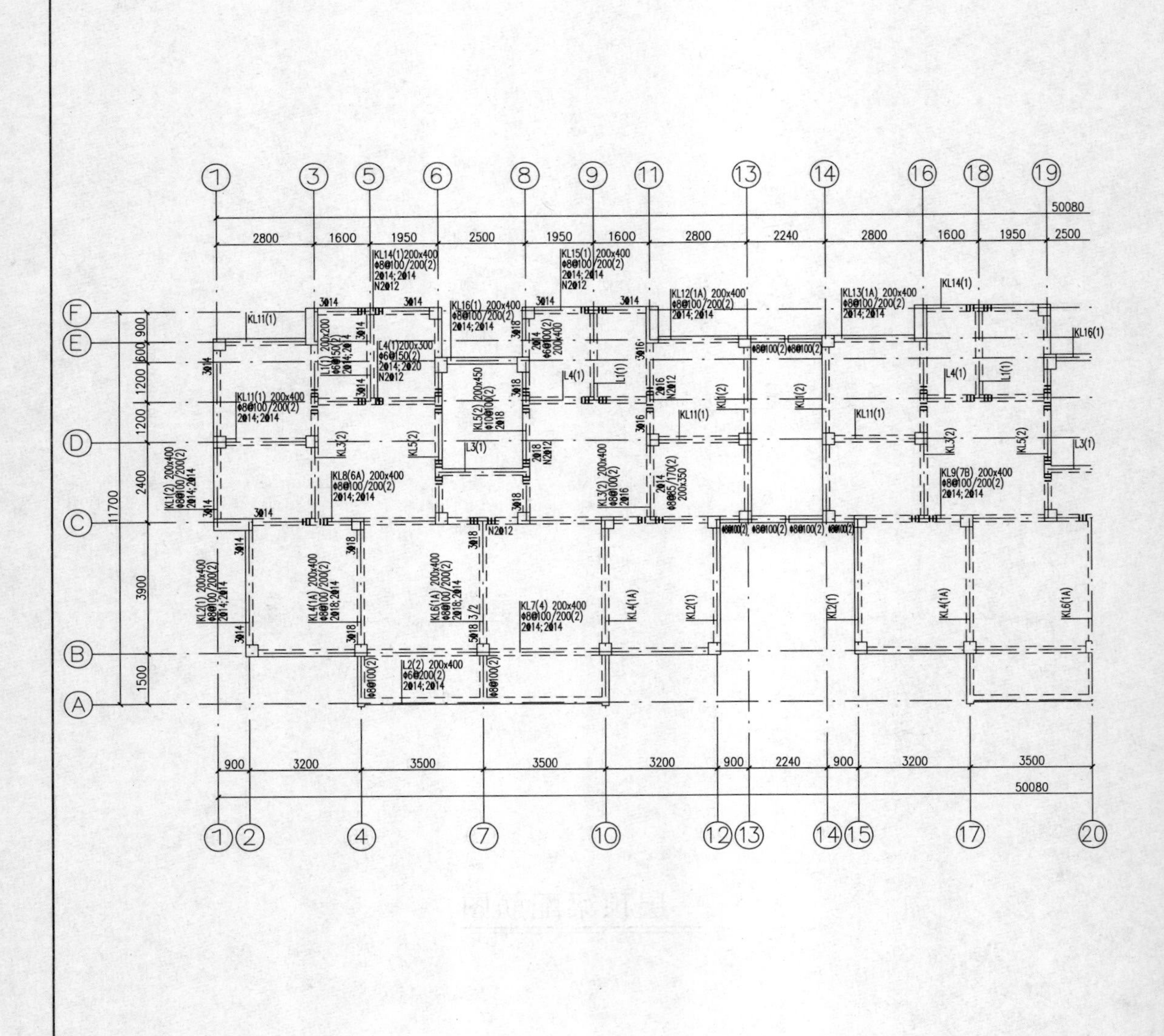

1
3
5
6
8
9
11
13
14
16
18
19
50080
2800
1600
1950
2500
1950
1600
2800
2240
2800
1600
1950
2500
KL14(1) 200x400
Φ8@100/200(2)
2Φ14;2Φ14
N2Φ12
KL15(1) 200x400
Φ8@100/200(2)
2Φ14;2Φ14
N2Φ12
KL16(1) 200x400
Φ8@100/200(2)
2Φ14;2Φ14
KL12(1A) 200x400
Φ8@100/200(2)
2Φ14;2Φ14
KL13(1A) 200x400
Φ8@100/200(2)
2Φ14;2Φ14
KL14(1)
KL16(1)
KL11(1)
L4(1) 200x300
Φ6@150(2)
2Φ14;2Φ20
N2Φ12
KL11(1) 200x400
Φ8@100/200(2)
2Φ14;2Φ14
KL5(2) 200x450
Φ10@100(2)
2Φ18
L3(1)
L4(1)
L1(1)
KL11(1)
KL3(2)
KL5(2)
KL8(6A) 200x400
Φ8@100/200(2)
2Φ14;2Φ14
KL3(2) 200x400
Φ8@100(2)
2Φ16
KL9(7B) 200x400
Φ8@100/200(2)
2Φ14;2Φ14
KL1(2) 200x400
Φ8@100/200(2)
2Φ14;2Φ14
KL2(1) 200x400
Φ8@100/200(2)
2Φ14;2Φ14
KL4(1A) 200x400
Φ8@100/200(2)
2Φ18;2Φ14
KL6(1A) 200x400
Φ8@100/200(2)
2Φ18;2Φ14
KL7(4) 200x400
Φ8@100/200(2)
2Φ14;2Φ14
L2(2) 200x400
Φ6@200(2)
2Φ14;2Φ14
KL4(1A)
KL2(1)
KL6(1A)
N2Φ12
F
E
D
C
B
A
900
600
1200
1200
2400
3900
1500
11700
900
3200
3500
3500
3200
900
2240
900
3200
3500
50080
1
2
4
7
10
12
13
14
15
17
20

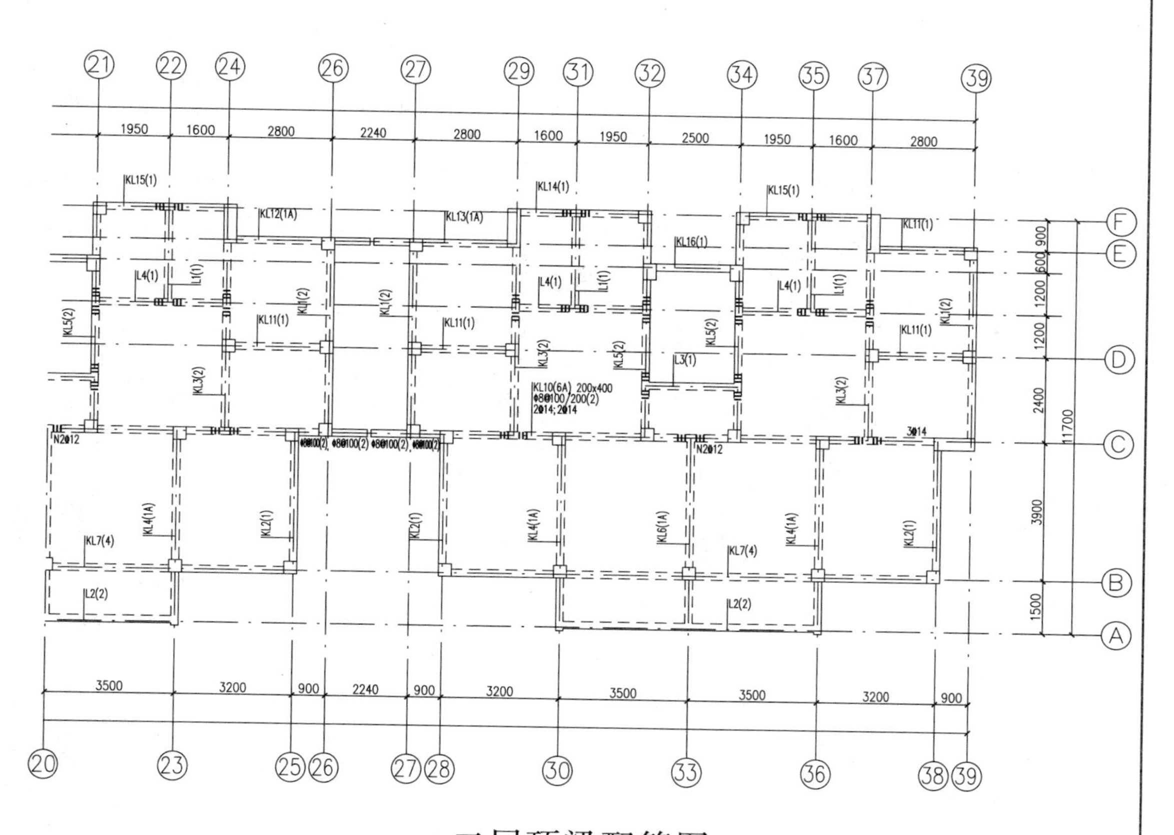

二层顶梁配筋图

注：1. 未注明梁顶标高均同板顶标高；

2. 主次梁交接处附加箍筋大小同主梁箍筋，每边三根；

3. 所有梁未注明偏位者均以轴线居中。

××市××设计研究院				建设单位	××地产有限责任公司	
				工程名称	××住宅楼工程	
审定		校对		二层顶梁配筋图	设计号	
审核		设计			日期	
工程负责人		方案设计			图　号	结施-06

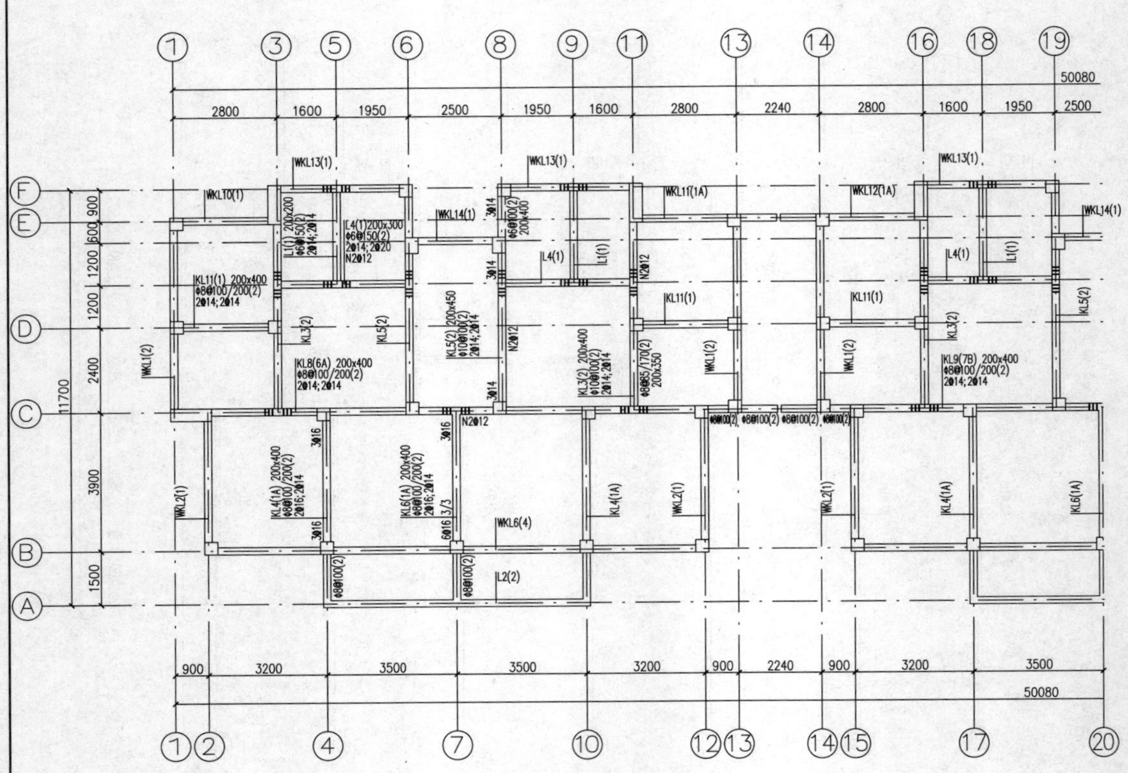

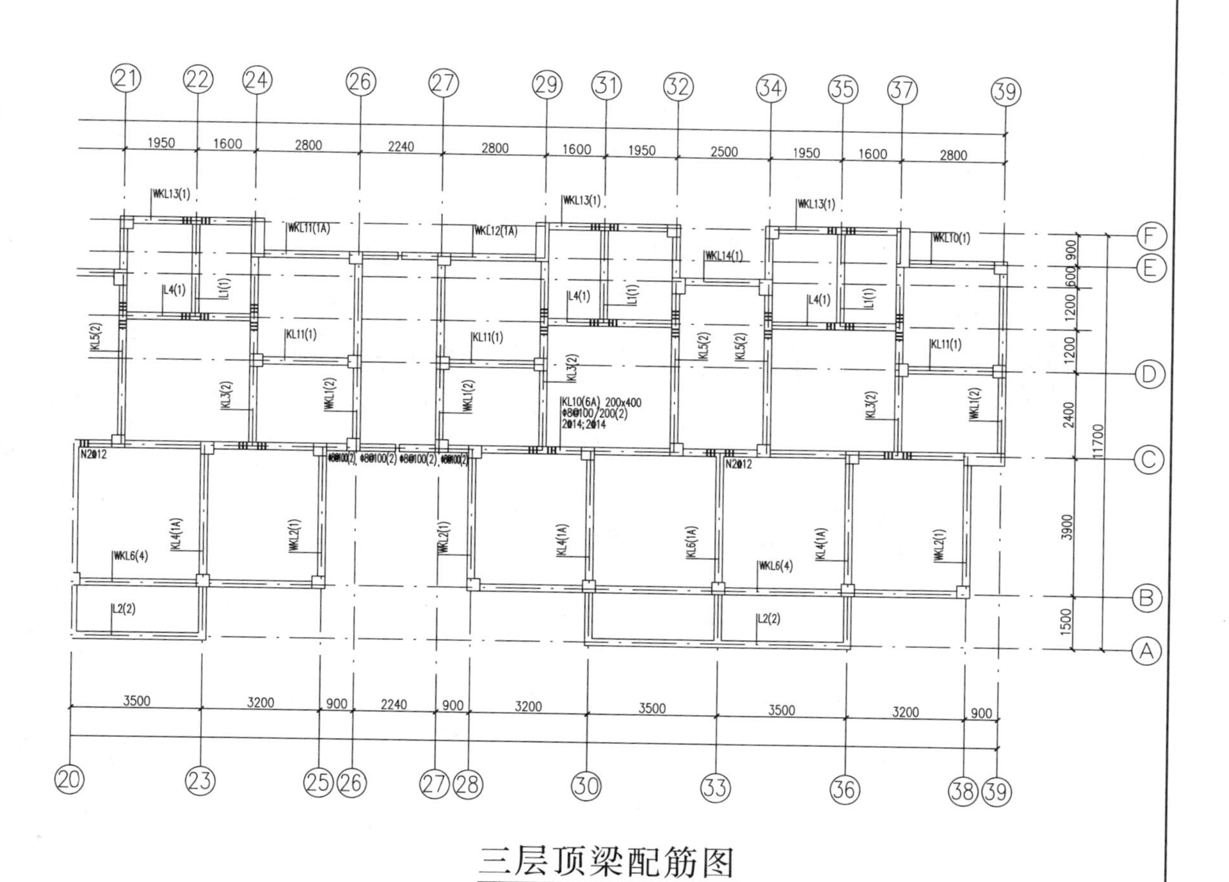

三层顶梁配筋图

注：1. 未注明梁顶标高均同板顶标高；

2. 主次梁交接处附加箍筋大小同主梁箍筋，每边三根；

3. 所有梁未注明偏位者均以轴线居中。

××市××设计研究院				建设单位	××地产有限责任公司	
				工程名称	××住宅楼工程	
审定		校对		三层顶梁配筋图	设计号	
审核		设计			日期	
工程负责人		方案设计			图　号	结施-07

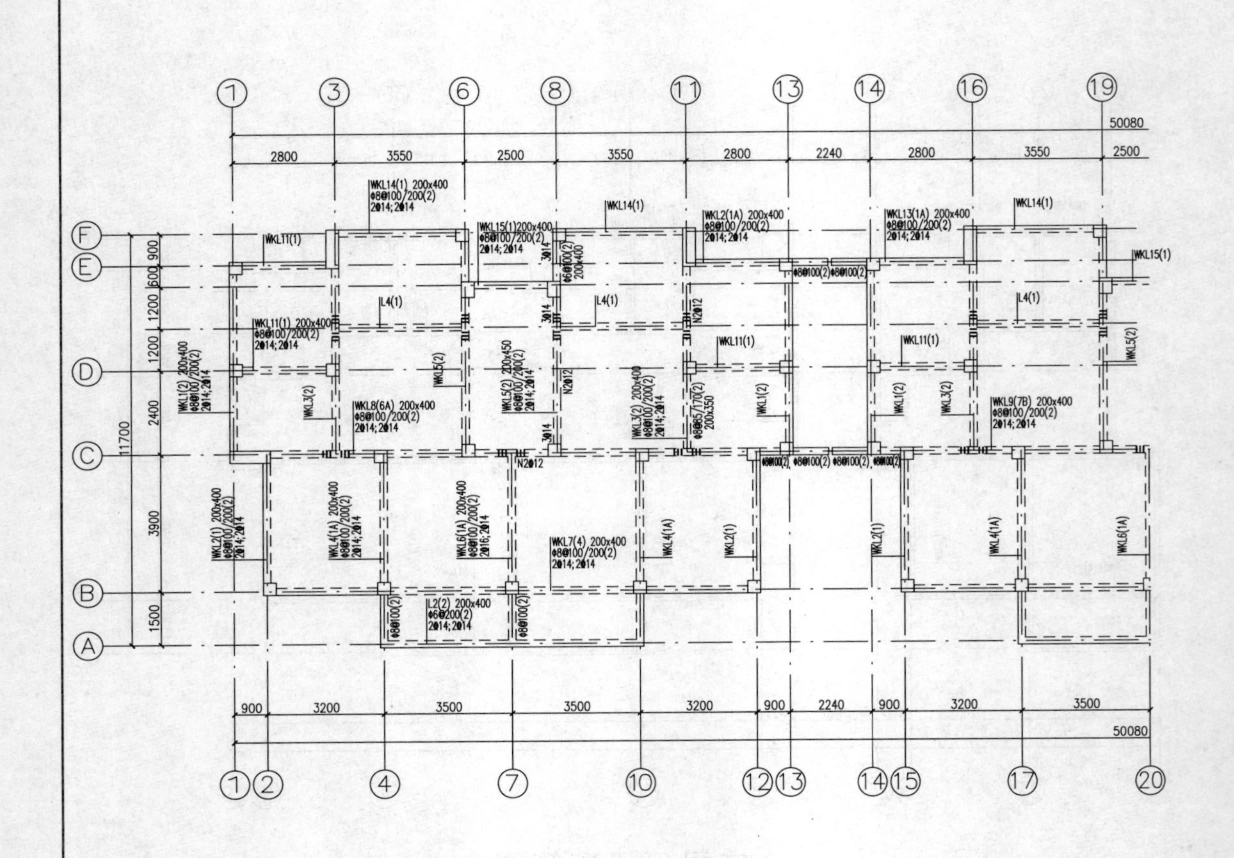
1
3
6
8
11
13
14
16
19
50080
2800
3550
2500
3550
2800
2240
2800
3550
2500
WKL14(1) 200x400
Φ8@100/200(2)
2Φ14;2Φ14
WKL15(1) 200x400
Φ8@100/200(2)
2Φ14;2Φ14
WKL14(1)
WKL2(1A) 200x400
Φ8@100/200(2)
2Φ14;2Φ14
WKL13(1A) 200x400
Φ8@100/200(2)
2Φ14;2Φ14
WKL14(1)
WKL15(1)
WKL11(1)
L4(1)
L4(1)
L4(1)
WKL11(1) 200x400
Φ8@100/200(2)
2Φ14;2Φ14
WKL11(1)
WKL11(1)
WKL1(2) 200x400
Φ8@100/200(2)
2Φ14;2Φ14
WKL3(2)
WKL8(6A) 200x400
Φ8@100/200(2)
2Φ14;2Φ14
WKL5(2)
WKL5(2) 200x450
Φ8@100/200(2)
2Φ14;2Φ14
WKL3(2) 200x400
Φ8@100/200(2)
2Φ14;2Φ14
Φ8@65/170(2)
200x350
WKL1(2)
WKL1(2)
WKL3(2)
WKL9(7B) 200x400
Φ8@100/200(2)
2Φ14;2Φ14
WKL5(2)
N2Φ12
N2Φ12
N2Φ12
3Φ14
Φ8@100(2)
200x400
F
E
D
C
B
A
900
600
1200
1200
2400
11700
3900
1500
WKL2(1) 200x400
Φ8@100/200(2)
2Φ14;2Φ14
WKL4(1A) 200x400
Φ8@100/200(2)
2Φ14;2Φ14
WKL6(1A) 200x400
Φ8@100/200(2)
2Φ16;2Φ14
WKL7(4) 200x400
Φ8@100/200(2)
2Φ14;2Φ14
WKL4(1A)
WKL2(1)
WKL2(1)
WKL4(1A)
WKL6(1A)
L2(2) 200x400
Φ6@200(2)
2Φ14;2Φ14
Φ8@100(2)
900
3200
3500
3500
3200
900
2240
900
3200
3500
50080
1
2
4
7
10
12
13
14
15
17
20

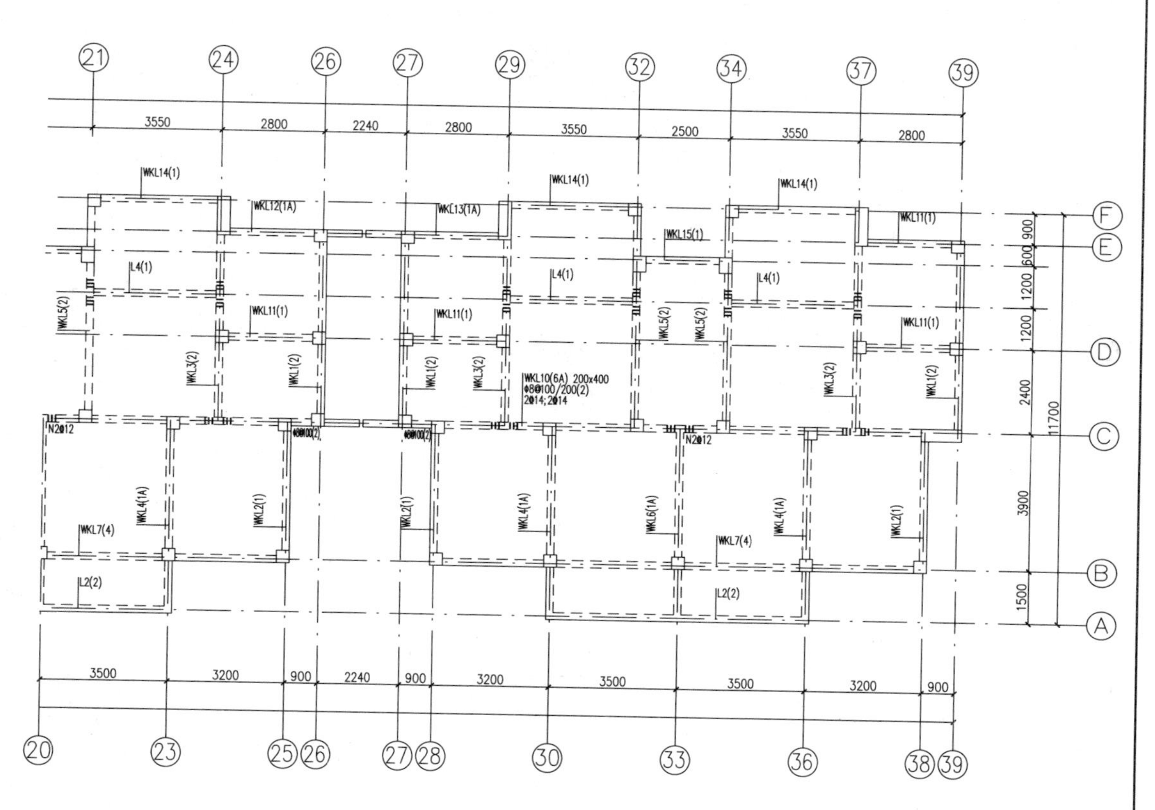

屋面顶梁配筋图

注：1. 未注明梁顶标高均同板顶标高；

2. 主次梁交接处附加箍筋大小同主梁箍筋，每边三根；

3. 所有梁未注明偏位者均以轴线居中

××市××设计研究院				建设单位	××地产有限责任公司
				工程名称	××住宅楼工程
审定		校对		屋面顶梁配筋图	设计号	
审核		设计			日期	
工程负责人		方案设计			图　号	结施-08

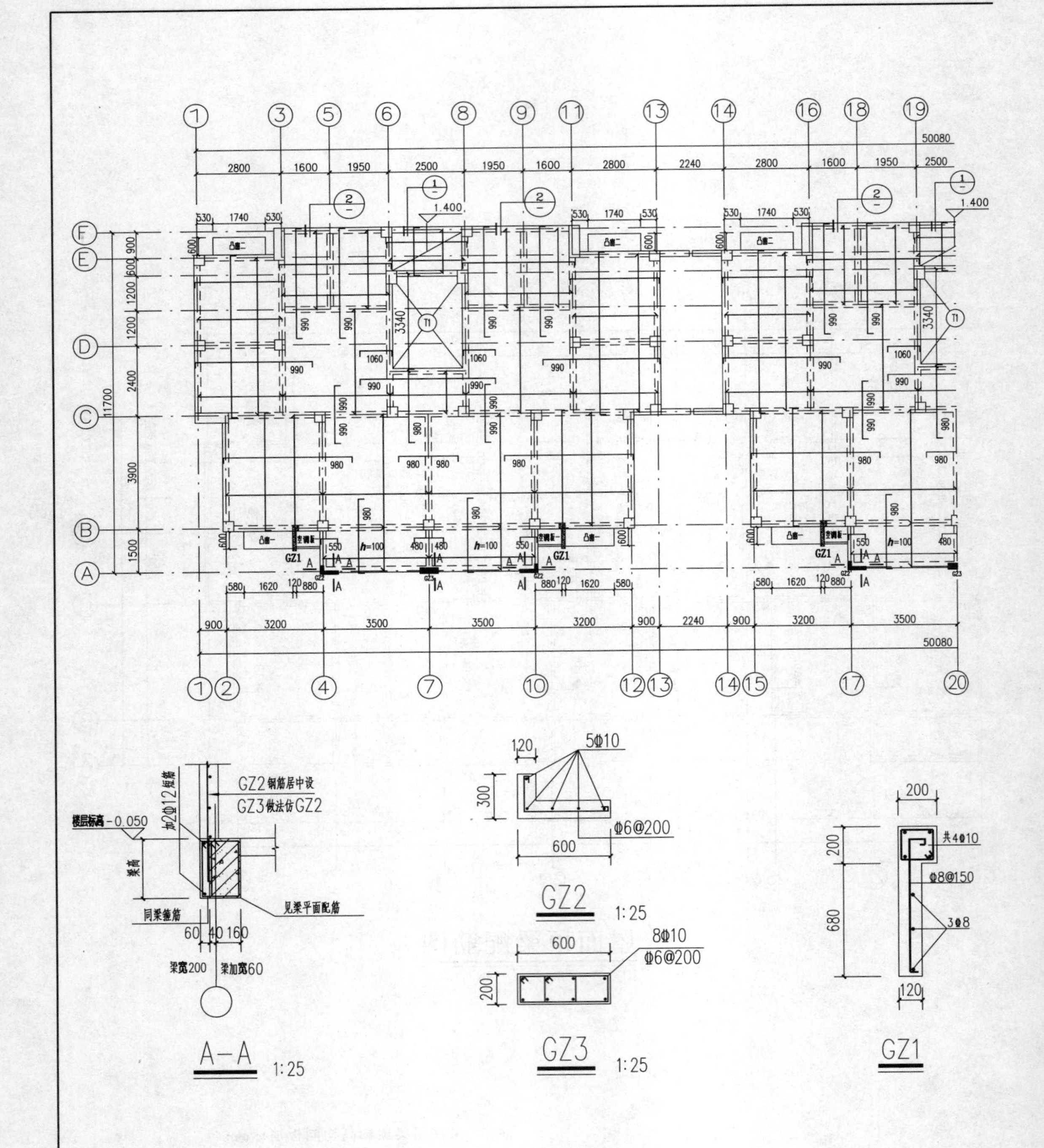

注：1. 本层现浇板厚度均为110；

2. 楼面板顶结构标高为相应建筑标高-0.030，厨房、阳台、卫生间板顶标高比相应楼面低0.020m；

3. 图中板顶及板底钢筋示出而未注者均为Φ8@200；

4. 现浇板中未示出的分布筋均为Φ6@200；

5. 厨房烟道位置及尺寸详见有关建筑平面。

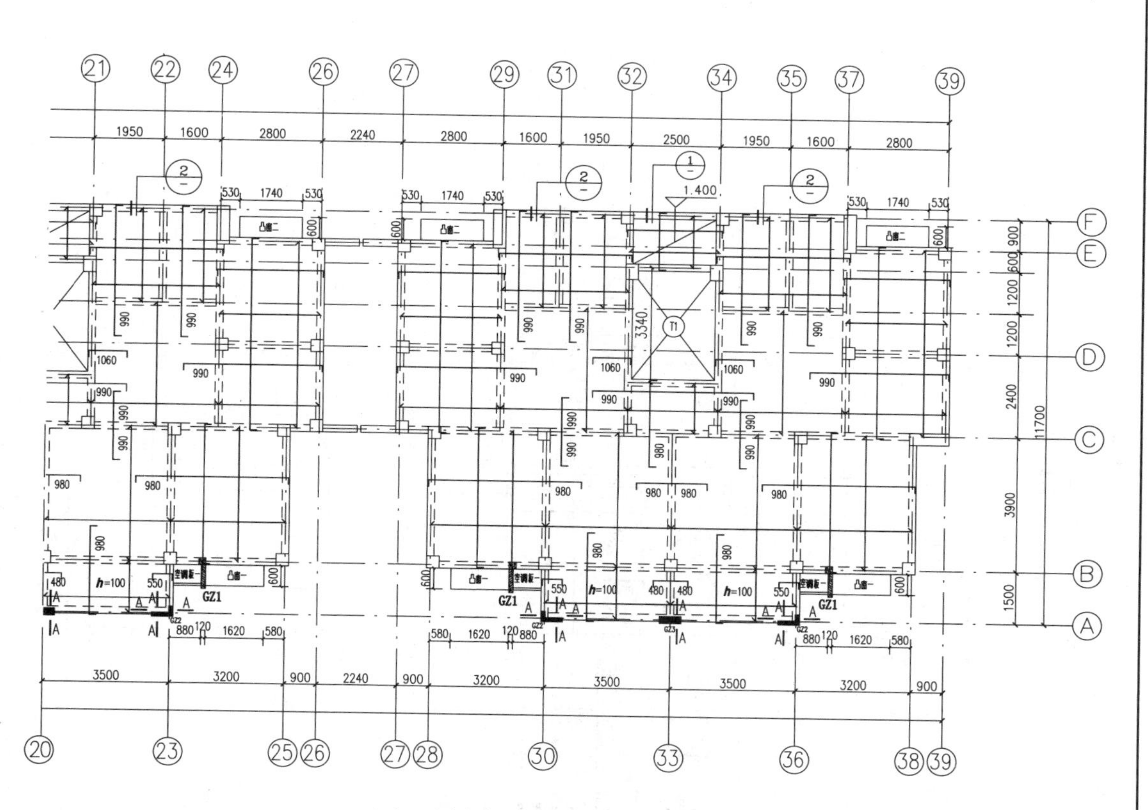

一层顶结构平面布置图 1：100

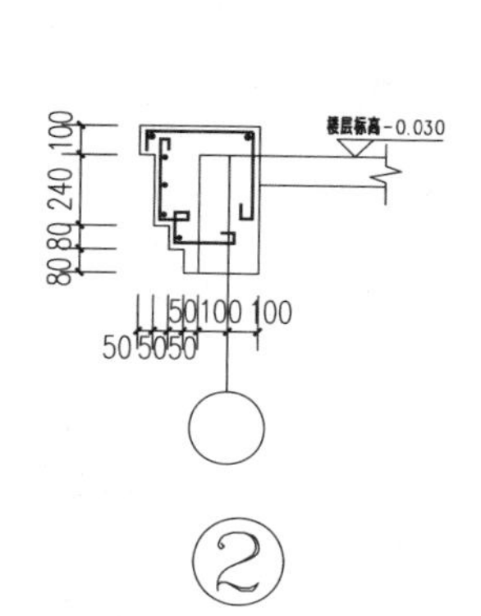

② 未注板分布筋均为φ6@200

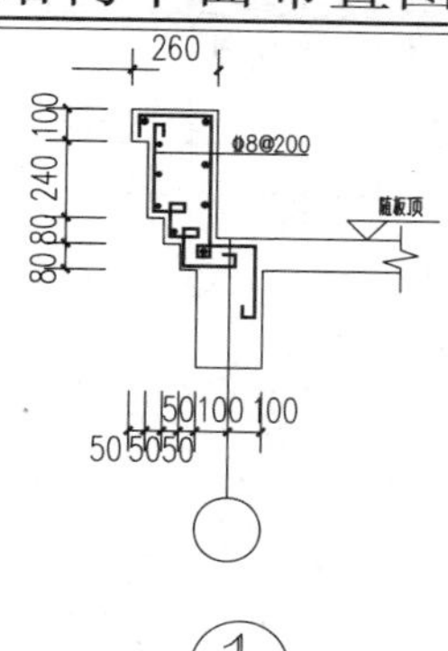

① 未注板分布筋均为φ6@200

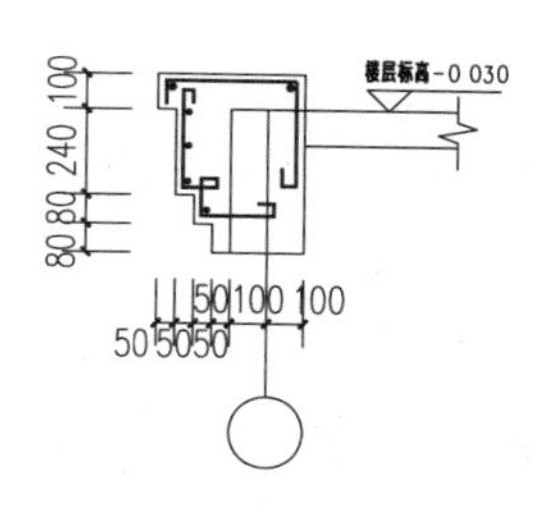

② 未注板分布筋均为φ6@200

××市××设计研究院				建设单位	××地产有限责任公司	
				工程名称	××住宅楼工程	
审定		校对		一层顶结构平面布置图	设计号	
审核		设计			日期	
工程负责人		方案设计			图号	结施-09

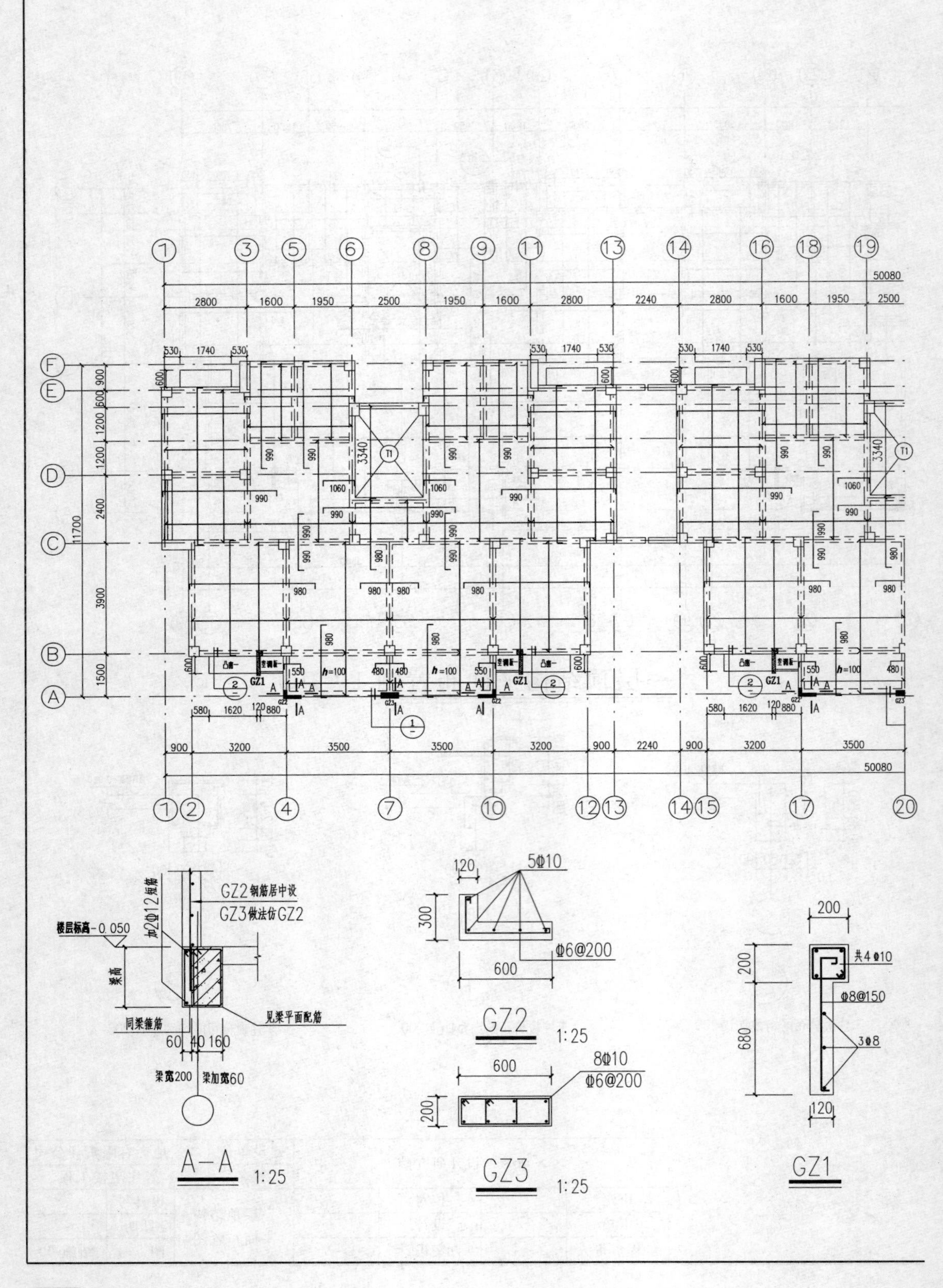

50080
2800 1600 1950 2500 1950 1600 2800 2240 2800 1600 1950 2500
11700
900 3200 3500 3500 3200 900 2240 900 3200 3500
GZ1
GZ2
GZ3
T1
GZ2钢筋居中设
GZ3做法仿GZ2
楼层标高-0.050
加2Φ12短筋
梁高
同梁箍筋
见梁平面配筋
梁宽200
梁加宽60
A-A
1:25
5Φ10
Φ6@200
GZ2
1:25
8Φ10
Φ6@200
GZ3
1:25
共4Φ10
Φ8@150
3Φ8
GZ1

二层顶结构平面布置图 1∶100

注：1. 本层现浇板厚度均为 110；

2. 楼面板顶结构标高为相应建筑标高－0.030，厨房、阳台、卫生间板顶标高比相应楼面低 0.020m；

3. 图中板顶及板底钢筋示出而未注者均为φ 8@200；

4. 现浇板中未示出的分布筋均为φ 6@200；

5. 厨房烟道位置及尺寸详有关建筑平面。

××市××设计研究院				建设单位	××地产有限责任公司	
				工程名称	××住宅楼工程	
审定		校对		二层顶结构平面布置图	设计号	
审核		设计			日期	
工程负责人		方案设计			图号	结施-10

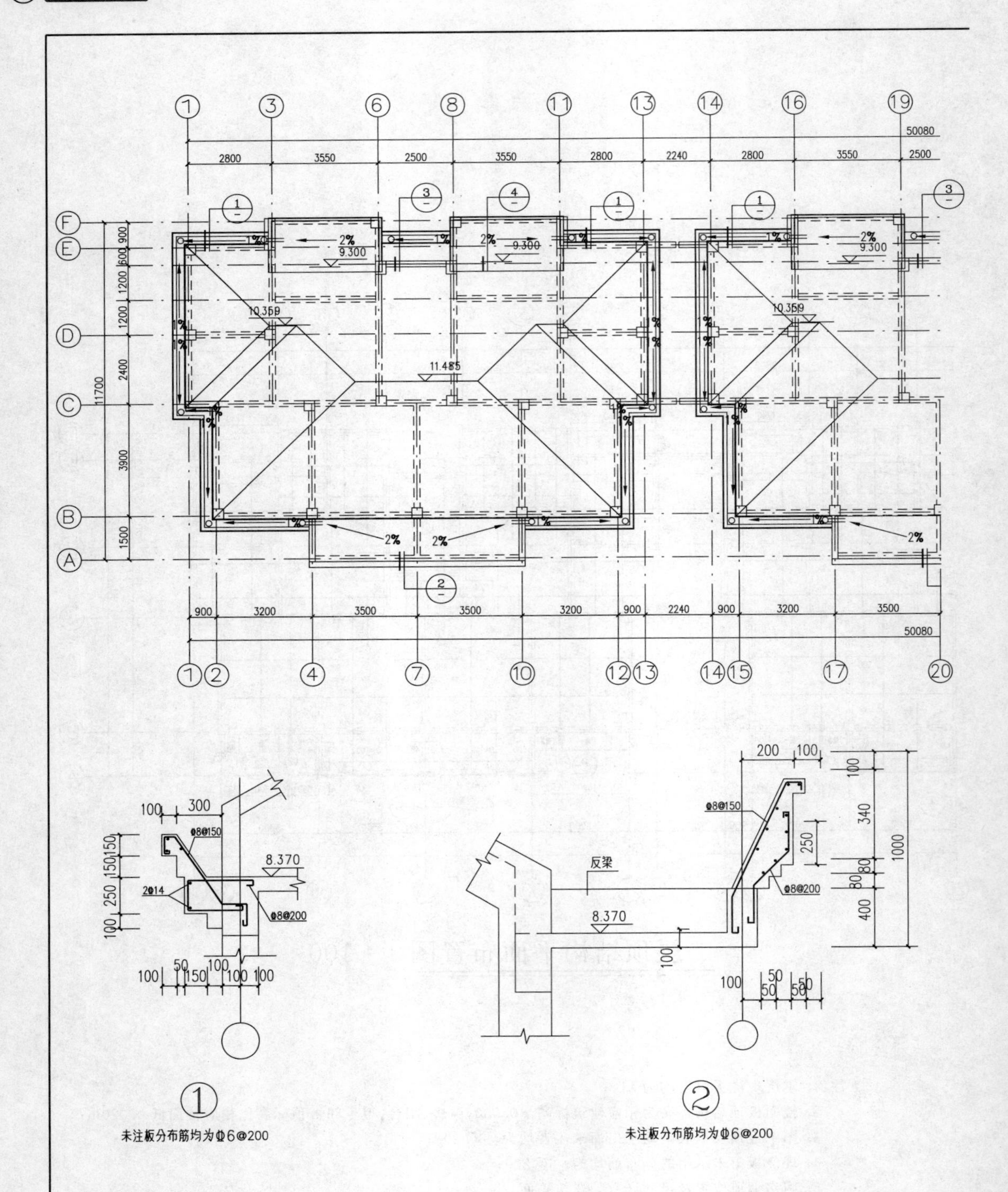

注：1. 本层现浇板厚度均为120。

2. 楼面板顶结构标高同相应建筑标高。

3. 图中板顶及板底钢筋未示者均为ф8@150(双层双向)。

4. 厨房烟道位置及尺寸详有关建筑平面。

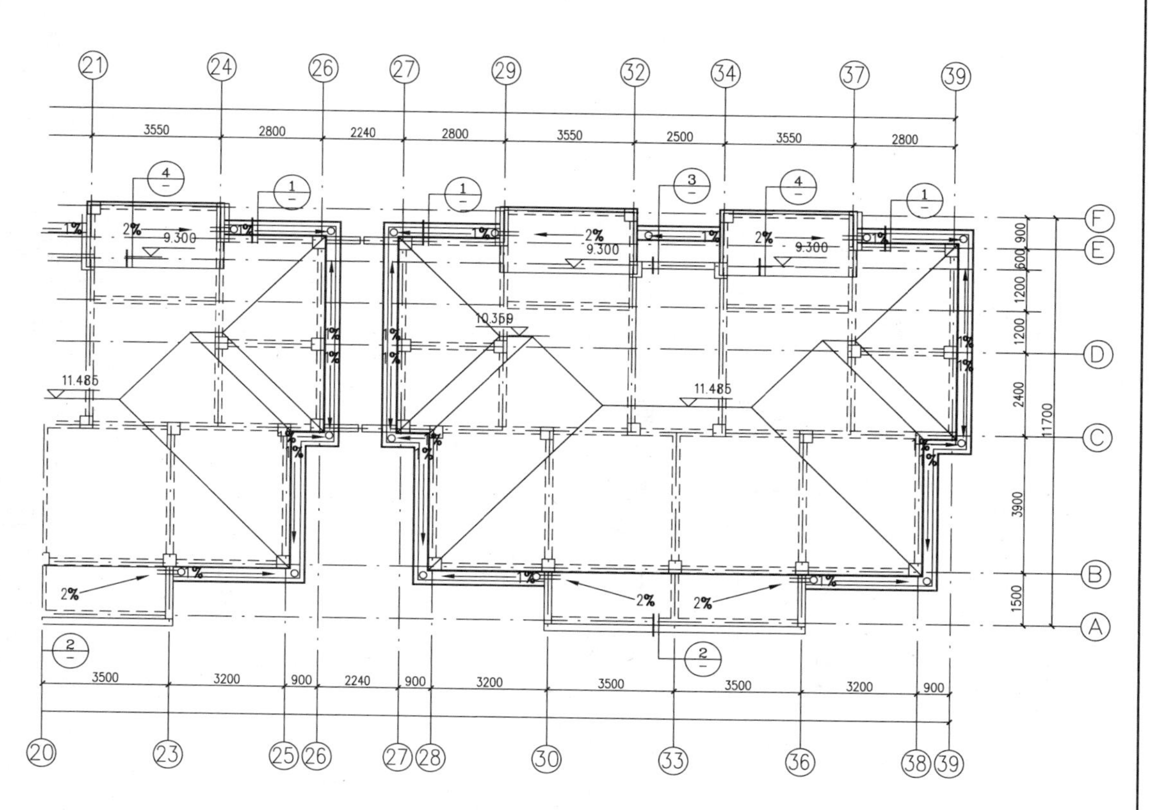

屋面结构平面布置图 1∶100

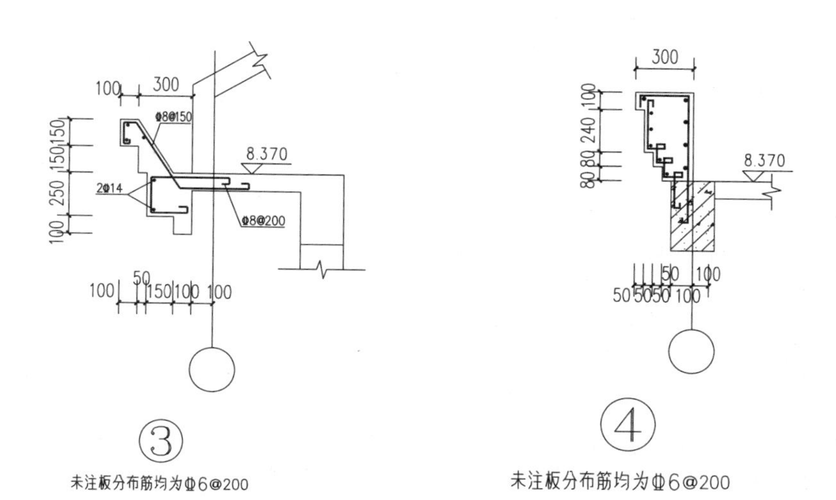

未注板分布筋均为Φ6@200

未注板分布筋均为Φ6@200

××市××设计研究院				建设单位	××地产有限责任公司
				工程名称	××住宅楼工程
审定		校对		屋面结构平面布置图	设计号	
审核		设计			日期	
工程负责人		方案设计			图　号	结施-11

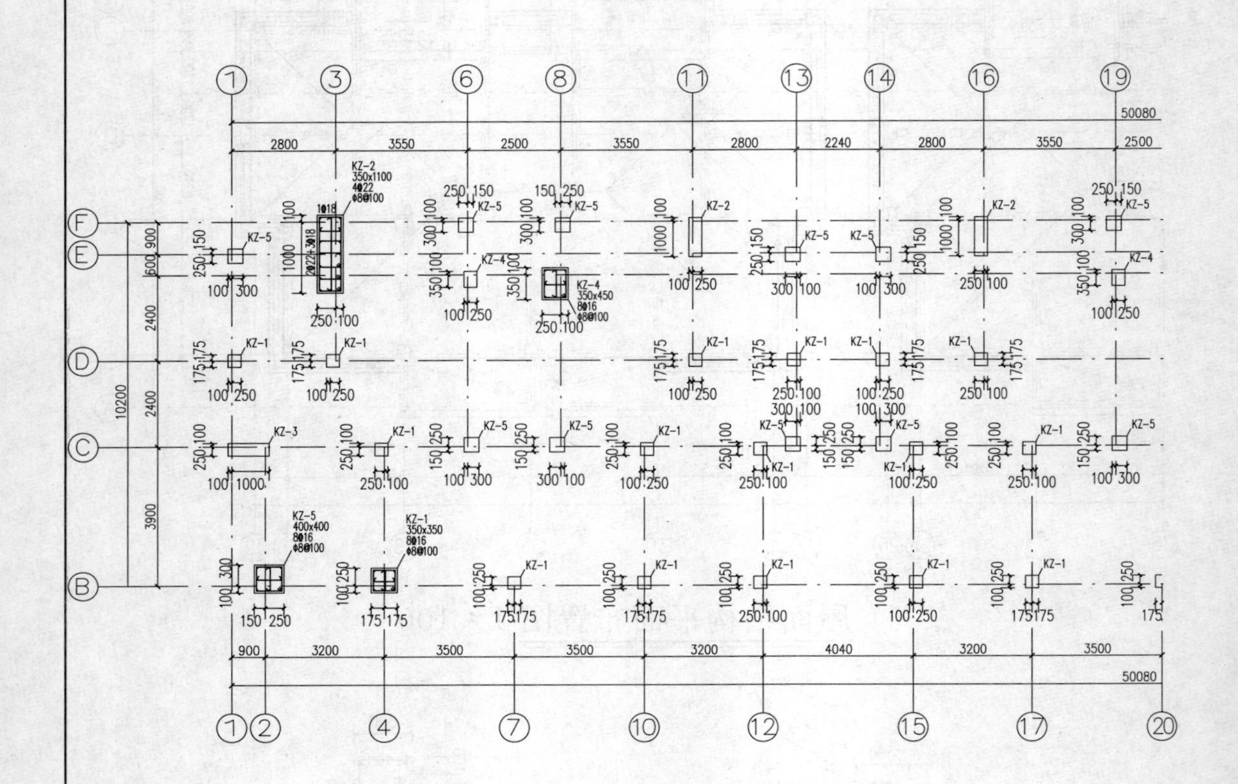

柱配筋说明

1. 各柱纵筋均采用闪光对焊接，分两次焊接。
2. 纵筋焊接头相互错开，满足国标 11G101-1 第 36 页纵筋焊接构造要求。
3. 柱箍筋加密区构造见国标 11G101-1 第 40 页抗震框架柱要求，柱头钢筋构造见 11G101-1 第 37 页。
4. 如框架柱在某层与楼梯半层平台梁或窗台压梁相交，则柱箍筋在该层全长加密为@100，涂黑点 · 处柱箍筋全长加密为@100。
5. 图中未注明柱偏位情况均以轴线居中计。
6. 除注明外，柱箍筋加密区间距为 100，非加密区间距均为 200；具体加密区范围见 11G101-1 第 45 页。

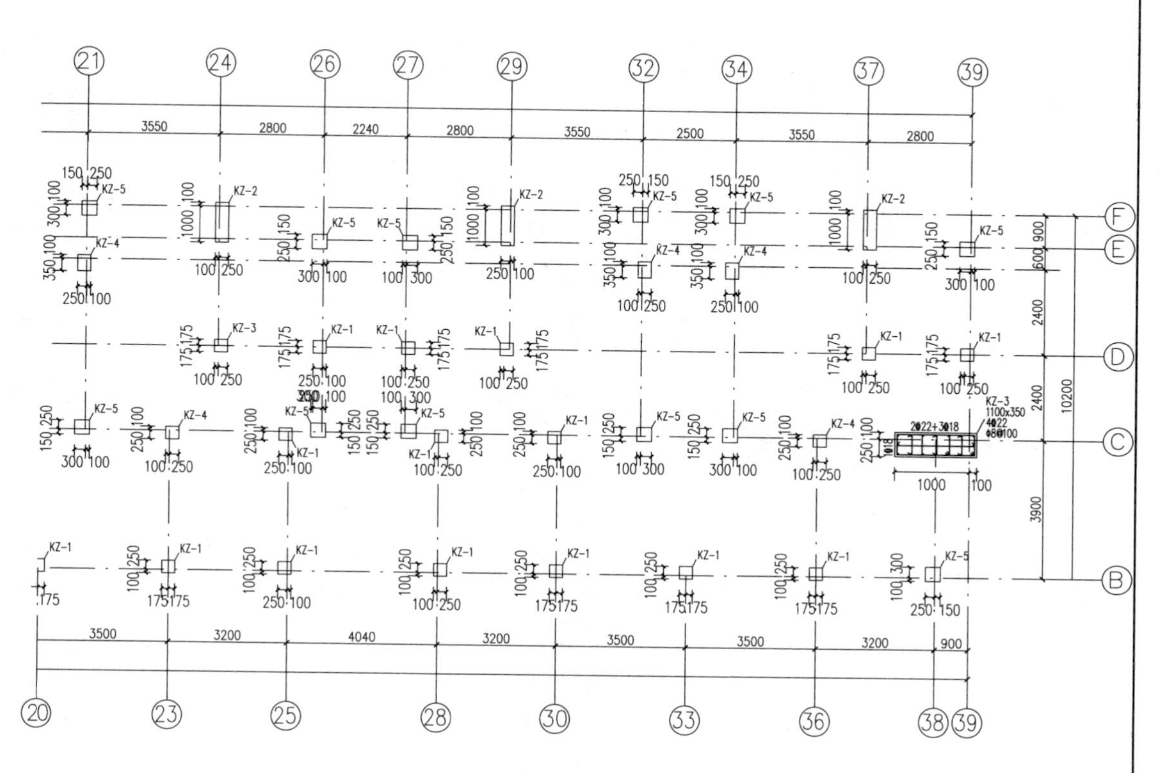

一层以下柱配筋图 1：100

注：柱编号后带＊者表示该柱本层柱内设交叉筋

<table>
<tr><td colspan="4" rowspan="2">××市××设计研究院</td><td>建设单位</td><td colspan="2">××地产有限责任公司</td></tr>
<tr><td>工程名称</td><td colspan="2">××住宅楼工程</td></tr>
<tr><td>审定</td><td></td><td>校对</td><td></td><td rowspan="3">一层以下柱配筋图</td><td>设计号</td><td></td></tr>
<tr><td>审核</td><td></td><td>设计</td><td></td><td>日期</td><td></td></tr>
<tr><td>工程负责人</td><td></td><td>方案设计</td><td></td><td>图　号</td><td>结施-12</td></tr>
</table>

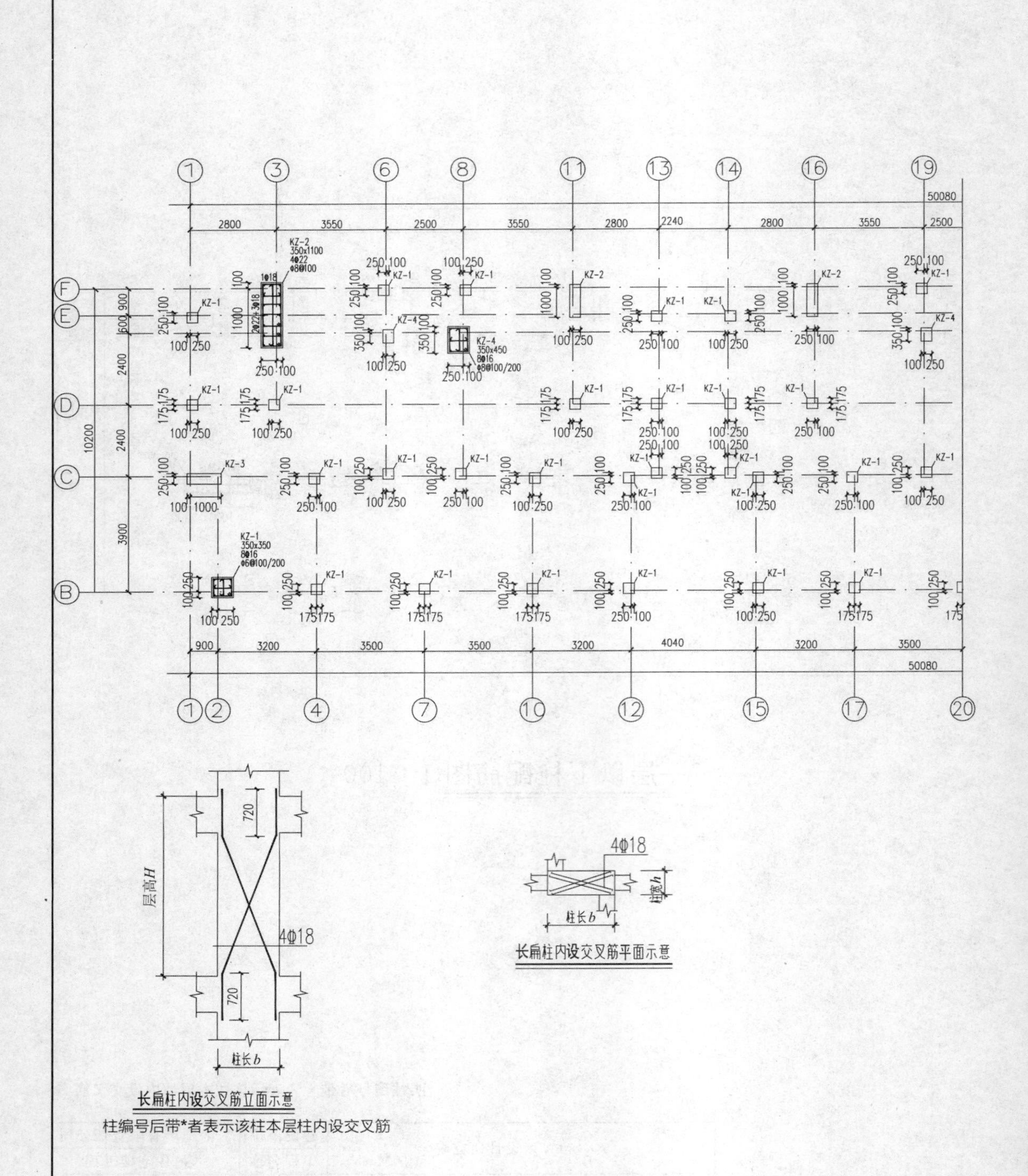

柱编号后带*者表示该柱本层柱内设交叉筋

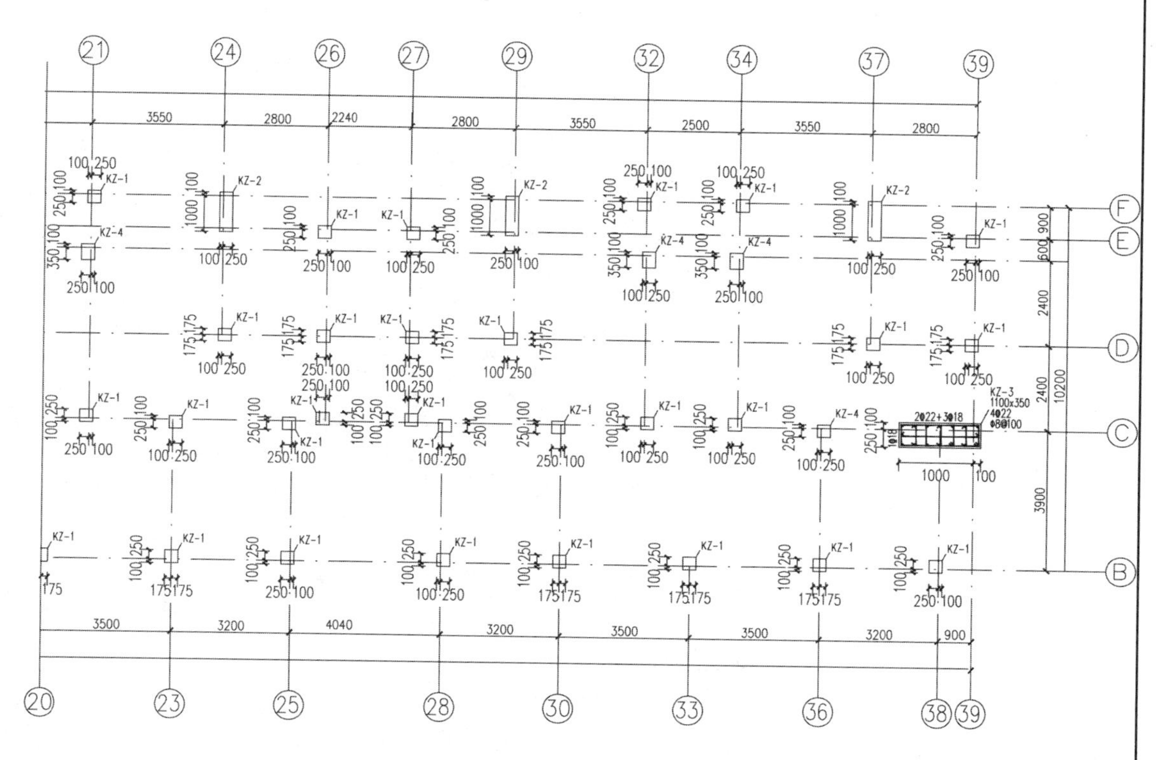

一层柱配筋图 1：100

注：1. 柱编号后带 * 者表示该柱本层柱内设交叉筋；
2. 本层加密区 1/3×H（全高加密除外）。

××市××设计研究院				建设单位	××地产有限责任公司	
				工程名称	××住宅楼工程	
审定		校对		一层柱配筋图	设计号	
审核		设计			日期	
工程负责人		方案设计			图　号	结施-13

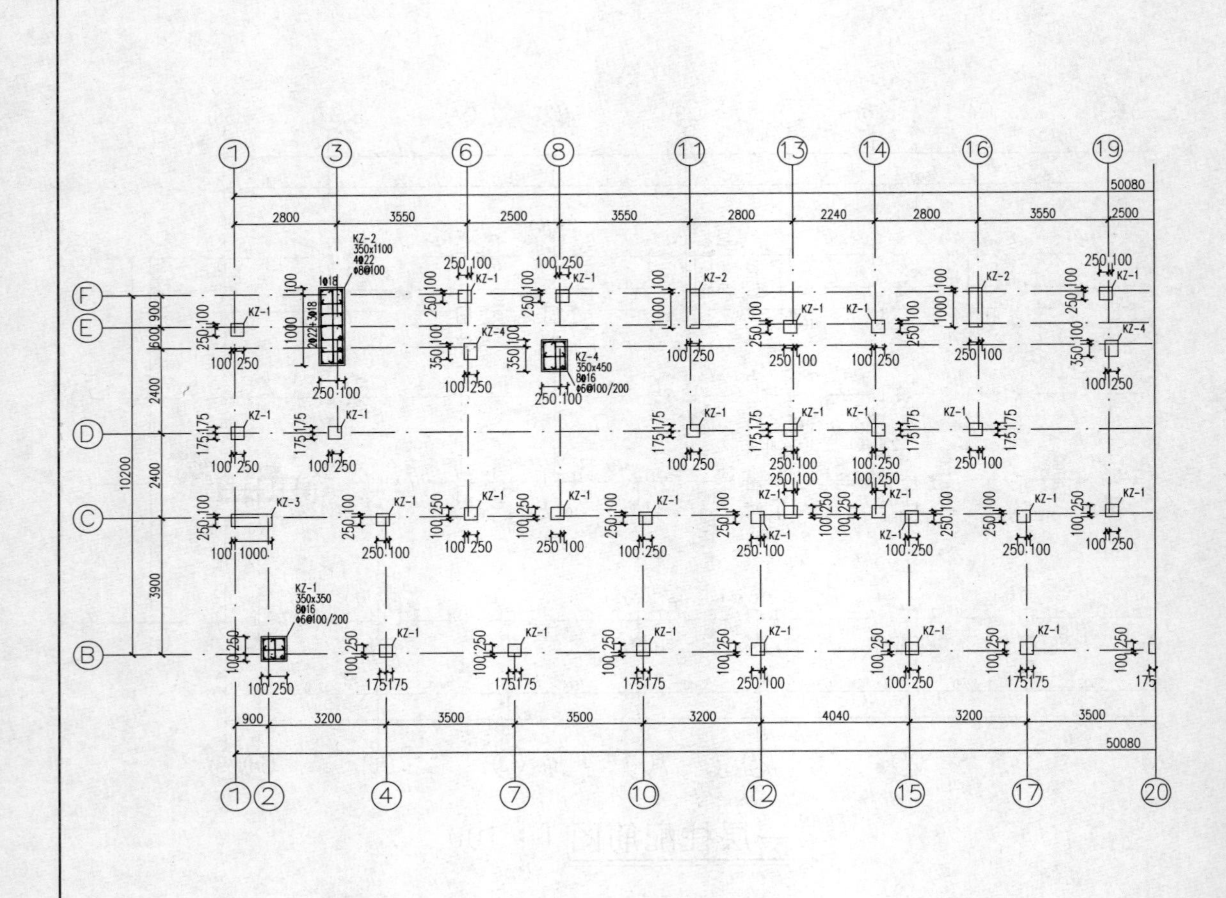

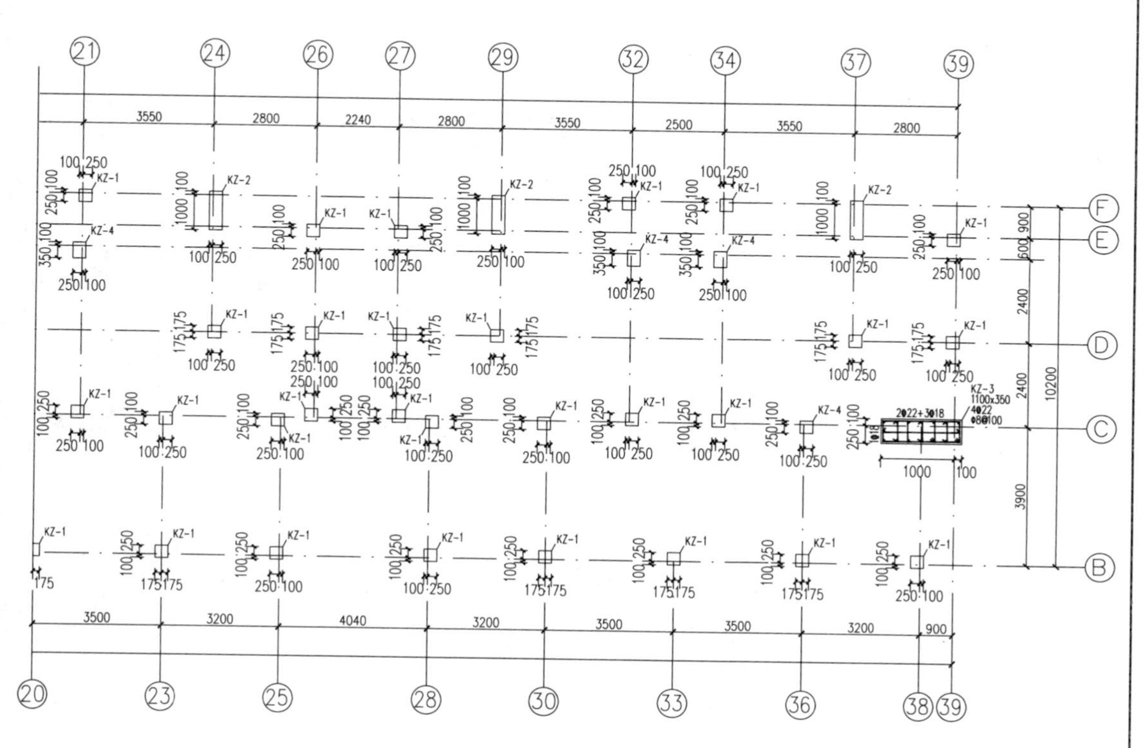

二层及以上柱配筋图 1：100

注：柱编号后带＊者表示该柱本层柱内设交叉筋

××市××设计研究院				建设单位	××地产有限责任公司
				工程名称	××住宅楼工程
审定		校对		二层及以上柱配筋图	设计号	
审核		设计			日期	
工程负责人		方案设计			图　号	结施-14

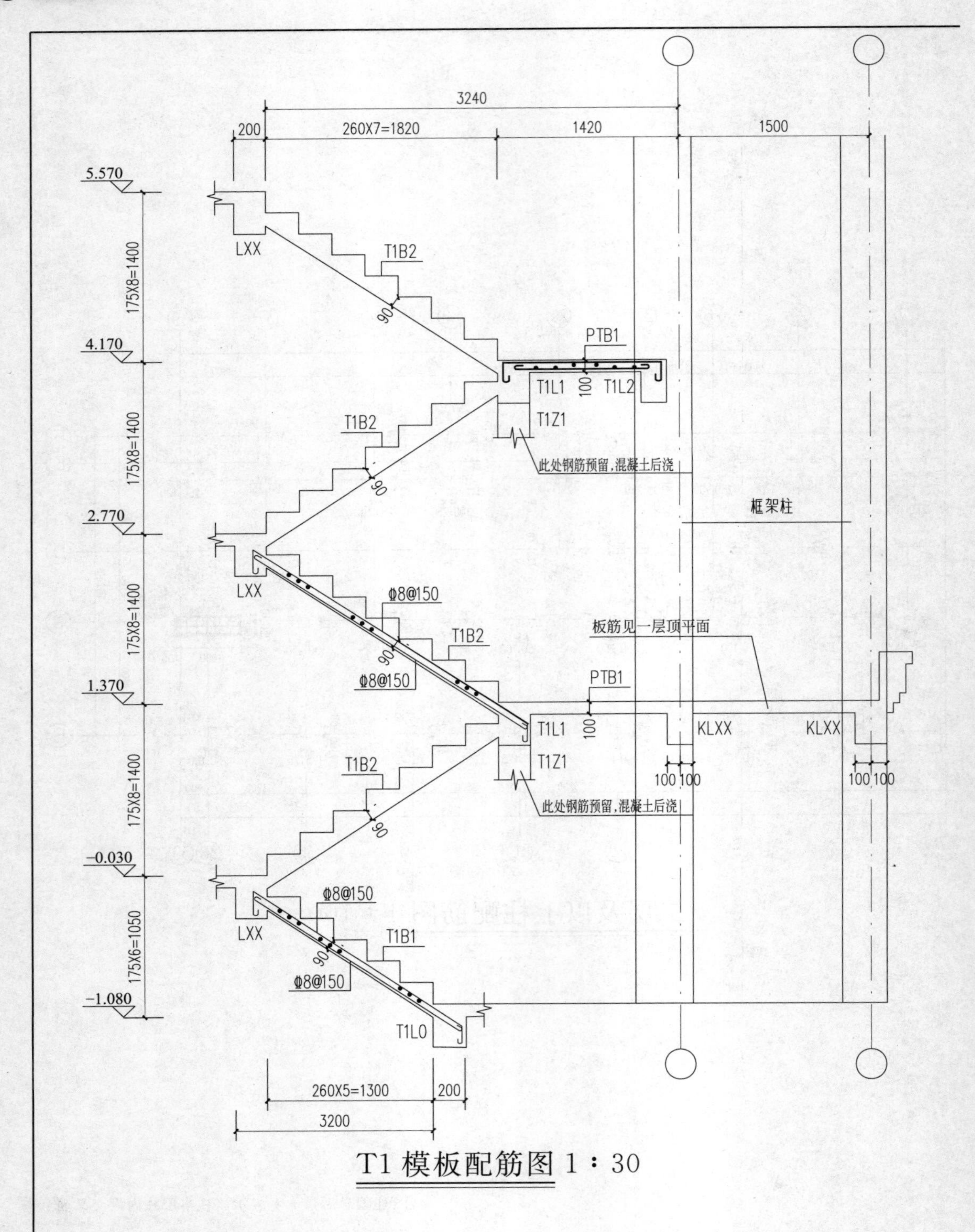

T1 模板配筋图 1：30

说明：1. T1L1、T1L2 长均为 2500。

2. T1B1、T1B2 宽为 1250。

3. 板中示出但未注明钢筋均为：Φ 8@200；

未示出的分布筋均为：Φ 6@200。

4. 楼梯间填充墙内拉结筋通长设置。

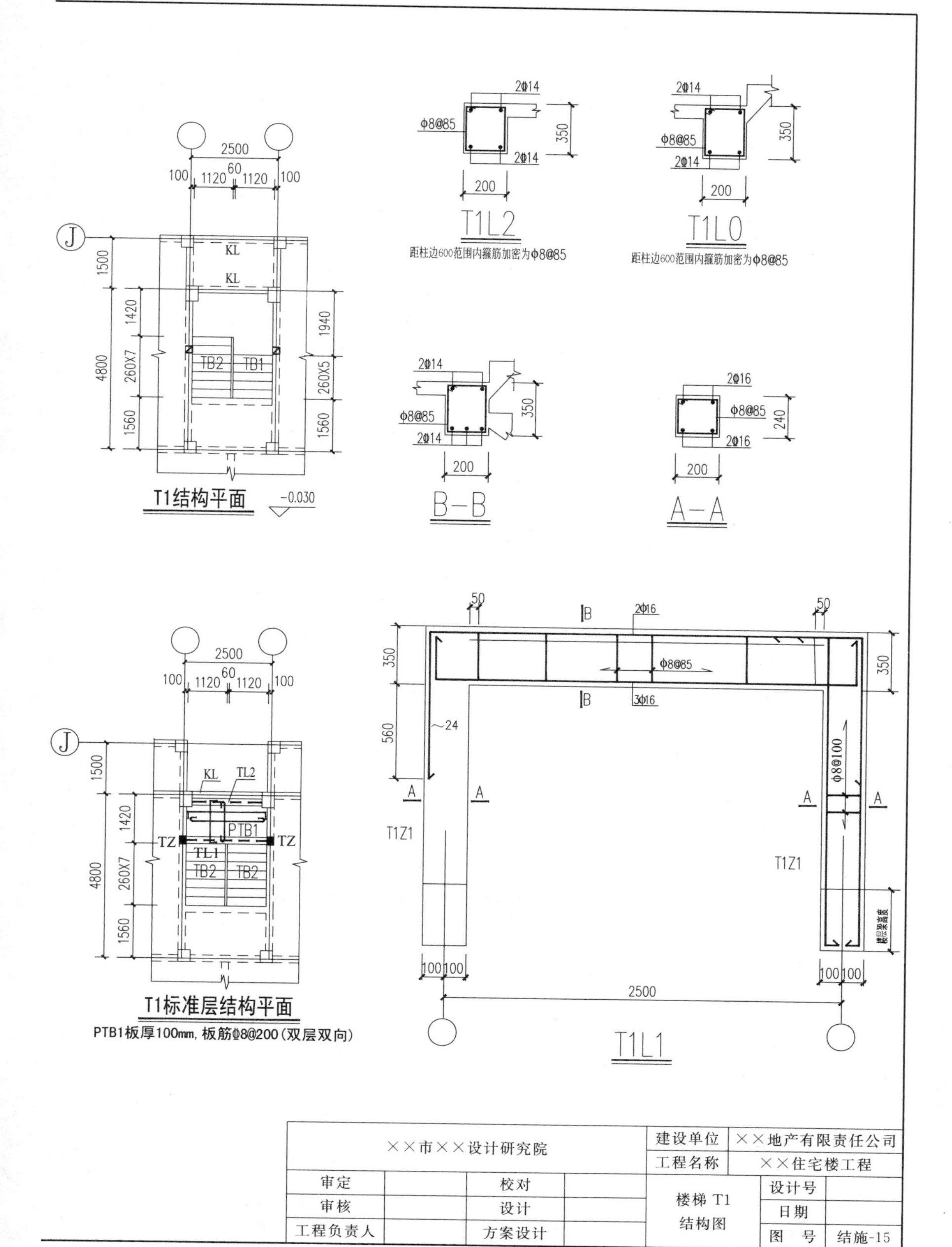

T1结构平面
-0.030
2500
100
1120
60
1120
100
J
1500
1420
4800
260X7
1560
1940
260X5
KL
TB2
TB1
T1L2
距柱边600范围内箍筋加密为Φ8@85
2Φ14
Φ8@85
350
200
T1L0
B-B
A-A
2Φ16
240
T1标准层结构平面
PTB1板厚100mm，板筋Φ8@200（双层双向）
TL2
PTB1
TZ
TL1
T1L1
50
Φ8@85
3Φ16
560
~24
T1Z1
Φ8@100
楼层净高度
××市××设计研究院
建设单位
××地产有限责任公司
工程名称
××住宅楼工程
审定
校对
审核
设计
工程负责人
方案设计
楼梯 T1
结构图
设计号
日期
图 号
结施-15

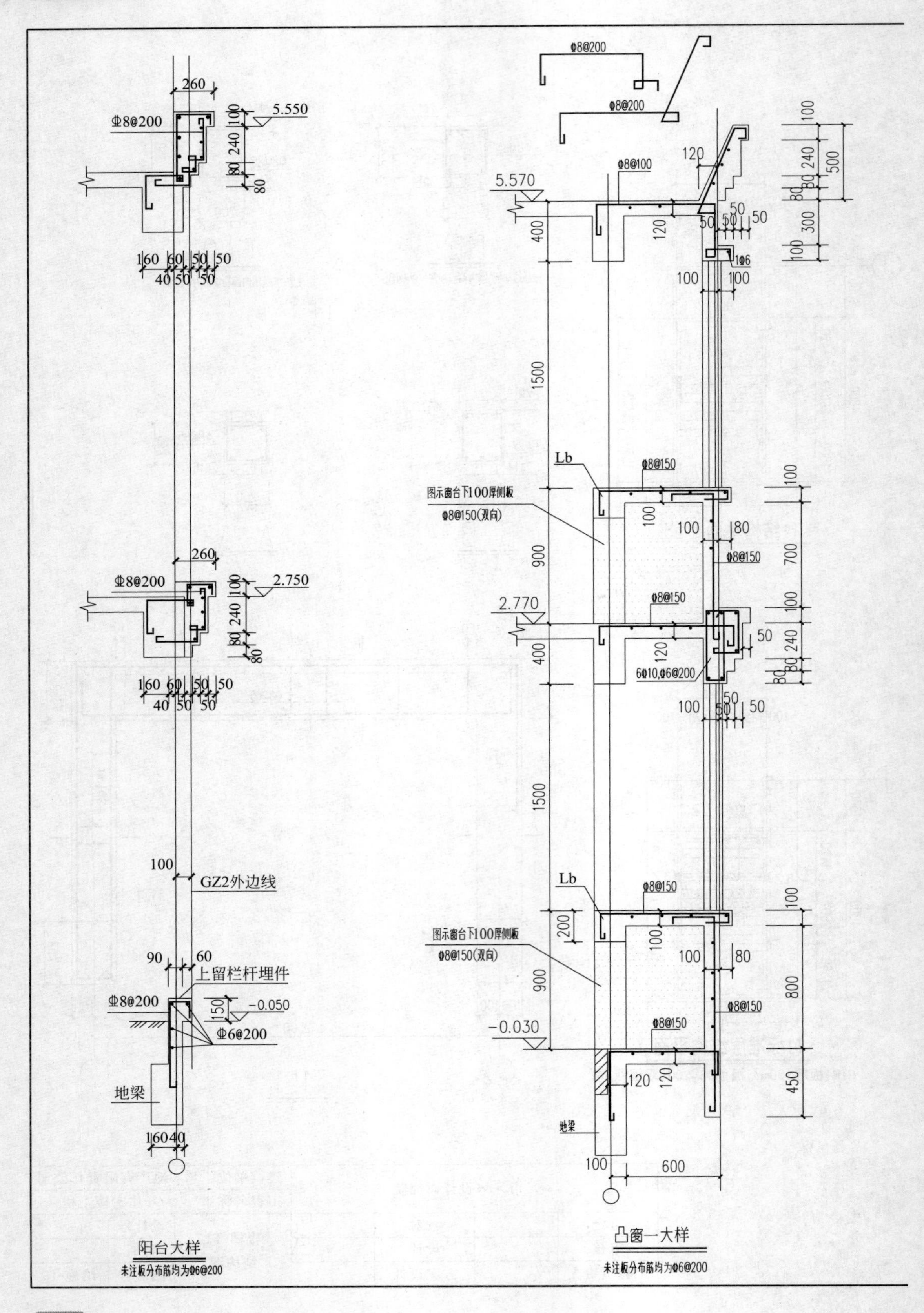
260
Φ8@200
5.550
100
240
80
80
160 60 50 50
40 50 50
260
Φ8@200
2.750
100
240
80
80
160 60 50 50
40 50 50
100
GZ2外边线
90 60
上留栏杆埋件
Φ8@200
150
-0.050
Φ6@200
地梁
16040
阳台大样
未注板分布筋均为Φ6@200
Φ8@200
Φ8@200
120
Φ8@100
5.570
400
120
50
50 50
100
240
80
80
300
100
500
1Φ6
100 100
1500
Lb
Φ8@150
图示窗台下100厚侧板
Φ8@150(双向)
100
100 80
900
Φ8@150
700
100
Φ8@150
2.770
400
120
50
240
6Φ10,Φ6@200
80
80
100 50 50
50
1500
Lb
Φ8@150
200
图示窗台下100厚侧板
Φ8@150(双向)
100
100 80
900
Φ8@150
800
-0.030
Φ8@150
120
120
450
地梁
100
600
凸窗一大样
未注板分布筋均为Φ6@200

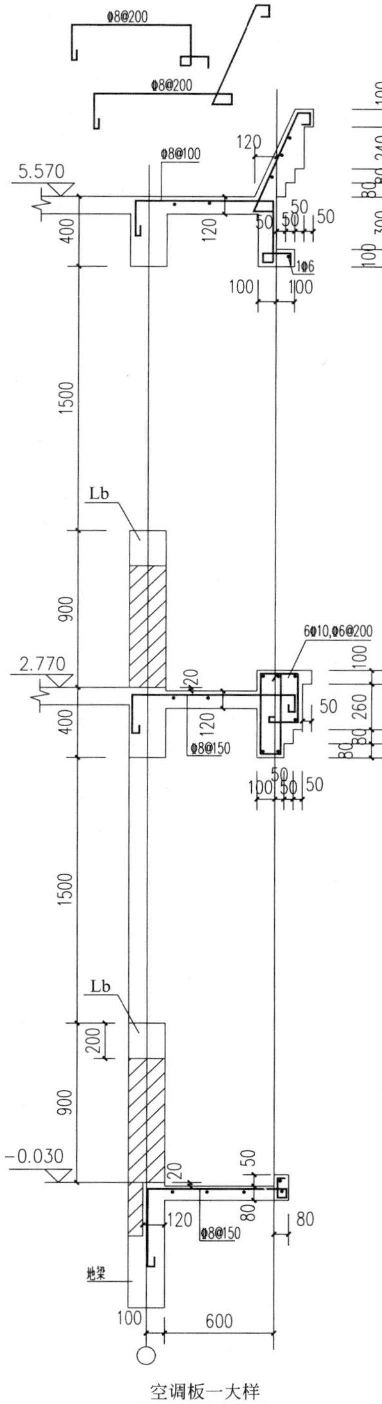

空调板一大样

未注板分布筋均为φ6@200

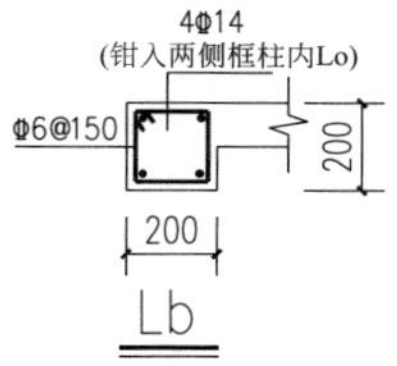

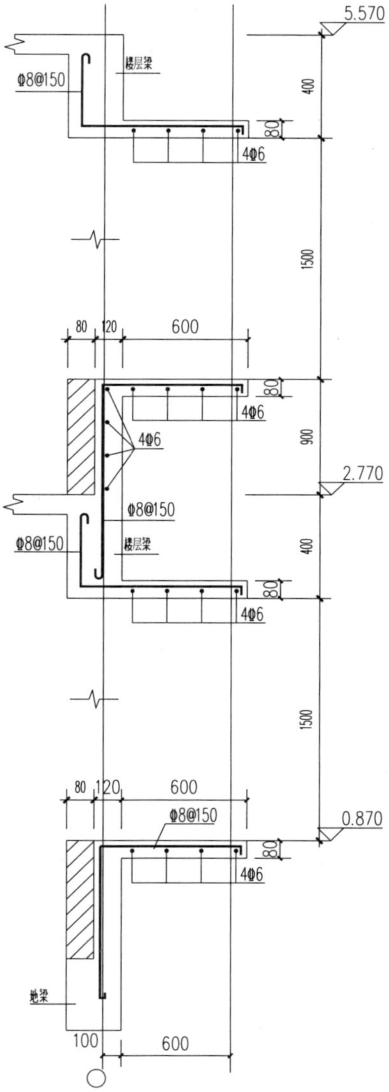

凸窗二大样

未注板分布筋均为φ6@200

××市××设计研究院				建设单位	××地产有限责任公司	
				工程名称	××住宅楼工程	
审定		校对		阳台、空调板、凸窗大样	设计号	
审核		设计			日期	
工程负责人		方案设计			图号	结施-16